工业和信息化普通高等教育“十二五”规划教材立项项目
21世纪高等学校计算机规划教材
21st Century University Planned Textbooks of Computer Science

大学计算机基础
（Windows 7+WPS 2012版）（第4版）

Basic Coursebook On University Computer (4th Edition)

姜文波 主编
杨秋黎 副主编

人民邮电出版社
北京

图书在版编目（CIP）数据

大学计算机基础 : Windows 7+WPS 2012版 / 姜文波主编. -- 4版. -- 北京 : 人民邮电出版社, 2013.9（2019.7 重印）
21世纪高等学校计算机规划教材
ISBN 978-7-115-32986-8

Ⅰ. ①大… Ⅱ. ①姜… Ⅲ. ①Windows操作系统－高等学校－教材②办公自动化－应用软件－高等学校－教材 Ⅳ. ①TP316.7②TP317.1

中国版本图书馆CIP数据核字(2013)第206514号

内 容 提 要

本书内容共分 10 章，主要包括计算机与信息基础知识，Windows 7 操作系统，WPS Office 2012 中 WPS 文字软件、WPS 表格和 WPS 演示的使用，计算机网络基础知识，因特网的使用，多媒体技术基础及应用，数据库基础知识，信息安全和常用工具软件等。本书每章均配有一定量的实践内容，并配有专门的实践教程和习题库。

本书根据全国计算机一级考试最新考试大纲（2013 年版）编写而成，并结合政府及企业办公需要，理论密切联系实际，介绍最前沿的计算机软硬件基础知识，充分重视学生操作技能的训练与能力的培养。全书内容丰富全面、图文并茂、深入浅出，便于学生学习与提高。本书以全新的知识结构让读者更轻松地学习与掌握计算机的前沿知识与操作技能。

本书适合作为高等院校计算机基础课程的教材，也可作为自学、等级考试等用书。

◆ 主　　编　姜文波
　副 主 编　杨秋黎
　责任编辑　邹文波
　责任印制　彭志环　杨林杰

◆ 人民邮电出版社出版发行　　北京市丰台区成寿寺路 11 号
　邮编 100164　　电子邮件 315@ptpress.com.cn
　网址 http://www.ptpress.com.cn
　三河市君旺印务有限公司印刷

◆ 开本：787×1092　1/16
　印张：20　　2013 年 9 月第 4 版
　字数：526 千字　　2019 年 7 月河北第 11 次印刷

定价：42.00 元

读者服务热线：(010)81055256　印装质量热线：(010)81055316
反盗版热线：(010)81055315
广告经营许可证：京东工商广登字 20170147 号

大学计算机基础

编委会

前 言

《大学计算机基础（Windows 7+WPS 2012 版）》（第 4 版）教材结合全国计算机一级考试最新考试大纲（2013 年版）编写而成，是高等院校各专业计算机基础课程的入门教材，其主要任务是让学生掌握计算机的基础知识和基本操作技能。通过大学计算机基础课程的学习，学生能够掌握 Windows 7 操作系统和金山公司的 WPS Office 2012 各软件的使用，为学生应用计算机技术解决实际应用问题打下一个良好的基础。

“大学计算机基础”课程的教学重点应该是计算机软硬件基础知识，以及 Windows 7 操作系统和 WPS Office 办公软件的应用性操作。本书内容主要包括计算机与信息基础知识，Windows 7 操作系统，WPS 文字软件，WPS 表格软件，WPS 演示软件，计算机网络，多媒体技术基础及应用，数据库基础知识，信息安全以及常用工具软件使用等。另外，与本书配套的《大学计算机基础实践教程（Windows7+WPS 2012 版）》的内容安排合理，实践操作强，便于学生巩固所学知识，全面提高学生实践操作技能。

本书结合当前计算机软硬件发展情况，结合我国计算机等级考试需要及政府、企事业单位办公管理需要，较为适宜地介绍最新、最成熟软件版本的特点、应用情况及操作使用方法。此外，为了更好地激发学生的学习兴趣，我们努力将计算机软、硬件发展脉络等相关背景知识与理论教学内容有机结合，将教材中的教学案例与办公应用等深入结合，努力实现从理论知识、实践操作技能训练及设计美学等综合方面培养学生，从而实现真正意义上的大学计算机素质教育，培养大学生更强的计算机基础应用能力。

根据我们“大学计算机基础”课程的教学实践，建议该课程教学总学时数为 72 学时，其中课堂讲授为 36 学时，上机实践为 36 学时。

本书姜文波为主编，杨秋黎为副主编。参编的老师还有张金辉、王倩、王秋红、张艳钗、曾子力、张蓝春。最后由姜文波、杨秋黎统稿。

由于编者水平有限，书中难免有错误和不妥之处，欢迎读者提出宝贵意见。

编 者

2013 年 8 月

目　录

第 1 章 计算机与信息基础知识

计算机是 20 世纪人类最伟大的发明之一。随着计算机技术的发展，计算机的应用已经渗透到社会的各个领域，它使人们的工作和生活发生了翻天覆地的变化，它已成为人们现代生活与交流中不可或缺的部分。现代社会是信息化的社会，学习和掌握计算机知识，熟练操作计算机已成为当今社会工作和生活的必备技能之一。

1.1 计算机概述

1.1.1 计算机的发展简史

根据计算机所采用物理器件的不同，通常可将计算机的发展过程分为四代，如表 1-1 所示。

表 1-1 计算机时代的划分

计算机	第一代	第二代	第三代	第四代
时间	1946～1957 年	1958～1964 年	1965～1970 年	1971～迄今
物理器件	电子管	晶体管	中、小规模集成电路	大规模、超大规模集成电路
特征	体积庞大、耗电量高、可靠性差，运算速度每秒仅几千次，内存容量仅几 KB	体积大大缩小、可靠性增强、寿命延长，运算速度每秒几十万次，内存容量扩大到几十 KB	体积进一步缩小，寿命更长，运算速度每秒达几十万至几百万次	体积更小，寿命更长，运算速度每秒达几千万至千万亿次以上
语言	机器语言	操作系统 汇编语言 高级语言	操作系统 高级语言	网络操作系统 关系数据库 第四代语言
应用范围	科学计算	科学计算、数据处理、自动控制	科学计算、数据处理、自动控制、文字处理、图形处理	在第三代的基础上增加了网络、天气预报和多媒体技术等

1. 第一代计算机时代：电子管计算机（1946～1957 年）

世界上第一台电子管数字计算机于 1946 年 2 月在美国研制成功，如图 1-1 所示。它的名称叫电子数值积分计算机（The Electronic Numberical Intergrator and Computer，ENIAC）。

图 1-1 ENIAC

电子管计算机是在第二次世界大战的弥漫硝烟中开始研制的。当时为了给美国军械试验提供准确而及时的弹道火力表，迫切需要一种高速的计算工具。1942 年美国物理学家莫希利（W · Mauchly）提出试制第一台电子计算机的初始设想——高速电子管计算装置的使用，期望用电子管代替继电器以提高机器的计算速度。于是，在美国军方的大力支持下，成立了以宾夕法尼亚大学莫尔电机工程学院的莫希利和埃克特（Eckert）为首的研制小组，于 1943 年开始研制，并于 1945 年年底研制成功。

在研制工作的中期，著名美籍匈牙利数学家冯 · 诺依曼（Von · Neumann）在参与研制 ENIAC 的基础上，于 1945 年提出了重大的改进理论：一是把十进位制改成二进位制，这样可以充分发挥电子元件高速运算的优越性；二是把程序和数据一起存储在计算机内，这样就可以使全部运算成为真正的自动过程。在此基础上将整个计算机的结构组成分成 5 个部分：运算器、控制器、存储器、输入设备和输出设备。冯 · 诺依曼提出的理论，解决了计算机运算自动化的问题和速度匹配的问题，对后来计算机的发展起到了决定性的作用。直至今天，绝大多数的计算机仍采用冯 · 诺依曼方式工作。

ENIAC 长 30.48m，高 2.44m，占地面积 170m^2，30 个操作台，相当于 10 间普通房间的大小，重达 30t，耗电量 150kW，造价 48 万美元。它使用约 18 000 个电子管（见图 1-2），70 000 个电阻，10 000 个电容，1 500 个继电器，6 000 多个开关，每秒执行 5 000 次加法或 400 次乘法运算，是当时已有的继电器计算机运算速度的 1 000 倍、手工计算速度的 20 万倍。ENIAC 工作时，常常因为电子管被烧坏而不得不停机检修，电子管平均每隔 7min 就要被烧坏一只，必须不停更换。尽管如此，在人类计算工具发展史上，它仍然是一座不朽的里程碑。

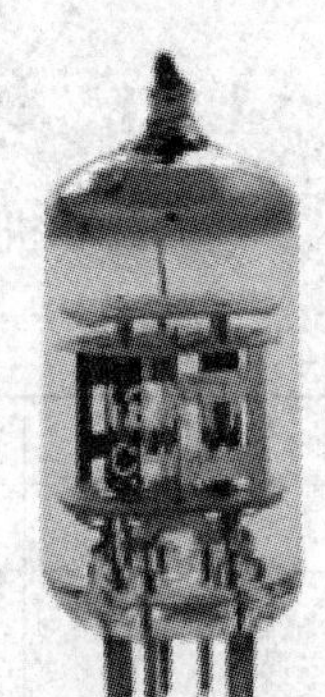

图 1-2 电子管

电子管元件有许多明显的缺点。例如，在运行时产生的热量太多，可靠性较差，运算速度不快，价格昂贵，体积庞大，这些都使计算机发展受到限制。于是，晶体管开始被用来做计算机的元件。晶体管不仅能实现电子管的功能，还具有尺寸小、重量轻、寿命长、效率高、发热少、功耗低等优点。使用了晶体管以后，电子线路的结构大大改观，制造高速电子计算机的设想也就更容易实现了。

第一代计算机主要特点如下：

① 采用电子管作为逻辑开关元件；

② 内存储器使用水银延迟线、静电存储管等，容量非常小，仅 1 000～4 000 B；

③ 外存储器采用纸带、卡片、磁带和磁鼓等；

④ 没有操作系统，使用机器语言；

⑤ 体积大、速度慢、可靠性差。

2. 第二代计算机时代：晶体管计算机（1958～1964 年）

以晶体管为主要元件制造的计算机，称为晶体管计算机。1958 年至 1964 年，晶体管计算机的发展与应用进入了成熟阶段，因此，人们将之称为第二代计算机时代，即晶体管计算机时代。

从印刷电路板到单元电路和随机存储器，从运算理论到程序设计语言，不断的革新使晶体管电子计算机日臻完善。

第二代计算机的程序语言从机器语言发展到汇编语言。接着，高级语言 FORTRAN 语言和 COBOL 语言相继被开发出来并被广泛使用。同时，开始使用磁盘和磁带作为辅助存储器。第二代计算机的体积减小，价格下降，应用领域不断扩大，计算机工业得以迅速发展。第二代计算机主要在商业、大学教学和政府机关中使用。

第二代计算机的主要特点如下：

① 采用晶体管作为逻辑开关元件；

② 使用磁芯作为主存储器（内存），辅助存储器（外存）采用磁盘和磁带；存储量增加，可靠性提高；

③ 输入输出方式有了很大改进；

④ 开始使用操作系统，使用汇编语言及高级语言；

⑤ 体积减小、重量减轻、速度加快、可靠性增强。

3. 第三代计算机时代：中、小规模集成电路计算机（1965～1970 年）

1964 年 4 月 7 日，IBM 公司宣布了 IBM System/360 系列计算机，声称“这是公司历史上宣布的最重要的产品”。

IBM System/360 的开发总投资 5.5 亿美元，其中硬件 2 亿美元，软件 3.5 亿美元。IBM System/360 系列计算机，共有 6 个型号的大、中、小型计算机和 44 种新式的配套设备。从功能较弱的 360/51 型小型机，到功能超过 51 型 500 倍的 360/91 型大型机，形成了庞大的 IBM/360 计算机系列。

IBM System/360 以其通用化、系列化和标准化的特点，对全世界计算机产业的发展产生了巨大而深远的影响，被认为是划时代的杰作。

第三代计算机以 IBM System/360 系列计算机为标志，即采用中、小规模集成电路制造的电子计算机。人们将 1965 年至 1970 年划为第三代计算机时代。

第三代计算机的主要特点如下：

① 采用中、小规模集成电路；

② 使用内存储器，用半导体存储器替代了磁芯存储器，存储容量和存取速度有了大幅度的提高；

③ 输入设备出现了键盘，使用户可以直接访问计算机；

④ 输出设备出现了显示器，可以向用户提供立即响应；

⑤ 使用了操作系统，使得计算机在中心程序的控制协调下可以同时运行许多不同的程序。

4. 第四代计算机时代：大规模、超大规模集成电路计算机（1971～现在）

第四代计算机以 Intel 公司研制的第一代微处理器 Intel 4004 为标志，这个时期的计算机最为显著的特征是使用了大规模集成电路和超大规模集成电路。微处理器是指将运算器、控制器、寄存器及其他逻辑单元集成在一块小的芯片上。微处理器的出现使计算机在外观、处理能力、价格、实用性以及应用范围等方面发生了巨大的变化。

1971 年 11 月 15 日，Intel 公司发布了其第一个微处理器 4004。Intel 4004 微处理器，包含 2 300 个晶体管，采用英特尔公司 10μm 的 PMOS 技术生产，字长 4 位，时钟频率为 108kHz，每秒执行 6 万条指令，如图 1-3 所示。

图 1-3　Intel 4004 微处理器

1978 年，Intel 公司研制出 8086 微处理器（16 位处理器）。

1979 年，Intel 公司研制出 8088 微处理器（准 16 位处理器）。

1981 年 8 月 12 日，IBM 公司使用 Intel 8088 微处理芯片和微软操作系统研制出 IBM PC 机，同时，发布 MS-DOS 1.0 和 PC-DOS 1.0，IBM 推出的个人计算机主要用于家庭、办公室和学校。

1982 年，286 微处理器（又称 80286）推出，成为英特尔公司的最后一个 16 位处理器，可运行为英特尔公司前一代产品所编写的所有软件。286 微处理器使用了 13 400 个晶体管，运行频率为 6MHz、8MHz、10MHz 和 12.5MHz。

1985 年，英特尔 386 微处理器问世，32 位芯片，含有 27.5 万个晶体管，是最初 4004 晶体管数量的 100 多倍，每秒可执行 600 万条指令。

1989 年，英特尔 486 微处理器问世，这款经过四年开发和 3 亿美元资金投入的芯片，首次突破了 100 万个晶体管的界限，集成了 120 万个晶体管，使用 1μm 的制造工艺。80486 的时钟频率从 25MHz 逐步提高到 33MHz 以上。

1993 年 3 月 22 日，英特尔奔腾处理器（Pentium）问世，含有 300 万个晶体管，早期核心频率为 60MHz～66MHz，每秒执行 1 亿条指令，采用英特尔公司 0.8μm 制造技术生产。

1997 年 5 月 7 日，英特尔公司发布第二代奔腾处理器（Pentium Ⅱ）。

1999 年 7 月，英特尔公司发布了奔腾 III 处理器。奔腾 III 处理器是 1 × 1 平方英寸正方形硅，含有 950 万个晶体管，采用英特尔公司 0.25μm 工艺生产。

2002 年 1 月，英特尔奔腾 4 处理器被推出，高性能桌面台式电脑可实现 22 亿个周期运算/秒。它采用英特尔公司 0.13μm 制造技术生产，含有 5 500 万个晶体管。

2005 年 5 月，英特尔公司第一个主流双核处理器（英特尔奔腾 D 处理器）诞生，含有 2.3 亿个晶体管，采用英特尔公司 90nm 制造技术生产。

2006 年 7 月，英特尔 Core 2 双核处理器诞生，该处理器含有 2.9 亿多个晶体管。Core 2 分为 Solo（单核，只限手提电脑）、Duo（双核）、Quad（四核）及 Extreme（极致版）型号。其中，英特尔 Core2 Extreme QX6800 处理器其主频达 2.93GHz，总线频率达到了 1 066MHz，二级缓存容量达到了 8MB，采用了先进的 65nm 制造技术，将两个 X6800 双核 Core2 处理器集成在一块芯片上，其外形如图 1-4 所示。

图 1-4　Core2 64 位四核处理器

2009 年后，英特尔公司推出 Core2 Yorkfield 四核心处理器 Q9550，采用了更先进的 45 nm 制造技术，主频 2.83GHz，总线频率达到了 1333MHz，二级缓存容量达到了 12MB。

2010 年年初，英特尔公司推出了 Core i3（中文：酷睿 i3）首款 CPU+GPU 产品，建基于 Intel Westmere 微架构。采用了先进的 32nm 制造技术，有两个核心，支援超线程技术，L3 缓冲内存采用两个核心共享 4MB。

2008 年 11 月，英特尔公司推出了 64 位元四核的 Core i7 处理器（中文：酷睿 i7），沿用 x86-64 指令集，并以 Intel Nehalem 微架构为基础，取代了 Intel Core 2 系列处理器。Core i7 处理器提升了高性能计算和虚拟化性能，该处理器主要面向高端处理需要。

2009 年 9 月，英特尔公司推出了 Core i5（中文：酷睿 i5）处理器，是 Core i7 的衍生中低阶版本。与 Core i7 支援三通道内存不同，Core i5 只会集成双通道 DDR3 内存控制器。每一个核心拥有各自独立二级缓存 256KB，不同的 Core i5 系列分别采用了 45nm 或 32nm 制造技术，分别采用了二个或四个核心，三级缓存分别采用了 3MB、6MB 和 8MB 等三种不同的容量，以适应不同用户的需要。

2011 年 1 月，Intel 发表了新一代的四核 Core i5，与旧款不同的在于新一代的 Core i5 改用 Sandy Bridge 架构。同年二月发表双核版本的 Core i5，接口亦更新为与旧款不相容之 LGA 1155。代码中除了前四位数字外，最后加上的英文字意义分别为：K–未锁倍频版，S=低功耗版，T=超低功耗版。

2011 年 2 月，Intel 公司发布了四款新酷睿 i 系列处理器和六核心旗舰 Core i7-3990X。新版的 I3 处理器采用了最新的且与新版 Core i5、新版 Core i7 系列处理器相同的构架 Sandy Bridge，但三级缓存降至 3MB；新版 Core i5-2390T 采用了 32nm 制造技术，两个核心四个线程，每个核心二级缓存 256MB，共享三级缓存 3MB，支持双通道 DDR3 内存，功耗 35W；新版 Core i7-3990X 极致版，32nm 制造技术，6 个核心 12 线程，每个核心有二级缓存 256KB，共享三级缓存 15MB，支持四通道 DDR3 内存，功耗 130W，总线频率达到了 1600 MHz。

2012 年 2 月，Intel 公司发布了基于 Ivy Bridge 架构的 Core i7- 3770 处理器，采用 22nm 制造技术，4 个核心 8 线程，每个核心有二级缓存 256KB，共享三级缓存 8MB，支持双通道 DDR3 内存，功耗 77W。

微型计算机严格地说仅是计算机中的一类，尽管微型计算机对人类社会的发展产生了极其深远的影响，但是微型计算机由于其内部的体系结构与其他计算机存在较大差别，它仍然无法完全取代其他类型的计算机。利用大规模集成电路制造出的多种逻辑芯片，可以组装出大型计算机、巨型计算机，其运算速度更快、存储容量更大、处理能力更强，这些企业级的计算机一般要放到可控制温度的机房里，因此很难被普通公众看到。

巨型计算机（超级计算机）是当代计算机的一个重要发展方向，它的研制水平标志着一个国家工业发展的总体水平，象征着一个国家的科技实力。它一般用来解决尖端和重大科学技术领域的问题，例如，在核物理、空气动力学、航空和空间技术、石油地质勘探、天气预报等方面都离不开巨型计算机。巨型计算机一般指运算速度在亿次/秒以上，价格在数千万元以上的超级计算机。我国的银河-II 并行处理计算机、美国的克雷-II（CRAY-II）等都是运算速度达十亿次/秒的巨型计算机。

2013 年 6 月，世界超级计算机 TOP500 组织在德国莱比锡举行的“2013 国际超级计算大会”上，正式发布了第 41 届世界超级计算机 500 强排名。由国防科技大学研制的天河二号超级计算机系统，以峰值计算速度每秒 5.49 亿亿次、持续计算速度每秒 3.39 亿亿次双精度浮点运算的优异性能位居榜首。这是继 2010 年天河一号首次夺冠之后，中国超级计算机再次夺冠。其外形如图 1-5 所示。

天河二号超级计算机系统由 170 个机柜组成，包括 125 个计算机柜、8 个服务机柜、13 个通信机柜和 24 个存储机柜，占地面积 720m^2，内存总容量 1400 万亿字节，存储总容量 12400 万亿 B，最大运行功耗 17.8MW。相比此前排名世界第一的美国“泰坦”超级计算机，天河二号计算速度是“泰坦”的 2 倍，计算密度是“泰坦”的 2.5 倍，能效比相当。与该校此前研制的天河一号相比，两者占地面积相当，天河二号计算性能和计算密度均提升了 10 倍以上，能效比提升了 2 倍，执行相同计算任务的耗电量只有天河一号的三分之一。天河二号运算 1 小时，相当于 13 亿人同时用计算器计算一千年。

图 1-5 “天河二号”超级计算机

当代计算机正随着半导体器件以及软件技术的发展而发展，速度越来越快，功能不断增强和扩大，而且价格更便宜，使用更方便，因此应用也越来越广泛，并正向着巨型化、微型化、多媒体和网络化的方向发展。

第四代计算机主要特点如下：

① 使用大规模、超大规模集成电路作为逻辑开关元件；

② 主存储器采用半导体存储器，辅助存储器采用大容量的软、硬磁盘，并开始引入光盘；

③ 外部设备有了很大发展，采用光学字符阅读器（OCR）、扫描仪、激光打印机和各种绘图仪；

④ 操作系统不断发展和完善，数据库管理系统进一步发展，计算机广泛应用于图形、图像、音频及视频等领域；

⑤ 数据通信、计算机网络已有很大发展，微型计算机异军突起，遍及全球。计算机的体积、重量、功耗进一步减小，运算速度高达几百万亿次/秒至亿亿次/秒，存储容量、可靠性等都有了大幅度提升。

1.1.2 计算机的特点

计算机不同于以往任何计算工具，在短短的几十年中获得了飞速发展，这是因为计算机具有以下几个特点。

1. 运算速度快

现在计算机的运算速度一般都能达到数十万次/秒，有的速度更快，达到了几千万亿次/秒。计算机的高速运算能力可以应用在航天航空、天气预报和地质勘测等需要进行大量运算的科研工作中。

2. 计算精度高

计算机具有很高的计算精度，一般可达几十位，甚至几百位以上的有效数字精度。计算机的高精度计算使它能运用于航天航空、核物理等方面的数值计算中。

3. 存储功能强

计算机可配备容量很大的存储设备，它类似于人脑，能够把程序、文字、声音、图形、图像等信息存储起来，在需要这些信息时可随时调用。

4. 具有逻辑判断能力

计算机在执行过程中，能根据上一步的执行结果，运用逻辑判断方法自动确定下一步的执行命令。正因为具有这种逻辑判断能力，使得计算机不仅能解决数值计算问题，而且能解决非数值计算问题，如信息检索和图像识别等。

5. 在程序控制下自动进行处理

计算机的内部操作运算，都是可以自动控制的，用户只要把运行程序输入计算机，计算机就能在程序的控制下自动运行，完成全部预定任务，而无需人工干预。这一特点是原有的普通计算工具所不具备的。

1.1.3 计算机的分类

1. 按工作原理分类

计算机按工作原理可分为模拟计算机和数字计算机两类。

模拟计算机的主要特点是：参与运算的数值由不间断的连续量表示，其运算过程是连续的。模拟计算机由于受元器件质量的影响，其计算精度较低，应用范围较窄，目前已很少生产。

数字计算机的主要特点是：参与运算的数值用二进制表示，其运算过程按数字位进行计算，数字计算机由于具有逻辑判断等功能，以近似人类大脑的“思维”方式进行工作，所以又被称为“电脑”。

2．按计算机用途分类

数字计算机按用途又可分为专用计算机和通用计算机。

专用与通用计算机在效率、速度、配置、结构复杂度、造价和适应性等方面都有所区别。

专用计算机针对某类问题能显示出最有效、快速和经济的特性，但它的适应性较差，不适于其他方面的应用，这是专用计算机的局限性。在导弹和火箭上使用的计算机绝大多数是专用计算机。

通用计算机适应性很强，应用面很广，但其运行效率、速度和经济性根据不同的应用对象会受到不同程度的影响。

3．按计算机的规模分类

通用计算机按其规模、速度和功能等又可分为巨型机、大型机、中型机、小型机、微型机及工作站。这些计算机之间的基本区别通常在于其体积大小、结构复杂程度、功率消耗、性能、数据存储容量、指令系统、设备和软件配置等方面的不同。

（1）巨型机（超级计算机）

巨型机是指运算速度每秒能执行几亿次以上的计算机。它数据存储容量大、规模大、结构复杂、价格昂贵，主要用于大型科学计算。我国自主研制的“银河”计算机和曙光 4000A 系列计算机就属于巨型机。

（2）大、中型机

大、中型机是指运算速度在每秒几千万次左右的计算机，通常用在国家级科研机构、银行及重点理、工科类院校的实验室。

（3）小型机

小型机是指运算速度在每秒几百万次左右的计算机，通常用在科研与设计机构以及普通高校等单位。

（4）微型机

微型机也称为个人计算机（Personal Computer，PC），是目前应用最广泛的机型，如使用 Intel 奔腾 III、奔腾 IV 等 CPU 组装而成的桌面型或笔记本型计算机都属于微型机。

（5）工作站

工作站主要用于图形图像处理和计算机辅助设计。它是介于小型机与微型机之间的一种高档计算机，如 Apple 图形工作站。

1.1.4　计算机的应用领域

计算机是近代科学技术迅速发展的产物，在科学研究、工业生产、国防军事、教育和国民经济的各个领域得到了广泛应用。下面简单叙述计算机的主要应用领域。

1．科学计算

科学计算也称为数值计算，是指利用计算机来完成科学研究和工程技术中提出的数学问题的计算。在现代科学技术工作中，科学计算问题是大量的和复杂的。利用计算机的高速计算、大存储容量和连续运算的能力，可以处理人工无法解决的各种复杂的计算问题。

2. 数据处理

对数据进行的收集、存储、整理、分类、统计、加工、利用、传播等一系列操作统称为数据处理。数据处理是计算机的主要用途，这个领域工作量大、涉及面宽，决定了计算机应用的主导方向。

在数据处理领域中，管理信息系统（Management Information System，MIS）逐渐成熟，它以数据库技术为工具，实现一个部门的全面管理，以提高工作效率。MIS 将数据处理与经济管理模型的优化计算和仿真结合起来，具有决策、控制和预测功能。MIS 在引入人工智能之后就形成了决策支持系统（DDS），它充分运用运筹学、管理学、人工智能、数据库技术以及计算机科学技术的最新成果，进一步发展和完善了 MIS 系统。

如果将计算机技术、通信技术、系统科学及行为科学等应用于办公事务处理上，就形成了办公自动化系统（OA）。

目前，数据处理已广泛地应用于办公自动化、企事业单位计算机辅助管理与决策、情报检索、图书管理、电影电视动画设计、会计电算化等各行业。

3. 计算机过程控制

过程控制是指利用计算机及时采集、检测数据，按最优值迅速地对控制对象进行自动调节或自动控制。过程控制是计算机应用的一个很重要的领域。被控对象可以是一台机床、一条生产线、一个车间，甚至整个工厂。计算机与执行机构相配合，使被控对象按照预定算法保持最佳工作状态。适合在工业环境中使用的计算机称为工业控制计算机，这种计算机具有数据采集和控制功能，能在恶劣的环境中可靠地运行。

此外，计算机控制在军事、航空、航天和核能利用等领域中也有广泛的应用。

4. 计算机辅助技术

计算机辅助设计（Computer Aided Design，CAD）是指利用计算机系统辅助设计人员进行工程或产品的设计，以实现最佳设计效果的一种技术，CAD 已广泛地应用于飞机、汽车、机械、电子、建筑和轻工等领域。例如，在电子计算机的设计过程中，利用 CAD 技术进行体系结构模拟、逻辑模拟、插件划分、自动布线等，从而大大提高了设计工作的自动化程度。又如，在建筑设计过程中，可以利用 CAD 技术进行力学计算、结构计算、绘制建筑图纸等，这样不但提高了设计速度，而且大大提高了设计质量。

计算机辅助制造（Computer Aided Manufacturing，CAM）是指利用计算机进行生产设备的管理、控制和操作。CAM 与 CAD 密切相关，CAD 侧重于设计，CAM 侧重于产品的生产过程。采用 CAM 技术能提高产品质量，降低生产成本，改善工作条件，缩短产品的生产周期。

计算机辅助教学（Computer Aided Instruction，CAI）是指利用计算机系统帮助教师进行课程内容的教学和测验，可以使用工具或高级语言来开发制作多媒体课件及其他辅助教学资料，引导学生循序渐进地学习，使学生轻松自如地学到所需的知识。CAI 的主要特色是交互教育、个别指导和因人施教。

5. 计算机网络与应用

计算机技术与现代通信技术的结合构成了计算机网络，在计算机网络的基础上建立了信息高速公路，这对各国的经济发展速度、信息资源的开发利用以及对人们的工作和生活方式等都产生了巨大的影响。

6. 人工智能

人工智能（Artificial Intelligence，AI）是指用计算机来模拟人类的智能活动，如感知、判断、理解、学习、问题求解和图像识别等，即让计算机具有类似于人类的“思维”能力。它是计算机应用研究的前沿学科。人工智能应用的领域主要有图像识别、语言识别和合成、专家系统、机器人等，在军事、化学、气象、地质、医疗等行业都有广泛的应用。例如，用于医学方面的计算机能模拟高水平医学专家进行疾病诊疗，以及具有一定思维能力的智能机器人等。

7. 电子商务

电子商务（E-Business）是指在因特网上进行的网上商务活动，始于 1996 年，现已迅速发展，全球已有许多企业先后开展了“电子商务”活动。它涉及企业和个人各种形式的、基于数字化信息处理和传输的商业交易，其中的数字化信息包括文字、语音和图像。从广义上讲，电子商务既包括电子邮件（E-mail）、电子数据交换（EDI）、电子资金转账（EFT）、快速响应（QR）系统、电子表单和信用卡交易等电子商务的一系列应用，又包括支持电子商务的信息基础设施。从狭义上讲，电子商务仅指企业—企业（B2B）、企业—消费者（B2C）之间的电子交易。

电子商务的主要功能包括网上广告和宣传、订货、付款、货物递交和客户服务等，另外，还包括市场调查分析、财务核算及生产安排等。电子商务以其高效率、低支出、高收益和全球性的优点，很快受到了各国政府和企业的广泛重视。

1.2　微型计算机系统的组成

计算机系统由硬件系统和软件系统两大部分组成。所谓硬件系统是泛指计算机系统中看得见、摸得着的实际物理设备。只有硬件的裸机是无法运行的，还需要软件的支持。所谓软件系统是指实现算法的程序及其文档。计算机是依靠硬件和软件的协同工作来执行给定任务的。微型计算机系统的基本组成如图 1-6 所示。

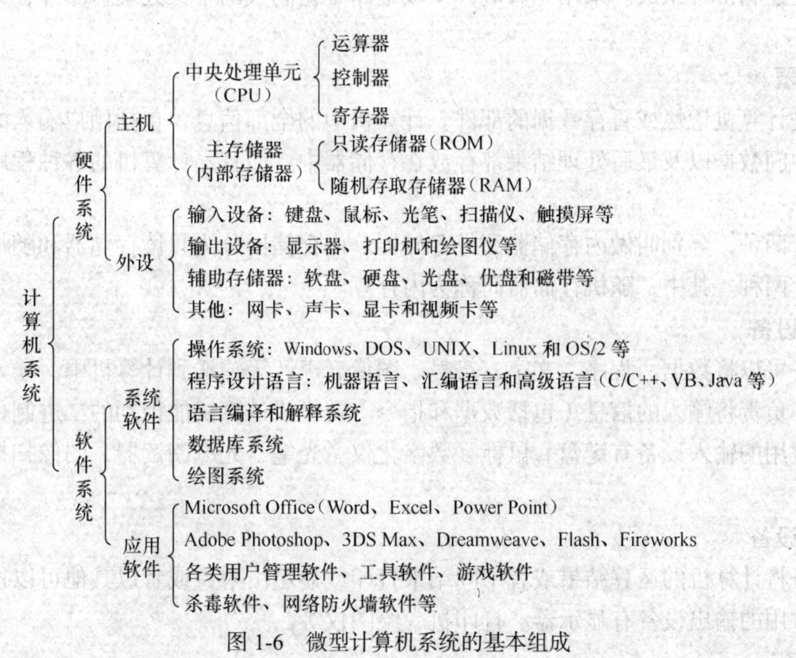

图 1-6　微型计算机系统的基本组成

1.2.1 计算机硬件系统

硬件是指组成计算机的各种物理设备，它包括计算机的主机和外部设备，具体由 5 个功能部件组成，即运算器、控制器、存储器、输入设备和输出设备。这 5 部分相互配合，协同工作，其结构如图 1-7 所示。

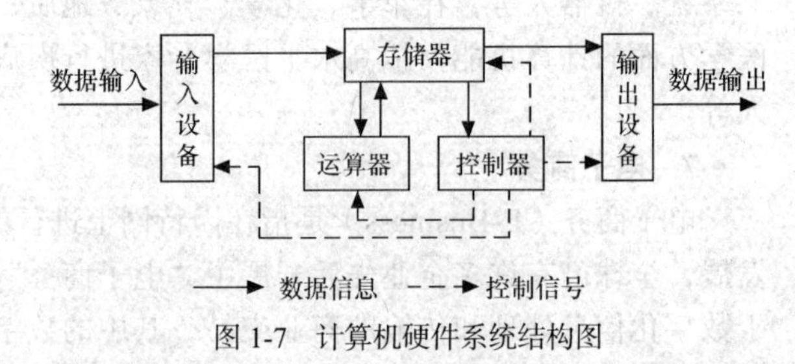

图 1-7 计算机硬件系统结构图

计算机的工作流程可概括为：首先由输入设备接受外界信息（程序和数据），控制器发出指令将数据送入内存储器，然后向内存储器发出取指令命令，在取指令命令下，程序指令被逐条送入控制器；控制器对指令进行译码，并根据指令的操作要求，向存储器和运算器发出存数、取数命令和运算命令，经过运算器计算并把计算结果存放在存储器内；最后在控制器发出的取数和输出命令的作用下，通过输出设备输出计算结果。

计算机 5 个组成部分的功能特点如下。

1. 运算器

运算器又称算术逻辑单元（Arithmetic Logic Unit，ALU）。它是完成各种算术运算和逻辑运算的装置，能实现加、减、乘、除等算术运算，也能实现与、或、非、异或、比较等逻辑运算。

2. 控制器

控制器负责从存储器中取出指令，并对指令进行译码；根据指令的要求，按时间的先后顺序，负责向其他各部件发出控制信号，保证各部件协调一致地工作，一步一步地完成各种操作。控制器主要由指令寄存器、译码器、程序计数器和操作控制器等组成。

硬件系统的核心是中央处理器（Central Processing Unit，CPU），它主要由控制器、运算器、寄存器及其他逻辑部件组成。采用超大规模集成电路工艺制成的中央处理器芯片，又称微处理器芯片。

3. 存储器

存储器是计算机记忆或暂存数据的部件。计算机中的全部信息，包括用户输入的数据，经过初步加工的中间数据以及最后处理结果都存放在存储器中。而且，计算机的各种程序，也都存放在存储器中。

存储器有两种，分别叫做内存储器和外存储器。内存储器分为只读存储器和随机存储器（可擦写存储器）两种。其中，随机存储器简称为内存。

4. 输入设备

输入设备可以将数据、程序、文字、符号、图像、声音等输送到计算机中。输入设备是重要的人机接口，负责将输入的信息（包括数据和指令）转换成计算机能识别的二进制代码，送入存储器保存。常用的输入设备有键盘、鼠标、数字化仪、光笔、光电阅读器、图像扫描仪以及各种传感器等。

5. 输出设备

输出设备将计算机的运算结果或者中间结果打印或显示出来，或者以其他可以被人们识别的方式输出。常用的输出设备有显示器、打印机、绘图仪等。

1.2.2　计算机软件系统

软件指控制计算机各部分协调工作并完成各种功能的程序和数据的集合。微型计算机系统的软件分为系统软件和应用软件两大类。

系统软件是指由计算机生产厂家（部分由“第三方”）为使用该计算机而提供的基本软件。最常用的系统软件有：操作系统、语言编译或解释系统、数据库管理系统、网络及通信软件、各类服务程序和工具软件等。

应用软件是指人们为了解决某些具体问题而开发出来的用户软件，如 Word、Excel、PowerPoint、Authorware、Photoshop、AutoCAD、Flash、财务管理软件、教学软件、数据库应用系统、各种用户程序等。

系统软件依赖于机器，而应用软件则更接近用户业务的数字化管理。

下面简单介绍计算机中几种常用的系统软件。

1. 操作系统

操作系统（Operating System）是最基本、最重要的系统软件。它负责管理计算机系统的各种硬件资源（如 CPU、内存空间、磁盘空间和外部设备等）及软件资源。操作系统负责解释用户对计算机的管理命令，把它转换为计算机的实际操作；同时，为其他系统软件或应用软件提供理想的运行环境。操作系统性能的好坏，直接影响到计算机性能的发挥。优秀的操作系统，可以很好地管理硬件资源，充分地支持先进的硬件技术，高效率地运行其他软件，并为用户提供一定的安全保障。例如，微软公司的 MS-DOS 磁盘操作系统及 Windows 98/2000/XP/Vista/7 操作系统、UNIX 多用户操作系统等。

2. 程序设计语言

程序设计语言分为机器语言、汇编语言和高级语言。

（1）机器语言

机器语言（Machine Language）是指计算机能直接识别的语言，它是由“1”和“0”组成的一组代码指令。

（2）汇编语言

汇编语言（Assemble Language）由一组与机器语言指令一一对应的符号指令（助记符）和简单语法组成。

（3）高级语言

高级语言（High Level language）表达格式比较接近人类交流的语言，对计算机硬件依赖性弱，适用于各种计算机环境的程序设计语言，如 BASIC、FORTRAN、Delphi、C、Visual Basic、Visual C++、Java、C#语言等。

3. 语言编译和解释系统

有两类翻译系统可以将高级语言所写的程序翻译为机器语言程序，一类叫“编译系统”，另一类叫“解释系统”。

编译系统把高级语言所写的程序作为一个整体进行处理，经编译、连接形成一个完整的可执行程序，其过程如图 1-8 所示。这种方法的缺点是编译、连接较费时，程序调试不方便，但经过编译后的可执行程序运行速度快。FORTRAN、Delphi、C 语言等都采用这种编译方法。

解释系统则对高级语言源程序逐句解释执行，其过程如图 1-9 所示。这种方法的特点是程序设计的灵活性大，但程序的运行效率较低。BASIC 程序的运行环境属于解释系统。

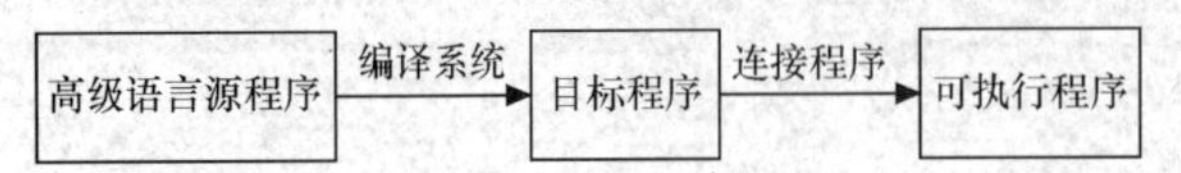

图 1-8　用编译系统将高级语言翻译成机器语言

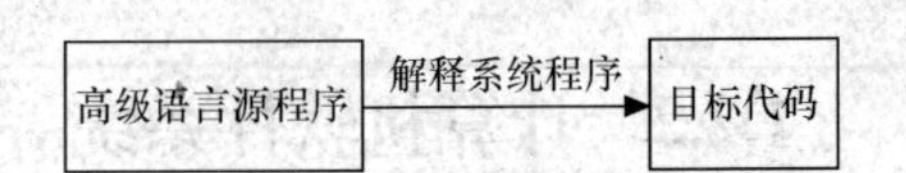

图 1-9　用解释系统将高级语言翻译成机器语言

4. 数据库管理系统

日常许多业务处理，都属于对数据组进行管理，所以计算机制造商也开发了许多数据库管理系统（DBMS）。常用的数据库管理系统有 SQL Server、SyBase、Informix、Oracle 等。

另外，还有网络及通信软件、各类服务程序和工具软件等。

1.2.3　计算机的性能指标

不同的用途对计算机的性能指标要求也有所不同，例如，对于以科学计算为主的计算机，其对主机的运算速度要求很高；对于以大型数据库处理为主的计算机，其对主机的内存容量、存取速度和外存储器的读写速度要求较高；对于以网络传输为主的计算机，则要求有很高的 I/O 响应速度，因此应当有高速的 I/O 总线和相应的 I/O 接口。

1. 运算速度

计算机的运算速度是指计算机每秒钟执行的指令数，单位为每秒百万条整数指令（MIPS）或者每秒百万条浮点指令（MFPOPS），这需要用基准程序来测试。影响计算机运算速度的主要因素有如下几个。

（1）CPU 的主频

计算机的主频指计算机的时钟频率，它在很大程度上决定了计算机的运算速度。例如，Intel 公司的 CPU 主频可达 3.20GHz 以上，AMD 公司的 CPU 主频可达 2GHz 以上。

（2）字长

计算机的字长已经由 4004 的 4 位发展到现在的 32 位、64 位。

（3）指令系统的合理性

每种计算机都设计了一套指令，一般均有数十条到上百条，例如，加、浮点加、逻辑与、跳转等，组成了指令系统。

2. 存储器的指标

（1）存取速度

内存储器完成一次读（取）或写（入）操作所需的时间称为存储器的存取时间或者访问时间。连续两次读（或写）所需的最短时间称为存储周期。对于半导体存储器来说，存取周期从几纳秒到几百纳秒（10^{-9} 秒）。

（2）存储容量

存储容量指计算机内存储器的大小。存储容量一般用字节（Byte）数来度量，常见的存储单位有 B（字节）、KB（千字节）、MB（兆字节）、GB（吉字节）和 TB（太字节），它们之间的运算关系如下：

1B=8bit（比特）；

1KB=2^{10} B=1 024B；

1MB=2^{10} KB=1 024KB；

1GB=2^{10} MB =1 024MB；

1TB=2^{10} GB =1 024GB。

现在流行的 CORE i3 机型其内存的基本配置一般为 2G～4GB，加大内存容量，对于运行大型应用软件或多个程序十分必要。

3. I/O 的速度

主机 I/O 的速度，取决于总线的设计，对于慢速设备（如键盘和打印机）影响不是很大，但对于高速设备则效果十分明显。例如，主流硬盘的外部传输速度已达到 133Mbit/s 以上。

1.2.4　微型计算机硬件

从微型计算机的外观看，它由主机、显示器、键盘、鼠标等几部分组成，如图 1-10 所示。

1. 主机

主机是对机箱和机箱中的所有配件的统称，它包括主板、电源、CPU、内存、显卡、声卡、硬盘、软驱和光驱等硬件，如图 1-11 所示。

图 1-10　计算机的基本组成图

主机背面　　主机内部　　主机正面

图 1-11　主机硬件系统图

2. 主板

主板是机箱内最大的一块集成电路板，是整个计算机系统的联系纽带。一般来说，主板由以下几个部分组成：CPU 插槽、内存插槽、高速缓存、系统总线及扩展总线、软硬盘插槽、时钟、CMOS 集成芯片、BIOS 控制芯片、电源接口及有关外设接口等。现以华硕的 P5E3 Deluxe X38 主板为例介绍主板上的主要部件、接口及相关技术，如图 1-12 所示。

图 1-12 中所示的主板为华硕的 P5E3 Deluxe X38 主板，它的后面板上有 6 个 USB 端口、2 个 eSATA 接口、1 个 IEEE 1394（也称 FireWire）端口、7.1 声道音频输出插孔、S/PDIF 输出插孔和双 Gigabit Ethernet（1000Mbit/s）端口。这款主板配备了 3 条 PCI-E x16 显卡插槽、2 条 PCI-E x1 插槽和 2 条标准 PCI 插槽，还有 6 个 SATA II 接口和 1 个 IDE 接口。主板只有 4 条内存插槽，只支持 DDR3 内存。

1—CPU 插座　2—内存插槽　3—PCI 插槽　4—PCI-E x1 插槽　5—PCI-E x16 插槽　6—北桥芯片
7—南桥芯片 ICH9　8—电源插槽　9—SATA 2.0 接口　10—音频芯片　11—网卡芯片
12—ATA（IDE）接口　13—主板电池

图 1-12　主板

（1）芯片组

芯片组（Chipset）是主板的核心组成部分，其性能的优劣，决定了主板性能的好坏与等级的高低，还直接影响到整个电脑系统性能的发挥。

芯片组一般由北桥芯片和南桥芯片等组成。其中，北桥芯片一般距离内存插槽和 CPU 较近，主要负责支持 CPU 的类型，主板的系统总线频率，内存类型、容量和性能，显卡插槽规格（如 PCI-E x16 插槽、AGP 插槽等）。南桥芯片距离标准 PCI 插槽和 IDE 接口、SATA 接口较近，主要负责 I/O 总线之间的通信，具体包括支持扩展槽的种类与数量、扩展接口的类型和数量（如 PCI-E x1 插槽、标准 PCI 插槽、IDE 接口、SATA 接口、RAID 功能、USB 2.0/1.1 接口、IEEE 1394 接口、串口、并口、笔记本的 VGA 输出接口）等。

P5E3 Deluxe X38 主板使用的芯片组是 Intel X38 芯片组，北桥芯片为 X38，南桥芯片为 ICH9。

有些芯片组由于加入了 3D 加速显示（集成显示芯片）、AC97 声音解码、网卡芯片等功能，因此，还决定着计算机系统的显示性能、音频播放性能和网络性能等。

2004 年芯片组技术经过重大变革，用 PCI-Express 总线技术取代了传统的 PCI 和 AGP，极大地提高了设备带宽，从而带来一场计算机技术的革命；另一方面，芯片组技术也在向着高整合性方向发展，现在的芯片组产品已经整合了音频、网络、SATA、RAID 等功能，大大降低了用户的成本。

（2）CPU 插槽

一般主板仅有一个 CPU 插槽。P5E3 Deluxe X38 主板的 CPU 插槽为 775pin，支持 Intel Core2 Extreme 四核处理器。服务器主板或高端图形工作站主板可能配备两个以上的 CPU（2、4、8、16 个 CPU 插槽），进而全面提升计算机性能。

（3）内存插槽

一般主板仅有 2 个内存插槽，高档主板有 4 个以上的内存插槽，且支持高档内存。不同的芯片组，支持不同的内存规格。该主板支持的是 DDR3 内存。

（4）PCI 系列插槽

早期主板均有 1 个 AGP 插槽和多个 PCI 插槽，其中，AGP 插槽（AGP 8X 带宽为 2.1Gbit/s 的）用来插入 AGP 显示卡，PCI 插槽用于插入声卡、网卡、视频采集卡等接口设备。目前 AGP 插槽已逐渐被 PCI-E x16 插槽取代，其支持的显示卡比 AGP 显示速度更快、效果更好。

◆ PCI-E x16 插槽：PCI-Express 是最新的总线和接口标准，是由 Intel 公司提出的，它代表着下一代 I/O 接口标准。这个新标准将全面取代现行的 PCI 和 AGP，最终实现总线标准的统一。它的主要优势是数据传输速率高，目前最高可达到 10Gbit/s 以上，而且还有相当大的发展潜力。PCI Express 有 1X 到 16X 多种规格，PCI-E 接口能够支持热插拔，能满足现在和将来一定时间内出现的低速设备和高速设备的需求。

◆ 标准 PCI 插槽：指互联外围设备总线接口，其标准总线时钟频率为 33MHz，提供 133Mbit/s 的传输速率，目前用于网卡、声卡等接口设备。

◆ PCI-E x1 插槽：传输速率为 250Mbit/s，能够支持主流声效芯片、网卡芯片和存储设备对数据传输带宽的需求，但还远远无法满足图形芯片对数据传输带宽的需求。目前的电视卡主要采用 PCI-E x1 接口标准。

（5）ATA 接口与 SATA 接口

这两种接口主要用于硬盘、光驱等设备的接入。

◆ ATA 接口：目前主要使用 ATA133，其传输速率为 133MB/S，写入速率约 70MB/S。

◆ SATA 接口：这是面向未来设计的新一代硬盘接口技术，使用时无需安装 Serial ATA 驱动程序，对于各种操作系统的支持是完全透明的。Serial ATA 采用点对点传输架构，取消了主从 ID 的设定，SATA 1.0 可提供 150MB/S 的接口速率，SATA 2.0 可提供 300MB/S 的接口速率，SATA 3.0 可提供 600MB/S 的接口速率，解决了硬盘接口的瓶颈问题。现主流硬盘已全面支持 SATA 1.0/2.0 接口技术。

◆ E-SATA 接口：E-SATA 是一种外置的 SATA 规范，即通过特殊设计的接口能够很方便地与普通 SATA 硬盘相连，使用的依然是主板的 SATA 2.0 总线资源，其速率远远超过主流 USB 2.0 和 IEEE 1394 等外部传输技术的速率。

（6）USB 接口

USB 接口即通用串行总路线接口。USB 接口是 1993 年由 Intel 公司、康柏公司、Digital 公司、微软公司和 NEC 公司共同设计的。

◆ USB 1.1 接口：最高传输速率为 12Mbit/s。

◆ USB 2.0 接口：最高传输速率为 480Mbit/s（60MB/s）。

◆ USB 3.0 接口：最高传输速率为 5Gbit/s（640MB/s）。

目前已有使用 USB3.0 接口的移动硬盘、U 盘设备等。

（7）IEEE 1394 接口

IEEE 1394 是提供给高速外设的串行总线接口标准，此接口标准由 IEEE 所开发，设计传输速率为 100Mbit/s、200Mbit/s、400Mbit/s 和 800Mbit/s。目前，数码摄像机等设备多使用该接口。

3. 微处理器

目前，微处理器（CPU）生产厂家有 Intel 公司、AMD 公司、IBM 公司等，随着技术的更新和产品的发展，CPU 主频由原来的 4.77MHz 发展到现在的 3GHz 以上。

自 1993 年 Intel 公司推出 Pentium 以来，CPU 技术日新月异，Intel 公司从 Pentium、Pentium II、Pentium III 到 Pentium IV，AMD 公司从 K6、K6-2、K6-III、K7 到 64 位 CPU 等，其技术更新周期越来越短、技术工艺越来越精湛。

目前，CPU 发展的主要趋势是：由传统的 32 位处理器向 64 位处理器过渡；制造工艺由 0.13μm 工艺向 90nm、65nm、45nm、32nm 工艺普及，并已开始向 22nm 技术进军；CPU 由传统的单核 CPU 向 2、4、8、16、32 核等多核 CPU 发展。

衡量 CPU 的指标主要有：CPU 工艺、主频和外频等。一般主频和外频值越大，CPU 的性能就越高。

4. 内存

内部存储器按存储信息的功能可分为只读存储器（Read Only Memory，ROM）和随机存取存储器（Random Access Memory，RAM）。通常，人们将随机存取存储器称为主存，或简称为内存，主要用于存放当前执行的程序和操作的数据。

（1）只读存储器

只读存储器（ROM）是一种只能读出不能随便写入的存储器，ROM 中通常存放一些固定不变、无需修改而且经常使用的程序，如系统加电自检、引导和基本输入输出系统（BIOS）等程序，由厂家固化在 ROM 中。在 ROM 中的内容不会随计算机的断电而消失。目前，常用的 ROM 是可擦除可编程的只读存储器，称为 EPROM。用户可通过编程器将数据或程序写入 EPROM 中。

（2）随机存取存储器

随机存取存储器（RAM）是一种可读写的存储器，通常所说的内存条就是指 RAM，它是程序和数据的临时存放地和中转站，即从外设输入输出的信息都要通过它与 CPU 交换。在 RAM 中存放的内容可随时供 CPU 读写但这些内容会随着计算机的断电而消失。RAM 又分为动态（DRAM）和静态（SRAM）两种。DRAM 存储容量较大，但读取速度较慢，需要定时刷新；而 SRAM 的存储容量较小，读取速度比 DRAM 快 2～3 倍。

目前，计算机中主要使用的内存条如图 1-13 所示。

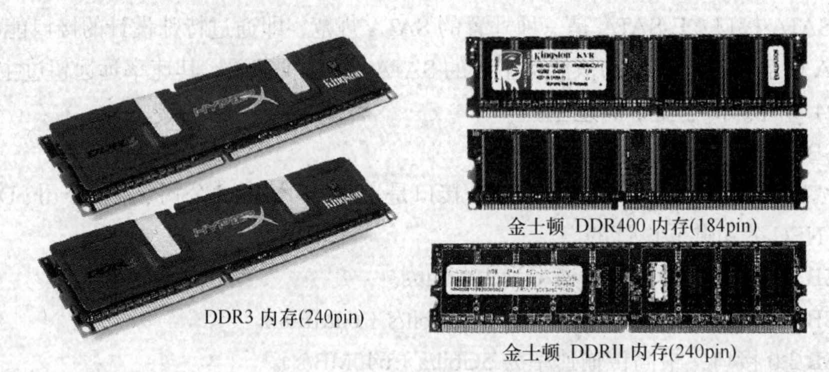

图 1-13　DDR、DDR2、DDR3 内存

DDR（Double Date Rate，双倍数据传输率）内存分类如下。

◆ DDR 内存：即 DDR SDRAM 内存（双倍速率 SDRAM 内存）。DDR SDRAM 最早由三星公司于 1996 年开发。DDR 内存有 184 个接脚、一个缺槽，与 SDRAM 内存不兼容。

◆ DDR2 内存：为 4 位预取能力设计，DDR2 内存拥有两倍于上一代 DDR 内存的预读取能力，DDR2 内存每个时钟能够以 4 倍于外部总线的速率读/写数据，并且能够以内部控制总线 4 倍的速率运行。DDR2 内存针脚数为 240pin。

◆ DDR3 内存：为 8 位预取能力设计，起跳工作频率在 1 066MHz，具有更高的外部数据传输率，更先进的地址/命令与控制总线的拓扑架构，在保证性能的同时将能耗进一步降低，进一步发挥出 CPU 的性能。DDR3 内存针脚数为 240pin。

5. 高速缓冲存储器

随着技术的发展，CPU 的速度不断提高，但内存的存取速度明显慢于 CPU 的速度，严重影响了计算机的运算速度。高速缓冲存储器（Cache）在逻辑上位于 CPU 和内存之间，用来加快 CPU 和内存之间的数据交换效率，解决它们之间速度不匹配的问题。

Cache 的工作原理是：将当前急需执行及使用频繁的程序段和要处理的数据复制到 Cache 中，CPU 读写时，首先访问 Cache，如果没有，再从内存中读取数据，并把与该数据相关的内容复制到 Cache，为下一次存取做准备，这样就大大提高了 CPU 的访问速度和命中率。

6. 外部存储器

外部存储器简称为外存，又称为辅助存储器。目前常用的外存有硬盘、光盘、U 盘等。外存主要用于存放暂时不用或需要永久保存的数据和程序。CPU 不能直接访问外存，必须将外存的内容调入内存后，才能被 CPU 读取。

（1）硬盘

硬盘如图 1-14 所示，它将磁盘片完全密封在驱动器内，盘片不可更换。大多数硬盘的盘片转速达到 7 200 转/分，因此存取速度很快，而且容量已从原来

图 1-14　硬盘及硬盘内部结构图

的几兆字节发展到现在的几十吉字节甚至上百吉字节。目前，移动硬盘正被广泛地使用，它由于数据存储量大、携带方便而受到用户的青睐。

硬盘接口主要有 ATA、SATA、SATA2（理论上其传输速度 3Gbit/s，实际 300MB/s）、SATA3（理论上其传输速度 6Gbit/s，实际 600MB/s）、SCSI 等接口。其中，SATA 接口硬盘为普及型硬盘，其容量已达 300GB 以上，高配置容量可达 1TB～12TB。

（2）软盘

软盘是将可移动的盘片插入到软盘驱动器（简称软驱）内的存储器，通过软驱中的磁头读写磁盘中的数据。常见的软盘大小为 3.5 英寸、容量为 1.44MB。软盘容量小，但携带方便，其外形如图 1-15（a）所示。软驱的外形如图 1-15（b）所示。

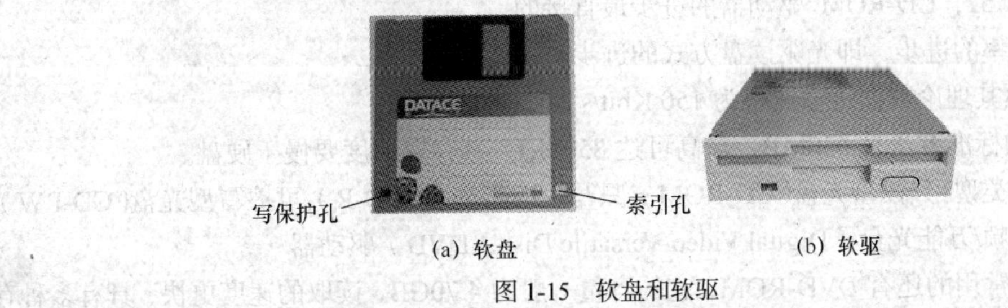

(a) 软盘　　(b) 软驱

图 1-15　软盘和软驱

软盘在格式化时，被划分为一定数量的同心圆即磁道，0 磁道位于软盘的最外圈。软盘上写保护孔可按用户的需要进行设置：当移动写保护孔上的滑块露出缺口时，软盘处于写保护状态，此时不能写信息到软盘而只能从软盘读取信息；反之软盘就处于未写保护状态，可以对软盘进行读/写操作。

软盘的缺点是数据保存时间不长，且盘片容易发霉和损伤，现已基本淘汰。

（3）可移动存储设备

用集成电路制成的可移动盘，一般称为“U 盘”（见图 1-16（a）），用闪存作为存储介质，可反复存取数据，不需另外的硬件驱动设备，使用时只要插入到计算机的 USB 插口中即可。一般可移动盘在 Windows 2000/XP/2003 及以上操作系统中使用时不必另外安装驱动程序。

U 盘可即插即用，通用性高；体积小，方便携带；容量较大，目前常用的 U 盘的容量均在 4GB 以上，最大已达 256GB；读写速度较快；有的 U 盘带写保护开关，能防病毒，安全可靠。

移动硬盘容量更大，如图 1-16（b）所示，目前主流硬盘容量达 320GB～1500GB，大容量的移动硬盘已达到 1TB～2TB，其接口由 USB 2.0 提高至 USB 3.0。移动硬盘能保存更多的数据，携带方便。

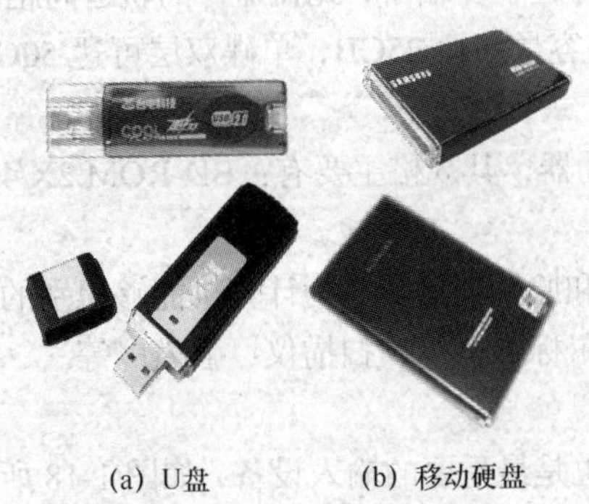

(a) U盘　　(b) 移动硬盘

图 1-16　U 盘和移动硬盘

（4）光驱与光盘

◆ CD-ROM 驱动器

自 1985 年飞利浦公司和索尼公司公布了在光盘上记录计算机数据的黄皮书以来，CD-ROM 驱动器便在计算机领域得到了广泛的应用，其外观如图 1-17 所示。

图 1-17 CD-ROM 驱动器

1991 年，MPC 1.0 规范的制订带来了光盘出版物的繁荣，预示着一个全新的存储时代的开始。1993 年，双倍速光驱出现，CD-ROM 驱动器开始成为国内计算机用户的配置。

倍速提高到 52，CD-ROM 驱动器的进步最直接的体现就是传输速率的进步，即光驱读盘方式的进步。

52 倍速光驱其理论数据传输速率为 150 Kbit/s × 52。

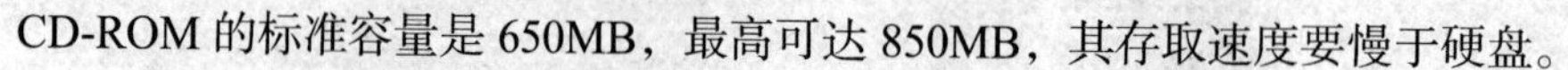
CD-ROM 的标准容量是 650MB，最高可达 850MB，其存取速度要慢于硬盘。

光盘有 3 种类型：只读型光盘（CD-ROM）、只写一次型光盘（CD-R）、可擦写型光盘（CD-RW）。

◆ 数字视频/万能光盘（Digital Video/Versatile Disc，DVD）驱动器

现在光盘中常用的还有 DVD-ROM，它的容量一般为 4.70GB，读取的速度更快，具有多种存储格式，数据可通过 DVD 光驱读取。

CD-ROM 和 DVD-ROM 都是利用盘片上的坑（pit）来记录数据的，并且从内圈到外圈沿着同一条螺旋状的信息轨道，类似盘旋状的蚊香。当激光头读取数据时，激光会寻找并照射在信息轨道上，通过光盘介质的坑洞状态确定信号的电平，然后再反射到 CD-ROM 驱动器的感光二级管，经过一连串运算之后就可以读出数据来。CD-ROM 的最小信息坑洞直径是 0.83μm、最小轨距是 1.6μm，使用波长为 780nm 的红外线光照射。而 DVD-ROM 由于容量更大，因此盘片上的坑直径就小一点，在 0.4μm 左右，最小轨距则是 0.74μm，这种更细小的信息坑和轨距需要更小的激光点才能读取数据，因此 DVD-ROM 驱动器的红外线光波长为 635nm～65nm。

◆ 蓝光驱动器（BD-R）

蓝光光盘（Blu-Ray Disc）存储技术是以索尼公司为首的蓝光联盟（Blu-ray Disc Association）主导的新一代高容量光盘储存技术。蓝光联盟囊括了世界光储存技术巨头，2002 年 5 月确立主要成员，包括索尼、飞利浦、松下、先锋、LG 电子、三星、惠普、三菱、夏普、TDK、汤姆逊、戴尔、日立 13 家公司。

蓝光光盘（BD-ROM）技术采用波长为 405nm 的蓝紫色激光，通过广角镜头上比率为 0.85 的数字光圈，使聚焦的光点尺寸进一步缩小，光盘盘片的轨道间距减小至 0.32μm，而其记录单元最小直径是 0.14μm，单碟单层容量高达 25GB，单碟双层可达 50GB 的容量，足以满足存储高清晰影片的需要。

蓝光驱动器兼容 DVD 驱动器，其规格主要有：BD-ROM 2X/4X。

7. 输入设备

输入设备的功能是将程序和原始数据转换为计算机能够识别的形式并送到计算机的内存。输入设备的种类很多，如键盘、鼠标、光笔、扫描仪、触摸屏等。

（1）键盘

键盘是计算机中最基本、也是最重要的输入设备，如图 1-18 所示。键盘也经历了不断地变革和创新才成为现在的样子。从早期的机械式键盘到现在的电容式键盘，从 83 键键盘到 101（102）

键键盘，再到现在的 104 键的 Windows 键盘，以及手写键盘和无线键盘，都说明了计算机技术日新月异的发展。

图 1-18　键盘

（2）鼠标

鼠标的标准称呼应该是"鼠标器"，英文名"Mouse"。

鼠标是利用本身的平面移动来控制和显示屏幕上光标移动的位置，并向主机输送用户所选信号的一种手持式的常用输入设备，被广泛用于图形用户界面的环境中，可以实现良好的人机交互。现在市面上的鼠标种类很多，按其结构可分为机械式鼠标、滚轮鼠标、光电式鼠标、无线鼠标和轨迹球鼠标等。常用鼠标如图 1-19 所示。

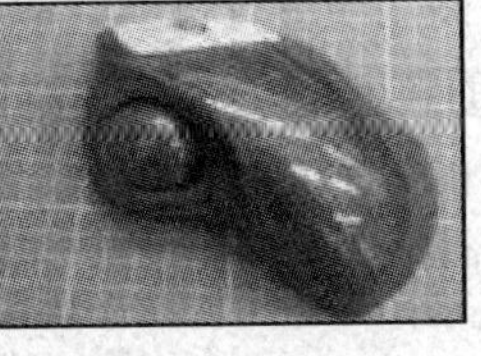

图 1-19　常用鼠标

8. 输出设备

输出设备的功能是将内存中经 CPU 处理过的信息以人们能接受的形式输送出来。输出设备的种类也很多，如显示器、打印机、绘图仪等。

（1）显示器

显示器是计算机不可缺少的输出设备，如图 1-20 所示。用户通过它可以很方便地查看输入计算机的程序、数据和图形等信息，以及经过计算机处理后的中间结果、最后结果等，它是实现人机交互的主要工具。

液晶显示器

CRT显示器

图 1-20　显示器

显示器分为 3 种：以阴极射线管为核心的阴极射线显示器（CRT）和用液晶显示材料制成的液晶显示器（LCD）以及用发光二极管制成的 LED 显示器。其中，CRT 显示器已淡出市场，LED 显示器成为目前主流的显示器。

显示器的尺寸用最大对角线表示，以英寸为单位，目前台式电脑使用的的一般是 19～23 英寸等及以上，笔记本电脑的一般为 9～13 英寸。

衡量显示器的主要性能指标有点距和分辨率，目前常用的 CRT 的像素间距有 0.24mm 和 0.20mm 等。CRT 的分辨率是指显示设备所能表示的像素个数，像素越密、分辨率越高，图像越清晰。显示器分辨率已普及到 1 280 × 1 024 像素以上。

在软件环境下，目前常用的显示器分辨率为 1 440 × 900，即显示器在水平方向显示 1 440 个像素，在垂直方向显示 900 个像素，整个屏幕能显示 1440 × 900=1 296 000 个像素。

液晶显示器技术已完全成熟，制造成本大幅度下降，具有显示效果好、耗电量低、体积小、重量轻，对人体无辐射等一系列优点，目前已全面普及到办公室及家庭之中。

（2）打印机

打印机一般分为针式打印机、喷墨打印机和激光打印机。相对来说，针式打印机打印速度慢，噪声大，已渐渐被后来的喷黑打印机和激光打印机取代，但针式打印机在票据打印领域则具有独有的优势。

自 2001 年后，喷墨打印机在技术上取得了长足的进步，首先是在打印质量上，特别是照片级打印机的出现，吸引了无数家庭用户的青睐；第二是打印速度的提高，在小型办公环境中，某些商用喷墨打机型的标称打印速度已经高达 20ppm（黑白打印方式），而目前桌面级黑白激光打印机的主流输出速度仅为 12ppm，因此，速度已经不再成为喷墨打印机进入商用市场的瓶颈。喷墨打印机如图 1-21 所示。

图 1-21 喷墨打印机

喷墨打印机输出范围明显扩大，不仅能输出文档和照片，还能打印无边距海报、信封、T 恤和光盘封面等。这些丰富有趣的应用无疑成为吸引家庭用户的重要因素之一。其次是输入端同数码相机的结合，伴随着数码相机销售量的急剧增长，目前的数码照片打印机不仅可以支持多种存储介质，并且还可以脱离计算机而独立工作，再配合彩色液晶屏显示，在易用性方面得到了极大的提升，特别是有的数码照片打印机集卷纸输入、照片剪裁等功能于一身，使得家庭冲洗照片更加专业化、自动化。喷墨打印机尤其更适合广告设计与制作领域。

喷墨打印机类型极多，生产厂商也较多。根据需要，现在厂商推出了一系列不同型号、不同价位的产品，便宜的仅 200 元左右，而专业的喷墨打印机则从几千元到上万不等，大幅面写真机则需要几十万元。图 1-22 所示为大幅面写真机。

激光打印机由于其故障率低、输出速度快、可使用普通复印纸打印，因为仍然是现代办公的首选设备。其外观如图 1-23 所示。

图 1-22 大幅面写真机

图 1-23 激光打印机

1.3 计算机中的数据和常用编码

1.3.1 计算机内部的进制表示

数据是计算机处理的对象。在计算机内部，各种信息都必须经过数字化编码后才能被传送、存储和处理，而在计算机中采用什么数制，是学习计算机原理时首先遇到的一个重要问题。

由于技术原因，计算机内部一律采用二进制，而人们在编程中经常使用十进制，有时为了方便还采用八进制和十六进制。

计算机内部采用二进制表示信息，其主要原因有以下 4 点。

（1）电路简单

计算机内部是由逻辑电路实现的，逻辑电路通常只有两个状态。例如，开关的接通或断开，电路的导通或截止，磁性材料的正向磁化或反向磁化等。这两种状态正好可以用二进制的 0 和 1 表示。

（2）工作可靠

用两个截然不同的状态表示两个数据，数字传输和处理不容易出错，因而电路更加可靠。

（3）简化运算

二进制运算法则简单。例如，求和法则有 3 个，求积法则也只有 3 个。

（4）逻辑运算强

计算机工作原理是建立在逻辑运算基础上的，逻辑代数是逻辑运算的理论依据。二进制只有两个数码，正好代表逻辑代数中的“真”与“假”。

1.3.2 计算机常用的几种数制

数制包含一组数码符号和位权两个基本因素。

数码是一组用来表示某种数制的符号，如 1、2、3、A、B。

基数是数制所用的数码个数，用 R 表示，称 R 进制，其进位规律是“逢 R 进 1”。如十进制的基数是 10，逢 10 进 1。

位权是数制在不同位置上的权值。在某进位制中，处于不同数位的数码，代表不同的数值，某一个数位的数值是由这位数码的值乘上这个位置的固定常数构成，这个固定常数称为“位权”。例如，十进制的个位的位权是“1”，百位的位权是“100”。

1. 常用数制简介

（1）十进制

十进制数的数码用 10 个不同的数字符号 0、1…8、9 来表示，由于它有 10 个数码，因此基数为 10。数码处于不同的位置表示的大小是不同的，如 7 845.231 这个数中的 8 就表示 $8\times10^2=800$，这里把 10^n 称作位权，简称为“权”。十进制的运算规则是：逢 10 进 1。十进制数又可以表示成按“权”展开的多项式。

例如：$7\,845.231=7\times10^3+8\times10^2+4\times10^1+5\times10^0+2\times10^{-1}+3\times10^{-2}+1\times10^{-3}$

（2）二进制

计算机中的数据是以二进制形式存放的，二进制数的数码用 0 和 1 来表示。二进制的基数为 2，权为 2^n。二进制数的运算规则是：逢 2 进 1。二进制数又可以表示成按“权”展开的多项式。

例如：$11\,010.101=1\times2^4+1\times2^3+0\times2^2+1\times2^1+0\times2^0+1\times2^{-1}+0\times2^{-2}+1\times2^{-3}$

（3）八进制和十六进制

八进制数的数码用 0、1…6、7 来表示。八进制数的基数为 8，权为 8^n。八进制数的运算规则是：逢 8 进 1。

十六进制数的数码用 0、1…9、A、B、C、D、E、F 来表示。十六进制数的基数为 16，权为 16^n。十六进制数的运算规则是：逢 16 进 1。

其中，符号 A 对应十进制中的 10，B 表示十进制中的 11……F 表示十进制中的 15。

表 1-2 所示为常用数制的表示方法。

表 1-2　　常用计数制的表示方法

二进制（B）	十进制（D）	八进制（O）	十六进制（H）
0	0	0	0
1	1	1	1
10	2	2	2
11	3	3	3
100	4	4	4
101	5	5	5
110	6	6	6
111	7	7	7
1000	8	10	8
1001	9	11	9
1010	10	12	A
1011	11	13	B
1100	12	14	C
1101	13	15	D
1110	14	16	E
1111	15	17	F
10000	16	20	10

在表示不同的进制时，可用以下 3 种格式。

第 1 种：$11010011_{(2)}$，$345_{(8)}$，$79.34_{(10)}$，$3BE_{(16)}$。

第 2 种：$(101011)_2$，$(347)_8$，$(43.93)_{10}$，$(AF4)_{16}$。

第 3 种：10110.101B，343O，395D，3C6H。

这里字母 B、O、D、H 分别表示二进制、八进制、十进制和十六进制。

一般约定十进制数的后缀为 D 或下标可省略，即无后缀的数字为十进制数字。

2. 数制转换

数制转换是将一个数从一种计数制表示法转换成另外一种计数制表示法。

（1）将 R 进制数转换为十进制数

将 R 进制数转换为十进制数可采用多项式替代法，即将 R 进制数按权展开，再在十进制的数制系统内进行计算，所得结果就是该 R 进制数的十进制数形式。

① 将二进制数转换为十进制数

例如，将 $(101011.101)_2=(?)_{10}$

按权展开如下：

$N=1\times 2^5+0\times 2^4+1\times 2^3+0\times 2^2+1\times 2^1+1\times 2^0+1\times 2^{-1}+0\times 2^{-2}+1\times 2^{-3}$

$=(43.625)_{10}$

② 将八进制数转换为十进制数

例如，将 $(127.504)_8=(?)_{10}$

按权展开如下：

$N=1\times 8^2+2\times 8^1+7\times 8^0+5\times 8^{-1}+0\times 8^{-2}+4\times 8^{-3}$

$=(87.6328125)_{10}$

③ 将十六进制数转换为十进制数

例如，将（12FF.B5）$_{16}$=（？）$_{10}$

按权展开如下：

$N=1\times16^3+2\times16^2+15\times16^1+15\times16^0+11\times16^{-1}+5\times16^{-2}$

$=4096+512+240+15+0.6875+0.01953125$

$=(4863.70703125)_{10}$

（2）将十进制数转换为 R 进制数

将十进制数转换成 R 进制数可采用基数除乘法，即整数部分的转换采用基数除法，小数部分的转换采用基数乘法，然后再将转换结果连接起来，就得到转换之后的结果。

下面以十进制数转换成二进制数为例说明转换 R 进制数的方法。

例如，将（43.625）$_{10}$=（？）$_2$

整数部分：43，采用基数除余法，基数为 2，因此，此例应采用“除 2 取余法”。

小数部分：0.625，采用基数乘法，基数为 2，因此，此例应采用“乘 2 取整法”。

其转换过程如下：

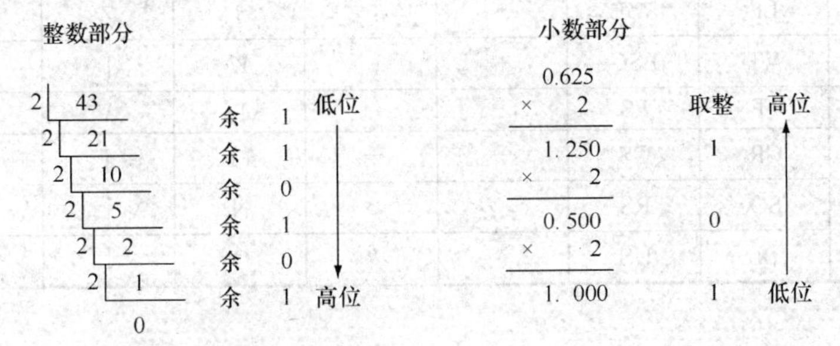

整数部分转换结果：从高位到低位 101011。

小数部分转换结果：从高位到低位 101。

连接之后的结果是：101011.101。

因此，（43.625）$_{10}$=（101011.101）$_2$

1.3.3　常用的信息编码

二进制编码的由来：由于计算机需要处理各种数据，而它只能识别二进制数，故对字符要用若干位二进制编码来表示。

1. ASCII

ASCII（American Standard Code for Information Interchange）是美国信息交换标准代码的简称。ASCII 占一个字节，有 7 位 ASCII 和 8 位 ASCII 两种，7 位 ASCII 称为标准 ASCII，8 位 ASCII 称为扩充 ASCII。7 位 ASCII 是目前计算机中用得最普遍的字符编码。每个字符用 7 位二进制编码表示，在计算机中用一个字节（8 位）来表示一个 ASCII，其第 8 位除在传输中作奇偶校验用外，一般保持为 0。

ASCII 是由 128 个字符组成的字符集，其中编码值 0～31（000 0000～001 1111）不对应任何可印刷字符，常称为控制字符，用于计算机中的通信控制或对计算机设备的功能控制；编码值 32（010 0000）是空格字符 SPACE；编码值 127（111 1111）是删除控制 DEL；其余 94 个字符称为可印刷字符。表 1-3 所示为 ASCII 字符编码表。

表 1-3　　　　　　　　　　　　　　　　ASCII 字符编码表

$d_6d_5d_4$ 高 3 位 低 4 位 $d_3d_2d_1d_0$	000	001	010	011	100	101	110	111
0000	NUL	DEL	SP	0	@	P	、	p
0001	SOH	DC1	!	1	A	Q	a	q
0010	STX	DC2	”	2	B	R	b	r
0011	EXT	DC3	#	3	C	S	c	s
0100	EOT	DC4	$	4	D	T	d	t
0101	ENQ	NAK	%	5	E	U	e	u
0110	ACK	SYN	&	6	F	V	f	v
0111	BEL	ETB	,	7	G	W	g	w
1000	BS	CAN	(	8	H	X	h	x
1001	HT	EM	)	9	I	Y	i	y
1010	LF	SUB	*	:	J	Z	j	z
1011	VT	ESC	+	;	K	[	k	{
1100	FF	FS	.	<	L	\	l	|
1101	CR	GS	—	=	M	]	m	}
1110	SO	RS	。	>	N	↑	n	～
1111	SI	US	/	?	O	↓	o	DEL

2. BCD 码

BCD 码用 4 位二进制数表示 1 位十进制数，例如，BCD 码 1000 0010 0110 1001 按 4 位一组分别转换，结果是十进制数 8 269，每位 BCD 码中的 4 位二进制码都是有权的，从左到右权值依次是 8、4、2、1，故又被称为 8421 码。这种二—十进制编码是一种有权码。1 位 BCD 码的最小数是 0000，最大数是 1001。

BCD 码的特点是保留了十进制的权，而数字用 0 和 1 的组合来表示。

最常用的 BCD 码是 8421 码。

8421 码：用 4 位二进制数来表示 1 位十进制数，且逢十进位。

例如，（0110）BCD=（6）D，（0001 0101）BCD=（15）D

BCD 码不能与二进制数混淆起来。

例如：（0100 0111）BCD=（47）D

（0100 0111）B=（71）D

1.4　信息与信息技术

信息技术把人们带入了资源丰富、方便快捷的信息社会，同时也带来了计算机病毒、黑客攻击等安全隐患。在掌握信息安全防范措施的同时，信息时代更应重视的是信息素养的培养和信息法规的建设。

1.4.1 信息的概念

信息无时不有、无处不在，然而信息究竟是什么呢？

对“信息是什么”这一重大问题，人们往往从不同学科、不同角度给予定义。信息论创立者香农在研究通信理论时认为，信息是消息。控制论的创始人维纳说：“信息是人们在适应客观世界并使这种适应反作用于客观世界的过程中，同客观世界进行交换的内容的总称。”现代自然科学提出了对信息的一般理解，把信息看作是物质和能量在空间和时间中分布的不均匀程度，而后者又是伴随着宇宙中一切过程而发生变化的。即信息并不是事物本身，而是事物表征，是由事物发出的消息、情报、指令、数据和信号等所包含的内容；一切事物（包括自然界和人类社会）的活动都产生信息，信息是表现事物状态和运动特征的一种普遍形式，是物质的普遍属性，是生物进化和人类社会发展的基础。

目前大家比较容易接受的定义是：“信息是客观存在的一切事物通过物质载体所发出的消息、情报、指令、数据和信号中所包含的一切可传递和交换的内容。”

1.4.2 信息的分类

信息的概念仁者见仁、智者见智，信息的分类也有多种解释。

从信息的性质出发，信息可分为：语法信息、语义信息和语用信息。

从信息的地位出发，信息可分为：客观信息和主观信息。

从信息的作用出发，信息可分为：有用信息、无用信息和干扰信息。

从信息的逻辑意义出发，信息可分为：真实信息、虚假信息和不定信息。

从信息的生成领域出发，信息可分为：宇宙信息、自然信息、社会信息、思维信息等。

从信息的应用部门出发，信息可分为：工业信息、农业信息、军事信息、政治信息、科技信息、经济信息、管理信息等。

从信息源的性质出发，信息可分为：语音信息、图像信息、文字信息、数据信息、计算信息等。

从信息的载体性质出发，信息可分为：电子信息、光学信息、生物信息等。

此外，信息还有其他的分类原则和方法。

1.4.3 信息技术概述

IT（Information Technology）即信息技术。如今 IT 的概念已渗透到社会的各个领域，它是当今世界上发展最迅猛、影响最广泛的新兴技术之一，目前，许多人把信息技术理解为计算机技术、网络技术或与此相关的概念，其实信息技术是一个包含多种技术的综合体。

信息技术是以微电子学为基础，研究和设计计算机硬件、软件、外部设备、通信网络设备（光纤通信和卫星通信），以及计算机生产、应用和服务的技术。

信息技术包括通信技术、计算机技术、多媒体技术、自动控制技术、视频技术、遥感技术等。简单地说，信息技术是能够延长或扩展人的信息能力的手段和方法。

1.4.4 信息技术的发展

信息技术的发展历史非常悠久：我国周朝时期就利用烽火台传递边关警报，古罗马地中海城市以悬灯来报告迦太基人进攻的消息等；指南针、烽火台、风标、号角、语言、文字、纸张、印刷术等作为古代传载信息的手段，曾经发挥过重要作用；望远镜、放大镜、显微镜、算盘、手摇机械计算机等则是近代信息技术的产物；它们都是现代信息技术的早期形式。随着计算机与网络技术的迅猛发展，信息技术发生了质的变化，它将人类社会真正带入了信息时代，通过计算机可以处理与传递大量复杂的信息，可以同时传递文字、声音、图像、动画等多媒体信息，而且具有很强的交互性。现代信息技术的发展缩短了世界的距离，缩短了时空的差距，彻底改变了人们的工作方式和生活方式。

信息技术革命可划分为 5 个阶段：第一阶段是语言的产生，第二阶段是文字的出现，第三阶段是造纸术、印刷术的发明，第四阶段是电报、电话、广播和电视等通信设备的发明，第五次即现代信息技术。

现代信息技术是以微电子技术为基础的电子感测技术、电子通信技术、电子计算机技术和电子控制技术（即自动控制技术），它们也可以统称为电子信息技术。电子设备工作速度快、容量大、精度高，信息处理能力强，它将信息技术的发展推向空前的高度。电子信息技术的出现，给科学技术乃至人类的思想观念和社会生活带来了全面的冲击。然而，科学技术的发展是无止境的，近二十多年来，新一代的信息技术——激光信息技术又迅速地发展起来。激光遥感、光纤通信、激光全息存贮和激光控制技术的相继问世和激光计算机的研制，将信息技术的发展推向了一个新的高峰。现在又相继出现了更新一代的信息技术——生物信息技术。

我国现代信息技术的发展也紧跟时代潮流，发展迅速，走在世界的前列。以下为中国信息技术方面的大事记。

1956 年，周恩来总理亲自提议、主持、制定我国《十二年科学技术发展规划》，选定了“计算机、电子学、半导体、自动化”作为“发展规划”的四项紧急措施，并制定了计算机科研、生产和教育发展计划。我国计算机事业由此起步。

1980 年 10 月，经中宣部、原国家科委、原四机部批准，中国第一份计算机专业报纸——《计算机世界》报创刊。由此带动了信息技术媒体这个新兴产业的发展。

1983 年 8 月，“五笔字型”汉字编码方案通过鉴定。该输入法后来成为专业录入人员使用最多的输入法。

1987 年，我国破获第一起计算机犯罪大案。某银行系统管理员利用所掌管的计算机，截留贪污国家应收贷款利息 11 万余元。

1994 年 4 月 20 日，中关村地区教育与科研示范网络（NCFC）完成了与因特网的全功能 IP 连接。从此，中国正式被国际上承认是接入因特网的国家。

2002 年 9 月 28 日，中科院计算所宣布中国第一个可以批量投产的通用 CPU“龙芯 1 号”芯片研制成功。此芯片的逻辑设计与版图设计具有完全自主的知识产权。采用该 CPU 的曙光“龙腾”服务器同时发布。

2004 年 6 月 21 日，美国能源部劳伦斯·伯克利国家实验室公布了最新的全球计算机 500 强名单，曙光计算机公司研制的超级计算机“曙光 4000A”排名第十，运算速度达 8.061 万亿次。

尽管现在仍处于信息社会初级阶段，但我们可以预测今后信息技术的发展趋势。

◆ 高速、大容量：无论是通信还是计算机，都朝着速度越来越快、容量越来越大的趋势发展。

◆ 综合化：包括业务综合以及网络综合。

◆ 数字化：一是便于大规模生产，模拟电路每一个单独部分都需要进行单独设计、单独调测，而数字设备是单元式的，设计非常简单，便于大规模生产，可大大降低成本；二是有利于综合，每一个模拟电路的电路物理特性区别都非常大，而数字电路由二进制电路组成，非常便于综合。

◆ 个人化：即可移动性和全球性。一个人在世界任何一个地方都可以拥有同样的通信手段，可以利用同样的信息资源和信息加工处理的手段。

思考与练习

1. 简述计算机的特点。
2. 简述计算机系统的组成及工作原理。
3. 常用的系统软件有哪些？
4. 从外观上看，计算机由哪几部分组成？
5. 计算机采用二进制表示数据有哪些优点？
6. 请将二进制数 101101，1001101，10111011.1011 转换为十进制数。
7. 请将十进制数 135.65 分别转换为二进制数、八进制数及十六进制数。
8. 简述高速缓存的作用。
9. 信息社会有什么特点？
10. IT 代表什么？其内涵是什么？
11. 请简述 ASCII 的功能及特点？

第 2 章 Windows 7 操作系统

操作系统（Operating System，OS）是管理计算机硬件与软件资源的程序，同时也是计算机系统的内核与基石。

计算机技术的基本特征就是以操作系统为主体，以计算机硬件为依托，构成一种称为基本平台的综合保障体系。学习计算机技术首先就要学会使用一种或几种最常用的操作系统。本章在简要地介绍操作系统基本知识及几种常用操作系统的基础上，全面介绍 Windows 7 专业版的基本操作、资源管理器、控制面板及附件等功能与操作方法。

2.1 操作系统概述

操作系统是用来管理计算机硬件资源和软件资源的一种系统软件。操作系统是计算机系统的核心，负责管理与配置内存、决定系统资源供需的优先次序、控制输入与输出设备、操作网络与管理文件系统等基本任务。

操作系统的种类很多，可分为个人计算机操作系统、多处理器操作系统、网络操作系统、大型机操作系统、实时操作系统、嵌入式操作系统、智能卡操作系统、传感器节点操作系统等。

按应用领域划分主要有三种：桌面操作系统、服务器操作系统和嵌入式操作系统。

桌面操作系统是指应用于个人计算机上的操作系统，主要分为 Windows 操作系统系列和类 Unix 操作系统系列。

服务器操作系统是指安装在服务器上的操作系统，如 Web 服务器、应用服务器和数据库服务器等。服务器操作系统主要分为 Unix 操作系统系列、Linux 操作系统系列和 Windows 操作系统系列。

嵌入式操作系统是指应用于嵌入式系统的操作系统。嵌入式系统是一种“完全嵌入受控器件内部，为特定应用而设计的专用计算机系统”。嵌入式操作系统广泛应用于手机、平板电脑、数码相机、家用电器、医疗设备及工厂控制设备等。如 Google 操作系统 Android、苹果公司操作系统 IOS 和微软公司操作系统 Windows Phone 等。

2.1.1 操作系统发展概述

计算机诞生之初并没有操作系统，它是伴随着计算机技术及其应用的发展，而逐步地形成和完善起来的。操作系统的发展主要经历了如下 6 个阶段。

1. 手工操作（无操作系统）阶段：从 1946 年第一代计算机诞生至 20 世纪 50 年代中期。

在本阶段尚无计算机操作系统，计算机工作采用手工操作方式，其过程如下。

首先，程序员将对应于程序和数据的已穿孔的纸带（或卡片）装入输入机，然后启动输入机把程序和数据输入计算机内存，接着通过控制台开关启动程序针对数据计算；计算完毕后，打印机输出计算结果；最后用户取走结果并卸下纸带（或卡片）。

手工操作方式用户独占全机，资源利用率低，且 CPU 等待人工操作，效率极低。因而出现了批处理系统。

2. 单道批处理系统阶段：20 世纪 50 年代中期后。

在本阶段实现了在计算机操作系统的控制下，将个人需要运行的作业事先输入到磁带上，交给系统操作员进行统一处理，用户则在指定的时间收取运行结果；系统操作员收到用户作业后，并不马上输入作业，而是要等到一定时间或作业达到一定数量之后才进行成批输入、分批处理。单道批处理系统的特点是任何时刻至多有一个作业在主存中运行，用户脱机使用计算机、作业成批处理。

3. 多道批处理系统阶段：20 世纪 60 年代。

在单道批处理系统基础上，引入了多道程序设计技术后形成了多道批处理系统。

单道批处理系统中 CPU 和输入/输出设备是串行执行的，CPU 的速度远高于输入/输出设备的运行速度，因而造成 CPU 一直等待其输入/输出设备而无法做其他工作，CPU 的工作效率极低。在多道批处理系统中，系统内可同时容纳多个作业，将这些作业放在外存中，组成一个后备队列，系统按一定的调度原则每次从后备作业队列中选取一个或多个作业进入内存运行，运行作业结束、退出运行和后备作业进入运行等均由系统自动管理，在系统中形成了一个自动转接的、连续的作业流，CPU 可以在不同的作业之间进行切换，从而提高了 CPU 工作效率。

4. 分时操作系统阶段：20 世纪 60 年代中期后。

由于 CPU 速度不断提高，为了进一步提高计算机效率，方便用户使用计算机，出现了分时操作系统。分时操作系统允许在一台计算机上同时连接多个用户终端，把处理机的运行时间分成很短的时间片，并按时间片轮流方式把处理机分配给各联机作业使用；每个用户可在自己的终端上联机使用计算机，好像自己独占机器一样；若某个作业在分配给它的时间片内不能完成其计算，则该作业暂时中断，把处理机让给另一作业使用，等待下一轮时再继续其运行；而每个用户可以通过自己的终端向系统发出各种操作控制命令，在充分的人机交互情况下，完成作业的运行。

综上所述，分时操作系统具有以下特点。

① 多路性。若干个用户同时使用一台计算机。微观上看是各用户轮流使用计算机，宏观上看是各用户并行工作。

② 交互性。用户可根据系统对请求的响应结果，进一步向系统提出新的请求。这种能使用户与系统进行人机对话的工作方式，明显地有别于批处理系统，因而，分时系统又被称为交互式系统。

③ 独立性。用户之间可以相互独立操作，互不干扰。系统保证各用户程序运行的完整性，不会发生相互混淆或破坏现象。

④ 及时性。系统可对用户的输入及时作出响应。分时系统性能的主要指标之一是响应时间，它是指：从终端发出命令到系统予以应答所需的时间。

多用户分时系统是当今计算机操作系统中最普遍使用的一类操作系统。

5. 实时操作系统阶段：20 世纪 70 年代，计算机被广泛地应用于工业控制等领域。

该领域要求计算机必须在规定的时间内对相关的操作作出响应，否则有可能造成不可预料的后果，这样就出现了实时操作系统。实时操作系统是指在规定的时间限制内完成特定功能的操作系统。有的实时操作系统是为特定的应用设计的，也有一些是为通用目的而设计的。从某种程度上说，大部分通用目的的操作系统，如微软的 Windows NT 等是有实时系统特征的。虽然它不是严格的实时系统，但它同样可以解决一部分实时应用问题。

6. 现代操作系统阶段：20 世纪 80 年代以后。

随着个人计算机的诞生与蓬勃发展，以及网络的出现与 Internet 的迅速普及，计算机技术向网络、分布式处理、巨型化和智能化方向发展。从 20 世纪 80 年代开始，进入了现代操作系统阶段，形成了个人计算机操作系统、网络操作系统和分布式操作系统等。

（1）个人计算机操作系统

个人计算机上的操作系统是联机交互的单用户多任务操作系统，它提供的联机交互功能与通用分时系统提供的功能很相似。个人计算机操作系统功能强、价格便宜，能满足一般人操作、学习、游戏等方面的需求。个人计算机操作系统目前广泛采用图形界面人机交互的工作方式，界面友好，操作灵活方便。

（2）网络操作系统

计算机网络是通过通信设施，将地理上分散的、具有自治功能的多个计算机系统互连起来，实现信息交换、资源共享、互操作和协作处理的系统。

网络操作系统是在原来各自计算机操作系统上，按照网络体系结构的各个协议标准增加网络管理模块，其中包括通信、资源共享、系统安全和各种网络应用服务。

（3）分布式操作系统

分布式操作系统是通过通信网络，将地理上分散的具有自治功能的数据处理系统或计算机系统互连起来，实现信息交换和资源共享，协作完成任务。分布式系统有如下特点。

① 分布式系统内要求有一个统一的操作系统，即分布式操作系统，实现系统内操作的统一性。

② 分布式操作系统负责全系统的资源分配和调度、任务划分、信息传输和控制协调工作，并为用户提供一个统一的界面。

③ 用户通过统一的界面，实现用户所需要的操作和使用系统资源，而操作在哪一台计算机上执行，或使用哪台计算机的资源，则是操作系统完成的，用户无需知道。

④ 分布式系统尤其强调分布式计算和处理，因此对于多机合作和系统重构和容错能力等有更高的要求，系统应有更短的响应时间、更高的吞吐量和更高的可靠性。

2.1.2 操作系统的基本功能

操作系统的主要功能是资源管理、程序控制和人机交互等。计算机系统的资源可分为设备资源和信息资源两大类。设备资源指的是组成计算机的硬件设备，如中央处理器、主存储器、磁盘存储器、打印机、磁带存储器、显示器、键盘输入设备和鼠标等。信息资源指的是存放于计算机内的各种数据，如文件、程序库、知识库、系统软件和应用软件等。

1. 操作系统的基本功能

操作系统有以下 5 大基本功能。

① 处理器管理。这是操作系统资源管理功能的重要内容。在一个允许多道程序同时执行的系统里，操作系统会根据一定的策略将处理器交替地分配给系统内等待运行的程序。一道等待运行的程序只有在获得了处理器后才能运行。

② 作业管理。作业是指用户请求计算机完成一项完整的工作任务。作业一般包括用户程序、

初始数据和作业控制说明书。作业管理的任务主要是为用户提供一个使用计算机的界面使其方便地运行自己的作业，并对所有进入系统的作业进行调度和控制，尽可能高效地利用整个系统的资源。

程序是指为完成某种任务或功能而编写的代码。要运行程序时，操作系统将为之创建作业后，该作业处于等待运行阶段；当作业被选中时，操作系统将为之创建进程，此时，作业就变成了进程；创建进程后，程序进入运行阶段；进程结束时即作业运行结束。所谓进程是指程序的一次执行过程。

③ 存储器管理。源程序经过编译后，得到一组目标模块，利用链接程序将这组目标模块按设定的方式进行链接，并形成装入模块，然后由装入程序将装入模块以某种方式装入内存；进而为程序及其使用的数据分配存储空间，以保证不同的程序间互不干扰；根据程序运行需要，可进一步提供虚拟存储器功能。

④ 设备管理。提供 CPU 与设备间的缓冲管理，根据用户提出使用设备的请求进行设备分配，提供设备驱动，同时还能随时接收设备的请求，实现 CPU 和设备控制器之间的通信及虚拟设备支持等。

⑤ 文件管理。主要负责用户文件和系统文件的存储、检索、共享和保护，为用户提供灵活方便的文件操作。

2. 操作系统实现的技术处理

除了以上操作系统 5 大管理功能以外，操作系统还必须实现一些标准的技术处理。

① 标准输入/输出。从系统开始运行时操作系统就已指定了标准的输入为键盘，标准输出设备为显示器。

② 中断处理。在系统运行过程中可能发生各种各样的异常情况，如硬件故障、电源故障、软件本身的错误，以及程序设计者所设定的意外事件。这些异常一旦发生都会影响系统的运行，因此，操作系统必须对这些异常先有所准备，这就是中断处理的任务。中断处理功能针对可预见的异常配备好了中断处理程序及调用路径，当中断发生时暂停正在运行的程序而转去处理中断处理程序，它可对当前程序的现场进行保护、执行中断处理程序逻辑，在返回当前程序之前进行现场恢复直到当前程序再次运行。

③ 错误处理。当用户程序在运行过程中发生错误的时候，操作系统的错误处理功能既要保证错误不影响整个系统的运行，又要向用户提示发现错误的信息。因此，我们常常可以看到这样的情况：显示器上给出了发生错误的类型及名称，并提示用户如何进行改正，错误改正后用户程序又可以顺利运行。错误处理功能首先将可能出现的错误进行分类，并配备对应的错误处理程序，一旦错误发生，它就自动实现自己的纠错功能。错误处理一方面找出问题所在，另一方面又自动保障系统的安全，正是有了错误处理功能，系统才表现出一定的坚固性。

2.1.3　几种典型操作系统简介

操作系统从 20 世纪 60 年代出现以来，技术不断进步。功能不断扩展，操作系统种类也越来越丰富。目前个人计算机使用的操作系统一般都具有单用户多任务处理功能，而安装在网络服务器上运行的网络操作系统则具有多用户多任务处理的能力，此外，嵌入式的计算机应用越来越普遍，嵌入式操作系统是一种快速、高效、具有实时处理功能的操作系统。下面对目前 PC 和服务器等环境中常用的几种操作系统做简单介绍。

1. 微软 Windows 操作系统

Windows 是微软公司推出的视窗操作系统。该操作系统采用了 GUI 图形化操作模式，比起之前的指令操作系统 MS-DOS 更为人性化。Windows 操作系统是目前世界上使用最广泛的操作系统。随着电脑硬件和软件系统的不断升级，微软的 Windows 操作系统也在不断升级，从 16 位、32 位到 64 位操作系统。Windows 操作系统研发情况如下。

1985 年 11 月：微软公司推出 Windows 1.0，是一个基于 MS-DOS 操作系统。

1987 年 12 月：微软公司发布 Windows 2.0。

1990 年 5 月：Windows 3.0 发布。该版本具有一个增强的程序管理器和图标系统，一个新的文件管理器，支持 16 色，运行得更好且更快。

1992 年 4 月：Windows 3.1 发布。直到 1995 年 Windows 95 发布前，该操作系统一直保持为 PC 上的首选操作系统。

1992 年 11 月：用于 Windows NT 的首个 Win32 软件 Development Kit 发布。

1993 年 8 月：Windows NT 3.1 发布。

1994 年 8 月：NT 首次发布升级版本（NT 3.5）。Office for Windows NT 的第一个版本包含了 Word 和 Excel 的 32 位版本。

1995 年 8 月：Windows 95 发布，是一款混合的 16 位/32 位 Windows 系统。Windows 95 是微软公司 MS-DOS 和之前的视窗产品的直接后续版本，是一款用户界面相当友好的操作系统。

1996 年 8 月：Windows NT 4 发布，为一款 32 位的操作系统，分为工作站和服务器版。而其图形操作界面类似于 Windows 95。根据比尔·盖兹所言，产品名称中的“NT”为“New Technology（新技术）”的意思。

1996 年 8 月：Windows 95 OSR2（OSR=OEM Service release），它是 Windows 95 4.00.950b 版，俗称 Windows 97。Windows 97 修正了 Windows 95 的一些错误，还增加了一些新功能，尤其是首次 Windows 97 中捆绑了 IE3.01。

1998 年 6 月： Windows 98 发布。基于 MS-DOS 内核的最新 Windows 版本，内置有 IE 4.0。

2000 年 2 月：Windows 2000 最终版本正式发布。

2000 年 10 月：微软公司发布了面向家庭的 Windows Me 版本。

2001 年 10 月：Windows XP 发布。Windows XP 中文全称为“视窗操作系统体验版”。最初发行了两个版本，家庭版（Home）和专业版（Professional）。家庭版的消费对象是家庭用户，专业版则在家庭版的基础上添加了新的为面向商业的设计的网络认证、双处理器等特性。2003 年 3 月，Windows XP 64 位版发布。2005 年又发行了 Windows XP Media Center Edition（媒体中心版）和 Windows XP Tablet PC Edition（平板电脑版）等。

2005 年 7 月：Windows Vista Beta 1 上线。

2007 年 12 月：Windows 7 Milestone1 正式上线。该版本处于对操作系统添加功能、对系统进行改进的阶段。

2009 年 10 月：微软正式发布 Windows 7，同时也发布了服务器版本 Windows Server 2008 R2。

2011 年 2 月：微软面向大众用户正式发布了 Windows 7 SP1 升级补丁和 Windows Server 2008 R2 SP1 升级补丁。

2012 年 6 月：微软公司正式发布 Windows Phone 8。它是微软最新发布的一款手机操作系统。Windows Phone 8 采用和 Windows 8 相同的针对移动平台精简优化 NT 内核并内置了诺基亚地图。

2012 年 10 月：微软公司正式推出 Windows 8 及 Windows 8 RT。Windows 8 是具有革命性变

化的操作系统。系统独特的开始界面和触控式交互系统，让人们的日常电脑操作更加简单和快捷，为人们提供了高效易行的工作环境。Windows RT 是 Windows 8 家族的一个新成员，是 ARM 平台下的独立版本，无法单独购买，只能预装在采用 ARM 架构处理器的 PC 和平板电脑中（不包括 iPad）。Windows RT 无法兼容 x86 软件，与 Android、IOS 类似，但 Windows RT 中将包含针对触摸操作进行优化的微软 Word、Excel、PowerPoint 和 OneNote。

2. UNIX 类产品简介

UNIX 于 1969 年问世，是一个多用户、多任务的分时操作系统。它最初由贝尔实验室开发，在 PDP-7 上实现，后来不断地发展和演变，成为技术成熟，可靠性、伸缩性和开放性高，网络和数据库功能强的操作系统。UNIX 是目前为止使用时间最长的操作系统。UNIX 可以满足各行各业的实际需要，特别能满足企业重要业务的需要，已成为主要的工作站平台和重要的企业操作平台，成为一种主流的操作系统技术和基于这种技术的产品大家族。目前每年仍以两位数以上的速度稳步增长。

最初的 UNIX 是用汇编语言编写的，一些应用是由 B 语言和汇编语言混合编写的。1973 年 Thompson（汤普逊）和 Ritchie（里奇）用 C 语言重写了 UNIX，使 UNIX 代码简洁紧凑、易读、易移植、易修改，为 UNIX 的发展奠定了坚实的基础。

当时的 UNIX 拥有者 AT&T 公司以低廉甚至免费的许可将 UNIX 源码授权给学术机构做研究或教学之用，许多机构在此源码基础上扩充和改进，形成了很多 UNIX 变种，这些变种反过来又促进了 UNIX 的发展，最著名的变种之一是有加州大学 Berkeley 分校开发的 BSD 产品。BSD 在发展中又逐渐衍生出 3 个主要的分支：FreeBSD、OpenBSD 和 NetBSD。很多大公司在取得了 UNIX 的授权之后，开发了自己的 UNIX 产品，如 IBM 的 AIX，HP 的 HPUX，SUN 的 Solaris 和 SGI 的 IRIX。IEEE 制定的 POSIX 标准现在是 UNIX 操作系统的基础部分。UNIX 的一些特征也被应用到 MS-DOS、OS/2、Windows、Windows NT 等很多操作系统中。

1991 年芬兰的大学生 Linus Torualds 正式发布了 Linux 内核，此后全世界几百个程序员共同参与开发，形成了一个类似 UNIX 的操作系统。Linux 内核与 GNU 软件结合，构成了今天最为活跃的自由/开放源码的类 UNIX 操作系统—GNU/Linux。

3. Mac OS 简介

Mac OS 是一套运行于苹果 Macintosh 系列计算机上的操作系统。Mac OS 是首个在商用领域获得成功图形用户界面操作系统，在基于 UNIX 的操作系统中装机量最大。现行的最新的版本是 Mac OS X v10.9Mavericks（巨浪）。

Mac OS 可以被分为两个系列：一个是 Classic Mac OS，采用 Mash 作为内核，在 OS 8 以前用 “System x.xx” 来称呼，现已不被支持；另一个是 Mac OS X，最新的 Mac OS X 结合了 BBS UNIX、OpenStep 和 Mac OS 9 的元素。它的最底层建立在 UNIX 基础上，其代码被称为 Darwin，实行的部分开放源代码。Mac OS X 采用 UNIX 风格的内存管理和先占式分工，大大改进了内存管理，允许同时运行更多软件，而且实质上消除了一个程序崩溃导致其他程序崩溃的可能性。Mac OS 在国外被广泛地使用。

4. MS-DOS 简介

MS-DOS 是 Microsoft Disk Operating System 的简称，即美国微软公司推出的磁盘操作系统。它是一种单用户、单任务的操作系统，是 IBM PC 及兼容机曾经使用最广泛的操作系统。由于 DOS 操作系统对硬件要求低、存储能力小，现已不能满足需要，已被 Windows 操作系统替代。

5. Android 操作系统简介

Android 操作系统由 Google 公司和开放手机联盟领导及开发，是一款基于 Linux 的自由及开放源代码的操作系统，主要使用于移动设备，如智能手机和平板电脑，在中国大陆地区较多人将之称为“安卓”系统。Android 操作系统主要版本发布情况如下。

2007 年 11 月：Android 1.0 beta 发布。

2008 年 9 月：谷歌正式发布了 Android 1.0 系统。

2009 年 10 月：Android 2.0/2.0.1/2.1 Eclair（松饼）发布。

2011 年 2 月：Android 3.0Honeycomb（蜂巢）发布。

2011 年 10 月：Android 4.0Ice Cream Sandwich（冰激凌三明治）发布。

2012 年 6 月：Android 4.1Jelly Bean（果冻豆）发布。

2012 年 10 月：Android 4.2Jelly Bean（果冻豆）发布。

2013 年 7 月：Android 4.3Jelly Bean（果冻豆）发布。

Android 操作系统最初由 Andy Rubin 开发，主要支持手机。2005 年 8 月由 Google 收购注资。2007 年 11 月，Google 与 84 家硬件制造商、软件开发商及电信营运商组建开放手机联盟共同研发改良 Android 系统。随后 Google 以 Apache 开源许可证的授权方式，发布了 Android 的源代码。目前，Android 操作系统已逐渐扩展到平板电脑、电视、数码相机及游戏机等，现已占据全球智能手机操作系统市场 70%以上份额。

2.2 Windows 7 简介

Windows 7 是由微软公司于 2009 年 10 月后发布的新一代操作系统，核心版本号为 Windows NT 6.1。Windows 7 可供家庭及商业工作环境、笔记本电脑、平板电脑、多媒体中心等使用。

2.2.1 Windows 7 不同的版本功能简介

1. Windows 7 家庭普通版

该版本主要新特性有无限应用程序、增强视觉体验、高级网络支持（ad-hoc 无线网络和互联网连接支持 ICS）、移动中心（Mobility Center）。大部分在笔记本电脑或品牌计算机上预装此版本。

缺少的功能：玻璃特效功能、实时缩略图预览、Internet 连接共享、不支持应用主题。

2. Windows 7 家庭高级版

该版本有 Aero Glass 高级界面、高级窗口导航、改进的媒体格式支持、媒体中心和媒体流增强（包括 Play To）、多点触摸、更好的手写识别等。包含玻璃特效、多点触控功能、多媒体功能及组建家庭网络组等。

3. Windows 7 专业版

该版本替代了 Vista 下的商业版，支持加入管理网络（Domain Join）、高级网络备份等数据保护功能、位置感知打印技术（可在家庭或办公网络上自动选择合适的打印机）等。包含移动中心（Mobility Center）及演示模式（Presentation Mode）等。

4. Windows 7 企业版

该版本适用于商用计算机的最高级的 Windows 操作系统。帮助人们无论身在何处都能高效工作，增强了安全性和控制性并简化了计算机管理。满足复杂和大规模的桌面系统管理的需求。创新的动态桌面解决方案，帮助企业加速和简化桌面部署和管理，满足企业对桌面应用和管理的多样化需求，更好地控制企业桌面环境。

Windows 7 企业版提供一系列企业级增强功能：BitLocker（驱动器加密）、AppLocker（应用程序控制策略）、DirectAccess（直接访问）、BranchCache（分支缓存）等。

5. Windows 7 旗舰版

Windows 7 旗舰版分为 32 位和 64 位版。64 位 Windows 7 旗舰版相比 32 位 Windows 7 旗舰版对计算机配置要求更高，为微软公司开发的 Windows 7 系列中的终级版本，此版本最多可支持 256 个处理器核心，可处理大量的随机存取内存（RAM），其效率远远高于 32 位的系统。该版本拥有 Windows 7 家庭高级版和 Windows 7 专业版的所有功能。

2.2.2 Windows 7 配置需求

Windows 7 的最低配置要求如下。

CPU 基本要求 1GHz 及以上，内存 1GB 及以上，硬盘 20GB 及以上，以及具有有 WDDM1.0 或更高版驱动的集成显卡 64MB 以上的显卡。

Windows 7 的推荐配置要求如下。

CPU 基本要求 2GHz 及以上的 32 位或 64 位多核处理器，内存 2GB 及以上，硬盘 50GB 及以上，以及具有 WDDM1.0 驱动的支持 DirectX 10 以上级别的独立显卡。

2.2.3 Windows 7 系统特色

1. 易用

Windows 7 做了许多方便用户的设计，如快速最大化，窗口半屏显示，跳转列表（Jump List），系统故障快速修复等。

2. 快速

Windows 7 大幅缩减了 Windows 的启动时间，仅为 Windows Vista 的一半时间。

3. 简单

Windows 7 将会让搜索和使用信息更加简单，包括本地、网络和互联网搜索功能，直观的用户体验将更加高级，还会整合自动化应用程序提交和交叉程序数据透明性。

4. 安全

Windows 7 包括了改进了的安全和功能合法性，还会把数据保护和管理扩展到外围设备。Windows 7 改进了基于角色的计算方案和用户账户管理，在数据保护和坚固协作的固有冲突之间搭建沟通桥梁，同时也会开启企业级的数据保护和权限许可。

5. 特效

Windows 7 的 Aero 效果（即任务栏、标题栏等位置的透明玻璃效果）华丽，有碰撞效果，水滴效果，还有丰富的桌面小工具。

6. 效率

在 Windows 7 中，系统集成的搜索功能非常的强大，只要用户打开开始菜单并开始输入搜索内容，无论要查找应用程序、文本文档等，搜索功能都能自动运行，给用户的操作带来极大的便利。

7. 小工具

Windows 7 的小工具更加丰富、实用，小工具可以放在桌面的任何位置，而不只是固定在侧边栏。

8. 高效搜索框

Windows 7 系统的搜索框能快速搜索 Windows 中的文档、图片、程序、Windows 帮助甚至网络等信息。Windows 7 系统的搜索是动态的，当在搜索框中输入第一个字的时刻，Windows 7 的搜索就已经开始工作，并将相关搜索信息快速列示出来，大大提高了搜索效率。

9. 最华丽、最节能的 Windows

多功能任务栏 Windows 7 的 Aero 效果更华丽，有碰撞效果，水滴效果。微软总裁称，Windows 7 成为最绿色，最节能的系统。

10. Windows 触控

在 Windows 7 中，首次全面支持多点触控技术。该控技术仅适用于家庭高级版、专业版和旗舰版版本的 Windows 7。该功能让计算机操作更有乐趣，简单易用。所有常用的 Windows 7 程序也即将支持触控技术。

2.2.4 Windows 7 安装

在 Windows 7 安装过程中，可以采用选择“升级”安装或“自定义”安装。

“升级”安装是将当前计算机使用的 Windows 版本替换为 Windows 7，同时保留计算机中的文件、设置和程序。

“自定义”安装则是将当前计算机使用的 Windows 版本替换为 Windows 7，但不会保留计算机中的文件、设置和程序。

采用“自定义”安装选项并格式化硬盘方式安装 Windows 7 操作系统是用户经常使用的安装方法。其过程及步骤如下。

① 若要在 Windows 7 安装过程中对硬盘进行格式化，则需要使用 Windows 7 安装光盘或 USB 闪存驱动器启动或引导计算机。

打开计算机以便 Windows 正常启动，插入 Windows 7 安装光盘或 USB 闪存驱动器，然后关闭计算机。

② 重新启动计算机。

③ 收到提示时按任意键，然后按照显示的说明进行操作。

④ 在“安装 Windows”页面上，输入语言和其他首选项，然后单击“下一步”按钮。

⑤ 在“请阅读许可条款”页面上，如果接受许可条款，请单击“我接受许可条款”，然后单击“下一步”按钮。

⑥ 在“您想进行何种类型的安装？”页面上，单击“自定义”。

⑦ 在“您想将 Windows 安装在何处？”页面上，单击“驱动器选项（高级）”。单击要更改的分区，接着单击要执行的格式化选项，然后按照说明进行操作。完成格式化后，单击“下一步”按钮。

⑧ 按界面提示要求完成 Windows 7 的安装。如为计算机命名，设置初始用户帐户、密码等。

安装完成后，系统自动重新启动，进行第一次启动过程，直至登录界面时，用户输入正确的密码后进入 Windows 7 桌面环境。

Windows 7 安装完成后，可能需要更新驱动程序。单击“开始/所有程序/“Windows Update”菜单命令即可进入驱动程序更新过程（若网络未设置好，则计算机不能上网，也就无法完成更新）。

2.2.5 Windows 7 启动和退出

1. Windows 7 的启动

当打开安装有 Windows 7 系统的计算机后，首先进行系统的自检，如果没有发现问题，即进入 Windows 7 系统启动阶段，出现登录提示，用户必须输入用户名和密码。

在安装 Windows 7 时，安装程序会要求创建用户名及设置密码，如果是管理员账号则可以完全控制计算机的软件、硬件和设置。

2. Windows 7 的退出

先关闭正在运行的应用程序，然后单击 Windows 7 界面左下角的“开始”菜单，选择“关机”命令，即可关闭计算机。关机时，计算机将关闭所有打开的程序以及 Windows 本身，然后完全关闭计算机和显示器。关机不会对计算机中相关程序、数据进行保存工作，必须在关机前首先进行相关的保存工作。

“关机”按钮的右边是按钮“▸”，单击会弹出菜单：“切换用户”、“注销”、“锁定”、“重新启动”、“睡眠”和“休眠”。有关功能介绍如下。

① 切换用户：用于临时切换用户身份。较适合一台微机多人以不同用户身份登录。

② 注销：正在使用的所有程序都会关闭，但计算机不会关闭。

③ 锁定：如果希望离开后不要关闭打开的应用程序和文件，同时又不允许别人随随便便进入用户的桌面，则可以选择锁定计算机。

④ 重新启动：关闭所有程序，重新启动计算机。

⑤ 睡眠：将计算机设置为睡眠模式，而不是将其关闭。在计算机处于睡眠状态时，显示器将关闭，而且计算机的风扇通常也会停止。通常，计算机机箱外侧的一个指示灯闪烁或变黄就表示计算机处于睡眠状态。这个过程只需要几秒钟。

因为 Windows 将记住用户正在进行的工作，因此在使计算机睡眠前不需要关闭程序和文件。但是，在将计算机置于任何低功耗模式前，最好还是进行相关的保存工作。若要唤醒计算机，可按下计算机机箱上的电源按钮。因为不必等待 Windows 启动，所以将在数秒钟中内唤醒计算机，立即恢复工作现场。

⑥ 休眠：主要为笔记本电脑设计的电源节能状态。睡眠通常会将工作和设置保存在内存中并消耗少量的电量，而休眠则将打开的文档和程序保存到硬盘中，然后关闭计算机。在 Windows 使用的所有节能状态中，休眠使用的电量最少。对于笔记本电脑，如果能确定有很长一段时间不使用它，并且在那段时间不可能给电池充电，则应使用休眠模式。在大多数计算机上，可以通过按计算机电源按钮恢复工作状态。

2.3 Windows 7 的基础操作

Windows 7 的基础操作主要包括窗口、任务栏及键盘与鼠标操作等。Windows 环境下的键盘与鼠标操作均具有较好的统一性，这里将介绍 Windows 7 环境下基础的、通用的操作方法。

2.3.1 鼠标的使用

Windows 环境中使用鼠标操作是最简便的方式。鼠标是一种手持的带有按键的输入设备，当在桌面上移动鼠标时，屏幕上的指针（光标）也会跟着朝相应的方向移动相应的距离。

鼠标分两键和三键鼠标。Windows 使用两键鼠标，其基本键为左键，用于大部分的鼠标操作。第二键为右键，部分鼠标有中间键，它主要用于滚动窗口的内容。目前使用的主要是三键的光电鼠标。

下面介绍鼠标的几种基本操作。

1. 指向

不按鼠标按钮的情况下，移动鼠标到某个位置。它通常有三种用法：一是打开子菜单，当鼠标移动到菜单某个命令位置，子菜单会自动弹出；二是缩略图预览，当鼠标指向某些程序或文件图标时会显示缩略图预览；三是突出显示，当鼠标指向某些按钮时会突出显示一些文字说明该按钮的功能。

2. 单击

在屏幕上指向一个对象，按一下鼠标左键并释放鼠标按钮。单击通常指单击左键，这个动作常用选定一个具体的项目。

3. 双击

在屏幕上指向一个对象，然后以适当的速度按下并释放鼠标左键两次。这个动作一般用于实现某个功能操作，如启动一个应用程序或打开一个窗口等。

4. 单击右键

在屏幕上指向一个对象或者区域，按一下鼠标的右键并释放。单击右键后通常会弹出一个快捷菜单，可选择相应的菜单命令。

5. 拖动

将鼠标指向屏幕某个对象，在按住鼠标左键的同时移动鼠标指针，将屏幕上的该对象移到目标位置。

2.3.2 Windows 7 的桌面组成

Windows 7 系统第一次启动时，有一个“回收站”图标。但随着其他应用程序的安装或设置，在桌面上的图标会有所增加。图标是代表程序、文件、文件夹和其他项目的小图片。

如图 2-1 所示。位于屏幕最下方的是任务栏，用于显示正在运行的程序，并可以在它们之间

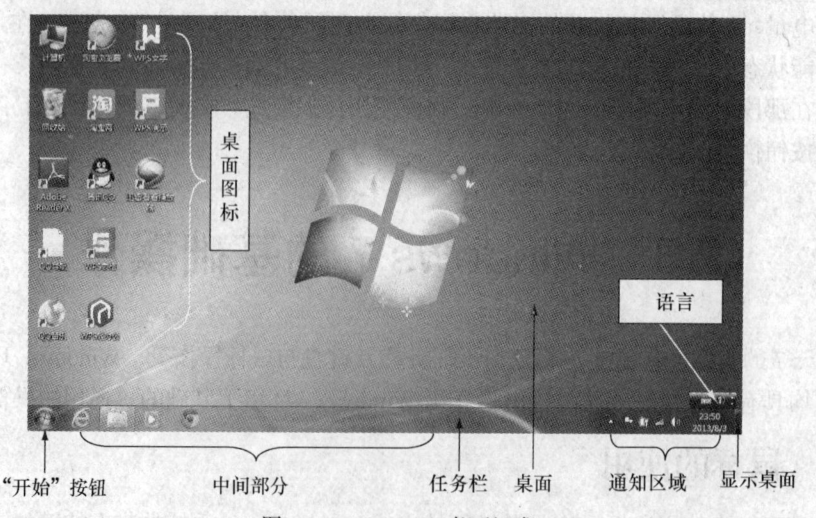

图 2-1 Windows 7 桌面组成

进行切换。任务栏以外的区域部分习惯上称之为桌面，但广义的桌面概念是指从用户登录到Windows 之后的整个主屏幕区域，当然也包括任务栏在内。桌面是进行计算机各种操作的平面，当打开程序或文件夹时，会以窗口形式出现在桌面上。桌面上也可以放置一些文件、文件夹及快捷方式等，但桌面上一般仅放置最常用的项目或程序的快捷操作方式。

Windows 7 任务栏主要包括以下部分。

“开始”菜单：提供了对计算机程序、文件夹和设置的弹出式菜单选项列表，具有启动程序、打开文件夹和进行设置的功能，如图 2-2 所示。

图 2-2　“开始”菜单

中间部分：包括程序快速启动按钮和显示已打开的程序和文件的图标，并可以在已打开的程序、文件或项目之间进行快速切换。当鼠标指向图标时具有较清晰的缩略图预览，更易于查看的图标和更丰富的自定义方式，如图 2-3 所示。

通知区域：位于任务栏的最右侧。包括时钟以及一些告知特定程序和计算机设置状态的图标，其中，最右边的是“显示桌面”按钮，如图 2-4 所示。

图 2-3　任务栏中间部分之缩略图预览

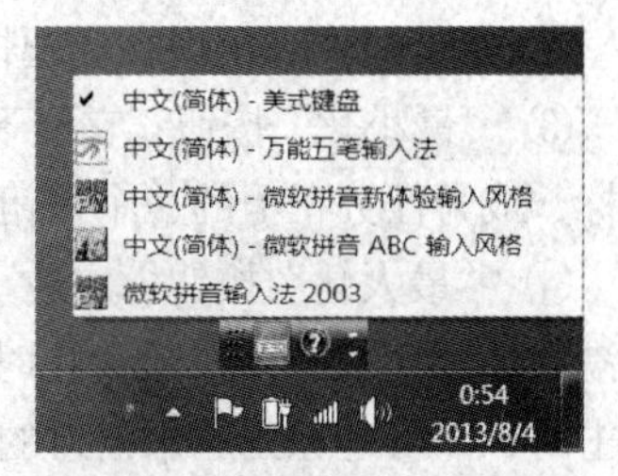

图 2-4　通知区域及语言栏

“显示隐藏的图标”按钮：如果图标变为隐藏，则单击“显示隐藏的图标”按钮可临时显示隐藏的图标。

“解决 PC 问题”图标：主要是提醒解决电脑所存在的问题，这样更加人性化了。如不需要，则可用鼠标指向该图标后并向上拖动到任务栏以外，即可消去该图标。

“电源充满”图标：笔记本电脑环境显示的图标，用来显示当前电池充满情况（百分比）。

“无线网络”图标：无线网络连接显示的图标，指向时显示无线网络名称。

“网络”图标 ：将显示有关是否连接到网络、连接速度以及信号强度的信息。

“扬声器”音量图标：无线网络连接显示的图标，指向时显示无线网络名称。

语言栏：用于从桌面快速更改输入语言或键盘布局。当要进行添加文本等服务时，它会自动出现在桌面上。如输入语言、键盘布局、手写识别、语音识别或输入法编辑器等。可以将语言栏移动到屏幕的任何位置，也可以将其最小化到任务栏或按下鼠标左键将其拖动到任务栏。如图 2-4 所示。

2.3.3 Windows 7 窗口的基本操作

窗口是 Windows 操作系统的基本对象，窗口操作是最基本的操作。Windows 应用程序的窗口主要是由标题栏、菜单栏、“最小化”按钮、“最大化”按钮（“还原”按钮）、“关闭”按钮、滚动栏、边框和角等组成。图 2-5 所示为典型窗口的组成。

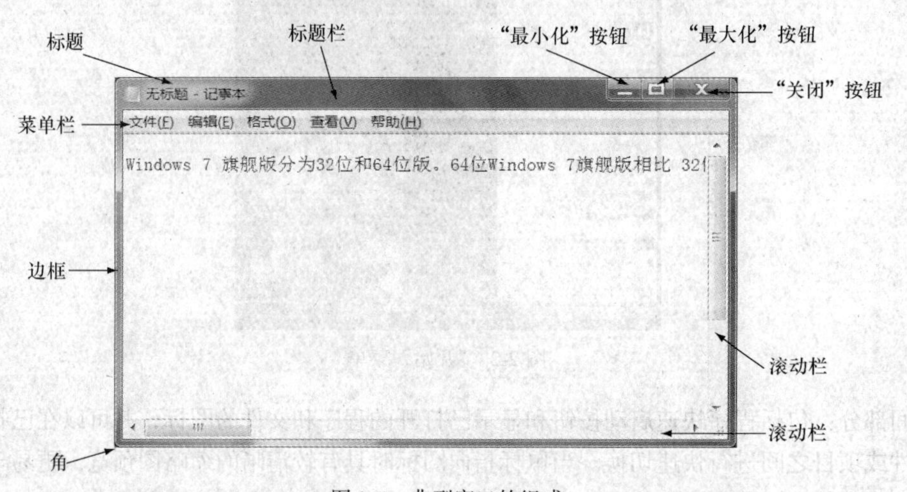

图 2-5　典型窗口的组成

① 标题栏：它出现在窗口的顶部，用于显示窗口的名称，即标题。若要移动整个窗口，可以拖动标题栏。

② 菜单栏：它出现在标题栏的下面，包括一系列可执行的菜单名。

③ “最小化”按钮：它位于窗口右上角、标题栏的右端。单击该按钮，可将窗口缩小为一个图标，成为任务栏上的一个按钮。

④ “最大化”按钮：它位于窗口的右上角、“最小化”按钮的右边。单击该按钮，可使窗口充满整个屏幕。当窗口最大化时，在“最大化”按钮的同一位置会出现一个“还原”按钮 ，单击时，即可还原到原来窗口的大小。

⑤ “关闭”按钮：用于关闭窗口。

⑥ 滚动栏：可以滚动窗口的内容以查看当前视图之外的信息。

⑦ 边框或角：当鼠标指针变成双箭头时，拖动边框或角可以改变窗口的大小。

窗口的操作主要包括以下几种。

1. 移动窗口

将鼠标指针移动到窗口的标题栏，按下鼠标左键不放，移动鼠标（此时屏幕会出现一个虚线框）到指定的位置，松开鼠标，窗口就被移到了指定位置。

2. 改变窗口的大小

将鼠标指针对准窗口的边框或角，当鼠标指针变成双箭头时，按下左键拖曳，即可改变窗口的大小。

3. 最大化、最小化、还原和关闭窗口

Windows 7 窗口右上角有“最小化”、“最大化”（或“还原”）和“关闭”按钮。

窗口最小化：单击“最小化”按钮，窗口缩小为一个图标，成为任务栏上一个按钮。

窗口最大化：单击“最大化”按钮，窗口扩大到整个屏幕，此时最大化按钮变成还原按钮。

窗口还原：当窗口最大化时具有“还原”按钮，单击它可以使窗口还原成原来的大小。

窗口关闭：单击“关闭”按钮，窗口在屏幕上消失，且图标也从“任务栏”上消失。

4. 滚动窗口的内容

当窗口中的内容比较多，而窗口太小不能同时显示它的所有内容时，窗口的右边会自动出现一个垂直滚动条，或者在窗口的下边会出现一个水平滚动条。用鼠标左键按住滚动块，上下或左右拖动，可以滚动窗口中的内容。另外，单击滚动条上的上箭头或下箭头，可以向上滚动或向下滚动窗口内容一行。

5. 三维窗口切换

按住 Windows 徽标键的同时按 Tab 可打开三维窗口切换。三维窗口切换是 Aero 桌面体验的一部分。

6. 切换窗口

当打开多个窗口时，用鼠标单击“任务栏”上的窗口图标，或者按 Alt+Esc 和 Alt+Tab 组合键，可以切换到相应的窗口。

7. 排列窗口

窗口的排列有层叠、横向平铺和纵向平铺 3 种方式。在“任务栏”的空白处单击右键，可选择相应的排列方式。

2.3.4 Windows 7 对话框的基本操作

在 Windows 7 操作系统中，对话框是用户和电脑进行交流的中间桥梁。对话框是一种次要窗口，包含按钮和各种选项，通过它们可以完成特定命令或任务。对话框与窗口是有所区别的：它没有最大化按钮、没有最小化按钮、大部分对话框不能改变其大小。对话框中有选项卡、文本框、单选框、复选框、命令按钮等。

图 2-6 所示为“启动和故障恢复”对话框。一般而言，对话框内主要有以下控件组成。

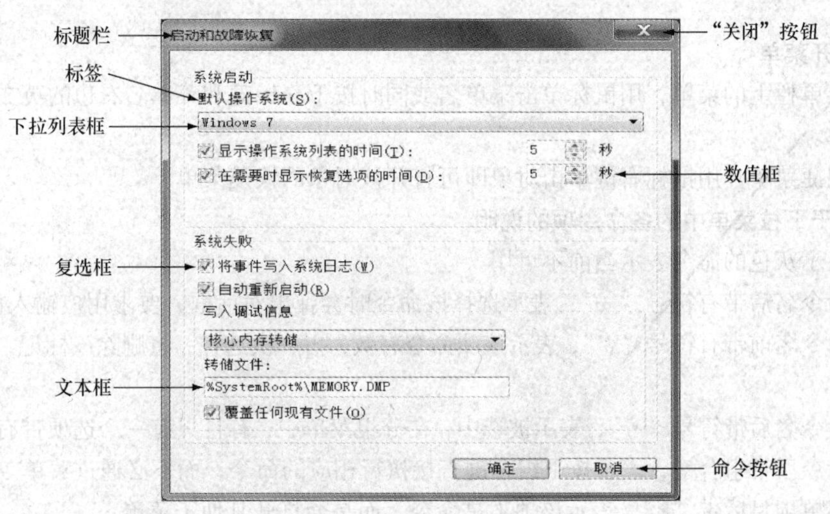

图 2-6 “启动和故障恢复”对话框

① 标签：通过选择标签可以在对话框的几组功能中选择一个。

② 单选按钮：在一组单选按钮中，只能选择一个。被选中的按钮出现一个黑点。

③ 文本框：主要是为用户提供输入一组文字或数值信息而设置的。

④ 命令按钮：选择命令按钮可立即执行一个命令。如果命令按钮呈灰色，表示该按钮是不可选的。

⑤ 复选框：列出可以选择的选项，可根据需要选一个或多个选项。复选框被选中后，在框中会出现“√”，单击一个被选中的复选框将删除“√”，表示该项不选。

⑥ 列表框：用于列出可供用户选择的内容。

⑦ 数值框：单击数值框右边的箭头可以改变其数值大小，也可以直接输入数值。

⑧ 下拉列表框：单击下拉列表框右边的下拉按钮，可以打开列表供用户选择，列表关闭时显示被选中的信息。

⑨ 微调按钮：一般供用户直接输入一个特定的值，或单击右边的向上或向下按钮修改数值。

2.3.5 Windows 7 菜单的基本操作

菜单是一些命令的列表，每个菜单都有一个描述其整体目的和功能的名称。图 2-7 所示为 Windows 7 环境的各种菜单。

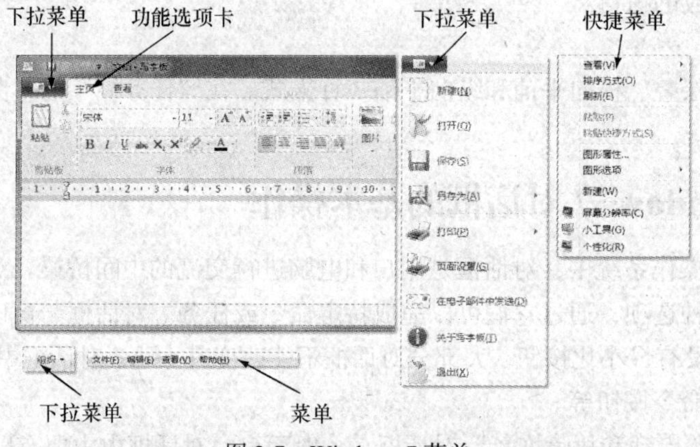

图 2-7 Windows 7 菜单

1. 打开菜单

对于菜单栏上的菜单，用鼠标单击菜单名或同时按下 Alt 键和菜单名右边的英文字母，就可以打开菜单。

对于快捷菜单，用鼠标右键单击对象即可打开该对象的快捷菜单。

2. 关于下拉菜单中的各命令项的说明

◆ 显示灰色的命令表示当前不可用。

◆ 命令名后带有符号“…”，表示选择该命令时会弹出对话框，要求用户输入信息。

◆ 命令名前带有符号“√”，表示该项命令有效，再一次选择，将删除该标记，且该命令不再起作用。

◆ 命令名后带符号“·”，表示被选中，在分组菜单中，有且只有一个选项带有符号“·”。

◆ 命令后带组合键，表示按下组合键直接执行相应的命令，而不必通过菜单。

◆ 菜单项目后带“▸”，表示该项不是命令，而是会打开其他子菜单。

2.3.6　Windows 7 语言栏与中文输入

语言栏提供了从桌面快速更改输入语言或键盘布局的方法。语言栏是一种工具栏，当进行编辑文本环境时，它会自动出现在桌面上，包括输入语言、键盘布局、手写识别、语音识别或输入法编辑器等。语言栏可以移动到屏幕的任何位置，也可以将其最小化到任务栏或隐藏它。

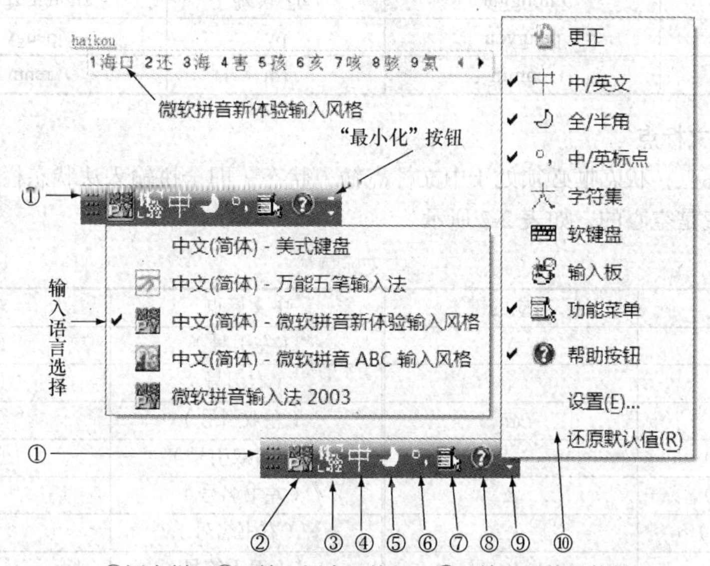

①语言栏　②“输入语言”按钮　③“输入风格”按钮
④“中文/英文”切换　⑤“全/半角”切换　⑥“中文/英文标点”
⑦功能菜单　⑧“帮助”按钮　⑨“选项”下拉按钮　⑩“选项”下拉菜单

图 2-8　语言栏

中文版的 Windows 7 提供了微软拼音 ABC 输入风格、微软拼音新体验输入风格等多种输入法。用户可以通过语言栏的“下拉菜单/设置/常规/添加”功能选择 Windows 7 系统提供的其他输入法，如“全拼输入法”等；也可以通过专门的输入法安装程序安装其他的汉字输入法，如“万能五笔输入法”。在 Windows 系统中可以随时使用 Ctrl+Space 组合键来打开或关闭中文输入法，也可以使用 Ctrl+Shift 键来切换输入法。使用鼠标选择输入法，首先单击语言栏上的“语言指示器”，然后在弹出的“语言”菜单中选择要选用的输入法。

中文输入法选定以后，屏幕上会出现一个中文输入法状态框，如图 2–8 所示。

下面介绍两种输入法，并说明输入汉字和标点符号的方法。

1. 全拼输入法

① 要输入汉字，键盘应处于小写状态，且确保输入法状态框处于中文输入状态。在大写状态下只能输入大写字母，利用 Caps Lock 键可以切换大、小写状态。

② 全拼输入法是根据汉字的拼音，依照拼音发音顺序进行编码的。汉字输入时，取汉字拼音字母本身，按拼音顺序逐个输入汉语拼音字母即可得到要输入的汉字。

全拼输入法重码率较高，输入汉字时，当输入拼音码以后，屏幕上将弹出一个窗口，称为提示窗口。提示窗口每次显示 10 个汉字或词组，而同音汉字可能会超过 10 个。因此提示窗口内容可以“翻页”查找。其“翻页”方法是：按“+”键向后翻（下一页），按“–”键向前翻（上一页）。

2. 智能 ABC 输入法

智能 ABC 有两种汉字输入方式：标准和双拼。

标准方式：既可以全拼输入，也可以简拼输入，甚至混拼输入，如表 2-1 所示。

表 2-1　　智能 ABC 的标准方式

汉　字	全　拼	简　拼	混　拼
计算机	jisuanji	jsj	jsuanji、jisji 或 jisuanj
中国	Zhongguo	Zhg 或 zg	zhongg zguo 或 zhguo
朋友	pengyou	py	pengy 或 pyou
人民	renmin	rm	renm 或 rmin

2. 中文和西文标点

要输入中文标点，状态框必须处于中文标点输入状态，即全拼输入法状态栏中月亮状按钮右边的逗号和句号应是空心的，如表 2-2 所示。

表 2-2　　中文标点

中文标点	对应的键	中文标点	对应的键
、（顿号）	\	‘（左引号）	‘（单数次）
。（句号）	.	’（右引号）	‘（偶数次）
·（实心点）	@	“（左双引号）	“（单数次）
—（破折号）	-	”（右双引号）	“（偶数次）
—（连字符）	&	《（左书名号）	<
……（省略号）	^	》（右书名号）	>
!（感叹号）	!	¥（人民币符号）	$

2.4　Windows 7 的资源管理器

Windows 7 界面设计炫酷美观，同样也表现在 Windows 7 的资源管理器界面上，尤其是首次引入库管理功能，更是 Windows 7 系统的一个亮点。Windows 7 资源管理器是系统的重要组成部分，为用户提供了丰富、强大的资源管理功能。如库功能、高效搜索框、灵活地址栏、丰富视图模式切换、预览窗格等，可以有效帮助用户轻松地提高计算机操作效率。

在 Windows 7 资源管理器窗口左侧的导航窗格内，将计算机资源分为收藏夹、库、家庭组、计算机、网络等 5 大类文件夹，更加方便用户更好更快地组织、管理及应用资源，如图 2-9 所示。

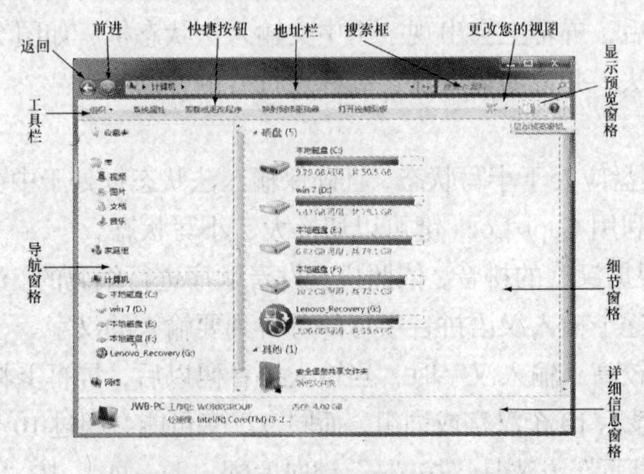

图 2-9　Windows 7 资源管理器

2.4.1 文件和文件夹

1. 文件和文件夹的概念

文件是有名称的一组相关信息的集合，所有的程序和数据都是以文件的形式存放在计算机的外存储器（如磁盘）上。文件的内容可以是一组数据、一幅图片或一首歌曲，也可以是数据、图片、声音等内容的组合。

文件夹是存储数字文件系统的虚拟“容器”，也可以用来存储其他文件夹。文件夹在 MS-DOS 时代称为目录。Windows 是将文件分门别类地采用树型结构以文件夹的形式进行组织和管理的。文件夹中包含的文件夹通常称为“子文件夹”，而包含子文件夹的文件夹称为“父文件夹”。在 Windows 7 中可以创建任何数量的子文件夹，每个子文件夹中又可以容纳任何数量的文件和其他子文件夹。

2. 文件的命名

为了区分不同内容的文件，便于系统对它们进行管理和操作，每个文件有一个文件标识符，称为文件名。操作系统按文件名对其进行存取。

文件名一般由文件标识符和扩展名两部分构成，其中扩展名也称为后缀，为可选项。文件名的组成形式一般为

文件标识符[.扩展名]

例如，系统文件：

MSDOS.SYS

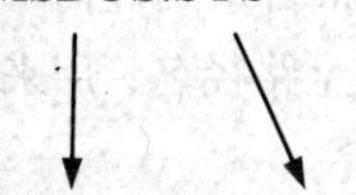

文件标识符　扩展名（后缀）

其中文件标识符用来表示文件的名称，也称为主文件名，是必不可少的。

文件扩展名是一组字符，这组字符可帮助 Windows 获知文件中包含什么类型的信息以及应该用什么程序打开该文件。扩展名必须出现在文件名的最后，在它前面必须有一个小数点。常见文件类型的扩展名如表 2-3 所示。

表 2-3　常见文件类型的扩展名

文件类型	扩展名	说　明
文字	.txt	文本文件
	.doc/.docx	Word 文件
	.wps	WPS 文字文件
	.wri	写字板文件
声音	.wav	标准的 Windows 声音文件
	.midi	乐器数字接口的音乐文件
	.mp3	MPEG LayerⅢ声音文件
图像	.bmp	Windows 位图文件
	.jpg	JPEG 压缩的位图文件
	.tif	标记图像格式文件

续表

文件类型	扩展名	说　明
动画	.gif	图形交换格式文件
	.swf	Flash 动画文件
视频影像	.avi	Windows 视频文件
	.mov	Quick Time 视频文件
	.mpg	MPEG 视频文件
	.dat	VCD 中的视频文件

文件命名规则如下。

① 文件或文件夹的名字最多 255 个字符。

② 文件名中可以使用空格，但不能使用? \/ * : " < >| ！符号。

③ 文件名不区分英文字母的大小写。

④ 可以使用多个间隔“.”的扩展名，但只有最后面的“.”的右边才是扩展名。如“my.total.plan.doc”作为文件名，其扩展名为“.doc”。

⑤ 查找和显示时可以使用通配符“？”和“*”。其中通配符“？”表示任意的一个字符，“*”表示任意的多个字符。

3. 路径的概念

路径是操作系统查找文件的途径，由目录文件和非目录文件组成。从根目录到任何一级节点（即文件夹，也称目录）有且只有一条路径，该路径的全部节点组成了一个全路径名，用来唯一标识和定位某一特定文件。

Windows 系统的路径表示方法和 MS-DOS 基本相同，采用树型文件结构，一个文件的完整路径包括驱动器号和所在文件夹，如 test.doc 文件位于 D 盘的 xinxi 文件夹中，其路径可以表示为：D:\xinxi\test.doc。

路径分为绝对路径和相对路径。

绝对路径：是从盘符开始逐级表达的路径，是文件或目录在硬盘或其他存储设备上真正的路径，形如“C:\windows\system32\cmd.exe”为绝对路径表示方式。

相对路径：是从当前路径下开始表达的路径，如当前路径为 C:\windows 时，则上面的路径表达也可以用相对路径表示为“system32\cmd.exe”。

当前路径：是指系统当前正在使用的路径，即系统正在使用的驱动器及目录位置。

2.4.2 Windows 7 资源管理器的基础操作

启动 Windows 7 资源管理器有以下 5 种方法。

方法一：单击 Windows 7 任务栏上的资源管理器图标。

方法二：选择“开始/计算机”命令。

方法三：选择“开始/所有程序/附件/Windows 资源管理器”命令。

方法四：选择“开始/计算机”右键单击后选“在桌面上显示”菜单项，此后就可以双击桌面上的“计算机”图标即可。

方法五：按 Windows 徽标键+E 即可启动 Windows 资源管理器。

资源管理器的工作窗口分为左窗格和右窗格。左窗格中显示了系统资源完整的目录结构，自上而下分别为“收藏夹”、“库”、“家庭组”、“计算机”、“网络”等 5 个文件夹，每个分支又有各自的分支，从而形成一个复杂而有序的树型图。右窗格中显示的是左窗格中被选中的对象所包含的内容。左窗格和右窗格之间是一个分隔滚动条，窗口底部是详细信息窗格。

资源管理器的基本操作如下。

◆　展开文件夹：左窗格里带“▷”的文件夹，表示它包含尚未展开的子文件夹，单击“▷”将立即展开它的子文件夹，同时“▷”变为“◢”。如图 2-10 所示为展开“计算机”文件夹时视图情况。

图 2-10　展开“计算机”文件夹

◆　折叠文件夹：左窗格里带“◢”的文件夹，表示它包含子文件夹并且已经展开，单击“◢”将立即折叠它的子文件夹，同时“◢”变为“▷”。

◆　查找文件：首先在左窗格里单击文件所在的驱动器，此时打开该驱动器的窗口；然后在右窗格中双击文件所在的文件夹，此时右窗格中将显示该文件夹中的内容。重复此过程，直到找到需要的文件和子文件夹即可。当然，也可以将要查找的文件或文件夹输入到该窗口的右上角的高效搜索框内，进行更高级的查找。

1. 工具栏

在 Windows 7 的资源管理器中，为了使用方便，设置了系列工具按钮和详细信息栏。

工具栏主要有“后退”、“前进”按钮，及可变命令按钮（操作对象不同时，可能显示的是不同的命令按钮）。除此外，系统还设置了“搜索框”，功能极其强大，是增强型的搜索文件或文件夹的工具。相关命令按钮功能如下。

◆　“后退”按钮：退回到前一次选择的文件夹或磁盘。

◆　“前进”按钮：向前移到下一个文件夹。

◆　“刷新”按钮：使新设置生效。事实上，很多情况下 Windows 有自动刷新的功能。

2. 改变视图显示方式

文件和文件夹的显示方式通常有“超大图标”、“大图标”、“中等图标”、“小图标”、“列表”、“详细资料”、“平铺”和“内容”等。如果要改变其显示方式，就在“更改您的视图”选项列表框中选择相应的命令，如图 2-11 所示。

它们的区别如下。

◆ 超大图标：以超大图标 256×256 像素方式显示。

◆ 大图标：以大图标 128×128 像素方式显示。

◆ 中等图标：以大图标 64×64 像素方式显示。

◆ 小图标：以多列方式排列显示 32×32 像素的图标，图标下面是文字。

◆ 列表：以单列方式排列小图标，图标旁边是文字。

◆ 详细资料：显示文件和文件夹的名称、大小、类型、最后修改的日期和时间。

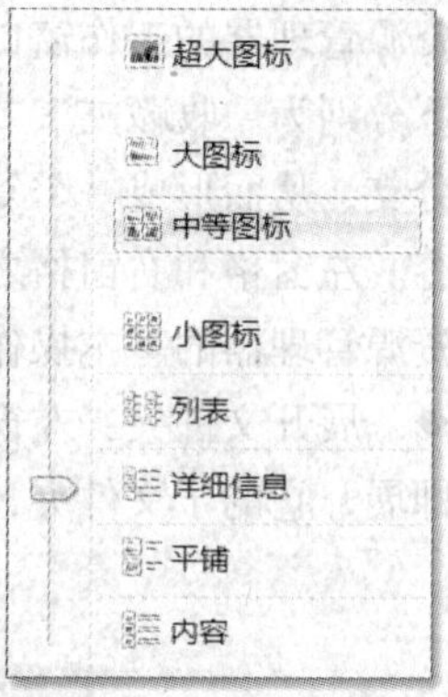

超大图标
大图标
中等图标
小图标
列表
详细信息
平铺
内容

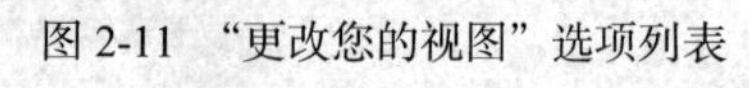
图 2-11 “更改您的视图”选项列表

3. 文件和文件夹的排序

用户可以对文件和文件夹进行排序，排列顺序有 5 种方式：按名称、按类型、按大小、按日期、递增、递减和更多详细排列方式。其操作方法有以下两种。

方法一：单击不同的列标题，即可按选择的列名称进行排列顺序。

方法二：在右窗格的空白处单击右键，弹出快捷菜单，单击“排列方式”，选择需要的排列顺序。

4. 设置查看文件夹的方式

单击“组织”菜单中的“文件夹和搜索选项”命令，可以打开“文件夹选项”的对话框。

在对话框的“常规”标签下，可以设置文件或文件夹是使用 Windows 传统风格还是使用 Web 内容；浏览文件夹是在同一窗口中打开还是在不同窗口中打开等，如图 2–12 所示。

在“查看”标签下，可以设置是否“显示隐藏的文件、文件夹或驱动器”；还可以设置“隐藏已知文件类型的扩展名”等，如图 2-13 所示。

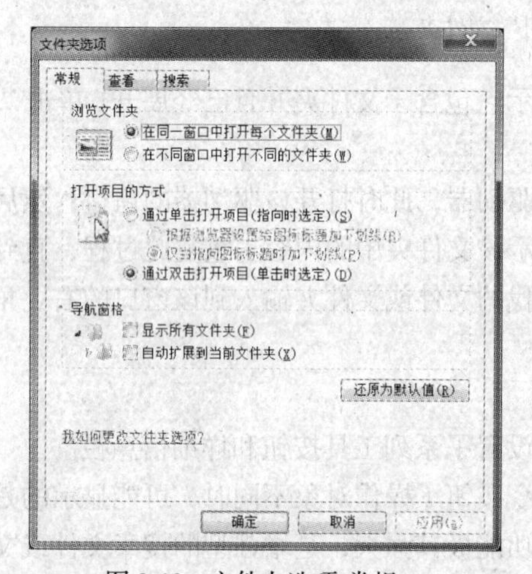

图 2-12 文件夹选项-常规

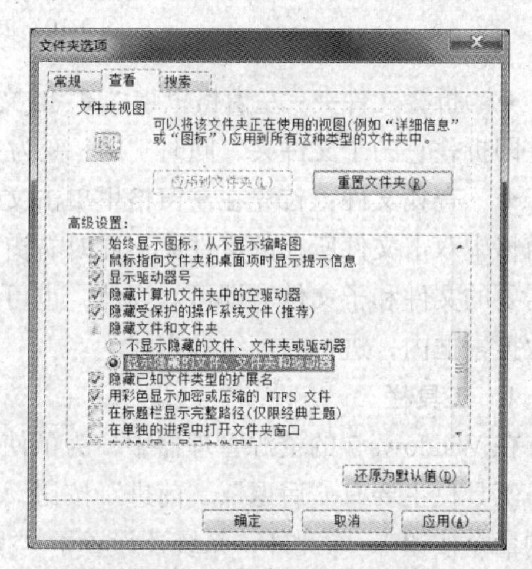

图 2-13 文件夹选项-查看

2.4.3 Windows 7 文件管理

1. 选定文件与文件夹

在对文件或文件夹进行操作之前，一般先选定它们。只有选定对象后才可以对它们执行进一步的操作。通常有以下几种选定方法。

（1）选定单个对象

单击所要选定的对象的图标或名称即可。

（2）选定多个连续对象

鼠标操作：先选取第一个对象，按住 Shift 键，再单击最后一个对象。

键盘操作：用方向键移动光标到第一个对象，按住 Shift 键，再移动光标到最后一个对象上。

（3）选定多个不连续的对象

先选取第一个对象，按住 Ctrl 键，再单击其他的对象。

（4）选定所有对象

选择“编辑”菜单中的“全部选定”命令或者按 Ctrl+A 组合键。

（5）取消选定对象

单击窗口中任何空白处即可。

2. 复制文件或文件夹

所谓复制文件或文件夹，是指将某个位置上的文件或文件夹复制到另一个新的位置上，复制后，原位置的文件或文件夹不变。复制有以下几种方法。

方法一：选定要复制的文件或文件夹，选择“组织/复制”命令；打开目标盘或目标文件夹，选择“编辑/粘贴”命令。

方法二：选定要复制的文件或文件夹，单击右键，从弹出的快捷菜单中选择“复制”；打开目标盘或目标文件夹，单击右键，从弹出的快捷菜单中选择“粘贴”。

方法三：按住 Ctrl 键不放，用鼠标将选定的文件或文件夹拖曳到目标盘或目标文件夹中。若在不同的驱动器上复制，只要用鼠标拖曳即可，不用按 Ctrl 键。

方法四：选定要复制的文件或文件夹，按 Ctrl+C 组合键（复制）；打开目标盘或目标文件夹，按 Ctrl+V 组合键（粘贴）即可。

方法五：选定要复制的文件或文件夹，然后选择“文件/发送到”命令，发送的目标对象包括 U 盘、我的文档、邮件接受者、桌面快捷方式等。

3. 移动（剪切）文件或文件夹

所谓移动文件或文件夹，是指将某个位置上的文件或文件夹剪切到另一个新的位置上，剪切后，原位置上的文件或文件夹就不存在了。移动文件或文件夹有以下几种方法。

方法一：选定要移动的文件或文件夹，选择“编辑/剪切”命令；打开目标盘或目标文件夹，选择“编辑/粘贴”命令。

方法二：选定要移动的文件或文件夹，单击右键，从弹出的快捷菜单中选择“剪切”；打开目标盘或目标文件夹，单击右键，从弹出的快捷菜单中选择“粘贴”。

方法三：按住 Shift 键不放，用鼠标将选定的文件或文件夹拖曳到目标盘或目标文件夹中。

方法四：选定要复制的文件或文件夹，按 Ctrl+X 组合键（剪切）；打开目标盘或目标文件夹，按 Ctrl+V 组合键（粘贴）即可。

4. 创建文件或文件夹

在资源管理器或磁盘窗口中，选择工具栏“新建文件夹”命令，此时在当前文件夹窗口中出现一个新的文件夹图标，其名称为“新建文件夹”；输入新文件夹的名称，按 Enter 键结束。或者单击右键，从快捷菜单中选择“新建/文件夹”命令。如图 2-14 所示，新建了一个“test”文件夹。鼠标双击一级文件夹“test”或单击“工具栏/打开”命令，再用同样方法可建立二级文件夹“办公文件”和“学习材料”。如图 2-15 所示，导航窗格内呈树型结构显示刚建完的一、二级文件夹。

若要创建新的文件，其操作与创建文件夹操作基本相同，如新建一个文本文件，就可以单击右键，从快捷菜单中选择“新建/文本文档”命令。

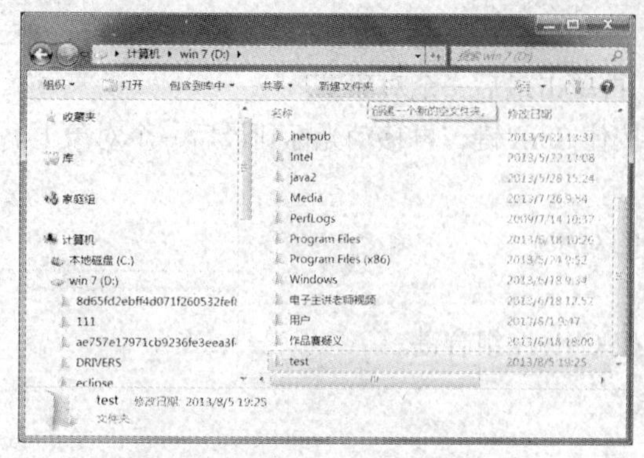

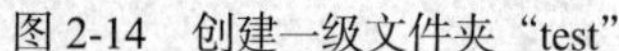
图 2-14　创建一级文件夹“test”

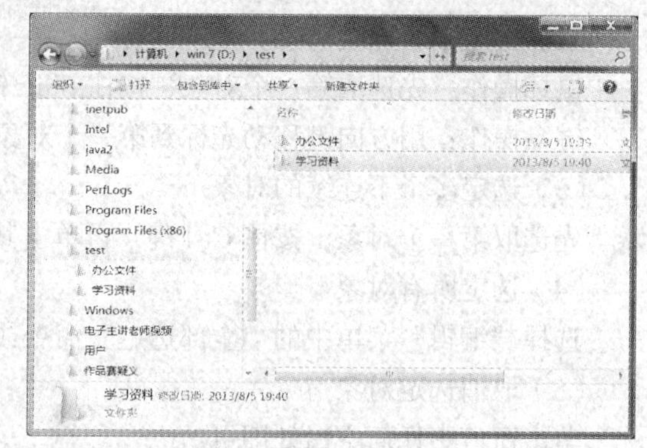

图 2-15　创建二级文件夹

5. 文件及文件夹的重命名

选定要更名的文件或文件夹，然后选择“组织/重命名”命令，输入名称，按 Enter 键结束。同样也可以用鼠标右键菜单命令操作。

6. 设置文件或文件夹的属性

文件和文件夹都是有属性的，常规的属性有只读、隐藏和存档 3 种。

要设置文件或文件夹的属性，选择“组织/属性”命令或单击右键选择快捷菜单中的“属性”命令，弹出“属性”对话框，进行属性设置，单击“确定”按钮。

“属性”选项的说明如下。

◆　只读（R）：设置该属性后，文件或文件夹只能读取，而不能被修改。

◆　隐藏（H）：设置该属性后，只要不设置显示所有文件，隐藏文件将不显示。

◆　存档（I）：检查该对象自上次备份以来是否已被修改。

7. 删除文件或文件夹

删除文件或文件夹分两种情况：一种是将文件或文件夹删除到“回收站”，这属于暂时的删除，有些文件还可以从“回收站”恢复；另一种是将文件或文件夹从计算机中删除，这属于永久删除，删除后的文件或文件夹不能恢复。

其操作方法为：选定要删除的文件或文件夹，选择“组织/删除”命令，或按 Delete 键。也可以直接用鼠标将选定的文件或文件夹拖到“回收站”。在删除文件时，按住 Shift 键，则文件被永久删除。

8. 恢复被删除的文件或文件夹

Windows 系统将临时删除的文件或文件夹存储在回收站中，可利用其恢复被误删除的文件或文件夹。

其操作方法为：双击“回收站”图标，选定要恢复的文件或文件夹，选择“工具栏/还原此项目（或还原所有项目）”命令，此时选定的文件或文件夹就恢复到原来的位置。

当一个文件或文件夹刚刚被删除，还没进行其他操作，可以使用“组织/撤销”命令将它恢复。如果在删除后执行了其他操作，则必须通过“回收站”恢复。

如果“回收站”内的文件或文件夹均不再需要了，可以选择“工具栏/清空回收站”命令，彻底永久地删除文件，以释放磁盘空间。

9. 创建文件的快捷方式

快捷方式就是一种用于快速启动程序的命令，它与用户界面中的某个对象相连。每个快捷方式用一个左下角带有弧形箭头的图标表示，称为快捷图标。创建快捷方式有如下几种方法。

方法一：选定要设置快捷方式的文件或文件夹，单击右键，选择“创建快捷方式”命令，则在当前文件夹下就为该对象创建了一个快捷方式。

方法二：选定要设置快捷方式的文件或文件夹，使用“文件/新建/快捷方式”命令，打开“创建快捷方式”对话框，在“请键入项目的位置”文本框中输入快捷方式的文件名称，或通过“浏览”按钮选择文件，接下来单击“下一步”按钮，最后输入快捷方式的名称即可。

10. 查找文件或文件夹

在导航窗格内选择 D:盘驱动器（使查找文件或文件夹等限定在 D:驱动器内查找），然后在“搜索框”内输入“t”时，系统马上自动查找含“t”字符的文件或文件夹。如果还想输入字符，可继续输入，系统会自动重新搜索。还可以在“添加搜索筛选器”中选择“修改日期”或文件“大小”进行搜索，如图 2-16 所示。

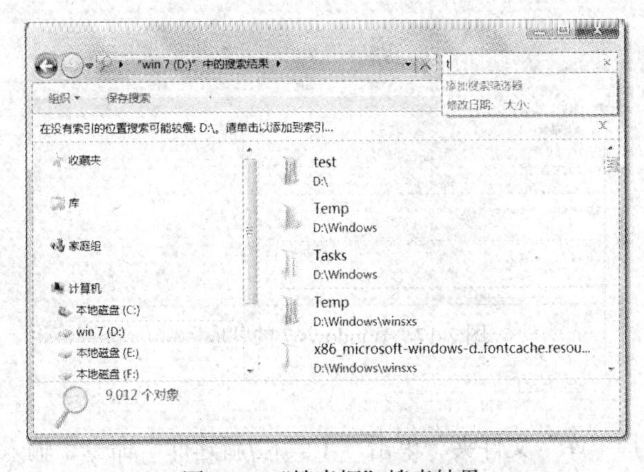

图 2-16　“搜索框”搜索结果

设置搜索条件时，可以使用通配符“?”和“*”，当要搜索的文件名中字母不确定时，可以用“?”代替一个不确定的字符，用“*”号代替字符串。例如，“*.txt”、“???.doc”、“*.bmp”等。

11. 磁盘的格式化

新的磁盘必须格式化以后才能使用，不过现在的很多磁盘在出厂前都已经格式化过，而用过的磁盘也可以再进行格式化。对旧磁盘格式化，会删除磁盘上的原有信息。

U 盘格式化的步骤如下。

① 将 U 盘插入 USB 接口中。

② 双击桌面上“计算机”图标，然后在“计算机”窗口中选定 U 盘盘符图标，单击右键，从快捷菜单中选择“格式化”命令，即显示“格式化”对话框。

③ 选择合适的“格式化选项”后单击“开始”按钮，即开始格式化。

④ 格式化完毕后，显示“格式化结束”对话框，单击“确定”按钮。

2.4.4　Windows 7 库功能

在 Windows 7 系统中，引入了一个强大的文件管理器——库功能。从资源的创建、编辑，到资源管理、备份等，均可基于库功能体系完成。虽然众多的视频、音乐、图片和文档等实际存放的物理位置可能是各不相同的，并不在某一个统一的物理位置里，但我们可以通过 Windows 7 系统的库功能实现统一管理，从而实现高效的管理模式，大大提高工作效率。

库是指从各个位置汇编的项目集合。项目可以是文件或文件夹，位置可以在本地驱动器上，也可以是移动硬盘或 U 盘上。

库可以收集不同位置的文件，并将其显示为一个集合，而无需从其存储位置移动这些文件。Windows 7 系统的默认"库"为视频、音乐、图片、文档 4 个库，如图 2-17 所示。用户根据需要可以创建其他的库。

库在某些方面类似于文件夹。例如，打开库时将看到一个或多个文件。但与文件夹不同的是，库可以收集存储在多个位置中的文件。这是一个细微但重要的差异。库实际上不存储项目。它们监视包含项目的文件夹，并允许用户以不同的方式访问和排列这些项目。

图 2-17　Windows 7 的"库"

1. 创建库

在导航窗格内，选择"库"文件夹，单击"工具栏/新建库"命令，输入库名称，按下回车键即可。

2. 包含到库中

在 Windows 7 资源管理器内选定 E:\背景图片，单击"工具栏/包含到库中/图片"命令，即可将"背景图片"包含到"图片"库内。Windows 7 的库功能可以将不同位置的文件夹包含到同一个库内，如图 2-18 所示。

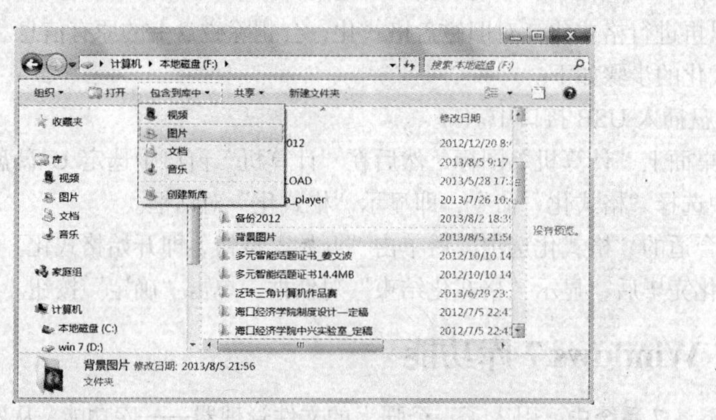

图 2-18　将"背景图片"文件夹包含到库中

将"背景图片"包含到"图片"库后，其效果如图 2-19 所示。注意，该图中右边为预览窗格。在该图中，工具栏内增加了"预览"、"放映幻灯片"、"打印"及"电子邮件"等命令按钮。功能极其强大，操作灵活方便，界面十分炫丽。

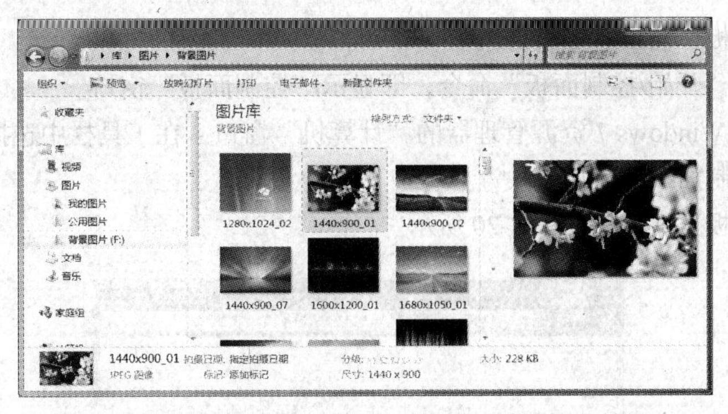

图 2-19 “库/图片/背景图片”（包含到库中后）效果

3. 删除库内的文件夹

在 Windows 7 资源管理器内通过导航窗格，选定“库/图片”，然后在细节窗格内选定“背景图片”文件夹，单击右键选快捷菜单“删除”命令，或单击“组织/删除”命令，即可将包含在库中的“背景图片”删除。注意，虽然“库/图片”内没有了“背景图片”文件夹，但原“F:\背景图片”文件夹及所有内容仍然存在，未受任何影响。

需要指出的是，如果在导航窗格内选定“库/图片/背景图片”，然后在细节窗格内选定具体的图片再执行“删除”命令操作，则是删除选定的图片，而不是删除“包含”。

2.5　Windows 7 剪贴板

Windows 的剪贴板主要用于在不同文件与文件夹之间交换信息。剪贴板实际上是 Windows 在计算机内存中开辟的一个临时存储区。

剪贴板的具体操作步骤如下。

① 选定文件或文件夹中的信息对象。

② 将选定的对象放到剪贴板上，可选择“组织/复制”或“组织/剪切”命令。

③ 从剪贴板取出交换信息放在文件中插入点位置或文件夹中，即选择“组织/粘贴”命令。

以上的操作命令可以使用 Ctrl+C、Ctrl+X、Ctrl+V 组合键来完成。

在当前 Windows 操作过程中，按 PrintScreen 键，可将整个屏幕的信息以位图形式复制到剪贴板中；若按 Alt+PrintScreen 组合键，可将当前活动窗口的信息以位图形式复制到剪贴板中。

2.6　Windows 7 控制面板及设置

安装 Windows 7 操作系统时，安装程序提供了一个标准的系统配置，对显示器、键盘、鼠标、声音、区域设置、日期和时间等多种参数进行了设置。用户如果需要进行调整或修改，可以在“控制面板”的窗口中进行。Windows 7“控制面板”包括“系统和安全”、“用户账户和家庭安全”、“网络和 Internet”、“外观和个性化”、“硬件和声音”、“程序”、“时钟、语言和区域”及“轻松访问”等八大类别的设置。这些设置几乎控制了有关 Windows 外观和工作方式的所有设置，通过对 Windows 进行设置，使其适合工作及个性化的需要。

打开“控制面板”窗口有 2 种方法。

方法一：选择“开始/控制面板”命令，即显示“控制面板”窗口。

方法二：打开 Windows 7 资源管理器的“计算机”窗口，在工具栏中选择“打开控制面板”命令，即显示“控制面板”窗口。

打开“控制面板”窗口，如图 2-20 所示。

图 2-20　Windows 7 控制面板

2.6.1 “个性化”设置

打开“控制面板/外观和个性化/个性化”，进入“个性化”设置窗口，如图 2-21 所示。在当前窗口可以进行“主题”、“桌面背景”、“窗口颜色”、“声音”和“屏幕保护程序”等设置工作。

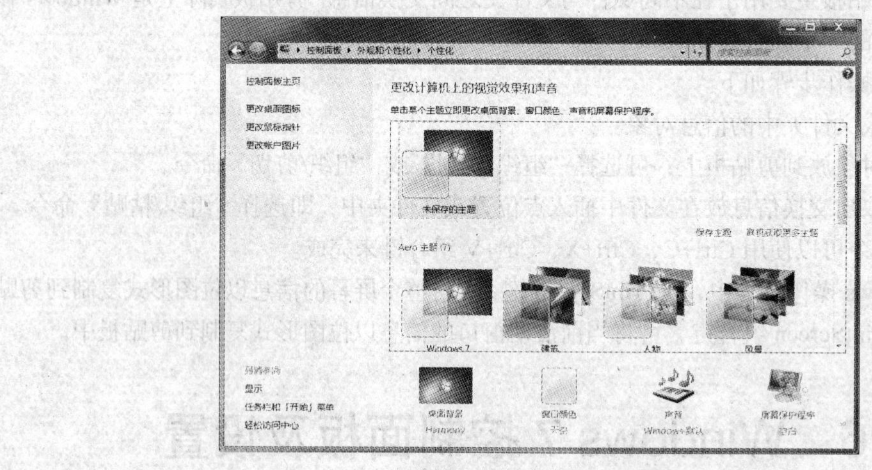

图 2-21　“个性化”设置

1. “主题”设置

主题是图片、颜色和声音的组合，可帮助个性化设置计算机。

Aero 主题：可用来对计算机进行个性化设置的 Windows 主题。所有的 Aero 主题都包括 Aero 毛玻璃效果，其中的许多主题还包括桌面背景幻灯片放映。

在 Windows 7 家庭高级版、专业版、旗舰版和企业版中提供了 Aero 桌面视觉体验，它将炫酷的视觉效果与用于管理桌面的新方式有效结合起来。Aero 桌面体验为开放式外观提供了类似于玻璃的窗口。它包括与众不同的直观样式，将轻型透明的窗口外观与强大的图形高级功能结合在一起。Aero 桌面体验包括任务栏预览、玻璃窗口边框及精致的动画效果等，因而使用 Aero 主题将会使 Windows 更具感染力、更生动、更美观，更具视觉冲击性。

用户可根据个人需要选择某一个主题。当单击某一主题时，系统立即更改桌面背景、窗口颜色、声音等，直至获得满意的主题效果为止。

2. “桌面背景”设置

在“个性化”设置窗口内单击“桌面背景”按钮，进入“桌面背景”设置窗口，如图 2-22 所示。用户可以在“背景”列表框中选择合适的背景图片作为桌面背景，如果选择 1 个图片，则作为桌面背景；如果选择多个图片，则创建一个幻灯片进行播放。然后在“图片位置”下拉列表框中选择背景图片的排列方式。如填充、适应、平铺、拉伸、居中等五种排列方式。

图 2-22　个性化——桌面背景设置

当选定结束，需要用新选定的桌面背景时，请单击“保存修改”按钮。

3. “屏幕保护程序”设置

屏幕保护程序是用户在较长时间内没有进行任何键盘和鼠标操作时，屏幕上出现移动的位图或图片，用来保护显示屏幕的实用程序。

单击“屏幕保护程序”命令，即可进入设置屏幕保护程序窗口。其操作方法如下。

① 在“屏幕保护程序”列表框中选择一种屏幕保护程序，设置等待的时间。

② 需要优化屏幕保护程序，还可以单击“设置”按钮，进行修改。

③ 需设置密码，则选定“密码保护”复选框。

④ 如果要全屏查看保护程序的效果，可单击“预览”按钮。

⑤ 设置好以后，最后单击“确定”按钮。

2.6.2 “显示”设置

在如图 2-23 所示的“显示”设置窗口中，为了使阅读屏幕上的内容更容易，可以选择某一个选项，用以更改屏幕上显示文本的大小及其他项。选择新的选项后，请单击“应用”命令按钮，并注销计算机后方能生效。本例中，系统默认显示文本为“较小（S）-100%”，如需要可以将之设置为“中等（M）-125%”，如果计算机显示器的分辨率较高，可能还会有 150%的显示比例方案供选择。

如果要改变屏幕分辨率大小，可以在如图 2-24 所示的界面中来设置屏幕的分辨率。单击“分辨率”列表框选择自己需要的分辨率。本例中分辨率列表为：1366 × 768 像素、1360 × 768 像素、1280 × 768 像素、1280 × 720 像素、1280 × 600 像素、1024 × 768 像素、800 × 600 像素。如果是高品质的适配器和显示器，还会有更高、更多的分辨率列表项供选择。

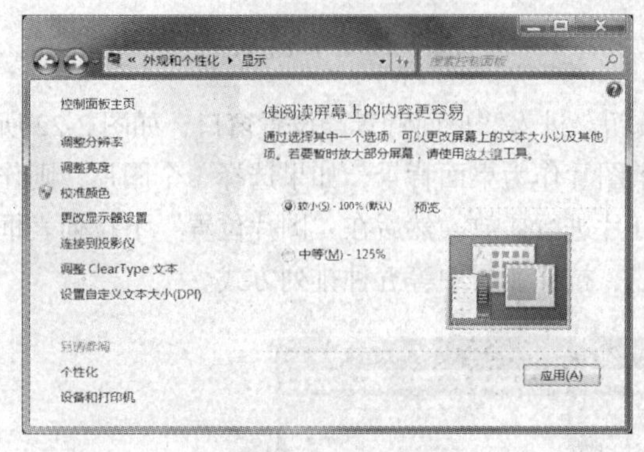

图 2-23 “显示”设置

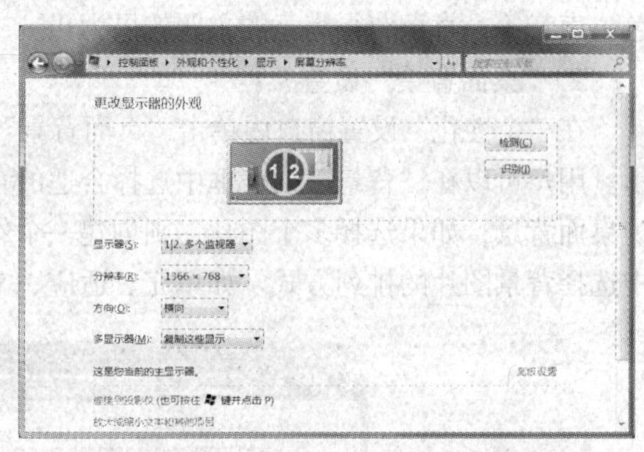

图 2-24 “显示——屏幕分辨率”设置

2.6.3 “小工具”设置

Windows 中包含称为“小工具”的小程序，这些小程序可以提供即时信息以及可轻松访问常用工具的途径。Windows 7 随附的一些小工具包括日历、时钟、天气、源标题、幻灯片放映和图片拼图板。计算机上必须安装有小工具，才能添加小工具。

右键单击桌面，然后单击“小工具”则进入“小工具”设置面板。也可单击“控制面板/外观和个性化/小工具”命令进入“小工具”面板，如图 2-25 所示。

图 2-25 “小工具”管理面板

如果要将“小工具”面板内的某一工具（如“日历”）添加到计算机桌面，则可用鼠标指向“日历”，右键单击选择“添加”命令，即可将之添加到计算机桌面上。

2.6.4 “程序”设置

由于某些原因，例如，可能不再使用某个程序，或者磁盘空间不足希望释放磁盘空间，或者有程序内部冲突现象等，则可以从计算机上卸载该程序。可以通过“程序和功能”卸载某个程序，或通过添加或删除某些选项来更改程序配置。

在计算机使用的过程中，常常需要安装、更新或删除程序。如果用户直接打开程序文件，通过菜单命令进行删除，那不可能删除干净，有些 DLL 文件安装在 Windows 目录中，另外可能会删除别的程序也需要的 DLL 文件，从而破坏了其他依赖这些的 DLL 程序。

如果利用“控制面板”中的“添加/删除程序”来操作，就解决了这一问题。

1. 更改或删除应用程序

打开“控制面板/程序/程序和功能”，如图 2-26 所示。选择某一程序，然后单击工具栏上的“卸载”命令按钮，或指向某一程序，右键单击，选“卸载”命令。此后将进入程序的卸载界面，按提示进行相关操作即可。除了卸载选项外，某些程序还包含更改或修复程序选项，但许多程序只提供卸载选项，若要更改程序，请单击“更改”或“修复”。

图 2-26　“程序和功能”窗口

2. 安装应用程序

安装应用程序应启动该应用程序的安装程序，其后按安装程序提示引导即可正确完成安装过程。若要从光盘或 U 盘上安装程序，则选择光盘或 U 盘，双击其安装程序即可。一般地，将光盘放入光驱时 Windows 将自动搜索光盘并自动启动光盘内的安装程序。若要从 Microsoft 添加程序，则选择“Windows Update”按钮，安装程序将自动检测各个驱动器，对安装盘进行定位。

2.6.5 “系统和安全”设置

Windows 7 系统提供了丰富的查看计算机信息的功能，如系统属性、设备管理器、管理工具等，用户可以查看有关计算机的重要信息的摘要，也可以查看基本硬件信息。Windows 7 系统具有非常丰富和强大的安全特性和功能，如自带防火墙、系统备份还原、家长控制、用户账户控制（UAC）等，另外还有在 Windows 7 系统中运行的 IE9 浏览器也具有非常好的安全特性，从而为安全流畅运行 Windows 7 系统提供了重要保障。图 2-27 所示为 Windows 7 系统提供的系统和安全功能。

图 2-27　“系统和安全”窗口

1. 系统属性

打开“控制面板/系统和安全/系统”命令，或在“计算机”窗口，单击工具栏“系统属性”命令，如图 2-28 所示。从上而下依次显示：Windows 7 版本信息，系统（处理器、内存、系统类型等），计算机名称、域和工作组设置，Windows 激活状态等。左窗格内有“设备管理器”、“远程设置”、“系统保护”和“高级系统设置”等重要的系统设置工具。

在图 2-28 中单击左窗格的“设备管理器”命令，进入系统的“设备管理器”窗口。或者单击“开始”按钮，使用鼠标右键单击“计算机”选项，并从右键菜单中选择“管理”选项，在随后出现的计算机管理窗口的左侧树形图中单击“设备管理器”选项，如图 2-29 所示。

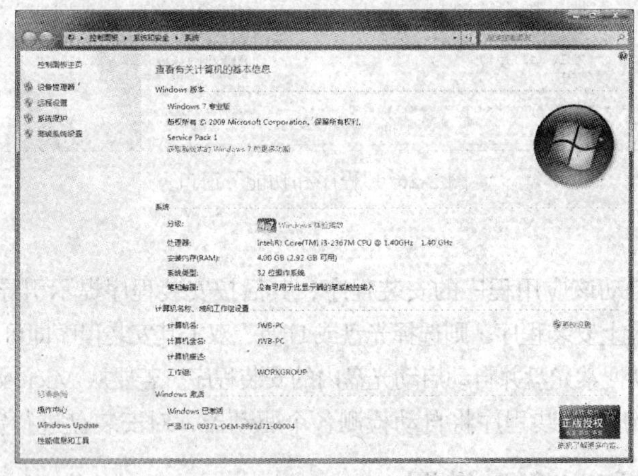

图 2-28 “系统”信息

通过设备管理器，可以查看自己的计算机中都安装了哪些硬件设备，查看和更新计算机上安装的设备驱动程序，检查硬件是否正常工作以及修改硬件设置。

硬件包含任何连接到计算机并由计算机控制的物理设备，如显示卡、打印机、网卡、调制解调器、DVD-ROM 驱动器等。

设备分为即插即用和非即插即用两种。即插即用设备是指将设备连接后马上就可以使用的；而非即插即用设备是指将设备连接后，不能立即使用，必须安装驱动程序并进行系统配置后才可以使用的设备。

为了使设备能在 Windows 7 上正常工作，必须在计算机上安装相应的设备驱动程序。可以通过如图 2-29 所示“设备管理器”窗口来配置设备。

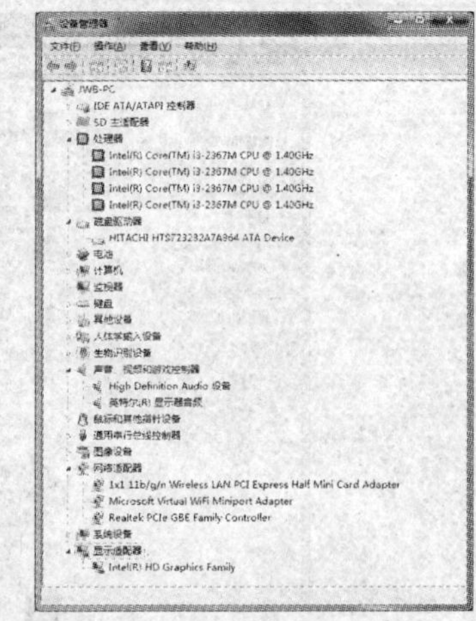

图 2-29 “设备管理器”窗口

（1）添加硬件设备

添加硬件设备有 3 个步骤。

① 将设备连接在计算机上。

② 为设备加载合适的设备驱动程序。

对于即插即用设备，系统会自动完成。当计算机检测到硬件或使用“添加/删除硬件”向导识别该设备之后，系统可能会要求插入该设备的安装光盘进行驱动程序安装，然后加载正确的设备驱动程序。当然，设备驱动程序也可以通过网络下载并安装，如打印机驱动程序等。

③ 配置设备的属性和设置。

（2）卸载硬件设备

在 Windows 7 设备管理器中，鼠标指向某个设备，右键单击，在快捷菜单中选择“卸载”命令，即可卸载某个设备。

在快捷菜单中还有“更新驱动程序”和“禁用”命令选项。如果某个设备驱动不正常或暂时不使用则可以使其“禁用”。

添加或删除硬件设备，都必须以管理员（Administrator）或管理员组成员的身份登录。

2. 计算机管理

“计算机管理”是一组 Windows 管理工具，可用来管理本地或远程计算机。工具分为三大类：“系统工具”、“存储”、“服务和应用程序”。其中，“系统工具”包括“本地用户和组”、“设备管理器”、“事件查看器”及“性能”等重要系统工具，这些系统工具均被组合到控制台中，这样，查看管理属性和访问执行计算机管理任务所需的工具就方便多了。Windows 管理工具丰富而复杂。本书仅介绍最常使用的“磁盘管理”功能。

磁盘管理是一种用于管理硬盘及其所包含的卷或分区的系统实用工具。使用磁盘管理可以初始化磁盘、创建卷以及使用 FAT、FAT32 或 NTFS 文件系统格式化卷。

基本磁盘是一种包含主磁盘分区、扩展磁盘分区或逻辑驱动器的物理磁盘。基本磁盘上的分区和逻辑驱动器被称为基本卷。只能在基本磁盘上创建基本卷。

（1）磁盘分区

由于硬盘容量较大，为更合理地使用硬盘，往往将硬盘通过软件方式划分成若干个相对独立的部分，这就是磁盘分区。磁盘分区有三种，主磁盘分区、扩展磁盘分区和逻辑分区。 主分区是能够安装操作系统，能够进行计算机启动的分区，这样的分区可以直接格式化，然后安装系统，扩展分区可划分成若干个逻辑分区，而所有的逻辑分区都是扩展分区的一部分。

一个硬盘主分区至少有 1 个，最多 4 个，扩展分区可以没有，有则只能有 1 个。主分区+扩展分区总共不能超过 4 个。逻辑分区可以有若干个。磁盘分区后，接下来便是选择哪种文件系统了。微软公司的操作系统使用的文件系统主要有以下 3 种。

◆ FAT16 文件系统。FAT 是英文“File Allocation Table”缩写，是“文件分配表”的意思。FAT 是用来记录磁盘上文件所在位置等信息的专用表格，它对于硬盘的使用是至关重要的，假若丢失文件分配表，那么硬盘上的数据就会因无法定位而不能使用了。FAT16 使用了 16 位的空间来表示每个扇区（Sector）配置文件的情形，故称之为 FAT16。其最大的缺点是磁盘分区最大只能到 2GB。该文件系统主要使用在 MS-DOS 环境。

◆ FAT32 文件系统。FAT32 文件系统是 Windows 系统硬盘分区格式的一种。FAT32 文件系统采用 32 位的文件分配表，使其对磁盘的管理能力大大增强，突破了 FAT16 对每一个分区的容量只有 2GB 的限制。由于现在的硬盘生产成本下降，其容量越来越大，运用 FAT32 的分区格式后，我们可以将一个大硬盘定义成一个分区而不必分为几个分区使用，大大方便了对磁盘的管理。目前已被性能更优异的 NTFS 分区格式所取代。FAT32 支持最大分区为 32GB。

◆ NTFS 文件系统。NTFS 文件系统是 Windows NT 以及之后的 Windows 的标准文件系统。

NTFS 称为高性能文件系统，它可以支持的最大分区达到 2TB。在 NTFS 分区上，可以为共享资源、文件夹以及文件设置访问许可权限，因而 NTFS 是一个十分安全的文件系统；NTFS 又是一个可恢复的文件系统，因而它是一个可靠的文件系统；NTFS 支持对分区、文件夹和文件的压缩，从而可实现磁盘空间的高效管理。在现有计算机环境下，强烈建议硬盘的磁盘分区采用 NTFS 文件系统，这样才能使用 Windows 7 的更高功能，体验 Windows 7 操作系统环境下的最佳性能。

（2）“磁盘管理”

功能操作如下。

打开方法一：右键单击“计算机”后单击快捷菜单上的“管理”命令；再展开“计算机管理”窗口左窗格内的“存储”，单击“磁盘管理”命令。

打开方法二：打开“控制面板/系统和安全/管理工具”，双击“计算机管理”；再展开“计算机管理”窗口左窗格内的“存储”，单击“磁盘管理”命令，该计算机磁盘状况如图 2-30 所示。图中相关情况说明如下。

◆ 磁盘 0：是硬盘，总容量 320GB。有 3 个主分区，一个扩展分区，扩展分区内 3 个逻辑分区（逻辑驱动器，分别为：D:、E:、F:）。其中 C:分区为系统的主分区，安装了 Windows 7 系统。其 3 个主分区，1 个扩展分区内有 3 个逻辑分区，均采用 NTFS 文件系统。

◆ 磁盘 1：为 U 盘，8GB，采用 FAT32 文件系统。

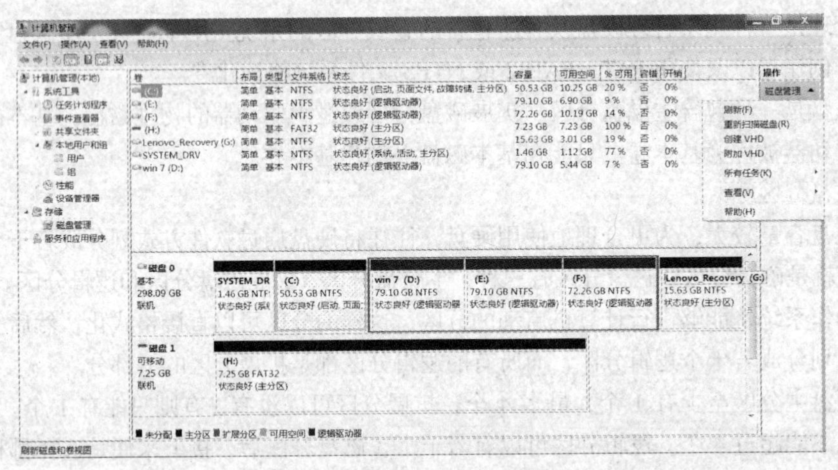

图 2-30 “计算机管理”窗口

（3）硬盘格式化

事实上，硬盘格式化分为硬盘低级格式化、硬盘初始化和硬盘高级格式化。

◆ 硬盘低级格式化：一般是硬盘出厂时所作的格式化，是对整个硬盘进行的物理格式化。低级格式化过程主要完成将盘片划出柱面及磁道，再将磁道划分成扇区，每个扇区又划出标识 ID、间隔区 GAP 和数据区 DATA 等。目前，必须通过专用的软件才能对硬盘做物理格式化。一般只有在特殊需要时才作硬盘的低级格式化。

◆ 硬盘的初始化：是指在使用新磁盘之前必须先进行初始化。如果在添加磁盘后启动磁盘管理，则会显示初始化磁盘向导以引导初始化该磁盘。

◆ 硬盘高级格式化：是针对硬盘某一分区按选择的文件系统要求而进行的格式化。硬盘高级格式化主要进行清除分区硬盘数据、生成引导信息、初始化文件系统以及标注硬盘坏道等。硬盘低级格式化后，再经过硬盘分区，然后才能对某一分区进行高级格式化。在 Windows 平台对硬盘的格式化属于硬盘的高级格式化。

今天，硬盘高级格式化概念又有一种更新的提法，称为“4K 高级格式化”：即将硬盘扇区大小从当前的 512 字节提升至 4096 字节（4KB）。这项更改会提高格式化效率，从而有助于硬盘行业提供更高的容量，同时提供改进的错误纠正功能。预计单碟 1TB 以上的硬盘将会全面采用先进的“4K 高级格式化”技术。

硬盘的高级格式化步骤如下。

① 右键单击要格式化的卷，然后单击“格式化”。

② 若要使用默认设置格式化卷，请在“格式化”对话框中，单击“确定”，然后再次单击“确定”，其格式化过程以百分比方式动态显示，直至 100%才完成格式化过程。

2.6.6 “用户账户和家庭安全”设置

基于系统安全需要，每个人都应该使用用户名和密码来访问其用户帐户。Windows 通过对用户账户的审核来确定用户可以访问哪些文件和文件夹，可以对计算机和个人首选项（桌面背景、屏幕保护程序等）进行哪些更改。通过用户账户，可以在拥有自己的文件和设置的情况下与多个人共享计算机。

Windows 7 提供以下 3 种类型的账户。每种类型为用户提供不同的计算机控制级别。

- 标准账户：适用于日常计算。
- 管理员账户：可以对计算机进行最高级别的控制，但应该只在必要时才使用。
- 来宾账户：主要针对需要临时使用计算机的用户。

打开“开始/控制面板/用户账户和家庭安全”，如图 2–31 所示，要添加或删除用户账户，请单击图 2–31 中右窗格的“添加或删除用户账户”命令，如图 2–32 所示。

图 2-31 用户账户和家庭安全

图 2-32 管理账户

以下是添加一个标准用户 User 的操作过程。

① 在图 2-32 中单击“创建一个新账户”。

② 在图 2-33 中输入用户名“User”，在其下方进行用户类型选择，使用默认“标准用户”，最后单击该窗口右下角“创建账户”命令，即完成用户账户的创建过程。图 2-34 所示为创建完成后的界面。

接下来，应该为新建用户账户设置密码。虽然可以不为新用户账户设置密码，但基于安全方面考虑，强烈建议用户账户设置完毕后必须为之设置密码，而且用户密码最好使用英文、数字、下画线等组合形成的密码，尽量让用户密码长一些，这样系统相对安全些，密码不会被轻易破解。

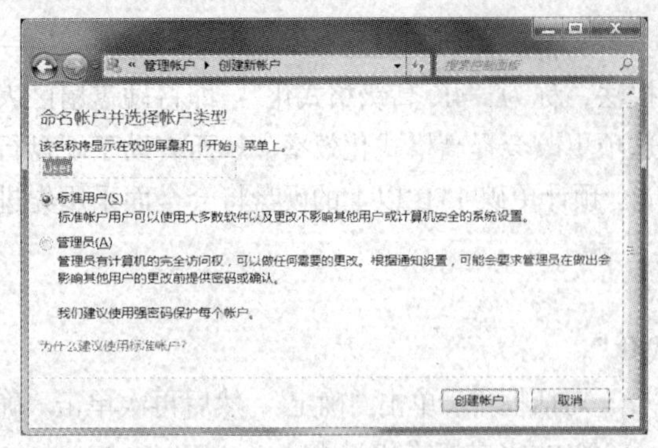

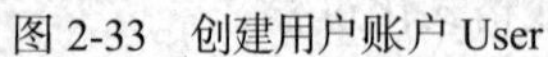
图 2-33　创建用户账户 User

图 2-34　创建用户账户完成

以下是为标准用户 User 创建密码的操作过程。

① 在图 2-34 中单击新用户“User”，进入“更改账户”窗口，如图 2-35 所示。

② 在图 2-35 中，单击左侧“创建密码”命令，进入“更改密码”窗口，如图 2-36 所示。

③ 在图 2-36 中，在“新密码”框内输入新密码，然后在“确认密码框”内重新输入前面输入的新密码。两次输入的密码必须保持一致。在“键入密码提示”框内输入当密码忘记时，能够帮助提醒你想起密码的信息。最后单击右下角的“创建密码”命令，完成新密码创建过程。重启微机、或注销账户、或切换用户后，就可以使用新用户账户和密码了。

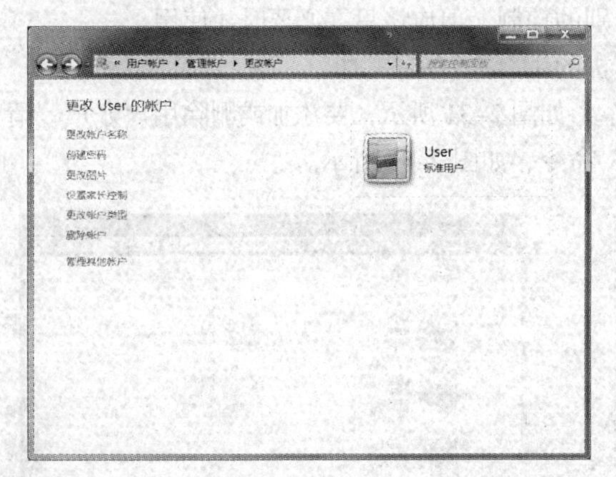

图 2-35　更改账户

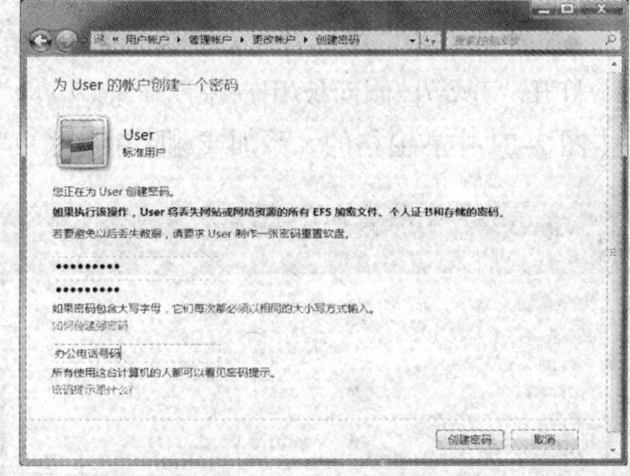

图 2-36　创建密码

创建新用户和密码都必须以管理员（Administrator）或管理员组成员的身份登录。

2.6.7　设备和打印机管理

当计算机连接有打印机设备时，需要安装打印机的驱动程序，或管理打印机。

1. 安装打印机

首先应确认打印机是否与计算机正确连接，同时应了解打印机的生产厂商和型号。

添加或删除硬件设备，都必须以管理员（Administrator）或管理员组成员的身份登录。

其安装步骤如下。

① 打开“控制面板/硬件和声音/设备和打印机”，弹出“设备和打印机”窗口，如图 2-37 所示。

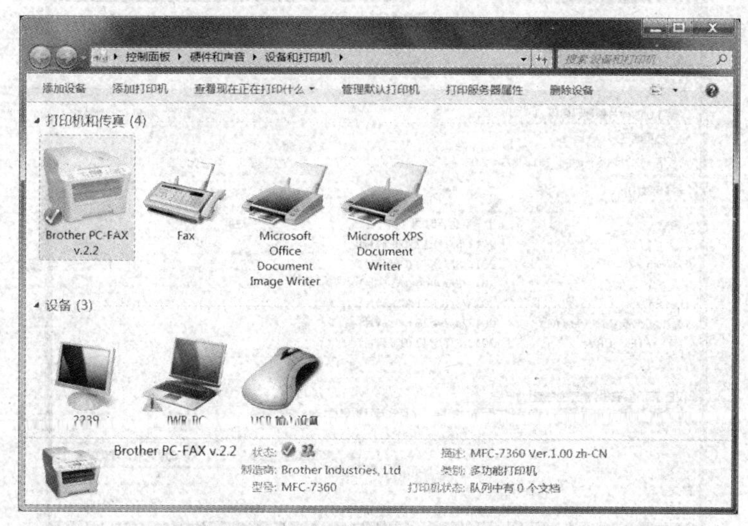

图 2-37　“设备和打印机”窗口

② 双击工具栏上“添加打印机”命令，出现“添加打印机向导”对话框。

③ 根据屏幕提示进行操作，安装完成后，打印机的图标将出现在“打印机”文件夹中。

2. 设置打印机属性

打开“打印机”窗口，右键单击打印机图标，选择“属性”命令，显示“打印机属性”的对话框，从选项中可以设置打印机名称，了解打印机特点，设置打印机连接的端口，设置打印机打印方式、打印方向、打印质量等。

在“打印机属性”的对话框的“共享”选项卡，可以单击“共享这台打印机”选项按钮，根据提示完成共享打印机的设置。

3. 打印文档

设置好打印属性后，就可以打印文档了。

首先将需要打印的文档打开，选择“文件/打印”命令打印文档。此时在“任务栏”的右下角将出现一个打印机图标，文档打印完毕后，该图标消失。

2.7　Windows 的常用附件

2.7.1　系统工具

Windows 7 自身提供了多种系统工具，如磁盘碎片整理程序、磁盘清理、系统数据备份、系统信息报告等。

1. 磁盘碎片整理程序

计算机使用一段时间后，由于用户经常进行文件的存储和删除等操作，磁盘上可用空间会变得比较分散。如果这种情况不加整理，磁盘的存取效率会下降。利用磁盘碎片整理程序可以整理碎片。选择“开始/程序/附件/系统工具/磁盘碎片整理程序”命令，可以打开“磁盘碎片整理程序”窗口，如图 2-38 所示。

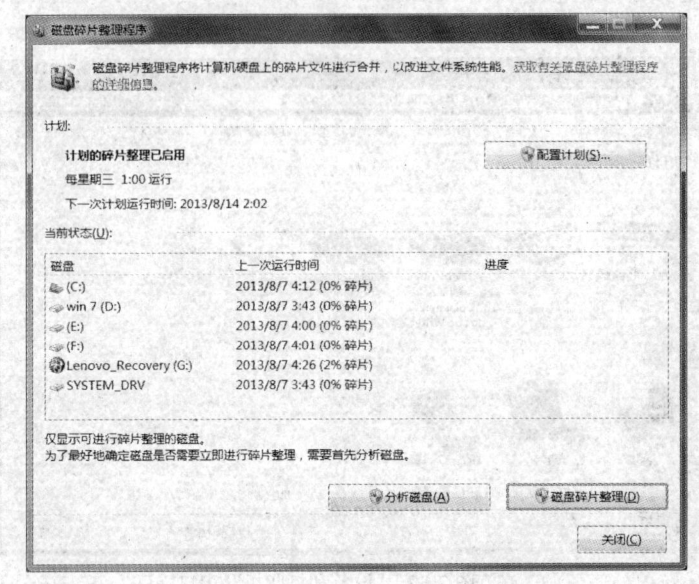

图 2-38 “磁盘碎片整理程序”对话框

在该窗口中选择需要进行整理碎片的磁盘如“C:”，单击“分析磁盘”按钮，由整理程序分析文件系统的碎片程序；单击“磁盘碎片整理”，可开始对选定的磁盘进行碎片整理。

2. 磁盘清理

磁盘清理程序可以帮助释放硬盘驱动器空间。磁盘清理程序搜索计算机中的驱动器，然后列出临时文件、Internet 缓存文件和可以安全删除的不需要的文件。可以使用磁盘清理程序删除部分或全部这些文件。启动磁盘清理程序方法是：选择“开始/所有程序/附件/系统工具/磁盘清理”命令，出现“选择驱动器”对话框，如图 2-39 所示。

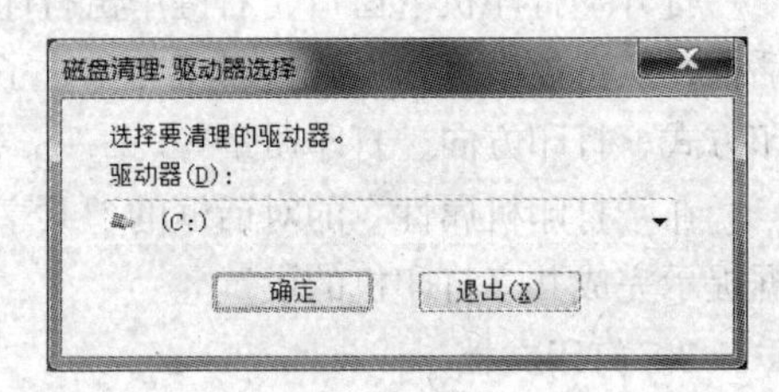

图 2-39 “选择驱动器”对话框

2.7.2 记事本

记事本是 Windwos 7 附件中提供的一个小型文字处理程序，用它可以方便地输入容量较小的纯文本文件，其扩展名默认为.txt。记事本程序功能简单，不能进行字符和段落的格式排版，但它占用空间小，运行速度快，是一个很实用的应用程序，除了用于文本处理，还经常用来编写程序源文件。

选择“开始/所有程序/附件/记事本”命令，可以打开“记事本”程序。记事本有一种特殊的用法——建立时间记录文档，用于跟踪用户每次开启该文档时的日期和时间。具体操作为：在记事本文档的第一行第一列处键入.log，然后保存，以后打开该文档时，记事本将根据计算机时钟的设置值将当前时间和日期添加到文档结尾。

2.7.3 写字板

Windows 7 写字板是一个可用来创建和编辑文档的文本编辑程序。与记事本不同，写字板文档可以包括复杂的格式和图形，并且可以在写字板内链接或嵌入对象。写字板可以处理 Word 文档、RTF 文档、纯文本文档等。

选择“开始/所有程序/附件/写字板”命令，可以打开“写字板”程序，在写字板中允许插入多种媒体信息，如位图、WAV 声音、电影剪辑、对象包等。

2.7.4　画图

画图程序是 Windows 7 自带的一个绘图软件，利用它可以绘制一些简单的图画。这些图画一般保存为位图文件。选择“开始/所有程序/附件/画图”命令，可以打开“画图”程序，如图 2-40 所示。

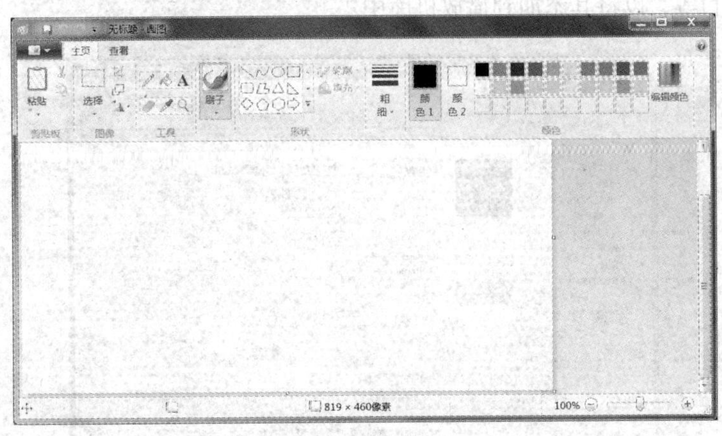

图 2-40　“画图”窗口

画图程序不但可以处理.jpg、.gif、.bmp 等格式的文件，还可以对这些图片进行简单的修改，如裁剪、移动、复制、旋转等。同时还提供了工具箱和颜料盒，可以在编辑区中绘制一些简单的图画。

2.7.5　计算器

在 Windows 7 中文版中提供了两种计算器：普通计算器和科学计算器。普通计算器只可以做一些加、减、乘、除、乘方、开方、结果保存等简单计算。科学计算器可以进行高级的科学和统计计算。

选择“开始/所有程序/附件/计算器”命令，打开“计算器”程序。选择“查看/科学型”或选择“查看/程序员”命令，可以设置相应类型的计算器，如图 2-41、图 2-42 所示。科学计算器的功能比较强大，不仅可以进行三角函数、阶乘、平方、立方等计算，还具有逻辑运算和统计运算的功能。

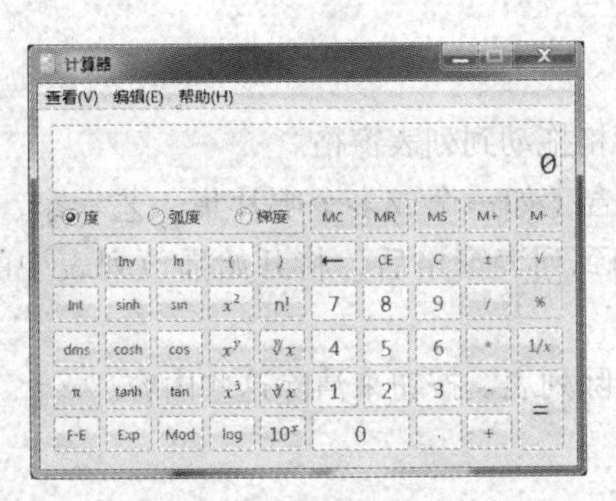

图 2-41　科学型计算器

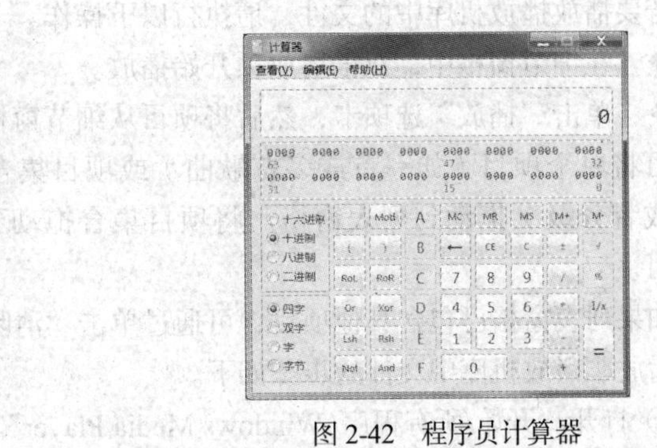

图 2-42　程序员计算器

2.7.6 媒体播放器

Windows Media Player 提供了直观易用的界面，用它可以播放数字媒体文件、整理数字媒体收藏集、将自己喜爱的音乐刻录成 CD、从 CD 翻录音乐，将数字媒体文件同步到便携设备，并可从在线商店购买数字媒体内容。

单击“开始/所有程序/Windows Media Player”命令，可以启动媒体播放器，如图 2-43 所示。Windows Media Player 将查找计算机上特定的 Windows 媒体库中的文件，包括音乐、视频、图片和录制的电视节目等，以将其添加到播放机库中。

图 2-43 Windows Media Player

若要构建媒体库，则可在媒体库中添加来自计算机上的其他位置或外部设备（如便携硬盘驱动器）的文件夹。可以使用计算机的 CD 驱动器来复制 CD 并将其作为数字文件存储在计算机上，从而将音乐添加到播放机库中。使用播放机右上角的选项卡，可在播放机库中打开列表窗格，这样就可以更轻松地创建喜爱歌曲播放列表、将自定义歌曲列表刻录到可录制的 CD，或与便携式媒体播放机同步媒体库中的播放列表。“播放”选项卡下的列表反映了当前正在播放的项目和已选择要在播放机库中播放的项目。

播放播放机库中的文件的步骤如下。

① 打开“开始/所有程序/ Windows Media Player”。

② 如果播放机当前已打开且处于“正在播放”模式，请单击播放机右上角的“切换到媒体库”按钮。

在播放机库中，浏览或搜索希望播放的项。

若要播放播放机库中的文件，请执行以下操作。

◆ 在细节窗格中，双击播放项开始播放。

◆ 单击“播放”选项卡，然后将项目从细节窗格拖动到列表窗格。

可将单个项目（如一首或多首歌曲）或项目集合（如一个或多个唱片集、艺术家、流派、年代或者分级）拖动到列表窗格。将项目集合拖动到列表窗格后，将开始播放列表中的第一个项目。

如果列表窗格已包含其他项目，可通过单击“清除列表”按钮来清除这些内容。

播放非播放机库中文件的步骤如下。

① 打开“开始/所有程序/ Windows Media Player”。

如果播放机当前已打开且处于“正在播放”模式，请单击播放机右上角的“切换到媒体库”按钮。

② 若要播放非播放机库中的文件，请执行以下操作。

◆ 在播放机库中，单击“播放”选项卡，然后将文件从任意位置拖动到列表窗格中。

◆ 将文件拖动到受播放机监视的文件夹中。

思考与练习

1. 简述操作系统的主要功能。
2. 什么是 Windows 7 的桌面？它由哪些基本元素组成？
3. Windows 典型的窗口结构由哪些部分组成？
4. 简述文件和文件夹的概念和命名规则。
5. 启动资源管理器有哪几种方法？
6. 什么是库？与文件夹有何区别与联系？
7. 叙述一下“复制”、“剪切”和“粘贴”的功能。
8. 控制面板的功能是什么？主要包括哪些应用程序？
9. 如何修改桌面的背景？
10. 什么是即插即用设备？如何安装即插即用设备？
11. 如何添加或删除应用程序？为什么不能直接用删除命令删除程序，而要使用“添加/删除程序”完成有关操作？
12. Windows Media Player 支持哪些文件格式？介绍一下常用的格式特点。

第3章 WPS文字软件

金山公司开发的 WPS Office 2012 是 Windows 环境下优秀的办公软件，可以用来编排文章、制作各种表格、制作演示文档等，能够使用户轻松地制作出各种格式精美的办公文档。文字处理是各种办公活动中最基本、最频繁的工作。WPS 文字软件可以帮助我们创建和修改以文字为主的文档，如便条、信件、论文等，并且以计算机文件的形式进行存储。本章主要介绍 WPS 文字软件的使用，重点介绍文档编辑、格式设置、表格的操作和图文混排等。

3.1 WPS Office 2012 简介

1. WPS Office 产品的发展历史

WPS Office 是一款优秀的办公软件套装，它由金山软件有限公司开发出品。WPS 办公软件产品从 1988 年开始到现在经过了二十多年的风雨历程。

1988 年 5 月，求伯君凭一台 386 计算机，花了 14 个月的时间，单枪匹马开发出了 WPS 1.0，成为第一套中文文字处理系统。在 WPS 1.0 中，求伯君独创了“模拟显示”功能，使用者可在打印之前看到和调整打印效果，能将计算机中由 1 和 0 组成的数据，打印成符合办公需求的版式，极大地提高了办公效率，并且还应用了窗口技术。1989 年到 1995 年的 7 年时间内，在没有做任何评测、广告的情况下，WPS 凭借技术上的领先地位横扫大江南北，WPS 一度成为计算机的代名词，书店里摆满了 WPS 使用教程之类的书籍，专业报刊也整版刊登 WPS 使用技巧。WPS 在整个字处理软件市场上独占鳌头，占据了超过 90%的市场份额。WPS 的意义在于这不仅是可以用来文字录入的软件，更重要的是，这是中国人自己开发的字处理软件。WPS 的作者求伯君也被誉为“中国程序员第一人”。

1995 年，金山公司在 WPS 的基础上开发出了《盘古组件》，集成电子表格、文字处理、英文翻译等多项功能。由于此次产品没有沿用 WPS 这一家喻户晓的品牌，因而市场销售遭受了极大的失败。同年，微软公司 Windows 系统在中国悄然登陆，随着 Windows 操作系统的普及，微软公司通过各种渠道传播的 Word 6.0 和 Word 97 成功地将大部分 WPS 用户过渡为自己的用户，金山公司丧失了市场发展的大好机会，进入历史最低点。

虽然遭受挫折，但金山公司未放弃，1997 年，基于 Windows 平台的 WPS 97 推出。1999 年，WPS 2000 在 Office 2000 之前抢先发布，并且开始集成文字办公、电子表格、多媒体演示制作和图像处理等多种功能。

2001 年 5 月，WPS 正式更名为 WPS Office，并开始尝试兼容 WPS 和 MS Office 不同时期的各个版本。于 2002 年 6 月发布了 WPS Office 2002，除了 WPS Office 2002 正式发布外。同年，金

山公司开始了卧薪尝胆的三年研发之路，耗资 3500 万，100 多名工程师历时 3 年，重写了 500 万行代码，全力开发 WPS Office 2005。

2005 年，WPS Office 2005 发布，WPS Office 2005 充分尊重用户对 MS Office 的使用习惯，不仅使用习惯和微软相似，而且实现了和微软产品的双向兼容。这个体积只有 15MB 的产品，让金山品牌有了轻盈的活力，标志 WPS 的重新崛起。2006 年，金山公司拿下中国政府办公软件采购 56.2%的份额。被国务院 57 个部委使用作为其标准办公软件。

此后，2007 年金山推出 WPS Office 2007。2009 年金山全新推出的 WPS Office 2009。2010 年金山推出 WPS Office 2010。2012 年金山推出 WPS Office 2012。2013 年金山推出 WPS Office 2013 抢鲜版。

在和微软公司的二十几年竞争中，从占尽先机到迅速落败，再到 WPS Office 2005 真正获得了站起来的力量，它的版本从早期单纯的字处理软件 WPS，到现在 WPS Office 办公套装，形成了以文字处理、电子表格、演示制作为核心的多模块组件式产品，其产品在安全性、易用性上均获得大量用户的认可和支持，WPS Office 已经成为国内最先进的产品之一，达到国际领先水平。

2. WPS Office 2012 简介

WPS Office 2012 分为个人免费级产品和企业级产品。个人免费级产品分为：WPS Office 2012 个人版、WPS Office 2012 实验室版、WPS Office 2012 校园版、金山 WPS Office 移动版、金山快盘、金山快写等。企业级产品分为：WPS Office 2012 专业版、金山安全云存储等。其中个人免费级产品可以直接登录官方网站免费直接下载，方便广大个人用户的使用。本书以 WPS Office 2012 个人版为背景，介绍主要组件的使用。

WPS Office 2012 具有以下几个特色。

（1）免费与兼容

WPS Office 个人版对个人用户永久免费，包含 WPS 文字、WPS 表格、WPS 演示三大功能模块，与 Microsoft Word、Microsoft Excel、Microsoft PowerPoint 一一对应，应用 XML 数据交换技术，无障碍兼容.doc、.xls、.ppt 等文件格式，既可以直接保存和打开 Microsoft Word、Microsoft Excel 和 Microsoft PowerPoint 文件，也可以用 Microsoft Office 轻松编辑 WPS 系列文档。与美国微软公司 MS Office 比较，WPS Office 2012 个人版深度兼容微软 Office 各个版本，与微软 Office 实现文件读写双向兼容。同时，WPS Office 2012 个人版无论是界面风格还是应用习惯都与微软 Office 完全兼容，用户无需学习就可直接上手。而且，WPS Office 2012 个人版在安装过程中会自动帮用户关联.doc、.xls、.ppt 等 Microsoft Office 文件格式，WPS 保存的默认格式也会被设置为通用格式。

（2）两种界面切换

WPS 2012 充分尊重用户的选择与喜好，提供双界面切换，用户可以无障碍地在新界面与经典界面之间转换，熟悉的界面、熟悉的操作习惯呈现，用户无需再学习，让老用户得以保留长期积累的习惯和认知，同时能以最小学习成本去适应和接受新的界面与体验。

（3）丰富的在线资源库

WPS Office 2012 包含在线模板、在线素材和知识库等丰富的在线资源库。WPS Office 2012 的在线模板首页上有百个热门标签，更方便查找，还可以收藏多个模板，并将模板一键分享到论坛、微博。同时，WPS Office 2012 内置的全新在线素材库“Gallery”，集合了大量的精品办公素材，方便用户快捷高效地做出精美的办公文档。同时，还可以上传、下载、分享他人的素材，群组功能还允许方便将不同素材分类。另外，WPS Office 提供了知识库频道，使大量的用户可以分享其他用户亲身体验出的智慧结晶。

（4）体积小运行速度快

WPS 2012 在不断优化的功能的同时，依然保持超小体积，WPS 2012 个人版大小仅 41.6MB，直接登录官方就可以进行下载，并且终身免费，也不必为安装费时头疼，一分钟即可下载并且完成安装，而且程序启动和运行速度都非常的快。

（5）免费网盘保存

WPS Office 2012 可以同金山 Office 移动版以及金山快盘结合使用，把未完成的文件免费保存于金山快盘中，实现了免费的网络存储功能。用户除了桌面办公外，还可以通过手机和平板电脑办公，只要有网络，用户就可以随时随地阅读、编辑和保存 Office 文档，同时，还可将文档共享给工作伙伴，实现多人协同办公。

3.2 WPS 文字处理的基本概念

WPS 文字是 WPS Office 办公软件的三大核心组件之一，具有强大的文本编辑和排版功能，使用 WPS 文字可以制作出各种精美文档，如书刊、简历、信函、传真、海报、名片等。本章将主要介绍 WPS 文字的基本概念、编辑、排版、页面设置、表格制作、图形绘制等操作。本节将从 WPS 文字的启动开始，介绍 WPS 文字的基本概念。

3.2.1 WPS 文字的启动和退出

1. WPS 文字的启动

启动 WPS 文字的方法有多种，常用的有以下三种。

方法一：选择“开始/所有程序/WPS Office 个人版/WPS 文字”命令，即可启动 WPS 文字。

方法二：若桌面上有 WPS 文字的快捷图标，双击即可启动。

方法三：通过存在的文档启动 WPS 文字。当双击一个已经存在的 WPS 文字文档，即可启动 WPS 文字软件。

初次启动 WPS 文字软件后的默认风格是“2012 风格”，若 Office 的老用户不喜欢图形化风格，可以选择窗口右上角的更改界面图标，或单击窗口左上角“WPS 文字”菜单，从打开的下拉菜单下方选择 更改界面 命令，都将弹出如图 3-1 所示的更改界面对话框，选择“经典风格”确定后，关闭 WPS 文字软件，再次打开 WPS 文字软件就可以转换为“经典风格”。

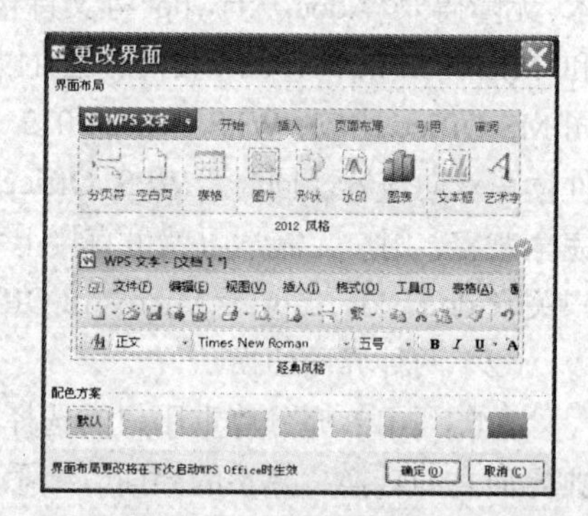

图 3-1　更改界面对话框

2. WPS 文字的退出

退出 WPS 文字，可以选择以下任意一种方法。

方法一：单击 WPS 文字窗口右上角的“关闭”按钮。

方法二：单击窗口左上角的“WPS 文字”按钮左侧的图标，从弹出的窗口控制菜单中选择“关闭”命令。

方法三：按下 Alt+F4 组合键。

3.2.2 WPS 文字的窗口组成

启动 WPS 文字以后，窗口界面如图 3-2 所示。WPS 文字的窗口由 WPS 文字标题栏、选项卡、功能区、功能组、快速访问工具栏和文档标签、文本编辑区、滚动条、状态栏和视图切换按钮组、文档显示比例滑竿等部分组成。

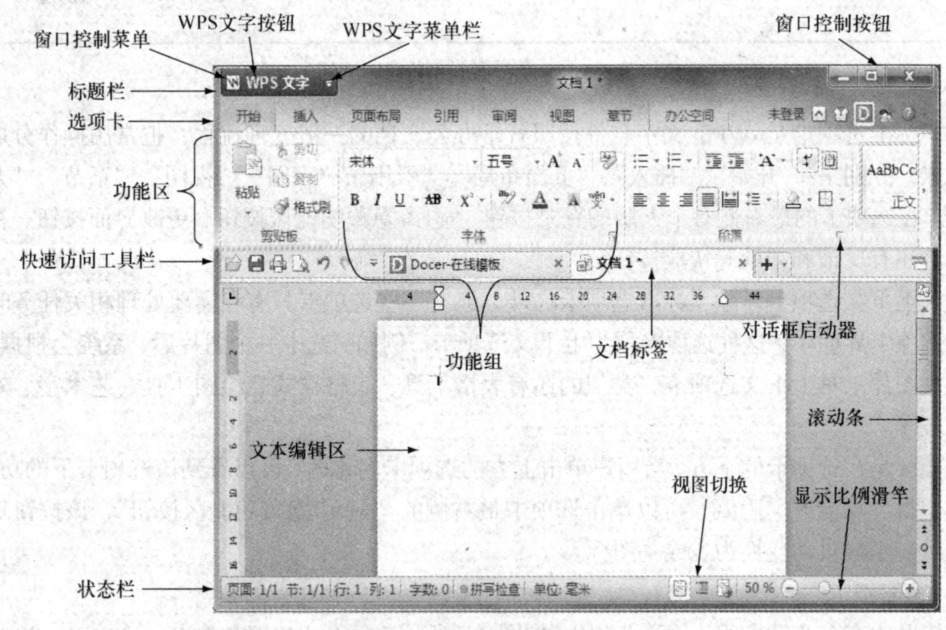

图 3-2 WPS 文字的窗口界面

1. WPS 文字标题栏

WPS 文字标题栏显示在窗口的最上方，主要显示 WPS 文字菜单、当前编辑的文档名和窗口控制按钮组等，标题栏示例如图 3-3 所示。当窗口处于最大化状态时，当前编辑的文档名称自动消失，选项卡自动上移与标题栏合并为一行。当窗口处于还原状态时，选项卡自动下移独占一行，此时标题栏上会显示当前编辑的文档名称。

图 3-3 WPS 文字标题栏

标题栏最左侧的“WPS 文字”按钮包含 3 个对象。

（1）当单击“WPS 文字”菜单左边的图标时，则打开窗口控制菜单，主要有最小化、最大化、还原、移动、关闭等窗口控制命令。

（2）当直接单击“WPS 文字”菜单时，则弹出下拉菜单，主要用于文件新建、打开、保存、另存为、打印、发送邮件、显示最近使用的文档、更改界面、选项、退出等。便于用户快速打开文档和设置 WPS 选项配置信息等。

（3）当单击“WPS 文字”菜单右边的下拉按钮时，则打开 WPS 文字旧版的下拉菜单，这项功能主要用于兼容以前的版本，照顾老用户使用菜单的操作习惯。

2. 选项卡和功能区

选项卡是新版 WPS 文字对各种文档命令重新组合后的一种新的呈现方式，选项卡下方是功能区，如图 3-4 所示。选项卡根据正常显示与否，可以分为标准选项卡和上下文选项卡两种。

图 3-4　标准选项卡和功能区示例

（1）标准选项卡是 WPS 文字软件按照日常办公文档的一般处理流程，把常用操作分成了 8 个选项卡，分别是："开始"、"插入"、"页面布局"、"引用"、"审阅"、"视图"、"章节"、"办公空间"等。在选项卡的最右侧有个人版的登录按钮、显示/隐藏功能区按钮、更改界面按钮、在线模板按钮，还有反馈和帮助等快捷按钮。

（2）上下文选项卡。除了标准选项卡之外，还有一些选项卡只有在需要处理相关任务时才会出现在选项卡界面中，这种选项卡称为上下文选项卡。例如，选中一个图片后，系统会根据需要，自动出现图片工具上下文选项卡。类似的还有表格工具、表格样式、绘图工具、艺术字、效果样式、图表等。

功能区是在选项卡的下方。当用户单击上方的选项卡名称时，可以看到该选项卡下的功能区。但若要使得"功能区"隐藏，可以单击选项卡最右侧的"显示/隐藏功能区按钮"，该按钮随着功能区显示或隐藏自动变换为⌃或⌄图标。

3. 功能组

功能区中有多个功能组（简称为组），如图 3-5 所示。每个组中又包含若干个命令，这些命令非常直观便利，所见即所得，可以使用户快速地完成文档处理操作。有些组中的命令可以通过窗口对话的方式实现，当单击组下方的对话框启动器按钮时，则将打开相应组的对话框。

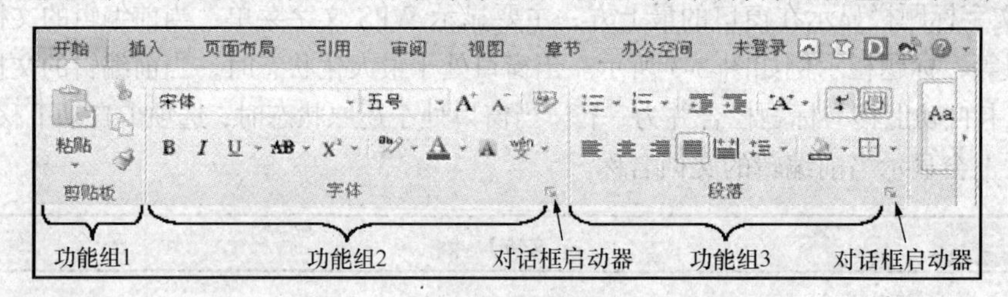

图 3-5　功能区上的功能组示例

4. 快速访问工具栏和文本标签栏

快速访问工具栏和文本标签栏位于功能区的下方，在该工具栏的左侧是快速访问工具栏，右侧是文本标签，如图 3-6 所示。快速访问工具栏主要放置关于文档基本操作的快捷工具，从左到右快捷的按钮依次是：新建、打开、保存、打印、打印预览、撤消、恢复等。文本标签栏，可以同时打开多个文档，便于多文档的快速切换。

图 3-6　快速访问工具栏和文本标签栏

5. 文本编辑区

它占据屏幕大部分的显示空间，在该区域中可以编辑文本、插入表格和图形等。在文本编辑区中，不断闪烁的竖线为插入点光标，它标记新键入字符的位置。用鼠标单击某位置，或按键盘上的方向键，可以改变插入点的位置，也可以使用“即点即输”方式，即将鼠标指针移动到要录入的任何位置，然后双击即可。

6. 滚动条

滚动条中的方形滑块指示出插入点在整个文档中的相对位置。拖动滚动块，可快速移动文档内容，同时滚动条附近会显示当前移到内容的页码。

单击垂直滚动条两端的上箭头或下箭头，可使文档窗口中的内容向上或向下滚动一行。单击垂直滚动条滑块上部或下部，可使文档内容向上或向下移动一屏幕。垂直滚动条下部还有 3 个按钮，分别是：上双箭头、圆圈和下双箭头。圆圈为“选择浏览对象”按钮，上双箭头和下双箭头按钮的功能会随着选择的浏览对象的不同而改变，默认为按页浏览，即“前一页”和“下一页”。

使用键盘上的方向键↑、↓、←、→也可使文档内容滚动一行或一列，使用 PgUp 键和 PgDn 键可使文档内容滚动一个屏幕。

7. 状态栏

状态栏位于文档的最下方，显示当前编辑的文档窗口和插入点所在页的信息，以及某些操作的简明提示，如图 3-7 所示。在编辑状态下，状态栏上各选项的含义如下。

页面: 1/13　节: 1/5　行: 4　列: 20　字数: 627　拼写检查　单位: 毫米

图 3-7　状态栏

（1）页面、节：显示插入点所在的页面和节。其中页面所显示含义为：“当前所在页码／当前文档总页数”；节所显示含义为：“当前所在节／当前文档总节数”。

（2）行、列：行、列为插入点在当前页中的行号和列号。

（3）字数：显示当前页的段落数。当单击“字数”时，则会弹出字数统计对话框。

（4）拼写检查：单击“拼写检查”时，则会设置文档是否允许拼写检查的状态。

（5）单位：毫米，当单击该项时，则会弹出“常规与保存”对话框可以进行单位设置及保存格式设置等。

8. 视图切换按钮及显示比例滑竿

在状态栏右侧有 3 个按钮和 1 个文档显示比例滑竿，它们均是改变视图的按钮，如图 3-8 所示。3 个按钮从左到右依次是：页面视图、大纲视图、Web 版式视图。

图 3-8　视图切换按钮及显示比例滑竿

3.2.3　WPS 文档的视图

为了更好地编辑和查看文档，WPS 文字提供了 4 种文档视图方式，分别是：页面视图、大纲全屏视图、大纲视图和 Web 版式视图。可通过“视图”选项卡中的“文档视图”组来转换文档的视图，如图 3-9 所示。或者也可以使用文档窗口右下角的“视图转换方式”按钮进行视图切换，WPS 文字默认显示为“页面视图”。

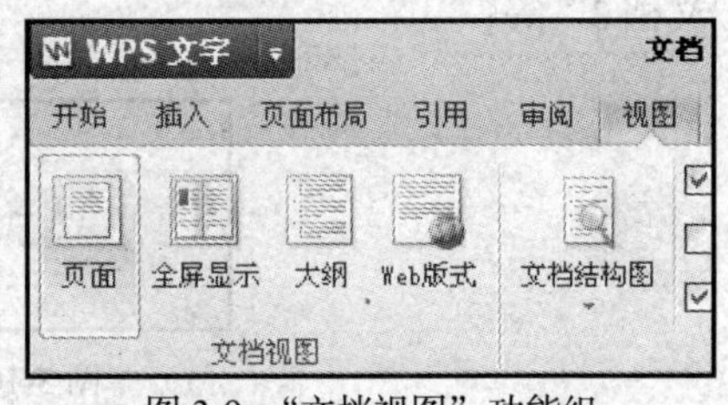

图 3-9　“文档视图”功能组

1. 页面视图

页面视图是一种使用得最多的视图方式，也是 WPS 的默认视图方式。在页面视图下，文档将按照与实际打印效果一样的方式显示，如显示页眉页脚、多栏版面等。应用页面视图可以处理文本框、图文框，以及检查文档的最后外观，并且可对文本、格式以及版面进行最后的修改。页面视图在处理长文档时全局性不如大纲视图，但是它简洁直观，因此它特别适合于“所见即所得”的排版。

2. 全屏视图

全屏视图即将标题栏、选项卡、标尺、滚动条及状态栏等全部隐藏，用整个屏幕显示文档内容。要进入全屏视图，可以选择“视图”选项卡中“文档视图”组的“全屏显示”命令按钮。在该视图下，屏幕上会出现一个“关闭全屏显示”命令按钮，单击该按钮，或者按 Esc 键则可关闭全屏显示，切换到以前的视图。

3. 大纲视图

大纲视图是按照文档中标题的层次来显示文档的，用户可以单击“大纲”选项卡中“大纲工具”组上的“+”、“-”命令按钮展开或折叠文档，从而使得查看文档的结构变得十分容易。大纲视图的另一个作用就是可以方便地调整段落的大纲级别，以及调整各个级别的顺序等。在大纲视图中不显示页边距、页眉、页脚和背景。

4. Web 版式视图

Web 版式视图显示文档在 Web 浏览器中的外观。Web 版式视图的最大优点是联机阅读方便，它不以实际打印的效果显示文字，而是将文字显示得大一些，并使段落自动换行以适应当前窗口的大小。

3.3 WPS 文字的基本操作

要掌握 WPS 文字处理软件，首先要了解 WPS 文字是如何创建文档及编辑文档的。本节将重点介绍文档的创建和保存、文档的编辑、文档的查找和替换等知识。

3.3.1 文档的使用

1. 新建文档

新建一个空白文档的方法有多种，可以根据需要来选择。

方法一：启动 WPS 文字软件后，在窗口的“文档标签栏”上直接单击+或者+按钮旁的下拉列表，选择“新建空白文档”，如图 3-10 所示，或者双击文档标签空白处自动创建新建文档，建立的新文档默认名称是“文档 1”，如果继续创建其他空白文档，则自动显示名称为“文档 2”、“文档 3”等。

图 3-10　在文档标签处新建空白文档

方法二：单击窗口左上角“WPS 文字”菜单，在弹出的下拉菜单中选择“新建/新建空白文档”。

方法三：单击窗口左上角“WPS 文字”菜单右边的下拉按钮，在弹出的下拉菜单中选择“文件/新建空白文档”。

一般情况下，使用新建空白文档较多，但如果要新建有特殊要求的文档，可根据模板新建。WPS 文字提供了大量的在线模板，其操作步骤如下。

（1）单击窗口左上角“WPS 文字”菜单右边的下拉按钮，在弹出的下拉菜单中选择“文件/在线模板”命令，或者单击标准选项卡最右侧的图标按钮，均可以打开“在线模板”文件标签栏，如图 3-11 所示。

图 3-11　“在线模板”对话框

（2）在窗口左侧模板分类栏有多个模板分类，分别有求职简历、办公范文、人力资源、法律文书、心得体会、文档背景、法律文档、教育文档等多个分类，每个分类都提供多个子类模板，当单击其中一个子类时，在右侧窗格中可以出现范文模板供用户选择。可以单击其中任何一个范文模板。

（3）选择一个范文模板后，在弹出的对话框中用户可以看到范文的格式，单击“立即下载”按钮，即可按范文模板建立一个新的空白文档。

2. 文档的保存

文档编辑完成后必须存放到磁盘上才能长期保存，保存文档时有下面 3 种情况。

（1）新建文档的保存。

操作步骤如下。

① 单击快速访问工具栏中的“保存”按钮，或单击窗口左上角“WPS 文字”菜单，在弹出的下拉菜单中选择“保存”命令，将弹出如图 3-12 所示的“另存为”对话框。

② 在“保存在”下拉列表框中选择合适的保存位置，在“文件名”列表框中输入合适的文件名。

③ 在“保存类型”下拉列表框中选择保存的文件类型，WPS 文字文件的扩展名是*.wps，在保存类型

图 3-12　“另存为”对话框

中选择“WPS 文字 文件（*.wps）”。若用户要改为其他类型的文件，可单击该下拉列表框中的下拉按钮，选择所需要的文件类型。

如果在安装 WPS Office 个人版过程时，设置了默认关联 Microsoft Office 的文件格式，则 WPS 文字文档默认的文件保存类型是 Microsoft Word 97/2000/XP/2003 文件（*.doc），因此在保存 WPS 文字文件时若不特别修改保存类型时，WPS 文字文档保存的文档格式是*.doc。

④ 单击“保存”按钮即可。

（2）文档的换名保存。

如果要把当前编辑的文档换名保存，单击窗口左上角“WPS 文字”菜单，在弹出的下拉菜单中选择“另存为”命令，则弹出“另存为”对话框，选择保存路径和填写文件名，方法同上。

（3）保存已有文档。

如果当前编辑的是已经存在的有名称的文档，可以使用下面的方法保存。

方法一：单击快速访问工具栏中的“保存”按钮。

方法二：按 Ctrl+S 组合键。

方法三：单击窗口左上角“WPS 文字”菜单，在弹出的下拉菜单中选择“保存”命令。

这时不会出现“另存为”对话框，而直接保存到原来的文档中，以当前内容代替原来内容，当前编辑状态保持不变，可继续编辑文档。

3. 打开文档

文档保存在外存里，如果需要进行编辑，先要把它读到内存才会显示在 WPS 文字窗口中。打开文档常有以下几种方法。

（1）在未启动 WPS 文字前打开文档。

WPS 文字生成文档的默认扩展名是.wps，在文件夹中双击 WPS 文字文档，会自动启动 WPS 文字软件打开该文档。

当然，在安装 WPS Office 程序时，如果设置了该程序自动关联.doc、.rtf 等文件格式时，在文件夹中双击.doc、.rtf 等文件时，也会自动启动 WPS 文字软件打开当前文档。

（2）通过“打开”命令打开文档。

在 WPS 文字软件的窗口中，单击快速访问工具栏上的“打开”命令，或者单击窗口左上角“WPS 文字”菜单，在弹出的下拉菜单中选择“打开”命令，此后会弹出“打开”对话框，如图 3-13 所示。

图 3-13 “打开”对话框

在“打开”对话框中，单击“查找范围”下拉列表框中选择文档所在的驱动器和文件夹，或者单击对话框左侧的“桌面”、“库”、“计算机”、“网络”等选择目标位置。当选中要打开的文档后选择“打开”命令，即可将该文档调入编辑窗口；如果要打开其他类型的文件，还可以单击“文件类型”下拉列表框，选择文件的类型。

（3）利用最近使用过的文档打开

单击窗口左上角“WPS 文字”菜单，在弹出的下拉菜单中选择“最近使用过的文档”列表中的文件名，即可打开相应的文档。

4. 多文档的切换

WPS 文字允许多文档操作，可同时打开多个文档，文档间进行快速切换可提高工作效率，切换的方法有以下几种。

方法一：在文件标签栏上，直接根据需要单击相应的文件名即可。

方法二：在文件标签栏最右侧，选择“标签列表”图标，可打开文件下拉列表项，从中选择需要文件。

方法三：单击“视图”选项卡中“窗口”组的“切换窗口”命令按钮，从弹出的下拉列表中选择需要的文件即可。

5. 关闭文档

关闭当前正在编辑文档的方法有多种。

方法一：直接单击文件标签栏上的×按钮。

方法二：在文件标签栏上右键选择“关闭窗口”命令。

方法三：使用 Ctrl+W 组合键关闭当前文档。

在退出 WPS 文字之前要将所有编辑过的文档保存。如果文档已经保存过，则会直接退出 WPS 文字；但如果用户忘记保存编辑的文档而选择关闭窗口时，WPS 文字会打开一个如图 3-14 所示的对话框，提示用户保存文档或放弃保存。

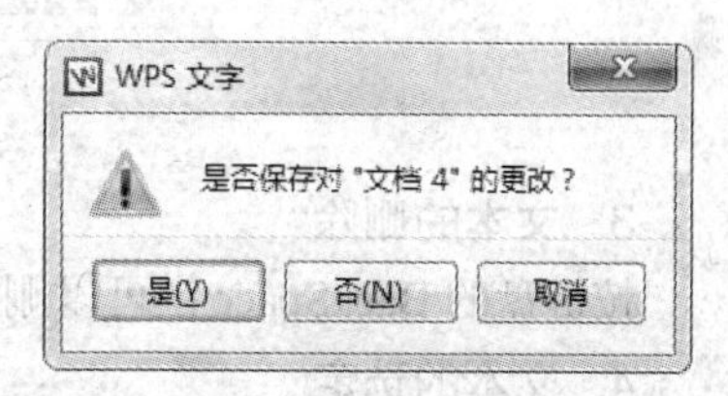

图 3-14　提示用户是否保存文档对话框

若单击“是”按钮，如果是已经保存过的文件，则保存该文件后退出系统；如果是新建的文档，将打开“另存为”对话框，要求用户输入文件名，再单击“保存”按钮，才能保存用户所做的修改。若单击“否”按钮，则不保存修改的内容并退出 WPS 文字。若单击“取消”按钮，则取消退出操作。

WPS 文档在编辑时，若没有保存，在文件标签栏文件名称旁边会有一个“*”符号，该符号提示用户当前文档还没有保存。

3.3.2　文档的编辑

编辑文档是指输入和修改文档中的内容，同时也包括删除、改写、移动和复制等操作。

1. 输入文本

启动 WPS 文字后，无论是新建一个文档还是打开一个文档，在文档窗口中都可以看到一个闪烁的光标，即插入点。可以通过鼠标确定插入点的位置，来定位输入文本的位置。也可以使用键盘上的编辑键改变光标的位置，如按 Home 键和 End 键可以将插入点从当前位置移动到当前的行首和行尾；按 Ctrl+Home 组合键和 Ctrl+End 组合键可以将插入点从当前位置移动到文档的开始和末尾。

输入文本时，插入点会自动从左向右移动，当输入的文本到达页面的右边界时，WPS 文字会自动换行。只有在一个段落结束时才按 Enter 键，表示下面输入的文本要另起一段。

2. 输入符号

在文档编辑过程中，可能需要在指定位置插入一些特殊符号，插入特殊符号时，可将光标移到插入点。之后，单击“插入”选项卡中的“符号”组的“符号”命令，打开“符号”的命令列表项，若当前下拉选项中没有用户需要的符号，可以选择“其他符号...”，之后会打开“符号”对话框，如图 3-15 所示。

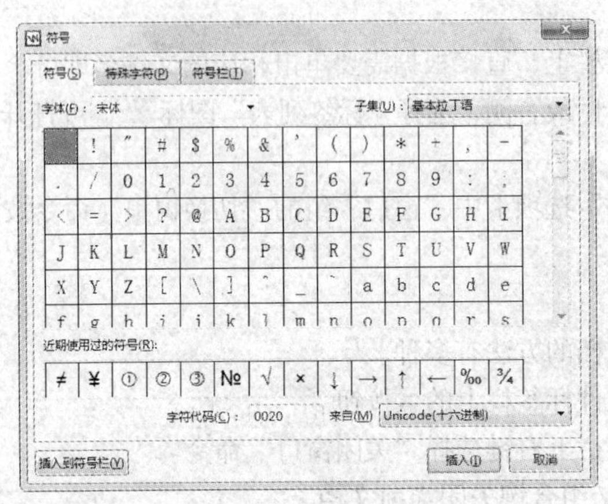

图 3-15 “符号”对话框

3. 文本的删除

按键盘的 BackSpace 键可以删除插入点前面的字符；按 Delete 键可以删除插入点后面的字符。

4. 文本的选定

WPS 文字软件编辑文本的原则是：先选择，后操作。因此，在进行文档的编辑操作时，首先要选定特定的文本作为操作对象，然后再进行文本的复制、移动、插入、删除以及设置格式等相关操作。被选定的文本呈反白显示。

选定对象的方法很多，大体上可分为以下两种。

（1）使用鼠标进行选定。

① 选定任意文本：按下鼠标左键滑过欲选定的文本，文本呈反白显示表示已选定。

② 选定一个单词：在欲选文本上双击鼠标。

③ 选定一个句子（以“。”或“段落标记”为界）：在欲选的句子上按住 Crtl 键的同时，单击鼠标左键。

④ 选定任意矩形区域：单击欲选矩形一角后，按住 Alt 键拖动鼠标至对角，然后释放鼠标和 Alt 键。

⑤ 选定一行：在欲选定行的左侧空白位置单击鼠标，被选定的行呈反白显示。

⑥ 选定一个段落：在欲选段落上的任意位置三击鼠标或者在欲选段落的选择区上双击鼠标。

⑦ 选定任意多行：在欲选行的左侧空白位置单击鼠标后滑动到其他行即可，被选定的行呈反白显示。

⑧ 选定任意连续的文本块：单击文本块首，然后移动鼠标至文本块尾，按住 Shift 键并单击。

⑨ 选定全部文档：在文本行左侧空白位置的任意位置三击鼠标，或者选择“开始”选项卡中“编辑”组的“选择”命令按钮，从弹出的下拉列表中选择“全选”命令（也可使用组合键 Ctrl+A）。

取消选定：在任意空白处单击鼠标即可。

（2）使用键盘上的 Shift 键与光标键进行选定。

先定位光标到文档合适位置，然后按下 Shift 键不松手，再按相应的箭头光标键向箭头方向进行选定或扩展选定。

① 按 Shift 键+Home 键，则选定插入点至行首的内容。

② 按 Shift 键+End 键，则选定插入点至行尾的内容。

③ 按 Shift 键+PageUp 键，则选定插入点向前一页的内容。

④ 按 Shift 键+PageDn 键，则选定插入点向后一页的内容。

⑤ 按 Shift 键+“箭头”键，则选定插入点向箭头方向选定。

⑥ 按 Shift 键+Ctrl 键+Home 键，则选定插入点至文档首部的全部内容。

⑦ 按 Shift 键+Ctrl 键+End 键，则选定插入点至文档尾部的全部内容。

5．文本的复制、剪切和粘贴

文档内容的“复制”、“剪切”、“粘贴”操作在文档编辑中经常使用。“复制”是将文档中已经选定的内容拷贝到剪贴板；“剪切”是将文档中已经选定的内容转移到剪贴板；“粘贴”是将剪贴板中的内容拷贝到文档的插入点处，可以多次“粘贴”，每“粘贴”一次剪贴板中的内容被拷贝一次。

（1）文本的复制。文本的复制有以下两种方法。

方法一：选定需要复制的文本，单击“开始”选项卡中“剪贴板”组的“复制”命令按钮即可完成复制操作。

方法二：选定需要复制的文本，按下 Ctrl+C 组合键即可完成复制操作。

（2）文本的剪切。文本的剪切有以下两种方法。

方法一：选定需要剪切的文本，单击“开始”选项卡中“剪贴板”组的“剪切”命令按钮即可完成剪切操作。

方法二：选定需要剪切的文本，按下 Ctrl+X 组合键即可完成剪切操作。

（3）文本的粘贴。文本的粘贴有以下两种方法。

方法一：将插入点移到目标位置上，单击“开始”选项卡中“剪贴板”组的“粘贴”命令按钮即可完成粘贴操作。

方法二：将插入点移到目标位置上，按下 Ctrl+V 组合键即可完成粘贴操作。

（4）选择性粘贴。

除了正常粘贴之外，WPS 文字还提供了“选择性粘贴”功能，单击“粘贴”命令按钮下的“粘贴”文字图标，则显示命令列表项，包含有：带格式文本、匹配当前格式、无格式文本、选择性粘贴…、设置默认粘贴…共 5 个项目，如图 3-16 所示。

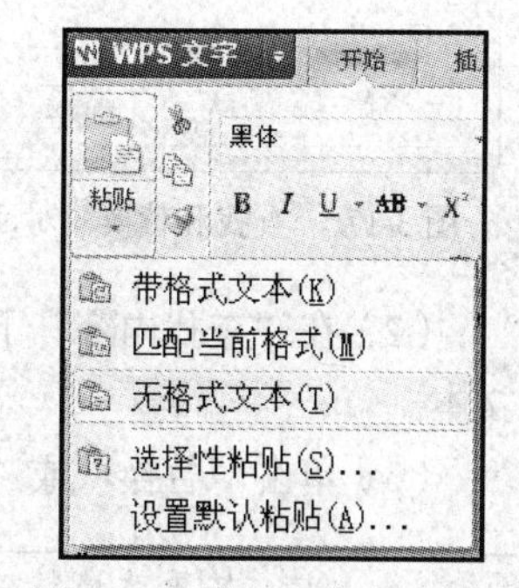

图 3-16 “粘贴”命令列表项

① 带格式文本。即保留原始文档格式粘贴进入新文档或者新位置。

② 匹配当前格式。将欲粘贴内容按照新文档或者新位置的字体、段落格式显示。

③ 无格式文本。将复制内容的格式全部去除，以默认的格式粘贴在新文档或者新位置。

④“选择性粘贴…”命令可以打开对话框进行“选择性粘贴”，基本同上，不再赘述。

⑤“设置默认粘贴…”命令可以打开对话框设置“默认粘贴”方式。

6. 撤消与恢复操作

在编辑文档时，常常要使用撤销与恢复操作。WPS 文字支持多级撤销和多级恢复。

（1）撤消

如果对先前所执行的操作不满意，在快速访问工具栏上单击“撤消”按钮，可取消对文档的最后一次操作。多次单击“撤消”按钮，可以依次从后向前取消多次操作。

（2）恢复

若想恢复上次被撤消的操作，可以单击快速访问工具栏上的“恢复“按钮。单击“恢复”按钮右边的下拉箭头，可以一次性恢复最后被取消的多次操作。当该按钮变为灰色时，表示无法进行恢复操作。

3.3.3 查找和替换

1. 查找文本

查找文本的操作步骤如下。

（1）单击“开始”选项卡中“编辑”组的“查找替换”下拉按钮，在打开的下拉列表中选择“查找”列表项，或者单击窗口左上角“WPS 文字”菜单右边的下拉按钮，在弹出的下拉菜单中选择“编辑/查找”命令，都可以打开“查找和替换”对话框中的“查找”选项标签，如图 3-17 所示。

（2）在“查找内容”下拉列表框中输入要查找的文本。

（3）单击“查找下一处”按钮开始查找。在查找过程中，可按 Esc 键取消正在进行的搜索工作。

2. 替换文本

替换文本的操作步骤如下。

（1）单击“开始”选项卡中“编辑”组的“查找替换”下拉按钮，在打开的下拉列表中选择“替换”列表项，或者单击窗口左上角“WPS 文字”菜单右边的下拉按钮，在弹出的下拉菜单中选择“编辑/替换”命令，都可以打开“查找和替换”对话框中的“替换”选项标签，如图 3-18 所示。

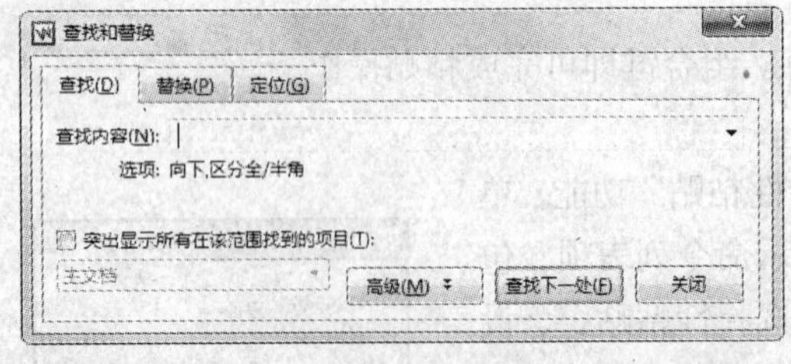

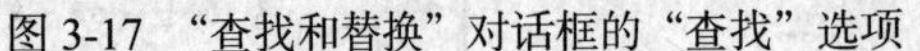
图 3-17 “查找和替换”对话框的“查找”选项

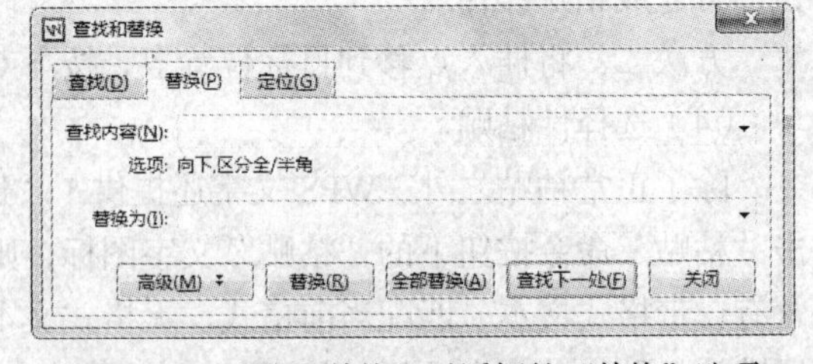

图 3-18 “查找和替换”对话框的“替换”选项

（2）在“查找内容”下拉列表框中输入要查找的文本，在“替换为”下拉列表框中输入替换文本。

（3）单击“替换”或“全部替换”按钮开始替换。

提示

若要替换特殊字符，则单击对话框上的“高级”按钮，对话框窗口下方会出现一些扩展选项，在扩展选项中，可以设置搜索选项，还可以选择“特殊字符”下拉按钮可以打开下拉列表，从列表中可以设置查找或替换需要的特殊符号，例如，段落标记、制表符、手动换行符等。

利用替换功能还可以删除找到的文本，方法是在“替换为”下拉列表框中不输入任何内容，替换时会以空字符代替找到的文本，等于做了删除操作。

3.4 文档排版设置

输入文档后，需要对文档进行格式设置，包括字符格式、段落格式等，可以使文档更加美观和便于阅读。WPS文字提供了“所见即所得”的显示方式，更改格式后即可查看效果。

3.4.1 字符格式设置

字符的格式决定了字符在屏幕上和打印时的形式。这里说的字符包括汉字、字母、数字、符号及各种可见字符。输入字符后，WPS文字提供了设置字体、字号和颜色等功能。

要为某一部分文本设置字符格式，则必须遵循“先选中，后操作”的原则。如果没有选定文本，就进行字符格式的设置，那么，从当前位置开始，输入的字符都沿用已经设置了的字符格式。

WPS文字文档默认的中文字体和字号是宋体、五号，英文字体和字号是Times New Rorman、10.5磅。

设置字符格式有两种途径：使用“开始”选项卡和使用“字体”对话框。前一种方法方便快捷，适于进行少量项目的设置。若设置比较复杂，最好使用字体对话框。

方法一：使用“开始”选项卡中的“字体”功能组进行设置，如图3-19所示。

“开始”选项卡中的“字体”功能组显示了当前插入点处字符的格式。用户可以通过“字体”组中的各命令按钮来快速完成文本格式设置。单击所需按钮，对应设置起作用；再单击，则取消该项设置。

方法二：单击“开始”选项卡下的“字体”功能组右下角的对话框启动器，打开“字体”对话框进行设置，如图3-20所示。

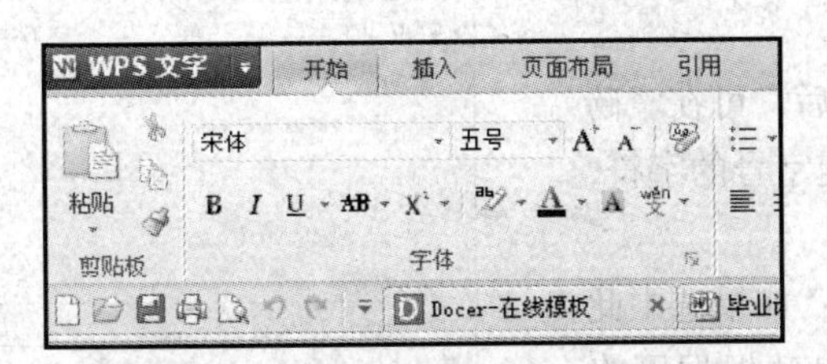

图3-19 “开始”选项卡中的“字体”组

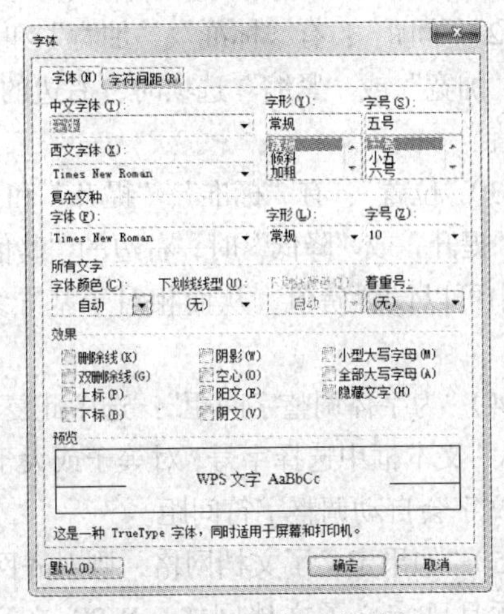

图3-20 “字体”对话框

1. 设置字体

在“字体”对话框中选择“字体”选项卡，在其中可以完成以下几个主要选项。

（1）字体：设置字体类型可从“中文字体”下拉列表框中选择一种，如宋体、黑体、楷体等。

（2）字形：“字形”列表框中有“加粗”、“倾斜”等选项，当选择“加粗　倾斜”选项时，字形是粗斜体。

（3）字号：“字号”列表框中有中文字号八号～初号、英文磅值 5～72，对于中文字号来说，号越小字越大，而对于数字来说，数字越大字越大。常用的部分字号与磅值的对应关系如表 3-1 所示。

表 3-1　　字号与磅值的对应关系

字　号	初　号	一　号	二　号	三　号	四　号	五　号	六　号	七　号	八　号
磅值	42	26	22	16	14	10.5	7.5	5.5	5

（4）字体颜色：在“字体颜色”下拉列表框中可以设置字符颜色。WPS 文字默认的字体颜色是黑色，如要编辑彩色文档，可单击“字体颜色”下拉按钮，在弹出的调色板中选择所要的颜色，即可改变选中文字的颜色。除了在调色板中选择颜色外，也允许用户自定义颜色。彩色的文档只能在彩色显示器上编辑、查看，在彩色打印机上打印输出。

（5）效果：在“效果”选项栏中可设置字符的特殊效果，各种效果如图 3-21 所示。在“效果”选项栏中可选择多个复选框，为文字设置多种效果。

加粗 *倾斜* 下划波浪线 字符边框 字符底纹 着重号 删除线 上标 下标

图 3-21　字符效果

2. 设置字符间距

在“字体”对话框中选择“字符间距”选项卡，在其中可以完成以下几个主要选项。

（1）“缩放”：用于对所选文字进行缩放，如果要设定一个特殊的缩放比例，可以直接在文本框中输入 1～600 之间的一个数值。

（2）“间距”：有“标准”、“加宽”和“紧缩”3 个选项，用于对所选文本的字间距进行调整。选用“加宽”或“紧缩”选项时，右边的“磅值”文本框被激活，在其中可设置想要加宽或紧缩的磅值。

（3）“位置”：有“标准”、“提升”和“降低”3 个选项。选用“提升”或“降低”时，右边的“磅值”文本框被激活，在其中可以设置磅值，从而相对于基准线提升或降低所选文字。

（4）“为字体调整字间距”：选中此复选框后，可在“磅或更大”文本框中选择字号，对等于或大于选定字号的字符，WPS 文字会自动调整字符间距。

（5）“如果定义了文档网格，则对齐网格”：如果选中此复选框且已定义了文档网格，WPS 文字会自动根据网格对齐。

字符间距及字符位置设置如图 3-22 所示。

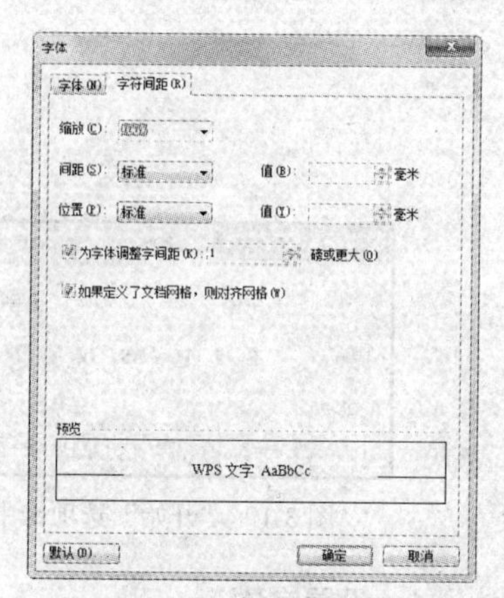

图 3-22　“字符间距”选项卡

3.4.2　特殊文字格式设置

在“开始”选项卡中的“字体”组找到命令按钮单击后，如图 3-23 所示，有“拼音指南”、“更改大小写”、“带圈字符”和“字符边框”命令。这些命令用户可能平时很少会用到它，但熟悉并合理使用这些命令，能够制作出很多的特殊效果。

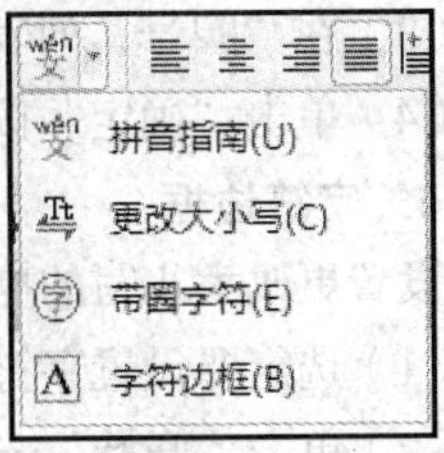

图 3-23 “特殊文字”列表菜单项

1. 拼音指南

使用“拼音指南”命令的操作步骤如下。

（1）选中要设置读音的文字。

（2）单击“开始”选项卡中“字体”组的命令按钮，在打开的下拉列表中选择“拼音指南”命令，可以打开“拼音指南”对话框，如图 3-24 所示。

（3）在“基准文字”文本框中显示了选定的文本；在“拼音文字”文本框中自动给出了每个汉字的拼音，如需对某个文字进行注释，可在其“拼音文字”文本框中进行添加。

（4）单击“对齐方式”下拉列表框，为基准文字和拼音选择一种对齐方式。

（5）设置“偏移量”，指定拼音和汉字间的距离。

（6）使用“字体”和“字号”选项，为拼音选择字体和字符大小。

（7）单击“确定”按钮即可。

2. 更改大小写

设置更改大小写的操作步骤如下。

（1）选定要更改大小写的英文字符或英文句子。

（2）单击“开始”选项卡中“字体”组的命令按钮，在打开的下拉列表中选择“更改大小写”命令，可以打开“更改大小写”对话框，如图 3-25 所示。

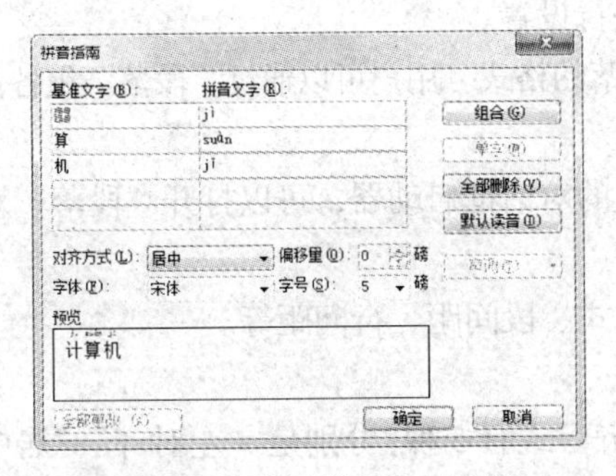

图 3-24 “拼音指南”对话框

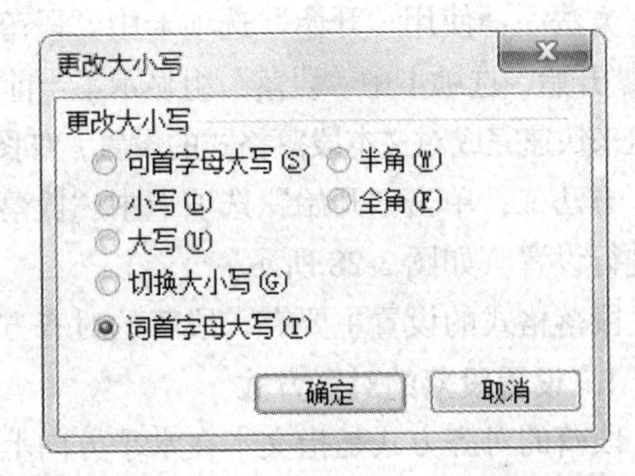

图 3-25 “更改大小写”对话框

（3）在对话框中，根据需要选择其中一项，单击“确定”按钮。

3. 带圈字符

设置带圈字符的操作步骤如下。

（1）选定要添加圈号的字符。若是汉字、全角的符号、数字和字母，只能选择一个字符；若是半角的符号、数字和字母，最多可选择两个，多选的将自动被舍弃。

（2）单击“开始”选项卡中“字体”组的命令按钮，在

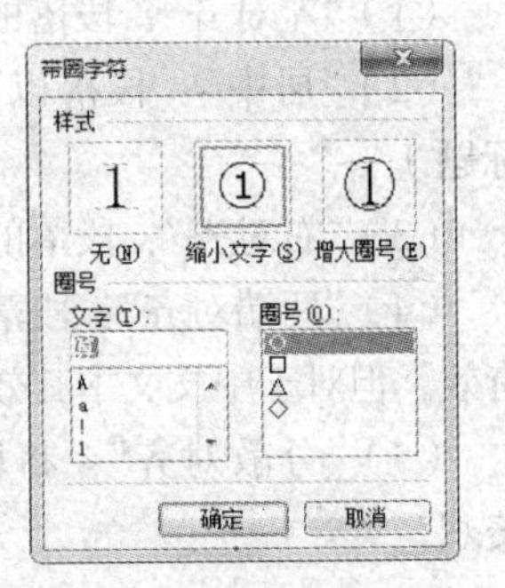

图 3-26 “带圈字符”对话框

打开的下拉列表中选择“带圈字符”命令，可以打开“带圈字符”对话框，如图 3-26 所示。此时选中的文字已出现“文字”框中，在列表中还列出了最近所使用过的字符。

（3）在“圈号”列表框中选择要选用的圈号类型。

（4）单击“确定”按钮即可。

4. 字符边框

设置更改大小写的操作步骤如下。

（1）选定要设置字符边框的字符。

（2）单击“开始”选项卡中“字体”组的命令按钮，在打开的下拉列表中选择“字符边框”命令。此时选中的字符已添加边框。

这个字符边框功能非常快捷，但是边框只是黑色细线方框，要想设置更多样式的边框可以使用“边框和底纹”对话框中的“边框”选项完成。后面会介绍到。

3.4.3 段落格式设置

众所周知，输入文本时只要按下一次回车键，就会形成一个段落。因此一个段落的内容简单的可以是只有一个回车符即一个空行，复杂的可以是一大段语句甚至可以包括图形或图像等。段落结束标记不仅仅是一个回车符，它还包括了该段落的所有段落格式。如果删除了段落标记，本段落就和下一个段落合并为一个段落了，段落格式自动服从前面的段落。设置段落格式可以对某一段进行，也可以对多个段进行，如果只对一段设置格式，只需要在操作前将插入点放在段落中间即可，如果是对几个段落进行操作，则要先选定这几个段落。

设置段落格式也有两种途径：分别是使用“开始”选项卡和使用“段落”对话框。

方法一：使用“开始”选项卡中“段落”功能组进行设置。

“开始”选项卡中“段落”组显示了当前插入点处段落的格式。用户可以通过“段落”组各命令按钮来快速完成对文本段落格式的设置，如图 3-27 所示。

方法二：单击“开始”选项卡中“段落”组右下角的对话框启动器，可以打开“段落”对话框进行设置，如图 3-28 所示。

段落格式的设置主要有：段落的对齐方式、缩进方式、段间距、行间距等。

1. 设置段落的对齐方式

段落的对齐方式是指文本在水平方向上的位置。对齐方式有 5 种：分别是“左对齐”、“居中”、“右对齐”、“两端对齐”和“分散对齐”。一般情况下，文章的正文默认使用两端对齐。

（1）“左对齐”：段落的左边缘和左页边距对齐。

（2）“居中”：段落以页面中心为标准对齐，常用于标题（如正文标题、图的标题和表的标题）。

（3）“右对齐”：段落的右边缘和右页边距对齐。

（4）“两端对齐”：段落的左、右边缘和左、右页边距对齐，常用于正文的对齐。对英文文本有效，但对于中文文本其效果等同于“左对齐”。

（5）“分散对齐”：将段落中不满一行的文字均匀地分布在一行中，但会使段落看起来不美观。

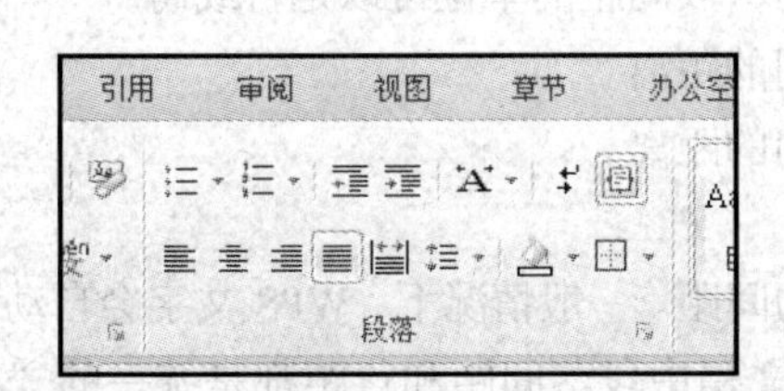

图 3-27 “开始”选项卡中的“段落”功能组

图 3-28 “段落”对话框

2. 设置段落缩进

缩进是指调整文本与页面边界之间的距离。有 4 种方法可以设置段落的缩进，分别是首行缩进、悬挂缩进、左缩进和右缩进。

设置前先选中段落或将插入点放到要进行缩进的段落内。

方法一：使用“段落”对话框。这种方法可以实现精确的缩进。在“段落”对话框中可以设置四种缩进模式。

◆ “左缩进”：控制段落左边界缩进位置。

◆ “右缩进”：控制段落右边界缩进位置。

◆ “首行缩进”：控制段落中第一行第一个字的起始位置。

◆ “悬挂缩进”：控制段落中除首行以外其他行的起始位置。

方法二：使用水平标尺。在水平标尺上，有 4 个段落缩进滑块：首行缩进、悬挂缩进、左缩进和右缩进，如图 3-29 所示。这 4 个滑块的功能分别介绍如下。

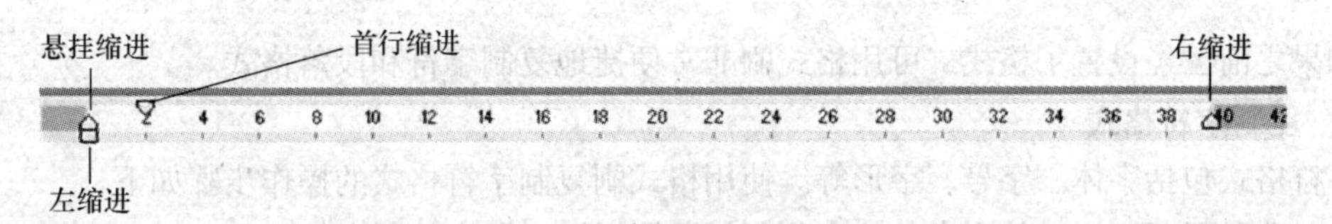

图 3-29 用标尺调整缩进

◆ “左缩进”：将某个段落整体向右进行缩进。缩进滑块形状为矩形。

◆ “右缩进”：将某个段落整体向左进行缩进。缩进滑块在水平标尺的右侧，其形状为正立三角形。

◆ “首行缩进”：将某个段落的第一行向右进行段落缩进，其余行不进行段落缩进。缩进滑块形状为倒三角形。

◆ “悬挂缩进”：将某个段落首行不缩进，其余各行缩进。缩进滑块形状为正立三角形。

无论用哪种段落缩进的方法，在输入完一个段落之后，按 Enter 键时，WPS 文字会自动将下一个段落的首行缩进也设置为和上一段落一样。这在格式比较统一的多段落输入中是特别方便的，可以极大地提高输入效率。若要取消默认缩进，可以在按 Enter 键后，按一下键盘上的 BackSpace 键，光标会定位到没有缩进量的最左边，在这里可以设置新的缩进量。

3. 设置段间距

段间距包括：段前间距和段后间距。"段前"距是指段落第一行和上一段最后一行之间的距离。"段后"距是指段落最后一行和下一段第一行之间的距离。

设置段前间距和段后间距的操作步骤如下。

选择要设置间距的段落，选择"段落"对话框的"缩进和间距"选项卡，在"间距"选项栏的"段前"和"段后"文本框中分别输入所需的间距，段间距的单位可以是行或磅。

◆ "段前"：段落第一行和上一段最后一行之间的距离。

◆ "段后"：段落最后一行和下一段第一行之间的距离。

4. 设置行间距

行间距是从一行文字的底部到另一行文字底部的间距。一般情况下，WPS 文字会自动调整行距以容纳该行中最大的字符和图形。默认情况下，文档中段落间距和行距都是统一的"单倍行距"，用户可以根据需要设置行间距。

设置行距的操作步骤如下。

① 单击要设置格式的段落。

② 在"段落"对话框中，单击"行距"按钮。如果要应用新的设置，可单击"行距"按钮后的下拉箭头，从下拉列表中选择所需的选项。

◆ "单倍行距"：将行距设置为该行最大字符的高度加上一小段自动微调的额外间距。

◆ "1.5 倍行距"、"2 倍行距"和"多倍行距"：分别为单倍行距的 1.5 倍、2 倍和多倍（选"多倍行距"需在旁边的"设置值"文本框中输入倍数，倍数可以不是整数）。

◆ "最小值"：为保证将文件的字体全部显示的值，当行中最大字符的高度大于最小值时，WPS 文字将进行调整，取最高字符的高度为行距。

◆ "固定值"：行距固定为旁边"设置值"文本框中输入的值，它限制了只能用这一个值，WPS 文字将不进行调整，当最大字符的高度大于固定值时，超出部分将会截断丢失。

3.4.4 格式刷复制格式

如果之前已经设置了格式，可用格式刷非常便捷地复制字符和段落格式。

1. 复制字符格式

字符格式包括字体、字号、字形等。使用格式刷复制字符格式的操作步骤如下。

（1）选取要复制格式的文本，注意不包括段尾标记（段末的回车符）。

（2）单击"开始"选项卡中"剪贴板"组的"格式刷"命令按钮，此时鼠标指针变为刷子形状。

（3）选取需要应用此格式的文本后松开鼠标即可。

2. 复制段落格式

段落格式包括制表符、项目符号、缩进、行距等。复制段落格式的操作步骤如下。

（1）单击要复制格式的段落，使光标定位在该段落内。

（2）单击"开始"选项卡中"剪贴板"组的"格式刷"命令按钮，此时鼠标指针变为刷子形状。

（3）把刷子移到需要应用此格式的段落，单击段内的任意位置即可。

3. 多次复制格式

将选定格式复制到不同位置的操作步骤如下。

（1）双击“开始”选项卡中“剪贴板”组的“格式刷”按钮，此时鼠标指针变为刷子形状。

（2）选取需要应用此格式的文本后松开鼠标，依此方法，反复执行刷动多处文字。

（3）完成后，再次单击“开始”选项卡中“剪贴板”组的“格式刷”按钮即可。

3.4.5　边框和底纹

1. 段落的边框和底纹

在 WPS 文字文档中，为一些重要的内容或段落添加边框或底纹，既可以使内容突出，又可以使版面美观大方。设置边框和底纹的操作步骤如下。

（1）选定要设置边框或底纹的文本或段落。

（2）选择“页面布局”选项卡中“页面背景”组的“页面边框”命令，打开“边框和底纹”对话框。

（3）单击“边框”选项卡，如图 3-30 所示，在“设置”选项栏中选择边框线的种类，在“线型”列表框中选择边框线的形状，在“颜色”下拉列表框中选择边框线的颜色，在“宽度”下拉列表框中选择边框线的宽度。

（4）单击“底纹”选项卡，出现底纹设置对话框，如图 3-31 所示。在“填充”选项栏中选择一种颜色，作为底纹的背景色；在“图案”选项栏的“式样”下拉列表框中选择一种样式，作为底纹的图案；在“颜色”下拉列表框中选择一种颜色，作为底纹的前景色。

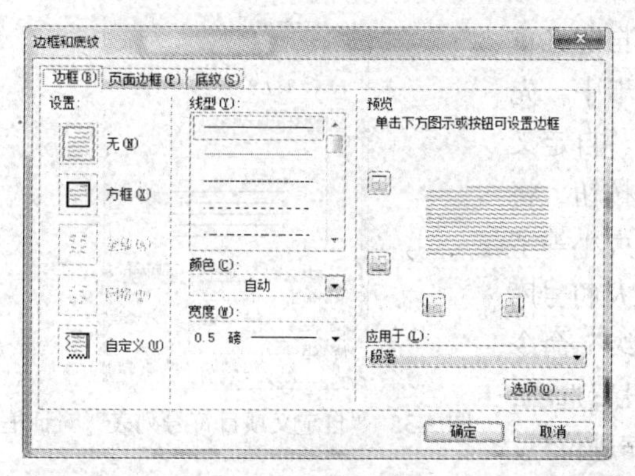

图 3-30　“边框和底纹”对话框的“边框”选项

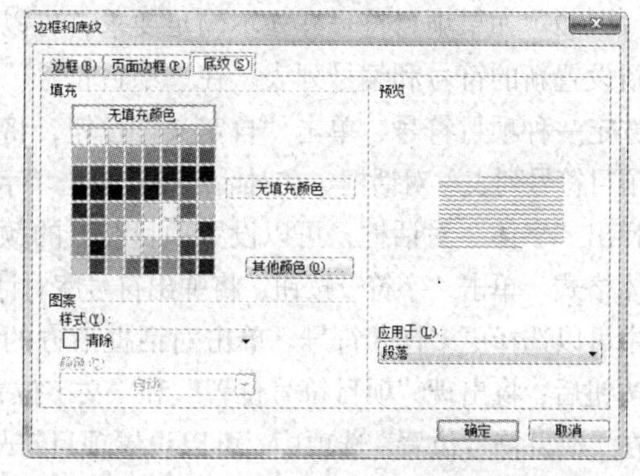

图 3-31　“边框和底纹”选项卡对话框的“底纹”选项

（5）在“应用范围”下拉列表框中有“文字”和“段落”两个选项。若选择“文字”，则添加的边框或底纹以行为单位，仅对选定的文本起作用；若选择“段落”，则添加的边框或底纹以段为单位，且不局限于所选定的文本。

（6）设置完毕后，单击“确定”按钮即可。

2. 页面的边框和底纹

选择“边框和底纹”对话框中的“页面边框”选项卡，如图 3-32 所示，在“设置”选项栏中选择边框线的种类，在“线型”列表框中选择边框线的形状，在“颜色”下拉列表框中选择边框线的颜色，在“宽度”下拉列表框中选择边框线的宽度。注意这里的“应用范围”是“整篇文档”，再单击“确定”按钮即可。

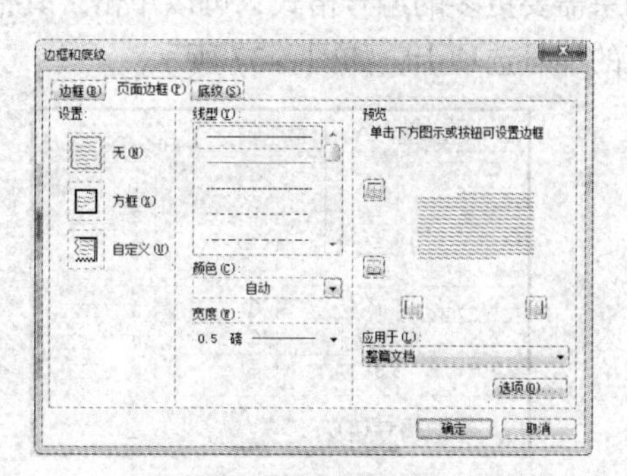

图 3-32　“边框和底纹”对话框的“页面边框”选项

3.4.6 项目符号和编号

项目符号和编号是文档编辑中常用的功能，特别是在文档中分条目进行内容编写时，该功能可使文档中的条目排列清楚、引人注目，便于阅读和理解。

1. 项目符号的设置

（1）选定要添加“项目符号”的段落，单击“开始”选项卡中“段落”组的“项目符号”命令按钮，则打开命令的下拉列表项，如图 3-33 所示，在下拉列表项中根据需要可以选择项目符号，若如果需要更多的项目符号格式，可以选择“其他项目符号…”命令，打开“项目符号和编号”对话框的项目符号选项卡，如图 3-34 所示。

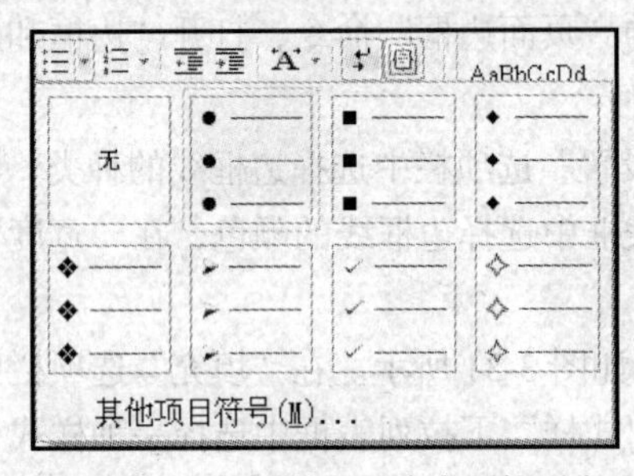

图 3-33 “项目符号”命令下拉列表

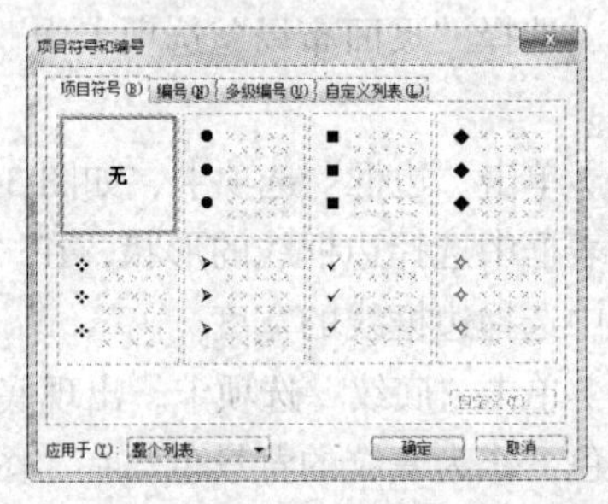

图 3-34 “项目符号和编号”对话框“项目符号”标签

（2）如果项目符号样式不满足要求，可以通过自定义重新设置新的符号和编号列表。在“项目符号”选项卡中，先选定一种项目符号，单击“自定义”按钮，将弹出“自定义项目符号列表”对话框。在对话框中，单击“字体”按钮，将弹出“字体”对话框，可以设置项目符号的颜色和大小等字体格式。单击“字符”按钮，将弹出符号库对话框，从符号库中可以选择更多样式符号。单击对话框下方的“高级”命令按钮后，将出现“项目符号位置”和“文字位置”设置选项，在“项目符号位置”选项中，可以设置项目符号的缩进位置。在“文字位置”选项中，可以设置文字位置和缩进位置，如图 3-35 所示。

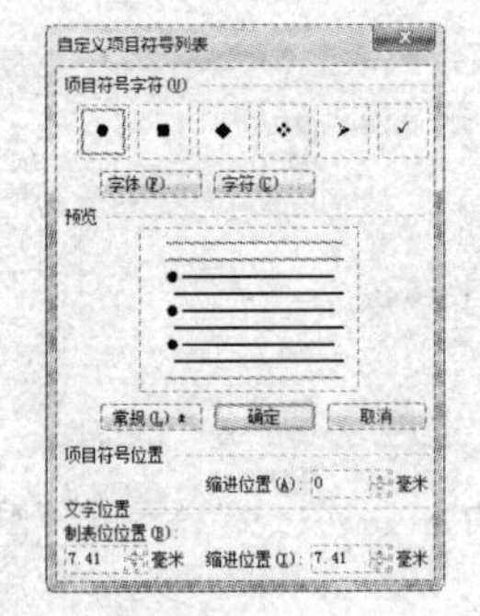

图 3-35 “自定义项目符号列表”对话框

2. 编号格式的设置

（1）选定要添加“编号格式”的段落，单击“开始”选项卡中“段落”组的“编号格式”命令按钮，将弹出命令按钮的下拉列表，如图 3-36 所示，在命令列表中根据需要可以选择编号格式，如果需要更多的编号格式，可以单击“其他编号…”命令按钮，将弹出“项目符号和编号”对话框的编号选项卡，如图 3-37 所示。

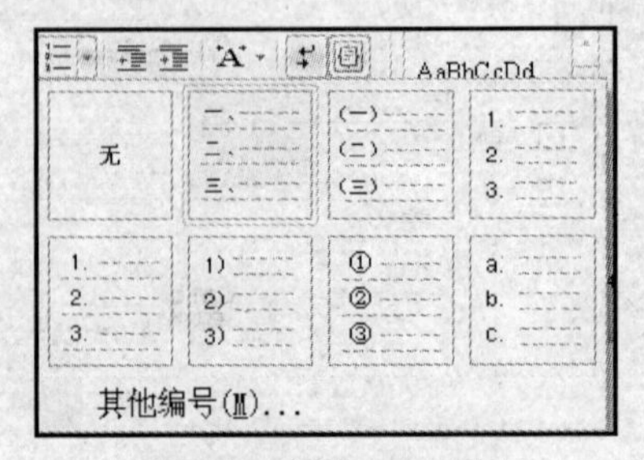

图 3-36 “编号”命令列表

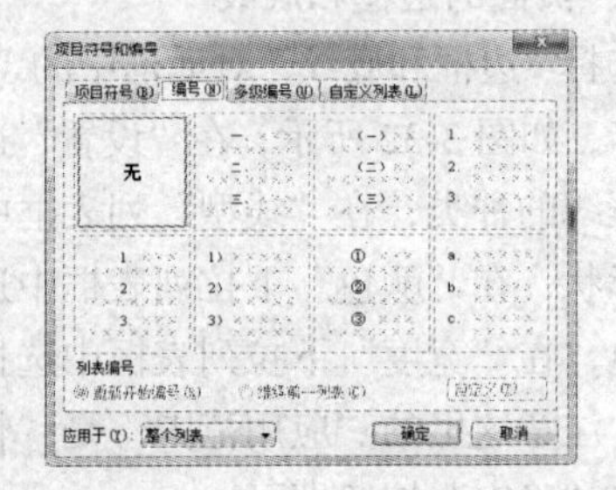

图 3-37 “项目符号和编号”对话框“编号”标签

（2）如果编号样式不满足要求，可以通过自定义重新设置新的符号和编号列表。在“编号”选项卡中，先选定一种项目编号，单击“自定义”按钮，将弹出“自定义编号列表”对话框。在对话框上，在“编号格式”选项后的文本框中，可以手动添加标点符号或括号等。在“编号样式”的下拉列表中，可以单击选择不同编号样式。在对话框的下方，单击“高级”命令按钮后，将出现“编号位置”和“文字位置”设置选项，在“编号位置”选项中，可以设置编号的对齐方式和对齐位置。在“文字位置”选项中，可以设置文字制表位位置和缩进位置，如图 3-38 所示。

图 3-38　“自定义编号列表”对话框

3．取消项目符号或编号格式

方法一：使插入点位于设置了项目符号的段落中时，此时“开始”选项卡中“段落”组的“项目符号”命令按钮或“编号格式”命令按钮必定处于选中状态，单击对应的按钮可取消此段落的项目符号或编号格式。

方法二：选定带有项目符号的段落，在“项目符号和编号”对话框的“项目符号”选项卡或者“编号”选项卡中选择“无”，再单击“确定”按钮，即可清除段落的项目符号或编号。

3.4.7　文字分栏和首字下沉

1．文字分栏

为了使排版的文档版面更美观、更具可读性，报刊、杂志的排版往往制作各种分栏排版样式。分栏的操作方法如下。

方法一：首先选中要分栏的文字内容，单击“页面布局”选项卡中“页面设置”组的“分栏”命令按钮，将弹出命令按钮的下拉列表，如图 3-39 所示，在下拉列表中可以根据需要选择“一栏”、“两栏”、“三栏”。若需要更多分栏或者更具体的设置时，可以选择“更多分栏”命令，将弹出“分栏”对话框，如图 3-40 所示。在“分栏”对话框中，根据需要，选择“预设”选项栏中的样式，或在“栏数”文本框中直接设置分栏数。默认情况下，自定栏数时，各栏宽度相等，如果要调整它们的宽度，可取消选择“栏宽相等”复选框，然后对栏宽、栏间距进行精确调整。在该对话框右下角可预览设置后的效果。

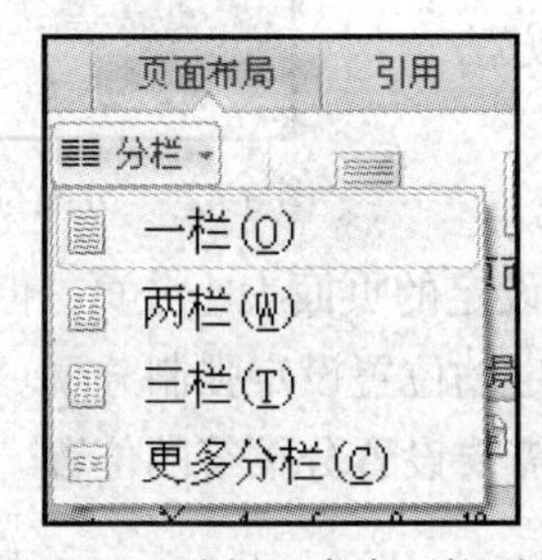

图 3-39　“分栏”命令下拉列表

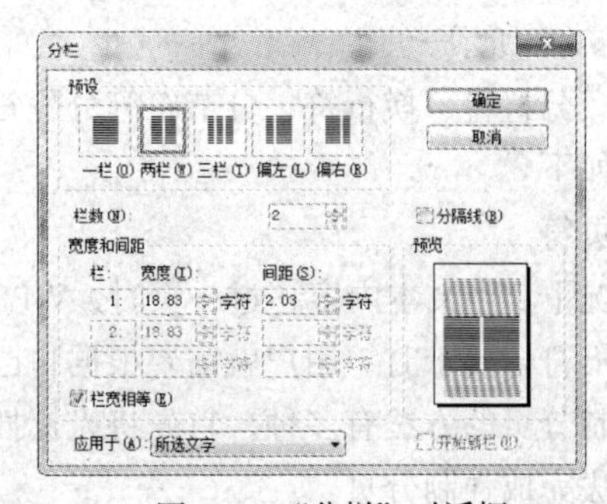

图 3-40　“分栏”对话框

“应用于”下拉列表框中自动显示为“所选文字”，单击下拉按钮，也可选择其他应用范围。如需在栏间插入直线进行分隔，则选择“分隔线”复选框。

方法二：选中要分栏的文字内容，单击 WPS 文字菜单右边的下拉按钮，在弹出的下拉菜单中选择“格式/分栏”命令，也将同样弹出如图 3-40 所示的“分栏”对话框，具体设置同上。

2. 首字下沉

首字下沉效果经常用于文章或段落开始的第一个字，文字的字号明显较大并下沉数行，以希望引起阅读者的注意。首字下沉的操作方法如下。

方法一：首先将插入点置于要创建首字下沉内容所在段落的任意位置，单击“插入”选项卡中“文本”组的“首字下沉”命令按钮，将弹出“首字下沉”对话框，如图 3-41 所示。在对话框中，“位置”选项栏中的“下沉”或“悬挂”选项可以设置下沉的相应样式，“无”选项可取消首字下沉。在“字体”下拉列表中，可以为下沉的首字选择字体。在“下沉行数”文本框中，可以设置下沉的行数。在“距正文”文本框中，可以设置首字距正文的距离。

图 3-41 “首字下沉”对话框

方法二：首先将插入点置于要创建首字下沉内容所在段落的任意位置，单击 WPS 文字菜单右边的下拉按钮，在弹出的下拉菜单中选择“格式/首字下沉”命令，也将同样弹出如图 3-41 所示的“首字下沉”对话框，具体设置同上。

3.4.8 页面格式设置

在 WPS 文字中创建的内容都以页为单位显示。前面所做的文档编辑，都是在默认的页面设置下进行的，即套用 Normal 模板中设置的页面格式，这种默认页面设置多数情况下并不符合用户的要求，因此需要对其进行调整。

页面格式设置主要包括文档的分页、分节、页眉页脚和页码等。

1. 文档的分隔符

为了对文档的页面进行调整，可以在文档中插入相应的分隔符来完成，具体方法如下。

单击“页面布局”选项卡中“页面设置”组中“分隔符”下拉按钮，将打开“分隔符”下拉列表项，下拉列表项中包含有“分页符”、“分栏符”、“换行符”、“下一页分节符”、“连续分节符”、“偶数页分节符”、“奇数页分节符”，从中选择需要的分隔符插入即可，如图 3-42 所示。

分页符、分栏符、换行符、分节符等分隔符的具体使用方法和功能介绍如下。

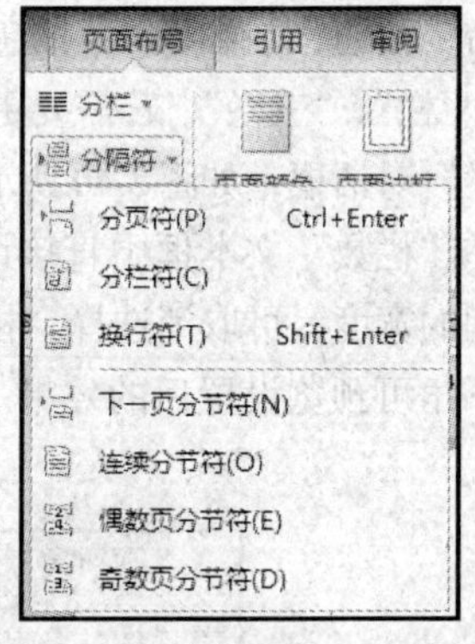

图 3-42 “分隔符”命令列表

（1）分页符

默认情况下，当文本内容超过一页时，WPS 会自动按照设定的页面大小分页。但是，如果系统自动分页不符合要求时，用户就需要根据自己的需求在指定的位置设定强制分页。

设定强制分页的方法有多种，首先将光标插入点放置于需要设置分页符的位置。然后可使用以下几种方法完成强制分页。

方法一：首先将光标定位于需要插入分页符的文字之前，选择“页面布局”选项卡中“页面设置”组的“分隔符”下拉按钮，在打开的下拉列表项中选择“分页符”列表项。

方法二：直接单击“插入”选项卡中“页”组的“分页符”命令。

方法三：使用快捷键 Ctrl+Enter 直接分页。

（2）分栏符

对文档（或某些段落）进行分栏后，WPS 文字文档会在适当的位置自动分栏，但是，若需要某些内容出现在下一栏的顶部，则可用插入分栏符的方法实现。具体步骤如下。

首先将光标置于需要插入分栏符的文字位置之前，单击“页面布局”选项卡中“页面设置”组的“分隔符”命令按钮，在打开的下拉列表项中选择“分栏符”列表项。

分栏功能与分栏符的插入功能是不同的。分栏设置是根据需要把段落或全文由系统进行自动分栏，而插入分栏符是在自动分栏状态下为了调整需要而进行的手动分栏。

（3）换行符

在“分隔符”命令列表项中，选择“换行符”单选按钮，单击“确定”按钮（或直接按 Shift+Enter 组合键）后，即可在插入点位置强制断行（换行符显示为灰色“↓”形）。与直接按 Enter 键不同，这种方法产生的新行仍将作为当前段的一部分。

“换行符”与段落“回车符”含义不同，前者仅仅是换行，而后者代表一个段落。

（4）分节符

节是文档的一部分。插入分节符之前，WPS 文字将整篇文档视为一节。在需要改变行号、分栏数、页面、页脚或页边距等特性时，需要创建新的节。插入分节符的步骤如下。

首先将光标置于需要插入分节符的文字位置之前，单击“页面布局”选项卡中“页面设置”组的“分隔符”命令按钮，在打开的下拉列表中可以选择下面几个列表项。它们的功能介绍如下。

◆ “下一页分节符”：选择此项，光标当前位置后的全部内容将移到下一个页面上。

◆ “连续分节符”：选择此项，WPS 文字将在插入点位置添加一个分节符，新节从当前页开始。

◆ “偶数页分节符”：光标当前位置后的内容将转至下一个偶数页上，WPS 文字自动在偶数页之间空出一页。

◆ “奇数页分节符”：光标当前位置后的内容将转至下一个奇数页上，WPS 文字自动在奇数页之间空出一页。

2. 页眉和页脚

一般情况下，页眉和页脚分别出现在文档的顶部和底部，在其中可以插入页码、文件名和章名等内容，也可以在页眉和页脚中插入图形。页眉出现在每页的顶端，打印在每页上边距中；页脚出现在每页的底端，打印在每页下边距中。

（1）创建页眉和页脚

创建页眉和页脚的操作步骤如下。

①单击“插入”选项卡中“页眉和页脚”组的“页眉和页脚”命令按钮，此时，系统自动出现“页眉和页脚”上下文选项卡，如图 3-43 所示，并且文档已自动切换到页眉编辑区域。

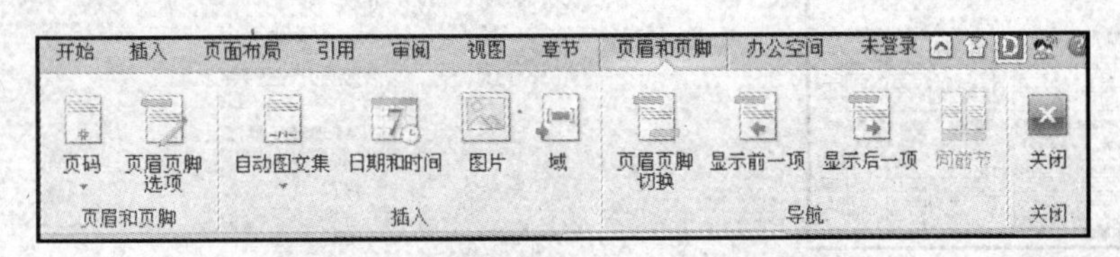

图 3-43 “页眉和页脚”上下文选项卡

WPS 文字默认先打开页眉编辑区，可以输入页眉的内容。此时，正文以灰色显示，表示不可操作。若要创建页脚，只要单击“页眉和页脚”选项卡中的“页眉页脚切换”按钮，即可打开页脚编辑区。

对创建的页眉和页脚的文字内容，同样可以设置字体格式、段落格式、边框和底纹等，除此之外，在“页眉和页脚”选项卡中还提供插入页码、插入日期和时间等。

② 页眉和页脚编辑完毕后，单击“页眉和页脚”功能区中的“关闭”按钮，或在正文中双击，即可退出页眉和页脚的编辑状态。

（2）删除页眉或页脚

删除一个页眉或页脚时，WPS 文字自动删除整篇文档中相同的页眉或页脚，操作步骤如下。

① 单击“插入”选项卡中“页眉和页脚”组上的“页眉和页脚”命令按钮。

② 在页眉和页脚状态下，选中页眉或页脚中要删除的文字或图形，然后按 Delete 键即可。如果要删除文档中某个部分的页眉或页脚，必须将该文档分节，并为文档的各部分创建不同的页眉和页脚。

（3）设置分节页眉和页脚

在 WPS 文字中，只要在第一页设置页眉和页脚，所有的页面都会出现相同的页眉和页脚。但有的文档需要在不同页面设置不同页眉和页脚，如许多书籍和杂志的版面中常有根据不同的章节或栏目设置不同的页眉和页脚的情况。在 WPS 文字的不同页面中设置不同的页眉和页脚要将文档分节才可以实现，具体操作步骤如下。

① 将光标插入到文档中需要分节的地方。

② 选择“页面布局”选项卡中“页面设置”组“分隔符”命令下拉按钮，在打开的下拉列表中选择有 4 个列表项：“下一页分节符”、“连续分节符”、“偶数页分节符”和“奇数页分节符”，用户可以根据排版的需要选择其中一项，单击“确定”按钮回到文档中即可。

3. 插入页码

WPS 文字具有给文档中的每个页面自动编号的功能，即在文档上添加连续的页码。在 WPS 文档中插入页码的方法有以下两种。

方法一：选择“插入”选项卡下的“页眉和页脚”功能组上的“页码”命令按钮，打开如图 3-44 所示的“页码”列表项。该列表项分别列出了页码的位置包括页眉和页脚共 10 种选项。分别有：页眉左侧、页眉中间、页眉右侧、页眉内侧、页眉外侧、页脚左侧、页脚中间、页脚右侧、页脚内侧、页脚外侧共十种位置。

方法二：选择“插入”选项卡中“页眉和页脚”组的“页眉和页脚”命令按钮，当文档视图处于“页眉和页脚”状态时，分别在页眉或页脚的虚线旁自动会出现“插入页码”对话框启动器，单击“插入页码”命令，弹出“插入页码”对话框，如图 3-45 所示。在该对话框中，可以根据需要分别选择页码的样式、位置、应用范围、重新开始编页及起始值等参数设置。

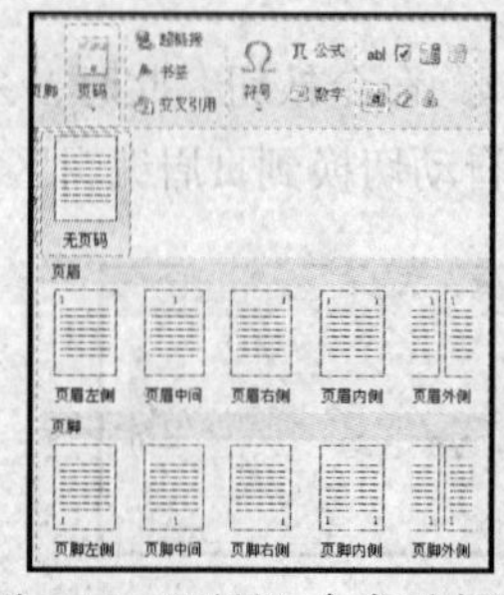

图 3-44 “页码”命令列表项

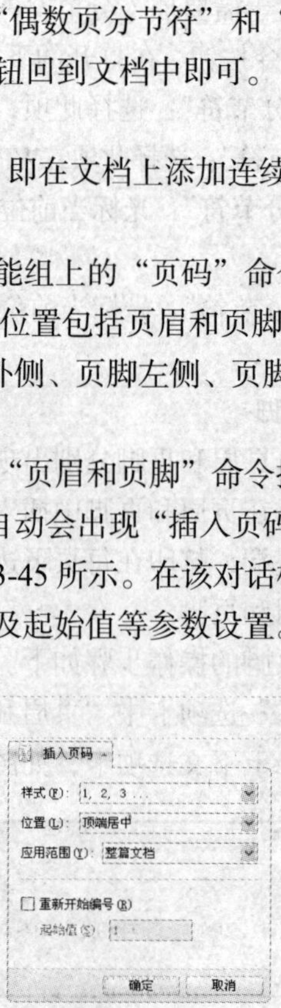

图 3-45 “插入页码”对话框

插入页码后若对文档进行了大幅增减，系统会自动调整页码，并可以从状态栏中看到页码的变化。

4. 显示行号

一般情况下，文档默认是无行号的，若特别需要行号时，可以为每行显示行号，这是 WPS 文字的新增功能。选择“页面布局”选项卡中“页面设置”组中的“行号”命令下拉按钮，会打开“行号”下拉列表，如图 3-46 所示。可以选择全文“连续”行号，也可以“每页重编行号”，还可以“每节重编行号”。除此之外，还可以设置某些段落不设行号，空行不显示行号，单击“行编号选项”还可以设置行号的超始编号值，行号的位置等选项。

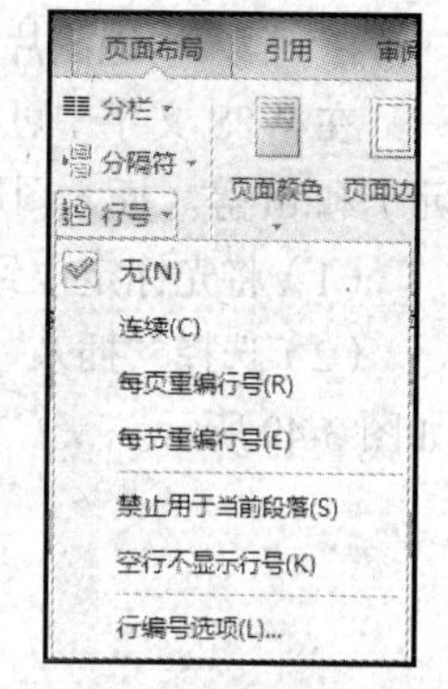

图 3-46 “行号”下拉列表

3.5 图文混排

使用 WPS 文字除了可以进行文字排版之外，为了使文章图文并茂，更加精美，富有感染力。WPS 文字还提供了素材库、图片、自选图形、艺术字、文本框等多种对象的插入及格式设置功能。

3.5.1 插入图片

1. 插入素材库

WPS 文字提供了一个在线素材库，它是 WPS 专门为自身组件提供的图片仓库，包含一些有特色的图片。在 WPS 文档中插入素材库，具体的操作步骤如下。

（1）将光标定位在要插入图片的位置。

（2）选择“插入”选项卡中“插图”组中的“素材库”命令按钮，弹出“WPS 素材库”窗口，如图 3-47 所示。在“WPS 素材库”窗口中，可以选择“在线素材”和“我的素材”两个选项卡。“我的素材”需要注册登录后把平时积累收藏的图片保存于在线收藏夹中，对于初次使用 WPS 的用户来说，“我的素材”中是没有素材的。因此，需要直接使用“在线素材”。

（3）在“在线素材”中单击选择一个分类即可看到相应的图片。当单击“图形”分类后，会看到如图 3-48 所示的对话框。

（4）选择所需的图片，右键选择“复制”，然后在文档中执行“粘贴”命令后，就可以把素材库中图片插入到文档中了。

图 3-47 “WPS 在线素材库”对话框部分显示

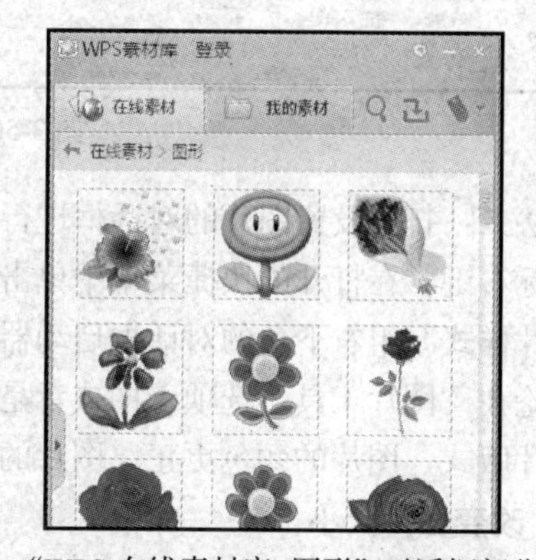

图 3-48 “WPS 在线素材库>图形”对话框部分显示

2. 插入本地图片文件

在 WPS 文字中可以直接插入本地图片文件。常用图形文件格式有.bmp、.jpg、.gif、.wmf（图元）和.tif 等。插入图形文件的操作步骤如下。

（1）将光标定位到要插入图片的位置。

（2）选择“插入”选项卡中“插图”组中的“图片”命令按钮，弹出“插入图片”对话框，如图 3-49 所示。

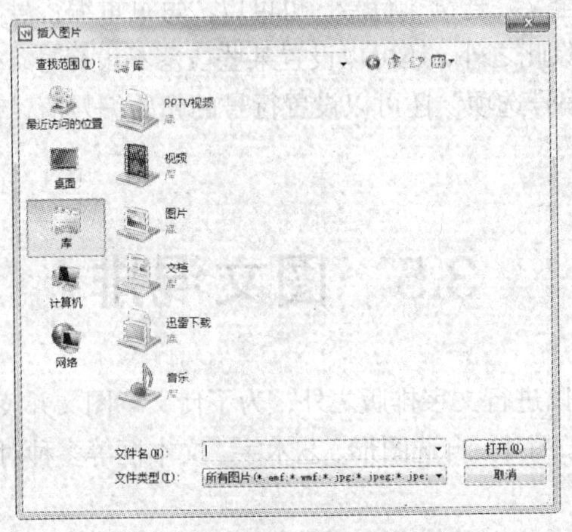

图 3-49 “插入图片”对话框

（3）在对话框的“查找范围”下拉列表框中选择文件位置，然后在文件列表框中单击要插入的图片。

（4）单击“打开”按钮，所对应的图片即可插入到文档的指定位置。

3.5.2 编辑图片

对插入文档中的图片可以进行放大、缩小、裁剪、图像控制、移动、复制和删除等操作。编辑图片格式方法有两种。

方法一：用鼠标单击图片，使图片处于选中状态，这时在窗口中会自动显示“图片工具”选项卡，如图 3-50 所示，选择相应的工具就可以对图片进行编辑。

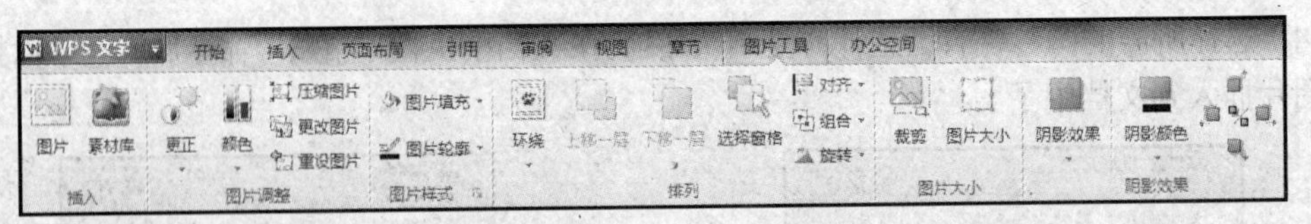

图 3-50 “图片工具”选项卡

方法二：打开设置图片的对话框进行相应的设置。将鼠标置于图片上并双击；或者在图片上单击鼠标右键，在打开的快捷菜单中单击“设置对象格式”命令；或者单击“图片工具”选项卡中“图片样式”组右下角的对话框启动器；都可以打开“设置对象格式”对话框。

无论在“图片工具”选项卡中或者是在图片的“设置对象格式”对话框中都可以完成图片大小、图片版式、图片的颜色更正、图片的裁切、图像控制等操作。下面就具体介绍。

1. 改变图片大小

改变图片大小有以下两种方法。

方法一：利用鼠标设置图片大小。

首先选中图片，其边框上出现 8 个控制点。单击任意一个控制点，当鼠标变为双箭头时，按住鼠标左键并拖动即可调整图片的大小。

方法二：利用在图片右键选择“设置对象格式”菜单命令，在打开图片的“设置对象格式”对话框中的“大小”选项标签进行设置，如图 3-51 所示。

2. 改变图片版式

在 WPS 文字中，可以设置图片与文本内容的环绕方式。

方法一：在图片上单击选定图片，选择“图片工具”选项卡中“排列”组中的“环绕”命令下拉按钮，在打开的下拉列表中包含有：嵌入型、四周型环绕、紧密型环绕、衬于文字下方、浮于文字上方、上下型环绕、穿越型环绕共 7 种环绕方式。选择其中一种环绕方式即可。

方法二：在图片右键选择“设置对象格式”，打开图片的“设置对象格式”对话框中的“版式”选项卡进行设置，如图 3-52 所示。

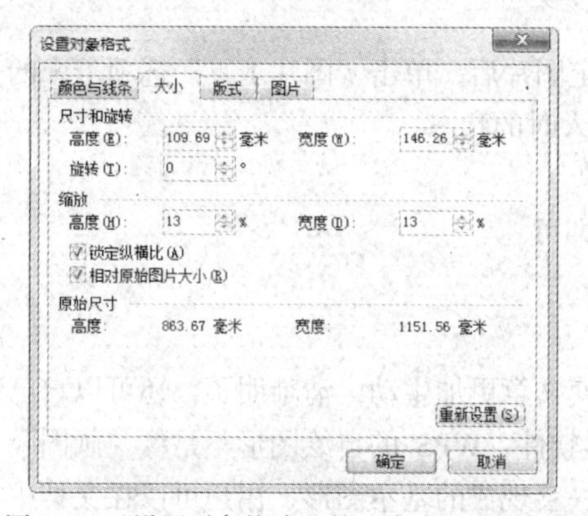

图 3-51　“设置对象格式”的“大小”选项标签

图 3-52　“设置对象格式”的“版式”选项标签

3. 图像控制

图像控制包括：调整图片的亮度和对比度、颜色的自动、灰度、黑白、冲蚀等。

调整图片的亮度和对比度有以下两种方法。

方法一：在图片上单击选定图片，单击“图片工具”选项卡中的“更正”按钮，打开命令列表项，选择一种更正方式，如图 3-53 所示。或者选择一种“颜色”按钮，选择一种颜色方式，如图 3-54 所示。

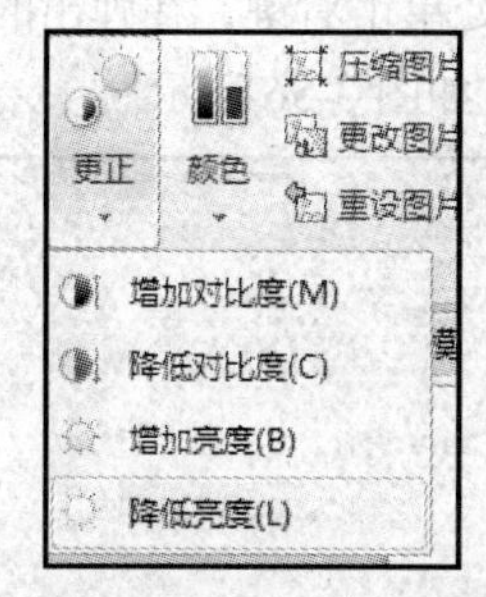

图 3-53　“更正”命令列表

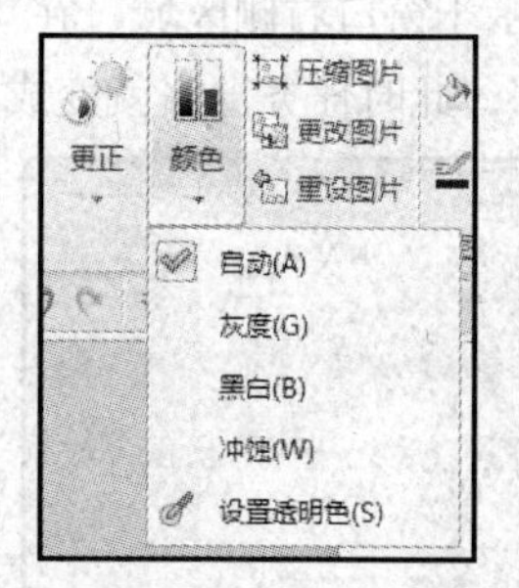

图 3-54　“颜色”命令列表

方法二：在图片右键选择“设置对象格式”，打开图片的“设置对象格式”对话框中的“图片”选项卡进行设置。在对话框上找到“图像控制”中的“颜色”、“ 亮度”和“对比度”，进行相应的设置。

4. 图片的剪裁

对插入的图片，可以根据需要对其进行裁剪。有以下两种方法。

方法一：在图片上单击选定图片，单击“图片工具”选项卡中的“裁剪”按钮，图片四周立即出现 8 个黑色的加粗小短线和直角线。鼠标移动到这个小短线和直角线上就可以进行相应的裁剪。

方法二：在图片右键选择“设置对象格式”，打开图片的“设置对象格式”对话框中的“图片”选项卡进行设置。在对话框上找到“裁剪”，设置左、右、上、下要裁剪的毫米数量就可以进行相应的裁剪。

5. 移动图片

单击选定的图片，将鼠标指针移到图片中的任意位置，按上鼠标左键拖动图片到一个新的位置即可。也可以使用“剪切”、“粘贴”命令把图片对象移动到相应位置。

6. 复制图片

单击选定图片，然后分别使用“复制”、“粘贴”命令就可以把图片对象进行复制。

7. 重设图片

如果对图片的格式设置不满意，那么可以在选定图片后，单击“图片工具”选项卡中的“重设图片”按钮 重设图片，就可以使图片恢复到插入时的状态。

8. 删除图片

在图片上单击选定图片，按键盘上的 Delete 键即可。

3.5.3 绘制自选图形

在 WPS 文字文档中，除了插入图片外，为了使文章更加生动，清晰明了，还可以自己绘制一些简单的图形。当然，WPS 毕竟不是专业的图形软件，WPS 的自绘图形不是像“画图”工具板那样直接使用鼠标绘制，而是 WPS 文字提供了一套现成的基本图形，用户可以在文档中方便地使用这些图形而已。

1. 绘制自选图形

WPS 文字提供了一套现成的基本图形，用户可以在文档中方便地使用这些图形，要使用 WPS 自选图形就需要先打开自选图形，打开的方法如下有以下两种。

方法一：选择“插入”选项卡中“插图”组中的“形状”命令下拉列表，在打开的下拉列表中有绘制自选图形的常用形状，如图 3-55 所示。

方法二：选择“视图”选项卡中“显示”组中的“任务窗格”复选按钮后，此时“任务窗格”窗口会自动显示于窗口右侧区域，在“任务窗格”的标题栏处单击右键，在弹出的快捷菜单中选择“自选图形”，此时任务窗格就变成了“自选图形”窗格，如图 3-56 所示。

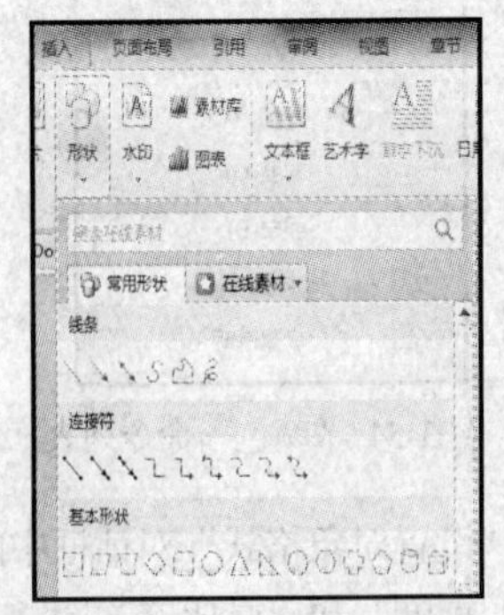

图 3-55 “形状”下拉列表（部分显示）

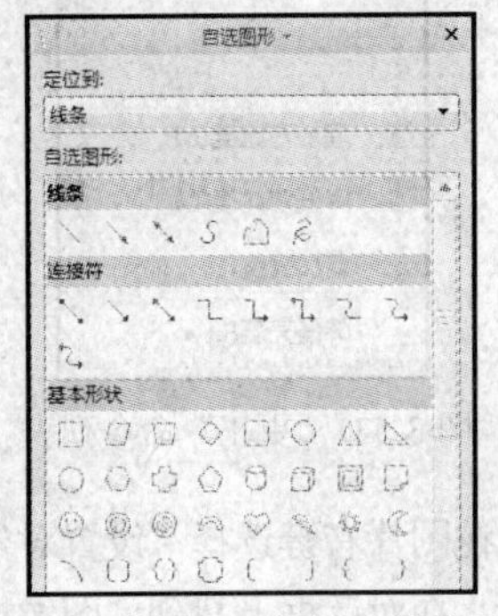

图 3-56 “绘图”工具栏（部分显示）

在文档中绘制自选图形的操作步骤如下。

（1）在自选图形中，单击其中某一个图形，该图形呈选中状态。

（2）将鼠标指针移到文档中，此时鼠标指针变成十字形，单击鼠标并拖曳到所需要的大小。

2. 在自选图形中添加文字

在自选图形中添加文字的操作步骤为：选中图形，单击右键，从弹出的快捷菜单中选择“添加文字”命令，此时图形上显示文本框，可以输入文字，还可以对文字进行格式设置。

3. 设置自选图形格式

当在文档中选中了一个自选图形时，系统会自动会出现“绘图工具”（见图 3-57）和“效果设置”（见图 3-58）两个上下文选项卡。在这个两个选项卡中有针对自选图形进行“形状填充”、“形状轮廓”、“环绕”方式、“上移一层”、“下移一层”、“组合”、“旋转”、“阴影”和“三维效果”等命令选项。

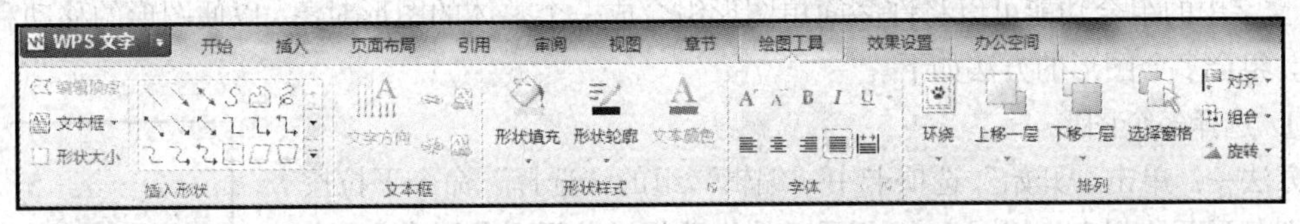

图 3-57 “绘图工具”上下文选项卡

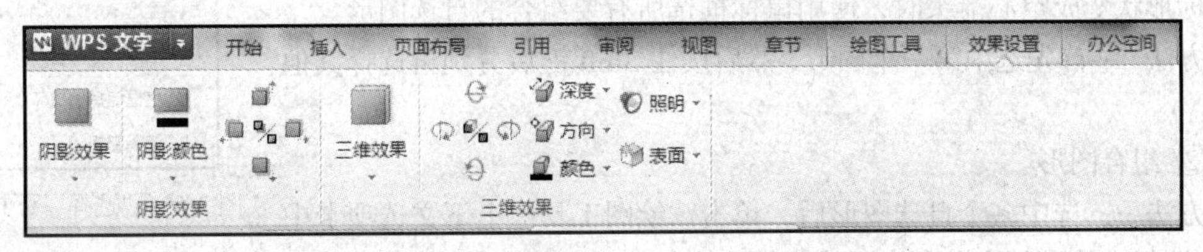

图 3-58 “效果设置”上下文选项卡

（1）设置自选图形的形状填充、形状轮廓。

选中一个自选图形，单击“绘图工具”上下文选项卡中“形状样式”组中的“形状填充”或者“形状轮廓”命令下拉列表，从打开的下拉列表中选择需要的填充效果或者线条效果即可。

（2）设置自选图形的阴影和三维效果设置。

选中一个自选图形，单击“效果设置”上下文选项卡中“阴影效果”组中的“阴影效果”或者“阴影颜色”命令下拉按钮，从打开的下拉列表中选择自选图形的阴影效果或者阴影颜色即可。分别单击“效果设置”上下文选项卡中“三维效果”组中的“三维效果”、“深度”、“方向”、“颜色”、“照明”、“表面”等命令下拉按钮，从打开的下拉列表中可以为自选图形设置相应的三维效果。

（3）设置自选图形的环绕方式。

选中一个自选图形，单击“绘图工具”上下文选项卡中“排列”组中的“环绕”命令按钮，在打开的下拉列表中分别可以选择“嵌入型”、“四周型环绕”、“紧密型环绕”、“衬于文字下方”、“浮于文字上方”、“上下型环绕”、“穿越型环绕”等共 7 种环绕方式。

绘制自选图形的默认文字环绕方式是“浮于文字上方”。

（4）设置图形的叠放次序。

当两个或多个图形重叠时，最近绘制的那一个总会覆盖其他的图形，改变它们之间的叠放次序有两种方法。

方法一：选定要改变叠放次序的图形，单击“绘图工具”上下文选项卡中“排列”组中的“上移一层”或“下移一层”图标命令，或者选择“上移一层”或“下移一层”文字命令按钮，从命令列表中可以选择“上移一层”、“置于顶层”和“衬于文字下方”或者“下移一层”、“置于底层”和“衬于文字下方”。

方法二：选定要改变叠放次序的图形，单击鼠标右键，从弹出的快捷菜单中选择“叠放次序”命令下的“置于顶层”、“置于底层”、“上移一层”、“下移一层”、“浮于文字上方”、“衬于文字下方”等。

（5）多个图形的组合。

当许多简单的图形组成一个复杂的图形后，实际上每一个简单的图形还是一个独立的对象。这时，若要移动整个图形是非常困难的，而且还可能由于操作不当而破坏刚刚构成的图形。利用 WPS 文字中的组合功能可以将许多简单图形组合成一个整体的图形对象，以便图形的移动和其他操作。组合多个图形的方法如下。

① 选择多个图形。

方法一：单击“开始”选项卡中“编辑”组的“选择”命令下拉按钮，则打开下拉列表，如图 3-59 所示。从中选择“选择对象”命令后，当鼠标形状变成空心箭头时，使用鼠标框选所有要组合的自选图形。

方法二：首先选中第一个图形，然后按住 Shift 键后分别再选择其他图形。

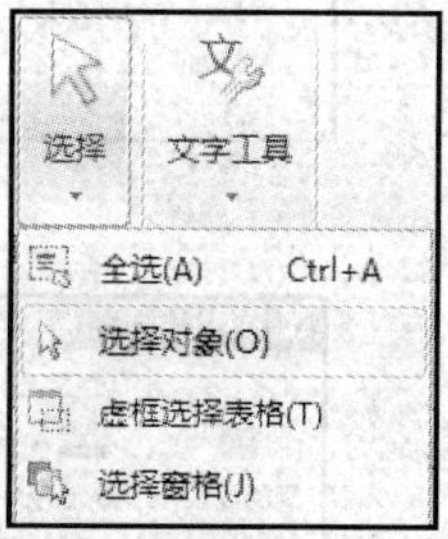

选择
文字工具
全选(A) Ctrl+A
选择对象(O)
虚框选择表格(T)
选择窗格(J)

图 3-59 “选择”下拉列表

② 组合图形。

方法一：选中多个自选图形后，单击“绘图工具”上下文选项卡中“排列”组中的“组合”命令下拉按钮，在打开的下拉列表中选择“组合”列表项。

方法二：选中多个自选图形后，鼠标右键单击在弹出的快捷菜单中选择“组合”命令。

③ 取消组合。

组合后的图形也可以取消组合，使得每个图形恢复独立。

方法一：选中自选图形后，单击“绘图工具”上下文选项卡中“排列”组中的“组合”命令下拉按钮，在打开的下拉列表中选择“取消组合”列表项，自选图形就恢复到组合前的状态。

方法二：选中自选图形，鼠标右键单击在弹出的快捷菜单中的选择“取消组合”命令。

3.5.4 使用艺术字

1. 插入艺术字

在 WPS 文字中可以插入艺术字，使文档的效果更加丰富多彩。插入艺术字的操作步骤如下。

（1）将插入点定位至要插入艺术字的位置。

（2）选择“插入”选项卡中“文本”组中的“艺术字”命令按钮，弹出“‘艺术字’库”对话框，如图 3-60 所示。

（3）在“‘艺术字’库”对话框中选择一种艺术字样式，单击“确定”按钮，出现“编辑‘艺术字’文字”对话框，如图 3-61 所示。

（4）在“编辑‘艺术字’文字”对话框中输入文字，而且可以通过“字体”、“字号”下拉列表框来改变文字的字体和大小。

（5）单击“确定”按钮后，艺术字即添加入文档中了。

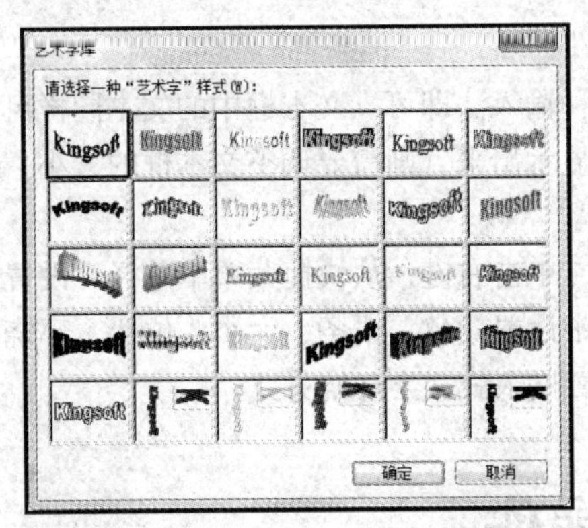
图 3-60 “‘艺术字’库”对话框

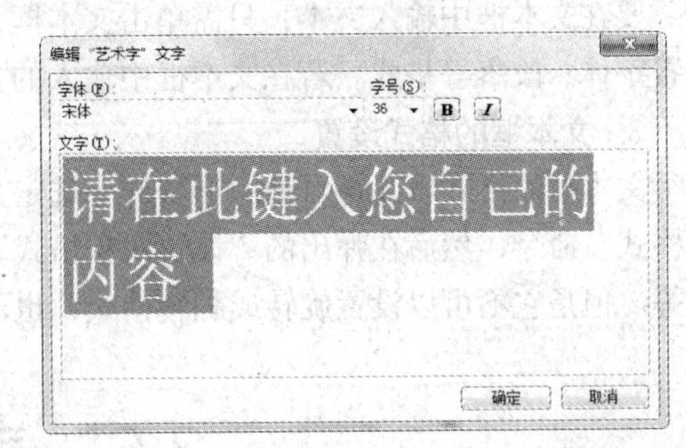
图 3-61 “编辑‘艺术字’文字”对话框

2. 编辑艺术字

插入艺术字后，或者选中艺术字后会自动显示“艺术字”和“效果设置”上下文选项卡，可以通过“艺术字”选项卡上的各个按钮来设置艺术字的格式、形状等，如图 3-62 所示。“艺术字”选项卡共包括 3 个功能组，分别是“艺术字”功能组、“艺术字样式”功能组、“排列”功能组。下面就具体介绍各功能组的功能。

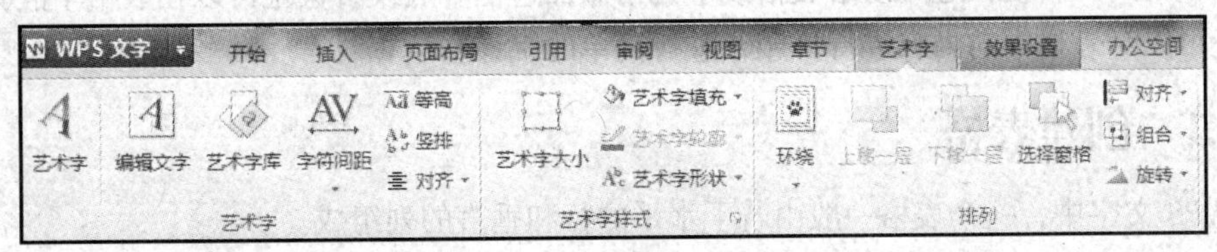

图 3-62 “艺术字”选项卡

（1）“艺术字”组包括：插入艺术字、编辑文字、艺术字库、字符间距、对齐方式等命令按钮。可以根据需要选择相应设置。

（2）“艺术字样式”组包括：艺术字大小、艺术字填充、艺术字轮廓、艺术字形状等。主要功能是调整艺术字的外观效果。

（3）“排列”组包括：艺术字的环绕方式、多个艺术字的层次设置、组合设置、对齐方式设置、旋转设置等。

3.5.5 使用文本框

文本框是一种特殊的图形，它能容纳文字、表格、图形等，并且能将其中的内容精确定位在文档中。文本框有横排和竖排两种。

1. 插入文本框

插入文本框的操作步骤如下。

① 选择“插入”选项卡中“文本”组中的“文本框”命令下拉按钮，在打开的下拉列表中包含有“横向文本框”、“竖向文本框”、“多行文字”三项，根据需要选择其一。

② 在文档中拖动鼠标，即可插入一个文本框。

在横排文本框中，文本水平方向输入，在竖排文本框中，文本垂直方向输入。在多行文本文本框中，文本水平方向输入，但是文本框会随着文字的增加在垂直方向会自动适应文字的内容而变化。插入的文本框默认的文字环绕方式是浮于文字上方。

2. 在文本框中输入文本

要在文本框中输入文本，只需单击文本框，选择某种输入法即可。文本框中的文本同样可以设置字体、段落等格式。若在文本框中输入的文本没有显示出来，则需要调整文本框的大小。

3. 文本框的格式设置

文本框的格式设置与自选图形一样。选定文本框后，单击右键，从快捷菜单中选择“设置对象格式”命令，然后在弹出的“设置对象格式”对话框中设置颜色、线条、大小、位置、环绕方式等。但是它不可以设置旋转或翻转格式，也不可以设置嵌入式文字环绕方式。

3.6 表格操作

除了文字处理之外，表格处理也是 WPS 文字处理软件的重要功能。因为表格能更方便地组织和对比相关的数据，使之更加直观、形象、简明扼要。

WPS 文字具有表格制作和编辑功能。不仅可以快速创建各种表格，还可以很方便地修改表格、移动表格位置或调整表格的大小。在表格中可以输入文字、数据、图形或建立超链接，实现文字和表格之间的转换，还可以给表格或单元格添加边框和底纹，甚至可以在表格中嵌套表格。此外，还可以对表格中的内容进行排序，进行简单的统计和运算。

3.6.1 创建表格

在 WPS 文字中，一个表格一般由若干水平的行和垂直的列组成。

1. 表格的概念及术语

（1）单元格。表格中行与列相交的方框称为“单元格”。各单元格相对独立，用户可以把每个单元格作为一个编辑单位，分别设定格式（类似段落）。一行由若干个单元格组成，一列也由若干个单元格组成。

（2）单元格结束标志。用户可以在单元格内输入文本、数字或图形。每个单元格都有一个“单元格结束标志”（类似段落结束标志）。用户可以分别对每个单元格中的文本设置字体、字号及各种编辑操作。

（3）表格行结束标志。表格的每一行后面（表格右边）都有一个“行结束标志”（类似段落结束标志）。

2. 创建简单表格

所谓简单表格是指由多行和多列构成的表格。即表格中只有横线和竖线，不出现斜线。

单击“插入”选项卡中“表格”组的“表格”命令列表，如图 3-63 所示。在该列表中，WPS 提供了 3 种创建简单表格的方法。

方法一：在如图 3-63 所示的“表格”列表中，鼠标直接滑动选择所需行数和列数的表格，单击鼠标后，表格自动会添加到文档中。但是这种方法，系统只提供 10 行*10 列的表格。超出这个范围，就需要其他方法。

方法二：在如图 3-63 所示的“表格”列表中，选择“表格”命令，弹出“插入表格”对话框，如图 3-64 所示。在该对话框中可以设定表格的行数和列数，也可以设定列宽，设置完毕后，单击“确定”按钮即可。

方法三：在如图 3-63 所示的“表格”列表中，选择“绘制表格”命令后，鼠标指针形状此时变为铅笔状，在文档中选择合适的位置，按下鼠标左键直接拖画，屏幕上直接出现表格的虚框，松开左键后表格即可创建成功。

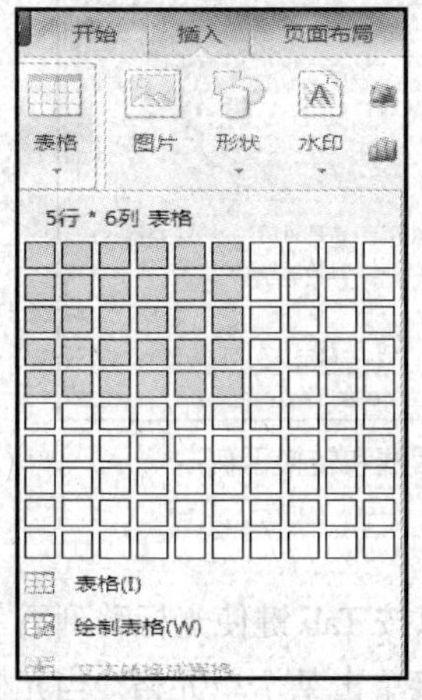

图 3-63　插入“表格”命令的命令列表项

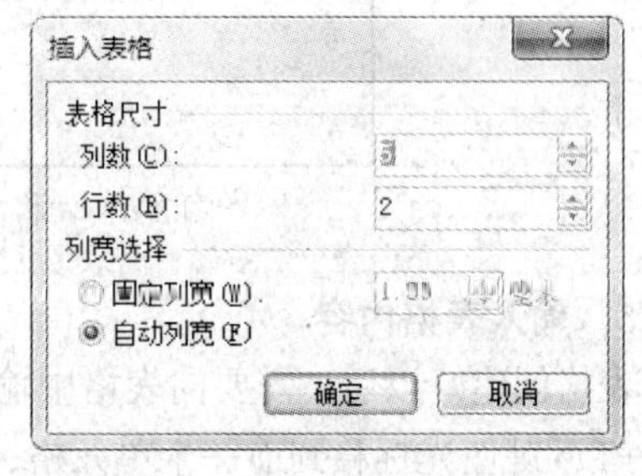

图 3-64　“插入表格”对话框

3. 绘制斜线表头

表头总是位于所选表格第一行、第一列的单元格中。可以用“绘制表格”按钮直接在单元格的对角线之间绘制斜线，或者也直接可使用“绘制斜线表头”命令，其操作步骤如下。

（1）单击要添加斜线表头的单元格。此时，系统会自动出现“表格样式”和“表格工具”两个上下文选项卡，“表格样式”选项卡如图 3-65 所示。

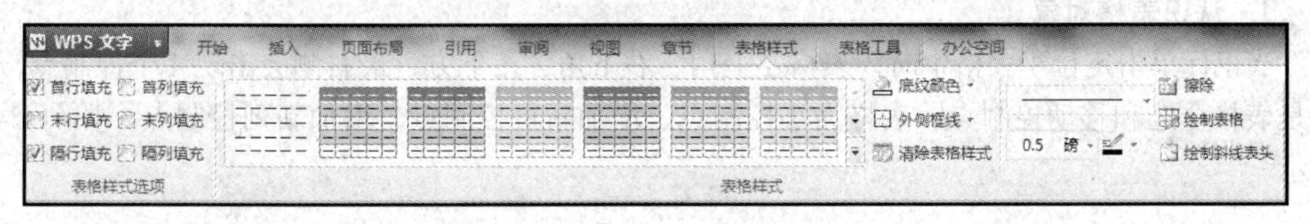

图 3-65　“表格样式”上下文选项卡

（2）在“表格样式”选项卡中，选择“绘制斜线表头”命令，弹出“斜线单元格类型”对话框，如图 3-66 所示。在该对话框中可根据需要选择表头类型后，单击“确定”按钮。

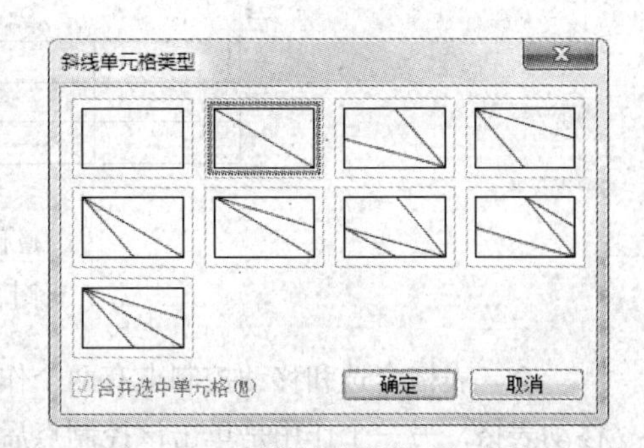

图 3-66　“斜线单元格类型”对话框

斜线表头添加之后，可使用鼠标直接在表头各部分输入表头文字内容。另外，若有需要重新更改表头时，再次利用“表格样式”选项卡中的“绘制斜线表头”命令编辑表头时，新的表头将代替原有的表头，与微软公司 MS office 中的 Word 来说，WPS 文字的斜线表头非常直接并且好用。

4. 文本转换成表格

将文本转换成表格的方法是：选定文本后，选择“插入”选项卡中“表格”组中的“表格”命令下拉按钮，在打开的下拉列表中选择“文字转换成表格”列表项，弹出“将文字转换成表格”对话框，如图 3-67 所示。在该对话框中系统会自动检测到文本的分隔符号并且给出行数和列数，如果不符合预想格式，可自己重新设定文字分隔位置或者表格尺寸，然后单击“确定”按钮即可。

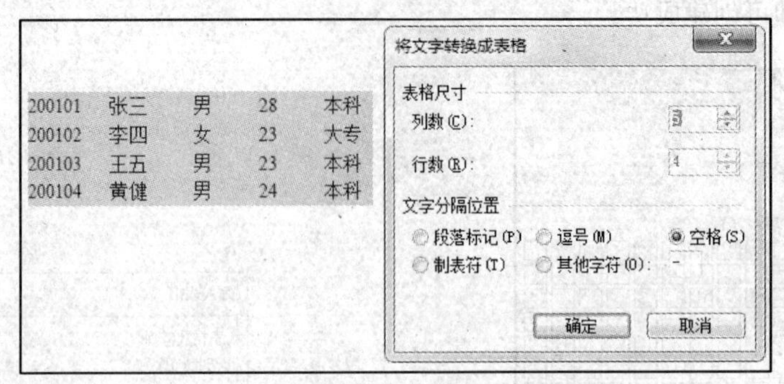

图 3-67 “将文字转换成表格”对话框和转换示例

5. 输入表格内容

表格创建好以后，需要向表格中输入内容，这时可以按 Tab 键使光标移到下一个单元格，按 Shift+Tab 键使光标移到前一个单元格，也可以用鼠标直接单击某个单元格。当光标在表格最后一行的行结束标记时，直接按回车键，WPS 文字将在表格尾部下方自动添加一行。

3.6.2 编辑表格

表格创建后，通常要对它进行编辑操作。表格的编辑操作包括表格的选定、插入和删除单元格、插入和删除行或列、合并与拆分单元格、拆分表格、调整表格的行高、列宽、位置和大小等操作。

1. 认识表格对象

当鼠标单击定位于表格中时，表格左上角、右下角、正下方、最右侧会出现 4 个控制点，分别是表格全选和移动控制点、表格大小控制点、增加新行控制点、增加新列控制点，如图 3-68 所示。

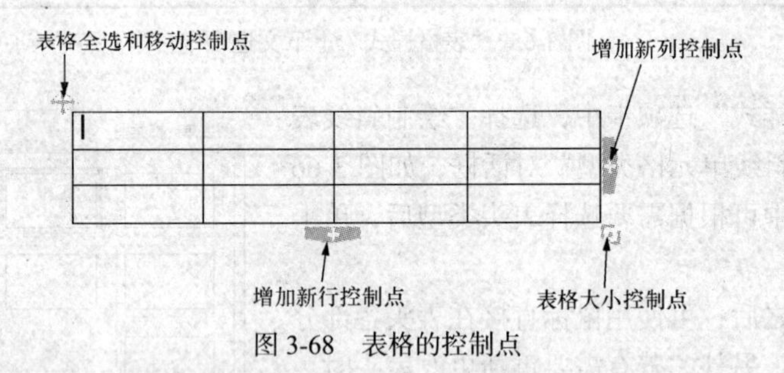

图 3-68 表格的控制点

◆ 表格全选和移动控制点有两个作用，一个作用是将鼠标放在该控制点后拖动鼠标，可以移动表格，另一个作用是单击该控制点后将选中整个表格。

◆ 表格大小控制点的作用是改变整个表格的大小，鼠标停在该控制点后，拖动鼠标将按比例放大或缩小表格。

◆ 增加新行控制点的作用是在表格尾行增加一个新行，当鼠标单击该控制点时会快速添加一个新行。

◆ 增加新列控制点的作用是在表格尾列增加一个新列，当鼠标单击该控制点时会快速添加一个新列。

当在表格中单击鼠标，将光标定位于表格中时，系统会自动出现“表格样式”和“表格工具”两个上下文选项卡，“表格工具”选项卡，如图 3-69 所示。编辑表格的所有功能都可以在这两个选项卡中找到。下面具体介绍。

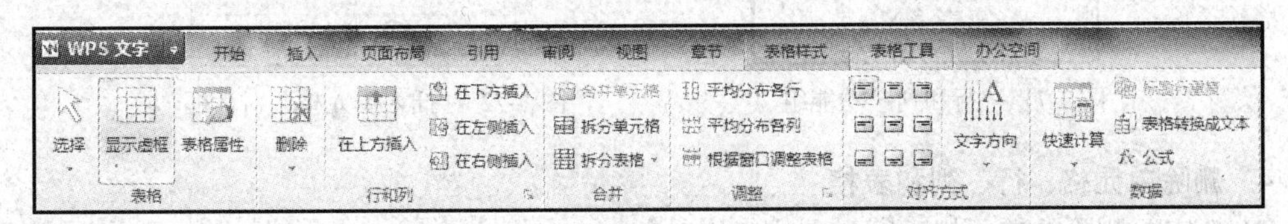

图 3-69　“表格工具”选项卡

2. 选定表格、行、列、单元格

如果要对表格操作，应该先选择，再操作。

（1）选中表格。选定表格有以下几种方法。

方法一：单击表格左上角的表格全选和移动控制点，即可选中整个表格。

方法二：用鼠标从第一行拖至最后一行来选定整个表格。

方法三：将插入点定位到表格中，选择“表格工具”选项卡中的“选择”命令，打开列表信息，如图 3-70 所示，从中选择“表格”命令即可选中表格。

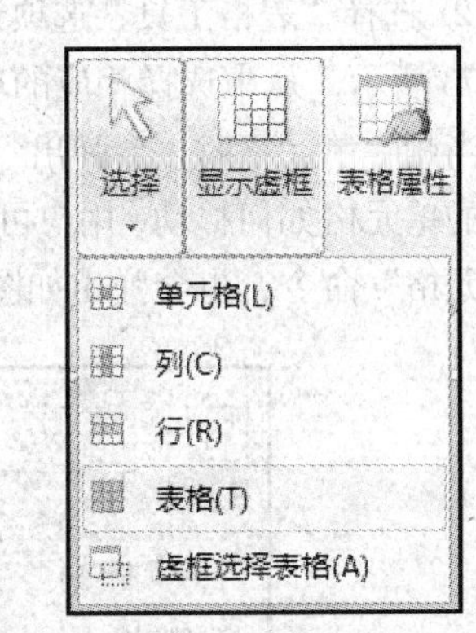

图 3-70　“选择”命令的命令列表项

该方法同样可以应用于选中行、选中列、选中单元格。后面选中行、选中列、选中单元格时，不再赘述该方法。

（2）选择行。选择行有以下几种方法。

方法一：将光标移动到要选定表格行的左侧，当指针变成 ↗ 时，单击可选择指定的行，要选择连续的多行，只要从开始行拖动到最后一行即可，选中的行以反白显示。

方法二：用鼠标从要选择的第一行第一个单元格开始拖动到要选择的最后一行的最后一个单元格（包括行右边的段落标记也要选中）。

（3）选择列。选择列有以下几种方法。

方法一：将光标移动到要选定表格列的上方，当指针变成 ↓ 时，单击可选择指定的列，要选择连续的多列，只要从开始列拖动到最后一列即可，选中的行列以反白显示。

方法二：用鼠标从要选择的第一列第一个单元格开始拖动到要选择的最后一列的最后一个单元格。

（4）选择单元格。

选择单元格的方法：将光标移动到要选定的单元格的左侧，当指针变成 ↗ 时，单击可选择指定的单元格，要选择连续的多个单元格，只要从开始单元格拖动到最后一个单元格即可（不要选择行右边的段落标记），选中的单元格以反白显示。

3. 插入单元格、行、列和表格

先选中需要插入行、列或单元格对象，然后执行下面两种方法。

方法一：选择“表格工具”选项卡中“行和列”组中的各命令按钮，如图 3-71 所示，可以完成插入行或列。

方法二：选择“表格工具”选项卡中“行和列”组右下角的对话框启动器按钮，打开“插入单元格”对话框，如图 3-72 所示。从中选择相应的命令后单击“确定”按钮。

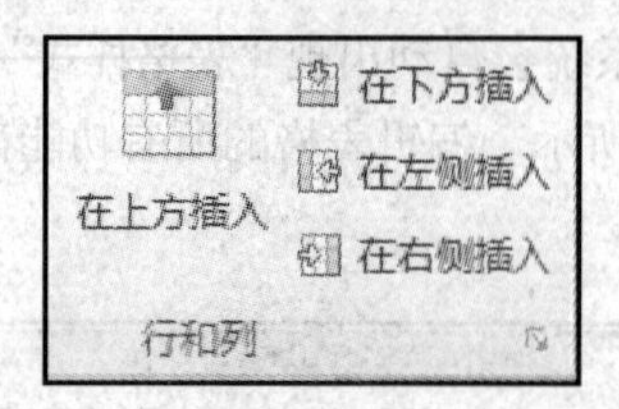

图 3-71 “行和列”功能组

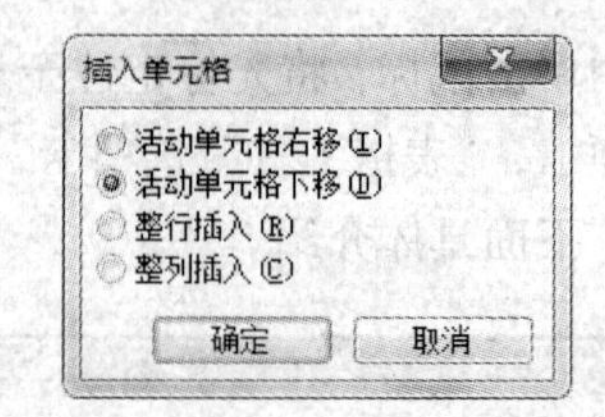

图 3-72 “插入单元格”对话框

4. 删除单元格、行、列和表格

① 选定要删除的单元格、行、列或表格对象。

② 选择“表格工具”选项卡中“行和列”组中的“删除”命令下拉按钮，打开的下拉列表如图 3-73 所示，从中选择相应的单元格、列、行、表格即可。

当删除单元格时，会弹出 “删除单元格”对话框，如图 3-74 所示，询问删除当前单元格后，其后的单元格如何移动，用户可根据需要选择即可。或者单击右键，在弹出的快捷菜单中选择“删除单元格”命令，也会弹出如图 3-74 所示对话框询问。

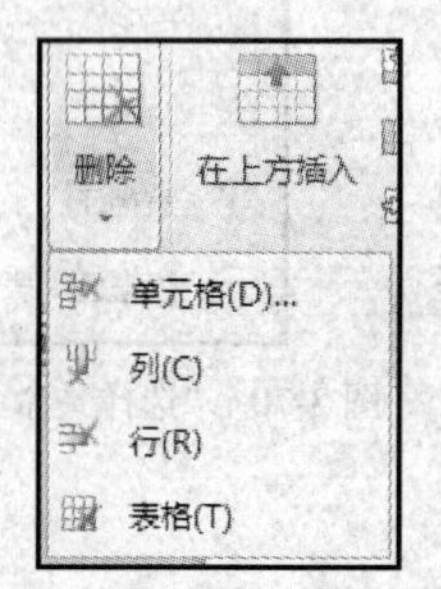

图 3-73 “删除”命令列表项

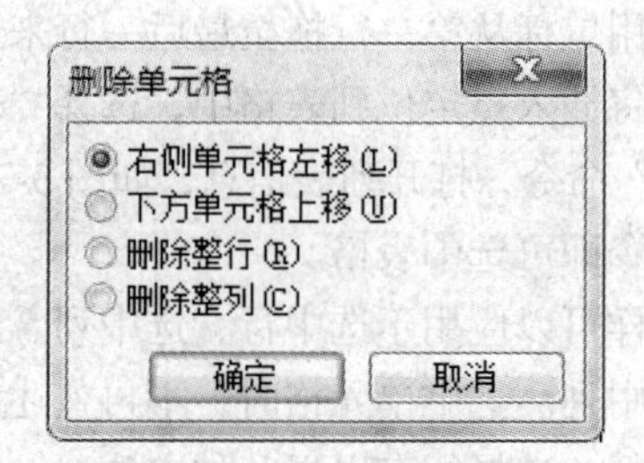

图 3-74 “删除单元格”对话框

5. 合并和拆分单元格

（1）合并单元格是将多个单元格合并成一个单元格。

操作步骤如下。

① 选定所有要合并的单元格。

② 选择“表格工具”选项卡中“合并”组中的“合并单元格”命令按钮，或者单击鼠标右键，从弹出的快捷菜单中选择“合并单元格”命令，即可完成合并操作。

（2）拆分单元格是将一个单元格拆分成多个单元格。

操作步骤如下。

① 选定要拆分的单元格。

② 选择“表格工具”选项卡中“合并”组中的“拆分单元格”命令按钮，弹出“拆分单元格”对话框，如图 3-75 所示，在对话框中选择列数或行数后单击“确定”按钮即可。或者，在要拆分的单元格中单击鼠标右键，从弹出的快捷菜单中选择“拆分单元格”命令，之后也会弹出拆分对话框，同上不再叙述。

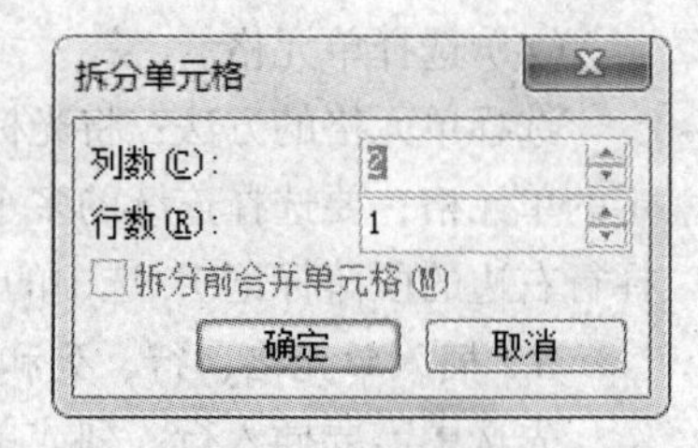

图 3-75 “拆分单元格”对话框

6. 表格的移动和复制

移动表格的方法与移动文本的方法一样，先选定表格，然后用鼠标拖动即可。复制表格的方法与复制文本的方法也一样，先选定表格，选择“开始”选项卡中“剪贴板”组中的“复制”和“粘贴”命令可以实现复制操作。

7. 重复标题行

当表格较大超过一页时需跨页存放，WPS 文字会自动分页拆分表格，如果要在后续页的表格中也显示表格标题（一般是表格的第一行），可在“表格工具”选项卡上选择 “标题行重复”命令按钮 标题行重复。

8. 设置表格属性

将光标定位在表格中，选择“表格工具”选项卡中“表格”组中的“表格属性”命令按钮，弹出“表格属性”对话框，如图 3-76 所示，在该对话框中可根据需要设置表格的尺寸、对齐方式、行高和列宽等属性。

图 3-76 “表格属性”对话框的“表格”选项

（1）改变表格的对齐方式。

在“表格属性”对话框中选择“表格”选项卡，在“对齐方式”选项栏中可以选择“居中”、“左对齐”或“右对齐”，使表格位于页面的中间或在页面上和左边界对齐、和右边界对齐。WPS 文字还新增了“文字环绕”表格功能，通过选择文字“环绕”，可使文字环绕在表格的左侧、右侧或两边。

（2）改变表格的尺寸。

要改变表格的宽度，可在“表格属性”对话框的“表格”选项卡中选中“指定宽度”复选框，并输入一个指定表格宽度的数值，表格的宽度可以选择以厘米为单位，也可以选择占页面宽度的百分比。如要同时改变表格的高度和宽度，可将鼠标指针移到表格中，这时在表格右下角会出现一个小方框，将鼠标指针指向这个小方框并按下鼠标左键拖动，可改变表格的高度和宽度。

（3）调整表格的行高和列宽。

① 在“表格属性”对话框中选择“行”选项卡，选中“指定高度”复选框，并可输入数值调整指定行的高度；选中“允许跨页断行”复选框，允许表格的行跨页显示。

② 在“表格属性”对话框中选择“列”选项卡，选中“指定宽度”复选框，并可输入数值调整指定列的宽度。

另外，调整表格行高和列宽的方法还有以下几种。

方法一：将鼠标指针移动到表格中行或列的框线上，这时鼠标指针形状改变，按住鼠标进行拖曳即可调整行高和列宽。

方法二：全选表格，选择“表格工具”选项卡中“调整”组中的各命令按钮（见图 3-77）进行调整。

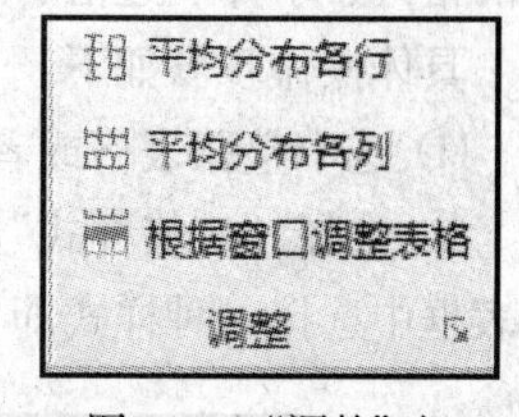

图 3-77 “调整”组

3.6.3 格式化表格

格式化表格就是改变表格的外观，如修改表格的对齐方式，设置表格的边框和底纹等。

1. 表格及表格中数据的对齐

单元格中文本的对齐方式有两个概念：水平对齐和垂直对齐。

默认情况下，表格中文本的对齐方式为“靠上两端对齐”，即垂直对齐方式为“顶端对齐”，水平对齐方式为“两端对齐”。若需要更改对齐方式时方法如下。

（1）水平对齐方式设置。

首先选中单元格，然后单击“开始”选项卡中“段落”组中的对齐方式按钮直接设置即可。

（2）垂直对齐方式设置。

首先选中单元格，然后单击“表格工具”选项卡中“表格”组中的“表格属性”命令按钮，在弹出的“表格属性”对话框中，选择“单元格”选项卡，如图 3-78 所示，选择垂直对齐方式选项中的一种对齐方式后，单击“确定”按钮。

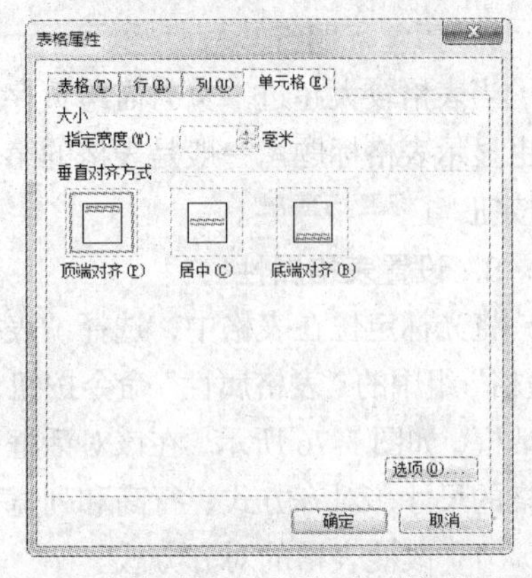

图 3-78 “表格属性”对话框的“单元格”选项

（3）水平和垂直对齐方式同时设置。

方法一：首先选中单元格，在选中的单元格上右击，打开如图 3-79 所示的快捷菜单，在“单元格对齐方式”子菜单中选择合适的对齐命令。

方法二：首先选中需要设置的单元格，然后选择“表格工具”选项卡“对齐方式”组中的对齐方式命令按钮，如图 3-80 所示，该组对齐方式命令按钮中共有 9 种对齐方式，当鼠标指针放到某一种对齐方式上时，会有对应的文字提示，根据需要单击相应的对齐方式即可。

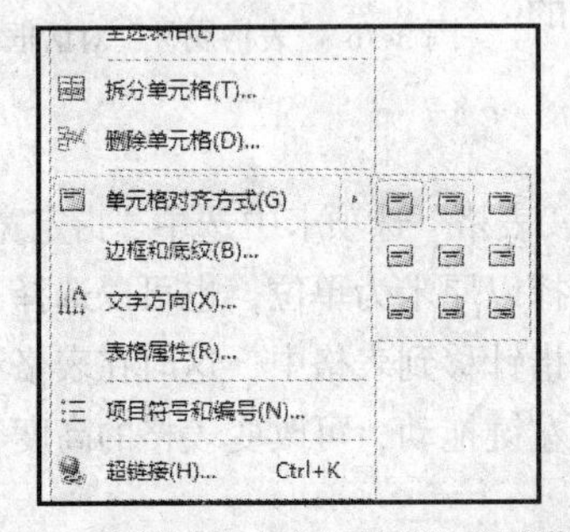

图 3-79 在单元格上右键打开的快捷菜单

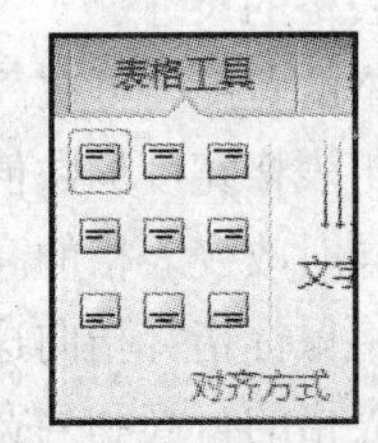

图 3-80 “对齐方式”命令按钮

2. 表格自动套用格式

表格创建后，为了快速设置表格的字体格式、边框和底纹等背景样式，系统预定义了许多表格的格式、字体、边框、底纹、颜色供选择。

具体操作步骤如下。

① 选中整张表格或者将插入点定位于表格的任一单元格中。

② 选择“表格样式”选项卡中“表格样式”组的“表格样式”列表框，如图 3-81 所示，从列表框中选择一种样式即可。列表框右侧有垂直滚动条，单击可以选择更多的样式。

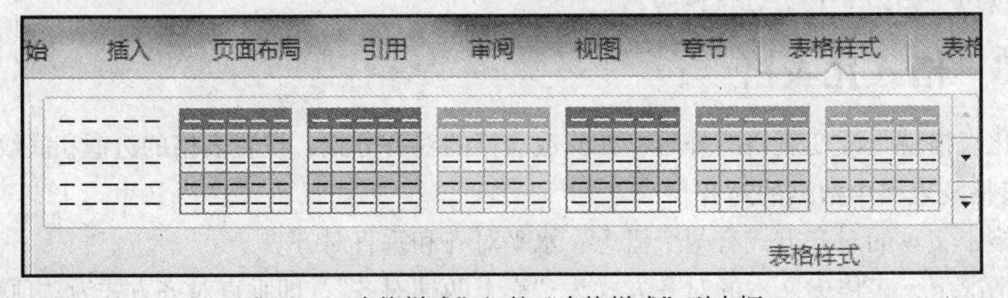

图 3-81 “表格样式”组的“表格样式”列表框

3. 表格边框和底纹的设置

除了用表格自动套用格式外，还可以利用“边框和底纹”对话框来对表格的边框线型、粗细和颜色进行自定义设置，也可以对表格中的行、列、单元格添加边框来美化表格。

（1）表格边框的设置。

方法一：利用“边框和底纹”对话框设置边框。具体操作步骤如下。

① 选定要设置边框的单元格或整个表格。

② 单击“表格工具”选项卡下的“表格属性”命令，在打开的“表格属性”对话框的下方找到 边框和底纹(B)... 选项后，将弹出“边框和底纹”对话框，如图 3-82 所示，对话框默认处于“边框”选项卡中。在对话框的“设置”选项组中选择一种边框类型。在“线型”列表框中选择边框的线型。在“颜色”列表框中选择边框的颜色。在“宽度”列表框中选择边框线的宽度。在“预览”区中可以看到预览效果并可以通过单击按钮来添加或删除边线或内线。

③ 单击“确定”按钮即可设置表格的边框。

方法二：利用“表格样式”功能组完成。具体操作步骤如下。

① 选定要设置边框的单元格或整个表格。

② 选择“表格样式”选项卡中“表格样式”组的“线型”下拉列表框，在下拉列表选项中选择一种线型；选择“线型粗细”下拉列表框，在下拉列表选项中选择线条宽度。选择“边框颜色”下拉列表框，在下拉列表选项中选择边框的颜色。选择“外侧框线”下拉列表框，如图 3-83 所示，在下拉列表选项中选择边框的样式。到此，表格边框设置完成。

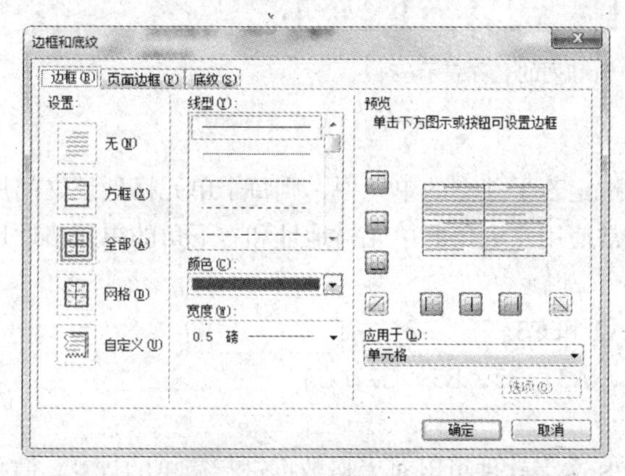

图 3-82　“边框和底纹”对话框中的“边框”选项卡

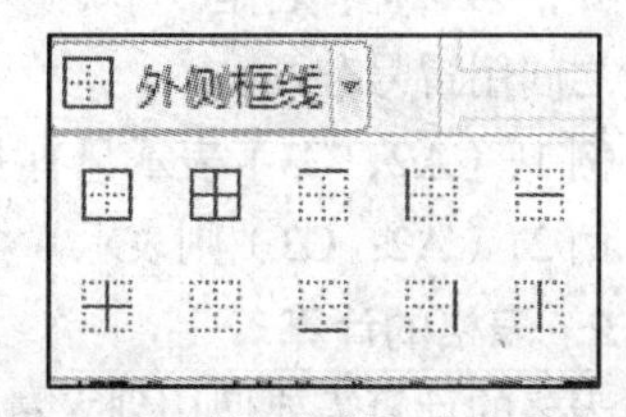

图 3-83　“外侧框线”命令列表项

（2）表格底纹的设置。

方法一：利用“边框和底纹”对话框设置边框。具体操作步骤如下。

① 选定要设置底纹的单元格或整个表格。

② 单击“表格工具”选项卡中“表格”组中的“表格属性”命令按钮，在弹出的“表格属性”对话框的下方选择 边框和底纹(B)... 命令选项后，将弹出“边框和底纹”对话框。

③ 在对话框中选择“底纹”选项卡，如图 3-84 所示，在“底纹”选项卡中“填充”选项中设置表格的填充颜色，在“图案”选项中分别选择样式和颜色为表格背景添加背景图案。

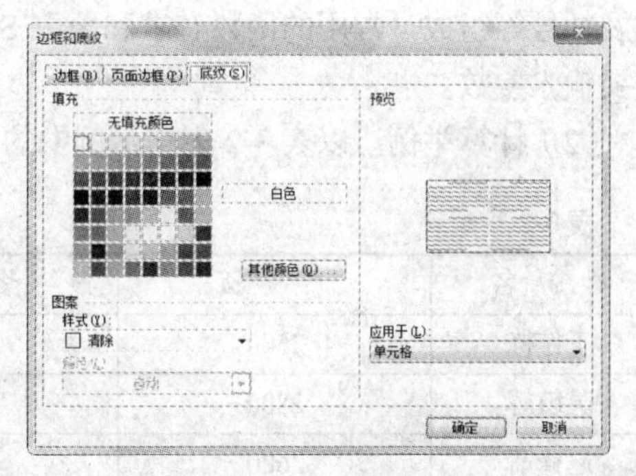

图 3-84　“边框和底纹”对话框中的“底纹”选项卡

④ 单击“确定”按钮即可设置表格的边框。

方法二：利用“表格样式”功能组完成。具体操作步骤如下。

① 选定要设置底纹的单元格或整个表格。

② 选择“表格样式”选项卡中“表格样式”组的“底纹颜色”下拉列表框，在打开的下拉列表中选择一个底纹颜色即可。到此，表格底纹的设置完成。

3.6.4 表格的计算

1．单元格地址和表格区域的表示

（1）单元格地址的表示。

在表格中，单元格是列和行的交叉。每一列号依次用字母 A，B，C，…表示，每一行号依次用 1，2，3，…表示，如图 3-85 所示。因此，单元格的表示通常使用：列号+行号。例如，第 3 列第 2 行交叉的单元格地址表示为 C2。

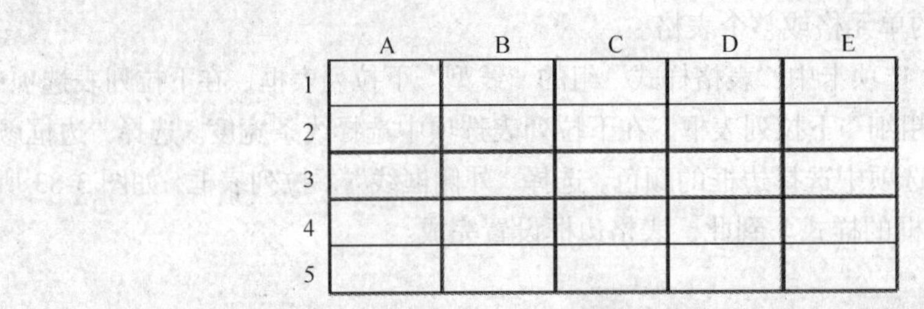

图 3-85　行和列的名称表示

（2）表格区域的表示。

表格区域的表示有两种方法：第一种，指定若干独立的单元格，则每个单元格地址之间用逗号分开，第二种，若是一个矩形范围，则通常使用左上角的单元格地址和右下角的单元格地址，两者之间用冒号分开。

例 1，（A2，C3）表示只有 2 个单元格 A2 和 C3。

例 2，（A2：C3）则表示 6 个单元格 A2，A3，B2，B3，C2，C3。

2．表格的计算

表格的计算需要使用到大量的函数，WPS 文字软件可以对表格数据进行简单的计算，但是如果有复杂的计算，就需要在“WPS 表格”软件中进行。

（1）公式和函数。

公式以等号“=”开头，后面是表达式或函数。表达式可由运算符、常量、单元格地址、函数及括号等组成。常用的函数有求和函数 SUM（ ）和求平均值函数 AVERAGE（ ），其中括号内需要输入参数。

（2）计算举例。以表 3-2 表格示例中的数据为例，在表格中进行“工资合计”的计算。

表 3-2　　表格示例

姓　名	工　资	奖　金	岗　贴	工资合计
王作栋	2500	510	300	
吴敏辉	2800	320	300	
赵锋箭	2680	280	300	

计算的方法有多种。

方法一：首先，选中 B2、C2、D2、E2 四个单元格，然后选择“表格工具”选项卡中“数据”组中的“快速计算”命令下拉按钮，如图 3-86 所示，在打开的下拉列表中选择“求和”列表项。这样，第一位员工的工资合计结果就显示出来了。依此方法，继续求第二位、第三位……直到求完所有为止。

方法二：单击需要存放计算结果的 E2 单元格，然后选择“表格工具”选项卡中“数据”组中的 f_x 公式 命令按钮，弹出“公式”对话框，如图 3-87 所示。在该对话框中可以输入自定义公式=SUM(B2:D2)或者 = SUM(Left)，在“数字格式”下拉列表框中可以设置数字的输出格式为 0，单击“确定”按钮。这样，第一位员工的工资合计结果就显示出来了，依此方法，继续求第二位、第三位……直接求完所有结果为止。

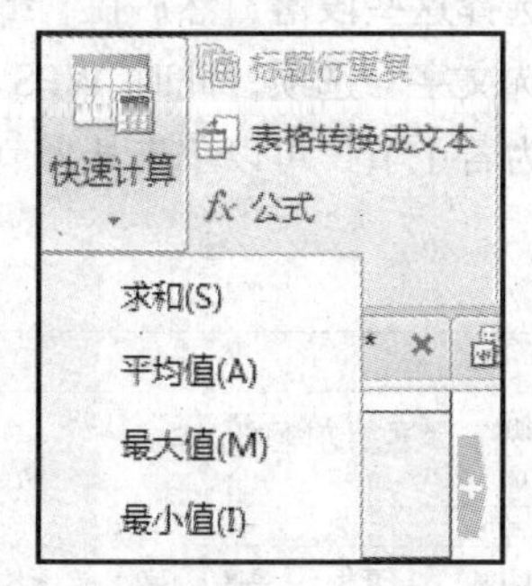

图 3-86 “快速计算”命令列表

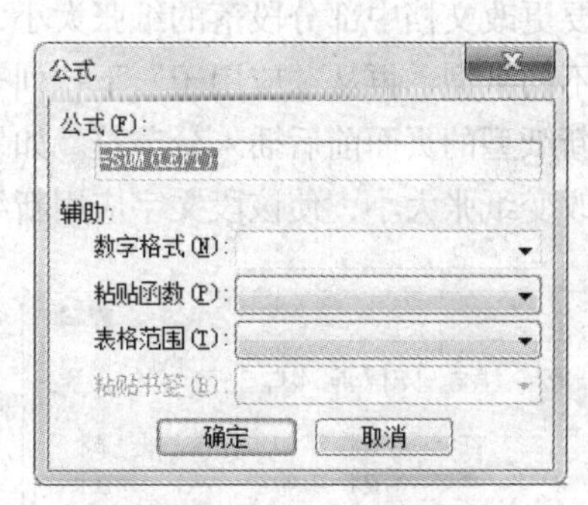

图 3-87 “公式”对话框

3.7 打印文档

虽然电子邮件和 Web 文档极大地促进着无纸办公的快速发展，但绝大多数编辑好的文档最终都要被打印出来才能发挥作用。在 WPS 文字软件中，可以进行打印前的相关页面设置、打印预览及打印设置。

3.7.1 页面设置

页面设置主要包括设置文档打印时所用的纸张大小、页边距、纸张来源、页面行数、字符数和打印方向等。可通过单击“页面布局”选项卡中“页面设置”功能组中的各项命令完成。

1. 页边距设置

（1）页边距大小设置。

页边距可以在标尺上设置，但要精确地设置，则必须在命令选项中完成。选择“页面布局”选项卡，在如图 3-88 所示的“页面设置”功能组中单击“页边距”命令按钮，则弹出“页面设置”对话框中的“页边距”选项卡，如图 3-89 所示。在“页边距”选项中的“上”、“下”、“左”、“右”、“装订线位置”、“装订线宽度”后的文本框中分别输入需要的数值。设置后可以通过“预览”框查看效果。

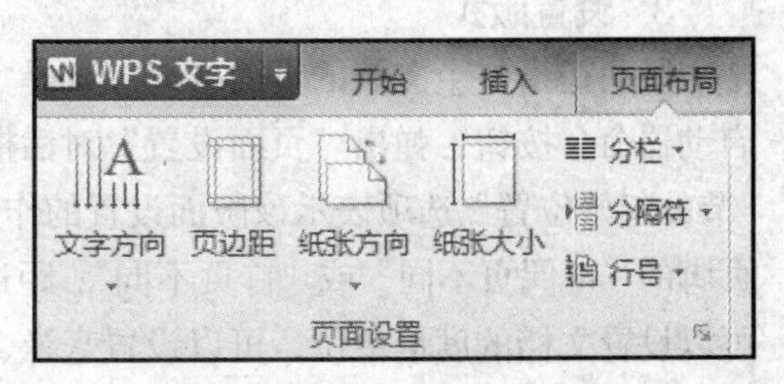

图 3-88 “页面设置”功能组

（2）页面方向设置。

选择“页面布局”选项卡中“页面设置”组中的“纸张方向”命令下拉列表，在打开的下拉列表中可以选择“纵向”或“横向”列表项，可以设置页面方向。

2. 纸张设置

（1）纸张大小设置。

选择“页面布局”选项卡中“页面设置”组中的“纸张大小”命令按钮，在弹出的“页面设置”对话框中选择“纸张”选项卡，如图 3-90 所示。在“纸张大小”下拉列表框中可以选择某个型号的纸张。如果想自定义大小，可以选择“自定义大小”选项，然后在宽度和高度选项卡中设置数值。

如果要更改文档中部分段落的纸张大小，应先在文档中选择这些段落，然后在“纸型”选项卡中选择不同纸型，再从“应用于”下拉列表框中选择“所选文字”选项，此时 WPS 文字将自动在使用新纸型的页面前后插入分节符。如果已将文档划分为若干节，可以单击某个节或选定多个节，再改变纸张大小，使该段文字应用新纸型。

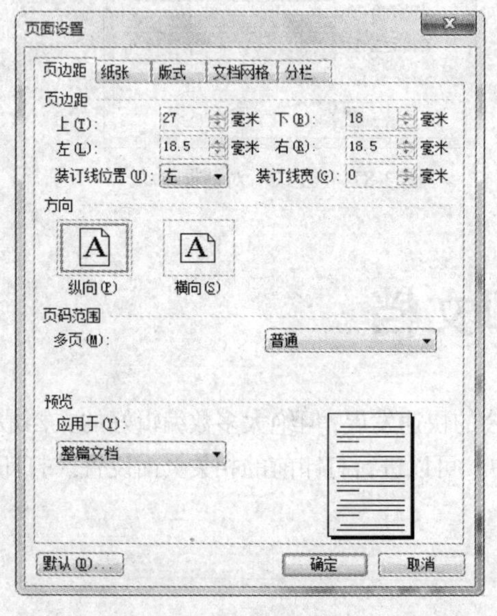

图 3-89 “页面设置”的“页边距”选项标签

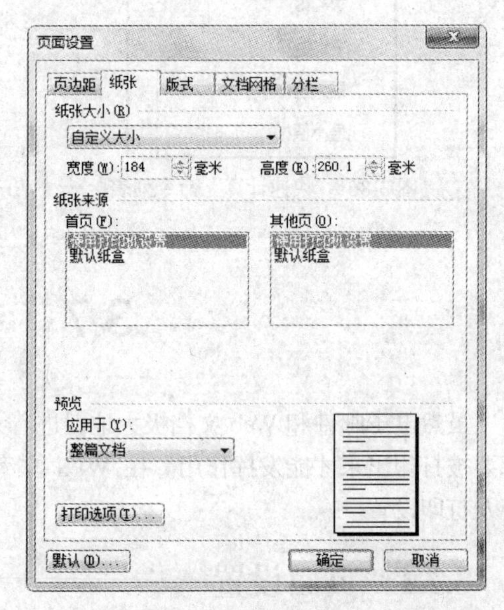

图 3-90 “页面设置”的“纸型”选项标签

（2）纸张来源设置。

在“纸张”选项卡中的“纸张来源”选项中，可以选择首页或其他页的送纸方式，有使用打印机设置和默认纸盒等方式。

3. 设置版式

版面是指整个文档的页面格局。选择“页面布局”选项卡中“页面设置”组右下角的对话框启动器命令按钮，弹出“页面设置”对话框，在对话框中选择“版式”选项卡，如图 3-91 所示。“节的起始位置”选项表示该版面设置的作用范围；在“页眉和页脚”选项栏中，可以设置页眉和页脚的“奇偶页不同”或“首页不同”；距边界可以设置页眉和页脚距边界的距离；在常规选项中可以设置文档的度量单位，可以设置毫米、厘米、英寸、磅、字符等度量单位。

4. 设置文档网格

选择“页面布局”选项卡中“页面设置”组右下角的对话框启动器命令按钮，弹出“页面设置”对话框，在对话框中选择“文档网格”选项卡，如图 3-92 所示。在对话框中可以设置“文字排列”方向为水平和垂直；可以用来调整每行的字符数和每页的行数，而每行的字符数和每页的行数与网格选项有关。网格选项提供了如下几种方式。下面分别介绍。

（1）“无网格”表示：使用默认的行数和每行字符数，不能调整。

（2）“指定行网格和字符网格”：调整行数和每行字符数或调整行跨度和字符跨度。

（3）“只指定行网格”表示：可以调整行数和行跨度。当页面的大小和页边距确定后，每页的行数和每行的字数就被限定在一定的范围内（以五号字为基准）。

（4）“文字对齐字符网格”：调整行数和每行字符数，但不能直接调整行跨度和字符跨度。

在“文档网格”选项卡对话框的最下方，还有绘图网格和字体设置等功能。

5. 整篇文档的分栏

选择“页面布局”选项卡中“页面设置”组右下角的对话框启动器命令按钮，弹出“页面设置”对话框，在对话框中选择“分栏”选项卡，这个分栏功能主要用于设置整篇文档的分栏和插入点之后文档的分栏。同段落文字分栏相似，可以快速设置一栏、两栏、三栏，也可以自定义栏数；同时还可以设置栏宽度和间距等。区别在于分栏对象是整篇文档。

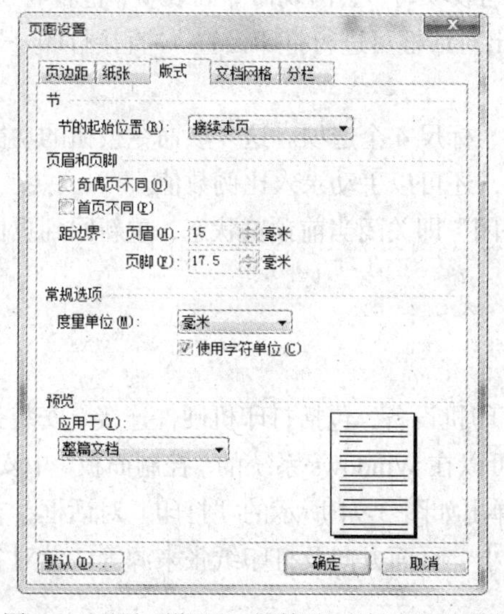

图 3-91 “页面设置”对话框的“版式”选项卡

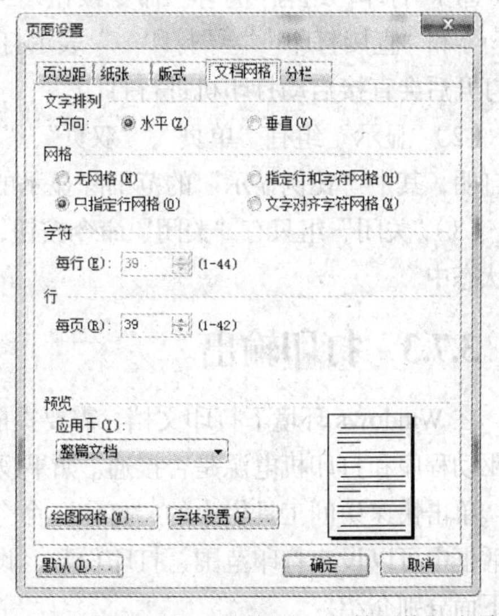

图 3-92 “页面设置”对话框的“文档网格”选项卡

3.7.2 打印预览

利用 WPS 文字的“打印预览”功能，用户就可以在正式打印之前查看文档排版的效果如何。如果不满意，可以在打印之前进行必要的修改，满意之后再打印。

1. 打开预览窗口

方法有多种。

方法一：单击快速访问工具栏中的“打印预览”命令，弹出打印预览窗口，如图 3-93 所示。

方法二：单击窗口左上角的“WPS 文字”菜单，在弹出的下拉菜单中选择“打印预览”命令，同样弹出预览窗口。

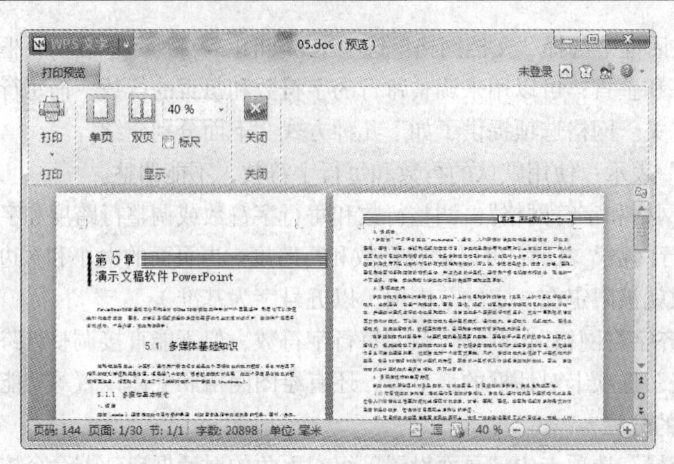

图 3-93 “打印预览”窗口

2. 预览窗口的命令按钮

预览窗口中“打印预览”选项卡分为“打印”、“显示”、“关闭”3 个功能组。

（1）“打印”组有“打印”命令按钮，当单击下拉列表项时，会出现命令列表项，包含有：“打印…”和“直接打印…”。“打印…”表示打开后会弹出对话框可进行打印设置。“直接打印…”表示打开后会直接启动打印机进行打印。

（2）“显示”组有“单页”、“双页”、“比例显示”、标尺 4 个选项。这 4 项命令按钮的功能不言自明，其中“比例显示”的范围除显示的比例之外，还可以手动录入比例数值。

（3）“关闭”组只有“关闭”命令按钮，单击“关闭”即关闭当前预览状态，重新回到页面视图状态中。

3.7.3 打印输出

在 Windows 环境下打印文档，需要提前安装好打印机设备，包括打印机硬件连接、安装打印机驱动程序和打印机电源是否接通。如果没有安装，可以在 Windows 系统的“控制面板”中安装。

单击快速访问工具栏中的“打印”命令后，弹出如图 3-94 所示的“打印”对话框，在该对话框中可以设定打印范围、打印份数、设定纸张大小、页面方向及打印纸张来源等。针对各选项下面分别介绍。

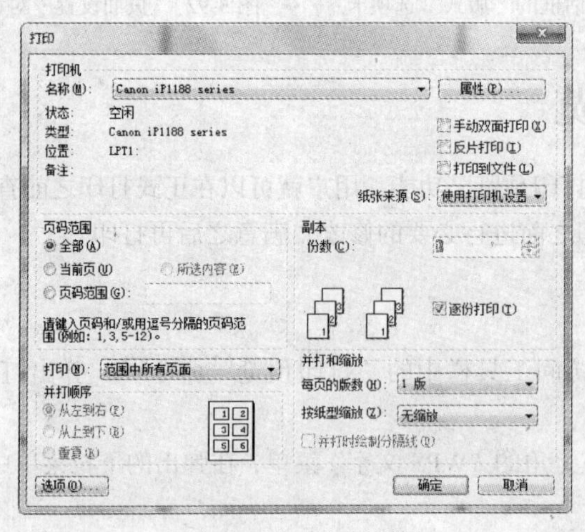

图 3-94 “打印”对话框

（1）在“打印机”选项组中，“名称”文本框显示当前默认打印机的名称和可供选择的其他输出设备；“属性”选项可以设置打印机的相关属性，包括彩色打印、灰度打印、打印质量等；“手动双面打印”；“反片打印”；“打印到文件”可以使打印内容不送到打印机而是送给某文件。

（2）在“页面范围”选项组中，用来指定文档需要打印的范围，包括打印全部内容、当前页和页码范围等。

（3）在“副本”选项组中，“份数”数值框可以输入需要重复打印的份数；“逐份打印”复选框表示打印一份完整的副本后才开始打印下一份的第一页。

（4）在“并打和缩放”选项组中，“每页的版数”下拉列表框用以设置在一张纸中所打印文档的页数；“按纸型缩放”下拉列表框用以设置是否按纸张的实际大小缩放打印文档内容等。

3.8　高级应用

3.8.1　文档的样式和模板

1. 样式的概念

样式是指一组已经命名的字符和段落格式。它规定了标题、题注以及正文等各个文本元素的格式。使用样式可以对具有相同格式的段落和标题进行统一控制，而且还可以通过修改样式对使用该样式的文本的格式进行统一修改。当应用样式时，只需执行一步操作就可应用一系列的格式。

样式可以分为内置样式和自定义样式两种。

WPS 本身自带了许多样式，称为内置样式。例如，标题样式、正文样式等。如果提供的标准样式不能满足需要，就可以自己建立样式，称为自定义样式。用户可以删除自定义样式，却不能删除内置的样式。

样式是其实模板的一部分，当新建一个文档时，文档所依据的模板内部包含了大量的内置样式，内置样式默认保存在样式库上，WPS 新建空白文档的默认初始样式包含了“正文”、“标题 1”、“标题 2”、“标题 3”、“页眉”、“页脚”、“默认段落字体”等 7 个有效样式；如图 3-95 所示。系统初始默认样式为“正文”样式。若有需要可以新建、更改、删除和应用其他样式。

图 3-95　新建空白文档内置的默认样式

2. 显示和应用样式

具体方法有以下几种。

方法一：选中需要应用样式的字符或段落，单击“开始”选项卡中“样式”组中的样式列表框中提供的样式图标。选择一个样式后，所选样式就自动应用于所选对象。

方法二：选中需要应用样式的字符或段落，单击“开始”选项卡中“样式”组右下角的对话框启动器按钮，“样式和格式”任务窗格自动显示在任务窗格区域中，如图 3-96 所示。在任务窗格上选择一个样式后，所选样式就自动应用于所选对象。

3. 新建样式

WPS 文字提供了几十种内置样式，但仍然无法满足某些特定的需要，这时可以自定义样式。具体步骤如下。

① 单击“开始”选项卡中“样式”组的“新样式”下拉按钮，在打开的下拉列表中选择“新样式”列表项，或者在“样式和格式”任务窗格上选择“新样式…”命令，都会打开如图 3-97 所示的“新建样式”对话框。

② 在“新建样式”对话框中，名称后的文本框中可以输入新建样式的名称；在格式选项中可以进行字体及简单段落格式设置。若是有更加详细字体、段落、边框、编号等格式设置时，可以单击对话框最下方的“格式”按钮，可以从中选择“字体…”、“段落…”、“制表位…”、“边框…”、“编号…”、“快捷键…”等选项进行详细设置。

③ 设置好格式之后，单击“确定”按钮完成样式的创建。创建好的新样式，自动会加入样式库中供用户使用。

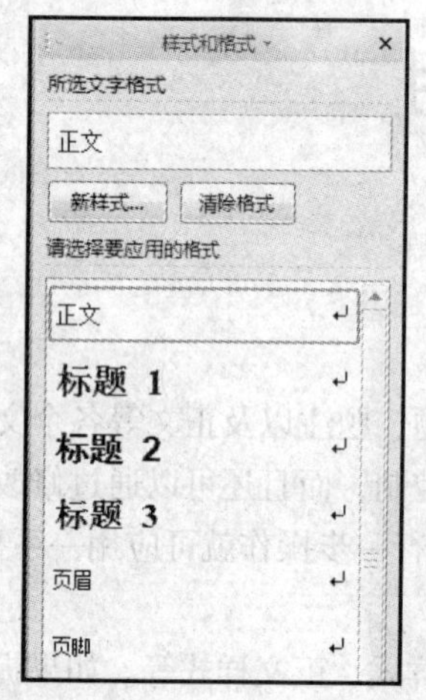

图 3-96 “样式和格式”任务窗格

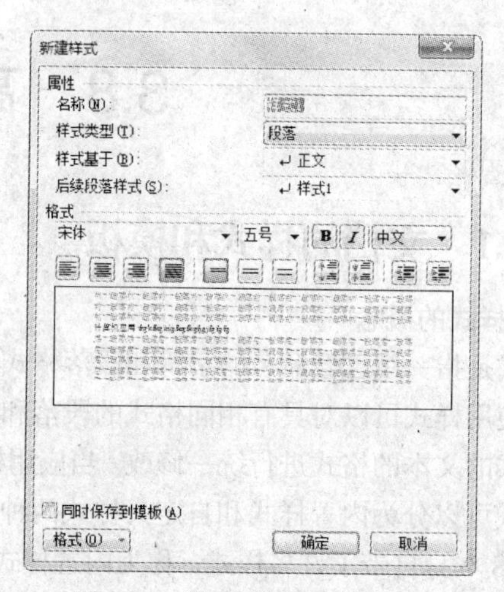

图 3-97 “新建样式”对话框

4. 修改和删除样式

若对设置的段落样式和字符样式不满意，可选定这些段落或字符，修改或删除应用于该文本的样式即可。

修改样式的操作是：选择“样式和格式”任务窗格，在任务窗格中选中要修改的样式，右键单击“更改”命令，弹出修改样式对话框，重新设置格式，再单击“确定”按钮，回到“样式”对话框，最后单击“关闭”按钮即可。

删除样式的操作是：选择“样式和格式”任务窗格，在任务窗格中选中要删除的样式名，右键单击“删除”按钮，将会弹出确定要删除的询问对话框，单击“确定”按钮即可。

模板内置样式只能修改，不能删除。

5. 清除格式

当某段文字应用了样式后，若想去掉样式，选择“开始”选项卡中“样式”组的“新样式”下拉按钮，在打开的下拉列表中选择“清除格式”列表项，即可快速清除格式。或者使用“样式和格式”任务窗格上的“清除格式”命令。清除格式后的文本自动更改为“正文”样式。

6. 模板的使用

模板是一种具有固定格式的框架文件，利用模板可以方便、快捷地创建文件。模板的概念和样式的概念类似，都是为了某个对象建立一个统一的版式。不同的是，样式针对段落或文本，而模板是针对整个文档。

WPS 文字提供在线模板和本机上模板两种。对于 WPS 文字的个人版来说本机上的模板并不多，而在线模板提供了上百种模板。用户可使用“新建/在线模板”命令或者单击选项卡最右侧的“在线模板”按钮，打开“在线模板”文件标签，从中选择所需的模板。

除了可以使用 WPS 文字提供的模板外，用户也可以将已有文档的“保存类型”设为“文档模板（.wpt）”，然后用该模板新建文档。

3.8.2　生成目录

目录索引对长文档来说是很重要的部分。用手工添加目录既麻烦又不便于修改，WPS 提供了自动生成目录的功能，生成目录后，单击目录中某个标题或页码，就可以跳转到该页码对应的内容进行浏览。

长文档要想生成目录，前提是要先对文档中的标题进行样式的应用，才能生成目录。

1. 自动编制目录

按下列操作步骤可以自动编制目录。

（1）将插入点放到要放置目录的位置。

（2）单击“引用”选项卡中“目录”组中的“插入目录”命令按钮，弹出“目录”对话框，如图 3-98 所示。

（3）在“目录”对话框中可以设置“制表符前导符”、“显示级别”、“显示页码”、“页码右对齐”、“使用超链接”后，单击“确定”按钮。

此时，在插入点位置就已经出现目录信息了，效果如图 3-99 所示。之后，如果又对文档进行了改动，可以单击“引用”选项卡中“目录”组中的“更新目录”命令按钮，进行目录自动更新。

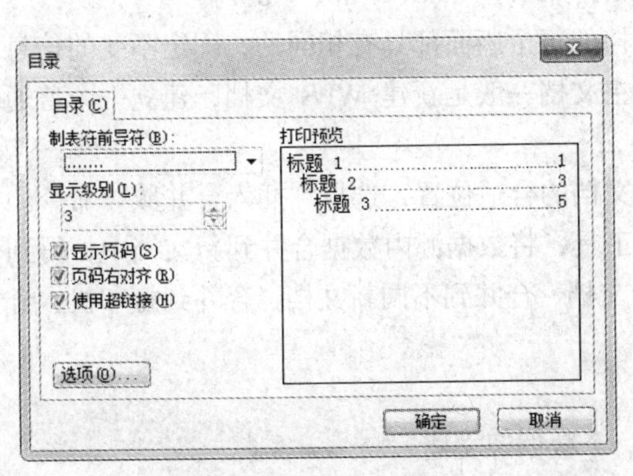

图 3-98　“目录”对话框

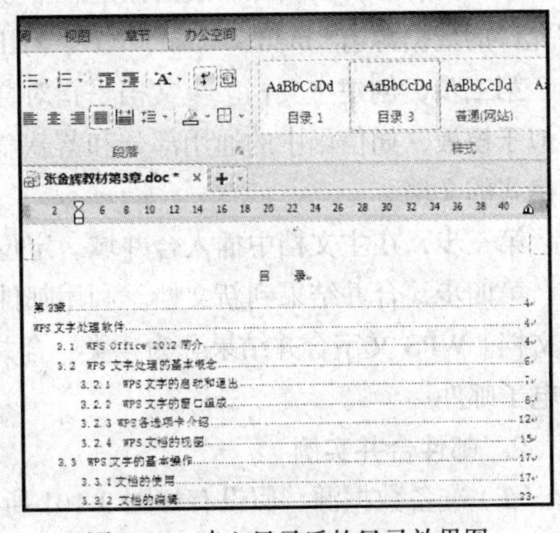

图 3-99　建立目录后的目录效果图

2. 建立自己设定样式的目录

虽然 WPS 文字提供了多种目录格式供用户选择，但用户还可以自行设定目录格式。其操作步骤如下。

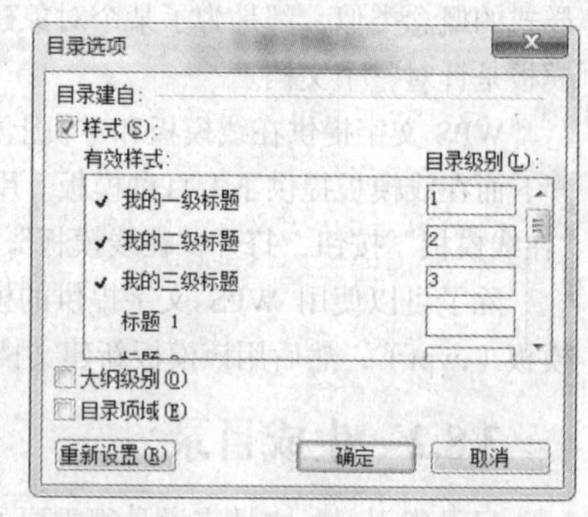

图 3-100 “目录选项”对话框

① 使用“样式和格式”任务窗格建立新样式，对文档中的相应标题设置相应的样式格式。

② 单击“引用”选项卡中“目录”组中的“插入目录”命令按钮，弹出“目录”对话框。

③ 在“目录”对话框上，单击下方的“选项…”命令按钮，弹出如图 3-100 所示“目录选项”对话框，在“有效样式”中找到自己的有效样式按目录级别在其后的目录级别中输入数字（1、2、3 等），删除默认存在的标题 1、标题 2、标题 3 等目录级别文本框中的目录级别数字（1、2、3 等），即保留自己的有效样式，删除默认存在的有效样式。

④ 在“目录选项”对话框上，单击“确定”按钮，再返回“目录”对话框，单击“确定”按钮，自己所建的样式已经成功设置为目录。

3.8.3 邮件合并

在日常办公事务中，经常需要发送和制作大量的邮件或信函，如会议通知、邀请函、工资条、录用通知等。这些邮件或信函的内容基本相同，只是具体数据对象有变化。因此，可以利用 WPS 文档中的邮件合并功能将相同的内容创建为主文档，不同的信息创建为数据源文档，主文档的内容和数据源文档中的每条数据逐条合并，自动形成一系列合并文档，大大提高了办公效率。

1. 邮件合并的思路

邮件合并可分为 4 个步骤：准备数据源、建立主文档、在主文档中插入合并域、合并结果到新文档。

第一步，准备数据源。数据源是一个数据记录表，其中包括相关的字段和记录内容。WPS 文字允许的数据源有*.mdb、*.dsn、*.et、*.xls、*.txt、*.csv、*.tab、*.db、*.dbf 等。

第二步，创建主文档。主文档是指对合并文档的每个版面都具有相同的、固定不变的信息，类似于模板，如信函中的通用部分和落款。建立主文档一般是新建 WPS 文档，建立一个普通信函格式的文档。

第三步，在主文档中插入合并域。定位于主文档的合适位置，选择“插入合并域”命令。

第四步，合并结果到新文档。利用邮件合并工具，将数据源内数据合并到新文档中，得到目标文档。WPS 文字合并结果分为 4 类：合并到新文档、合并到不同新文档、合并到打印机、合并到电子邮件。

2. 邮件合并实例

（1）准备数据源。假设有如图 3-101 所示的一个数据源文档。

（2）创建主文档。在 WPS 文字中创建一个“录取通知书”文档，如图 3-102 所示。

（3）插入合并域。具体步骤如下。

① 在当前“录取通知书”文档中，单击“引用”选项卡中“邮件合并”组中的“邮件”命令按钮，此时会自动出现“邮件合并”上下文选项卡，如图 3-103 所示。

编号	姓名	院（系）	专业
13256	黄健明	信息工程	计算机软件
13257	赵林峰	经济贸易	证券投资
13258	张飞云	艺术	舞蹈
13259	王文静	艺术	新闻学
13260	李佳宁	工商管理	财务管理
13261	王霖	公关学院	市场营销
13262	田锋	外国语	日语
13263	赵海燕	信息工程	通信
13264	林静	工程技术	工程管理
13265	吴小娟	工程技术	城市管理

图 3-101　“数据源文档”样图

录取通知书

编号：

同学：

你已经被我校＿＿学院（系）＿＿专业录用，请你准时于二〇一三年 八 月 二十九 日凭本通知书到校报到。

海口经济学院

2013 年 7 月 20 日

图 3-102　“主文档”样图

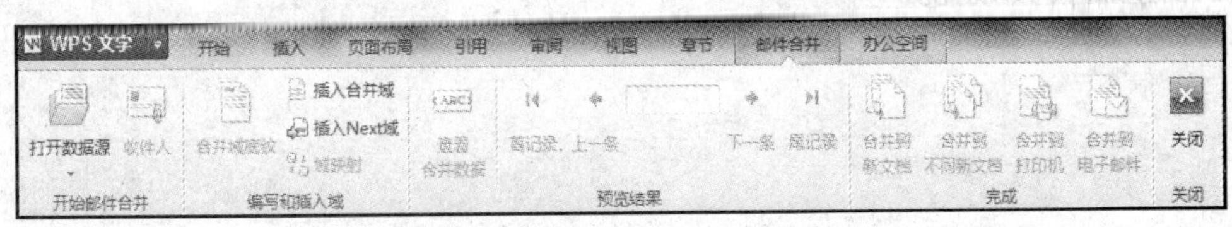

图 3-103　“邮件合并”上下文选项卡

② 选择“邮件合并”选项卡中“开始邮件合并”组中的“打开数据源”命令，打开“选取数据源”对话框。

③ 在“选取数据源”对话框中选取“新生录取名单表”后单击“打开”按钮，此时弹出“选择表格”对话框，从中选择 sheet1 表格后确定。此时，数据源已经被加载到当前数据环境中。

④ 定位光标到当前“录取通知书”中需要插入数据源的第一个下划线位置上，单击“邮件合并”选项卡下的“编写和插入域”组的“插入合并域”命令按钮，将弹出如图 3-104 所示的“插入域”对话框，从中选择文档中对应的“域”名称。同样的操作，反复几次后，就可以把文档中需要插入合并域的其他下划线内容填充完成。插入合并域后完成的效果，如图 3-105 所示。

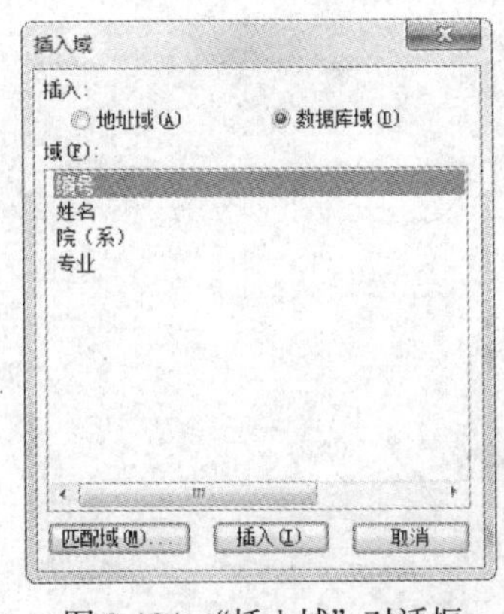

图 3-104　“插入域”对话框

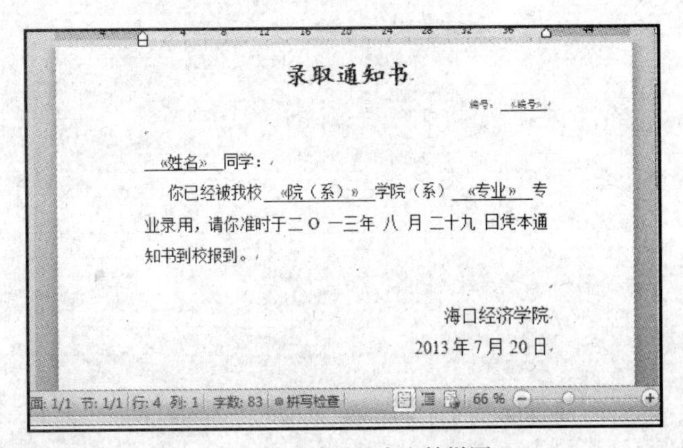

录取通知书

编号：«编号»

«姓名» 同学：

你已经被我校 «院（系）» 学院（系） «专业» 专业录用，请你准时于二〇一三年 八 月 二十九 日凭本通知书到校报到。

海口经济学院

2013 年 7 月 20 日

图 3-105　插入域后的主文档样图

（4）合并结果到新文档。操作步骤如下。

在当前“录取通知书”文档下，单击“邮件合并”选项卡下的“完成”组的“合并到新文档”按钮，就会自动建立一个合并每条数据记录后的新文档。保存新文档。

至此，邮件合并完成。

思考与练习

1. 简述 WPS Office 2012 的特点。
2. WPS 文字软件有哪几种视图，它们有什么不同？
3. 打开字体设置的对话框有几种方法？
4. 什么是页眉和页脚，如何设置页眉和页脚？
5. WPS 文字中的表格创建有哪几种方法？
6. 图片有哪几种文字环绕方式？它们有什么不同？
7. 简述邮件合并功能。

第4章 WPS表格软件

金山公司推出的WPS表格2012是金山办公软件WPS Office 2012的三大组件之一，是一款优秀的电子表格制作软件，类似于微软公司的Excel，是应用众多的电子表格类软件之一。WPS表格2012功能强大、技术先进、使用方便灵活，用户能够轻松地完成表格中数据的录入、编辑、统计、分析、筛选以及产生图表等工作，还可以利用它提供的公式和函数完成复杂的计算，工作界面直观，被广泛应用于财务、金融、审计、统计等各个领域。

WPS表格2012的Docer-在线模板提供了大量常用的工作表模板，使用这些模板可以快速地创建各类表格；还有人民币大小写转换、长数字输入、清除重复值、高亮显示引用单元格、记忆阅读模式等特色功能；WPS表格2012能够输出PDF格式文档，或另存为其他格式文档，并兼容Excel文件格式；另外，WPS表格还可以使用WPS Office 2012的在线素材库、文件保险箱等功能，使各种表格在制作过程中更方便、快捷。

4.1 WPS表格的基本知识

WPS表格2012是目前我国流行的电子表格软件，本节将简要介绍WPS表格2012的一些入门知识，为系统地学习这个软件做一些铺垫。

4.1.1 WPS表格的启动和退出

1. 启动WPS表格

可以通过以下几种方式启动WPS表格。

（1）选择“开始/所有程序/WPS Office 个人版/WPS表格”命令。

（2）在桌面上双击“WPS表格”的快捷图标。

（3）在“计算机”或“资源管理器”窗口中逐层打开文件夹，找到et.exe所在位置，双击该应用程序对应的图标。

启动WPS表格后，WPS表格有两种界面风格，即2012风格和经典风格。在默认的“2012风格”界面右上角有一个更改界面的按钮，单击后可以打开“更改界面”对话框，如图4-1所示，若选择“经典风格”，单击“确定”后，关闭WPS表格软件。再次打开WPS表格软件，此时界面风格转换为“经典风格”，经典风格与微软的Excel 2003软件界面和菜单相似。本章WPS表格软件介绍是建立在默认的“2012风格”界面基础上的。

图 4-1　更改界面对话框

2. 退出 WPS 表格

可以通过以下几种方式退出 WPS 表格。

（1）单击“WPS 表格”菜单中的“退出”按钮。

（2）单击标题栏右侧的“关闭”按钮 。

（3）单击标题栏左侧的控制菜单按钮，选择“关闭”命令。

（4）按 Alt+F4 组合键。

退出 WPS 表格前，如果当前的文件修改未保存，则系统弹出如图 4-2 所示的保存提示对话框，处理方式详见 WPS 文字内容的对应部分。

图 4-2　保存提示对话框

4.1.2　WPS 表格的窗口组成

WPS 表格启动成功后，其窗口界面如图 4-3 所示，它主要由标题栏、选项卡、功能区、编辑栏和状态栏等组成。下面对 WPS 表格窗口进行简单的介绍。

1. 标题栏

标题栏位于窗口顶部，用来显示“WPS 表格”菜单及当前工作簿的名称，其中 Book1 是默认打开的空白工作簿名称。标题栏左侧是控制菜单按钮，包括还原、移动、大小、最小化、最大化、关闭等命令。标题栏右侧有 3 个按钮，分别是最小化、最大化/还原、关闭命令按钮。

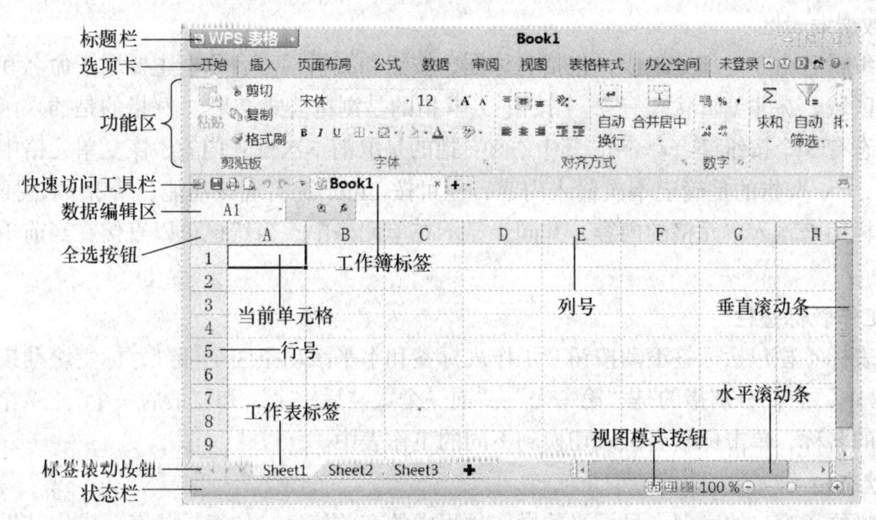

图4-3　WPS表格窗口界面

单击“WPS表格”菜单右边的下拉按钮，弹出如图4-4所示下拉式菜单，其中有方便WPS表格各项功能的操作。

2. 选项卡

在WPS表格的操作界面中，选项卡取代了原来的菜单栏，包括开始、插入、页面布局、公式、数据、审阅、视图、表格样式和办公空间等选项卡，这些选项卡包含了WPS表格中的大部分功能。选项卡右侧还有一些常用的功能按钮，如图4-5所示，分别是WPS办公空间登录、显示/隐藏功能区、更改界面、Docer-在线模板、反馈和WPS表格帮助等。

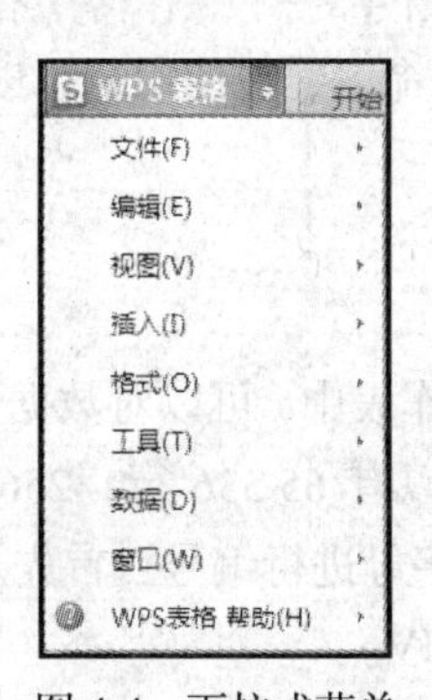

图4-4　下拉式菜单

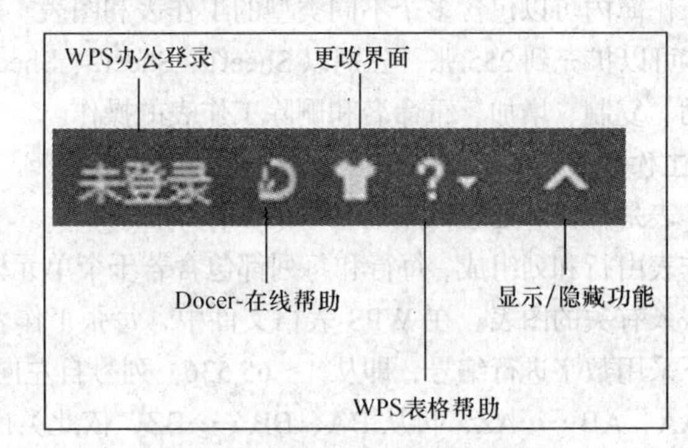

图4-5　选项卡右侧常用功能按钮

3. 功能区

单击选择相应的选项卡，在选项卡下方的功能区就会显示出该选项卡中所有命令按钮，每个命令按钮具有不同的功能，根据功能被分在不同的组中，可以快速完成相应的操作。功能区可以显示或隐藏，单击选项卡右侧的显示/隐藏功能区按钮，如图4-5所示，即可以隐藏或显示功能区。

4. 快速访问工具栏

在功能区的下方有快速访问工具栏，包含WPS表格中最常用的几个功能按钮，默认的按钮为，即打开、保存、打印、打印预览、撤消和恢复按钮。用户可以单击自定义访问工具栏按钮，定义自己常用的功能按钮。

5. 数据编辑区

数据编辑区由 3 个部分组成，包括名称框、按钮和编辑栏。名称框主要用于命名和快速定位单元格和区域。在非编辑状态有 2 个按钮，指的是浏览公式结果，指的是插入函数按钮。在编辑状态有 3 个按钮，其中“×”指的是取消本次键入内容，恢复单元格中本次键入前的内容；“√”指的是确定本次输入内容，也可按 Enter 键实现该功能；指的是插入函数按钮。编辑栏用来输入单元格的内容，并同步显示在单元格中，当然也可以直接在当前单元格中输入内容。

6. 工作表标签栏

工作表标签栏包括标签滚动按钮、工作表标签和水平滚动条 3 个部分，标签滚动按钮有 4 个，它们分别指的是“第一个”、“前一个”、“后一个”和“最后一个”。工作表标签表示工作表的名称，单击标签名可以切换到不同的工作表中。

7. 状态栏

状态栏位于窗口的底部，显示当前操作过程中的有关信息，如编辑状态、操作结果等。在状态栏的右侧有视图模式按钮和显示比例调整按钮，其中视图模式按钮有普通视图、分页预览和阅读模式。

4.1.3 WPS 表格的基本概念

1. 工作簿

工作簿是 WPS 表格中用来存储、处理数据的文件，即 WPS 表格文件，一个工作簿就是一个 WPS 表格文件。WPS 表格文件的扩展名为.et。

在工作簿内可以包含多个不同类型的工作表和图表。默认情况下，一个工作簿中有 3 张工作表，最多可以扩充到 255 张，分别以 Sheet1、Sheet2、Sheet3……来命名，在使用时可以根据需要进行移动、复制、增加、重命名和删除工作表的操作。

2. 工作表

工作表是存储和处理数据最基本的工作单位。

工作表由行和列组成，每行和每列都包含若干个单元格。在工作表中，可以对数据进行处理，也可以嵌入有关的图表。在 WPS 表格文件中，每张工作表最多可以有 65 536 行，256 列。行号自上而下采用数字进行编号，即从 1～65 536。列号自左向右采用字母进行编号：首先从 A 到 Z，然后从 AA、AB……AZ，再从 BA、BB……BZ，依此类推，直到 IV。

工作表标签位于工作表的左下角，当前工作表在工作表标签处呈白色显示，其他工作表在工作表标签处呈灰色显示。

3. 单元格

工作表中的单元格是指行与列的交叉部分，它是工作表的最小单位。一张工作表中共有单元格 65 536×256=16 777 216 个。

在工作表中，每个单元格都有唯一的地址，一般常用单元格所在的列字母和行数字来标识。例如，“A1”表示第“A”列、第“1”行的单元格地址，“F4”表示第“F”列、第“4”行的单元格地址。为了区分不同工作表中的单元格，通常在单元格标识的前面加上其工作表名，并用“!”加以分隔。例如，“Sheet4!D8”表示的是“Sheet4”工作表中的“D8”单元格。当前正在使用的单元格为“当前单元格”，用黑色粗边框围起，此时可以对该单元格进行编辑。

在工作表名称框中显示的就是当前单元格地址。

4.2　WPS 表格的基本操作

工作簿、工作表和单元格是 WPS 表格中重要的 3 个概念，通过本节的学习用户可以熟练掌握工作簿、工作表和单元格的操作。

4.2.1　工作簿的简单操作

1. 新建工作簿

在 WPS 表格默认安装后，启动 WPS 表格软件时，系统会新建一个 Docer-在线模板文件，选中该模板左下角的“下次启动直接新建空白文档”复选框，下次启动 WPS 表格文件时，即可启动新的空白工作簿。

（1）新建空白工作簿

有以下几种方法。

方法一：每次启动 WPS 表格软件，系统会自动建立一个名为“Book1”的工作簿。

方法二：单击“工作簿标签”栏上的“新建空白文档”按钮 +，或按 Ctrl+N 组合键。

方法三：单击“视图”选项卡中 “窗口”组的“新建窗口”按钮。

方法四：单击“WPS 表格”菜单按钮，在弹出的下拉菜单中选择“新建/新建空白文档”菜单命令。

方法五：单击“WPS 表格”菜单右边的下拉按钮，在弹出的下拉菜单中选择“文件/新建空白文档”菜单命令。

（2）使用模板新建工作簿

有以下几种方法。

方法一：单击“WPS 表格”菜单按钮，在弹出的下拉菜单中选择“新建/从本机上的模板新建”菜单命令，弹出如图 4-6 所示的模板对话框，在“模板”对话框中选择一种模板，单击“确定”按钮即可。

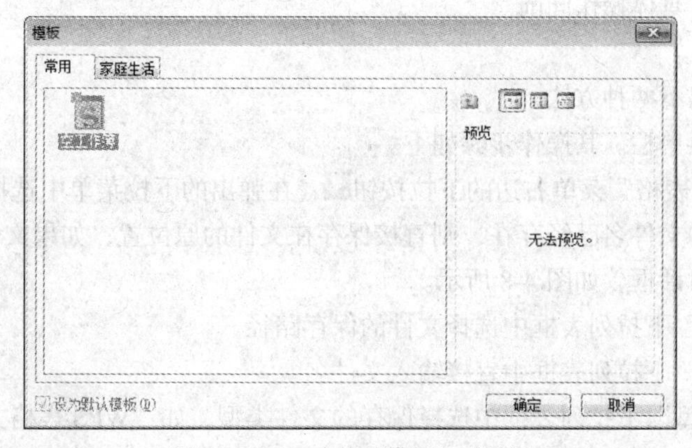

图 4-6　WPS 表格“模板”对话框

方法二：单击“WPS 表格”菜单右边的下拉按钮，在弹出的下拉菜单中选择“文件/本机上的模板”菜单命令。

方法三：按 Ctrl+F1 组合键，在打开的 WPS 表格窗口右侧显示“新建工作簿”任务窗格，选择本机上的模板。

2. 打开工作簿

打开已有的工作簿有以下两种方法。

方法一：使用菜单栏。其操作步骤如下。

① 单击“WPS 表格”菜单右边的下拉按钮，在弹出的下拉菜单中选择“文件/打开…”菜单命令，将会出现“打开”对话框，如图 4-7 所示。

图 4-7 “打开”对话框

② 单击“查找范围”下拉列表框，选择相应的文件路径。

③ 单击“文件类型”下拉列表框，选择打开的文件类型，即“WPS 表格文件”。

④ 在“文件名”下拉列表框中输入文件名或单击文件列表中的文件名。

⑤ 单击“打开”按钮，即可打开指定的工作簿。

方法二：使用工具栏。单击“快速访问工具栏”中的“打开”按钮，将会出现如图 4-7 所示的“打开”对话框，具体操作同前。

3. 保存工作簿

保存工作簿有以下两种方法。

方法一：使用菜单栏。其操作步骤如下。

① 单击“WPS 表格”菜单右边的下拉按钮，在弹出的下拉菜单中选择“文件/保存”菜单命令，如果该文件的文件名已经存在，则直接保存在文件的原位置；如果文件从未保存过，此时会打开“另存为”对话框，如图 4-8 所示。

② 在“保存在”下拉列表框中选择文件的保存路径。

③ 在“文件名”下拉列表框中直接输入文件名。

④ 在“保存类型”下拉列表框中选择保存的文件类型，如“WPS 表格文件”。

⑤ 单击“保存”按钮，即可将工作簿以指定的文件名保存到指定的位置。

方法二：使用工具栏。单击“快速访问工具栏”中的“保存”按钮，将会出现如图 4-8 所示的“另存为”对话框，具体操作同前。

图 4-8 “另存为”对话框

WPS 表格文件在保存时，如果在“保存类型”下拉列表框中选择“WPS 表格 文件”，则文件的扩展名为.et；如果选择“Microsoft Excel 97/2000/XP/2003 文件”，则文件的扩展名为.xls。WPS 表格文件兼容微软公司的 Excel 表格文件，用户可以根据需要保存不同类型的文件。

在如图 4-8 所示的对话框下面部分，有一个加密按钮，单击“加密”按钮，在打开的对话框中可以设置打开和修改文件时的密码，设置完成后保存，下次再打开和修改该文件时需要输入正确的密码文件才能使用；还可以选中“将本文件同步备份到文件保险箱”复选框，进行文件的备份。

4．关闭工作簿

关闭工作簿有以下两种方法。

方法一：单击工作簿标签右侧的“关闭”按钮。

方法二：单击“视图”选项卡中“窗口”组的“关闭窗口”按钮。

以上两种方法如果关闭时当前修改的文件已经保存，则能立刻关闭。如果当前修改的文件未保存，则会弹出如图 4-2 所示的保存提示对话框。

4.2.2 工作表的操作

1．选定工作表

（1）选定单个工作表。单击工作表标签栏中相应的标签，即可选定该工作表。

（2）选多个连续的工作表。单击第一个要选择的工作表标签，按住 Shift 键，再单击最后一个工作表标签，即可选择多个连续的工作表。

（3）选择多个不连续的工作表。单击第一个要选择的工作表标签，按住 Ctrl 键，再依次单击其他工作表标签，即可选择多个不连续的工作表。

（4）选定全部工作表。鼠标右键单击工作表标签，在弹出的菜单中选择“选定全部工作表”命令，即可选定全部的工作表。

2. 插入工作表

插入工作表的方法有以下两种。

方法一：单击“WPS 表格”菜单右边的下拉按钮，在弹出的下拉菜单中选择“插入/工作表”菜单命令，则弹出如图 4-9 所示的“插入工作表”对话框，可以选择插入工作表的数目和位置，单击“确定”按钮，即可在当前工作表之后或当前工作表之前插入若干张空白的工作表。

方法二：选择某一个工作表标签并单击鼠标右键，从快捷菜单中选择“插入”命令，弹出如图 4-9 所示的插入工作表对话框，具体操作同前。

3. 删除工作表

删除工作表的方法有以下两种。

方法一：单击“WPS 表格”菜单右边的下拉按钮，在弹出的下拉菜单中选择“编辑/删除工作表”菜单命令，如果要删除的工作表内容不为空，则弹出如图 4-10 所示的删除工作表的警告框，单击“确定”按钮，就永久性删除了工作表，即被删除的工作表不能再恢复；单击“取消”按钮，可取消当前的删除操作。

方法二：选择要删除的工作表的标签并单击鼠标右键，从快捷菜单中选择“删除工作表”命令，也会弹出如图 4-10 所示的删除工作表的警告框，具体操作同前。

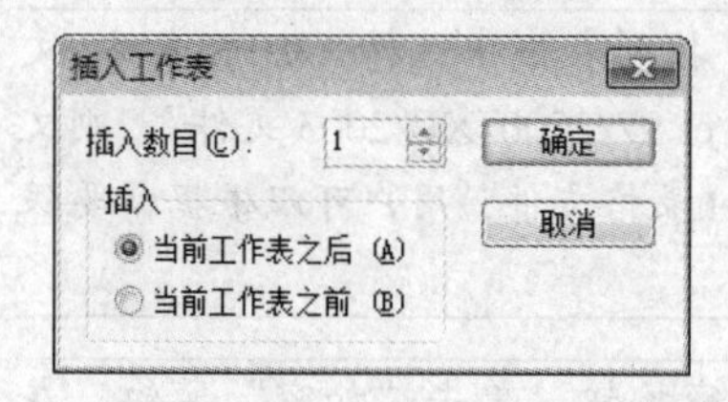

图 4-9 “插入工作表”对话框

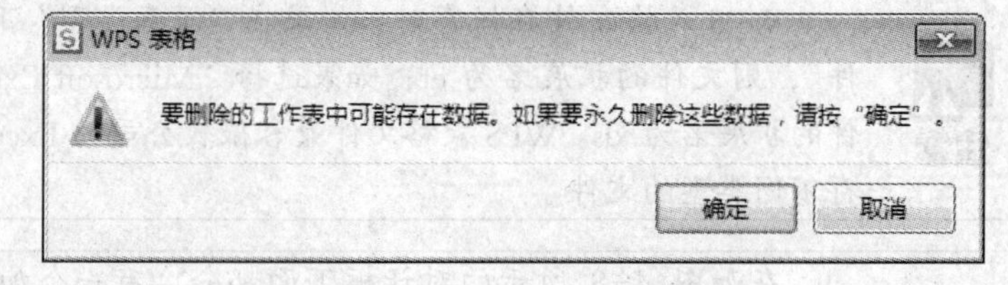

图 4-10 删除工作表的警告框

4. 移动工作表

（1）在同一工作簿内移动工作表

方法：用鼠标拖动被选中的工作表标签到将要插入的位置，释放鼠标即可。

（2）在不同工作簿之间移动工作表

打开两个工作簿，在屏幕上同时显示源工作簿和目标工作簿，用以下两种方法可以实现在工作簿之间移动工作表。

方法一：在目标工作簿上单击“WPS 表格”菜单右边的下拉按钮，在弹出的下拉菜单中选择“编辑/移动或复制工作表”菜单命令，弹出“移动或复制工作表”对话框，如图 4-11 所示。选择原工作簿名，再选择要移动到的目标位置，单击“确定”按钮即可。

方法二：在目标工作簿的工作表标签处单击鼠标右键，从快捷菜单中选择“移动或复制工作表”命令，也会弹出如图 4-11 所示的“移动或复制工作表”对话框，具体操作同方法一。

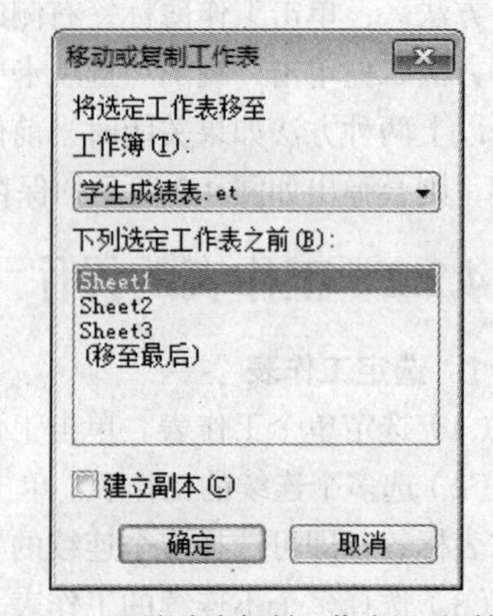

图 4-11 “移动或复制工作表”对话框

以上两种方法同样适用在同一工作簿内移动工作表。

5. 复制工作表

（1）在同一工作簿内复制工作表

方法：按下 Ctrl 键，同时用鼠标拖动被选中的工作表标签到将要复制到的目标位置，释放鼠标即可。

（2）在不同工作簿之间复制工作表

方法：在打开的如图 4-11 所示的"移动或复制工作表"对话框中，选取"建立副本"复选框，就可以完成复制工作表的操作。

6. 重命名工作表

重命名工作表有以下两种方法。

方法一：选择需要重命名的工作表标签并单击鼠标右键，从快捷菜单中选择"重命名"命令，此时标签反白显示，重新输入工作表名，按 Enter 键确认。

方法二：双击工作表标签，此时标签反白显示，重新输入工作表名即可。

单击"开始"选项卡中"编辑"组的"工作表"按钮，会弹出下拉菜单，也可实现插入、删除、重命名、移动或复制工作表等操作。

4.2.3 单元格操作

1. 单元格的选定

选定单元格时可以选定一个，也可以选定多个，或选定多行、多列，其操作方法如表 4-1 所示。

表 4-1　单元格的选定

选定项目	方法
一个单元格	单击要选定的单元格
	在名称框中输入单元格地址，按 Enter 键确认
	使用键盘上的光标移动键（←↑→↓）
连续矩形区域	在区域角上的单元格中按下鼠标左键，然后沿对角线拖动鼠标
	单击左上角的单元格，再按下 Shift 键并单击对角线方向的末单元格
多个不连续单元格	按住 Ctrl 键，用鼠标逐个单击所要选定的单元格
一行/一列	用鼠标单击行号/列号
连续多个行/列	在行号/列号上拖动鼠标，从指定的第一行/列到最后一行/列
	单击指定的第一个行号/列号，按住 Shift 键单击最后一个行号/列号
	单击指定的第一个行号/列号，再按 Shift 键和光标移动键
多个不连续行/列	按住 Ctrl 键，用鼠标逐个单击要选定的行号/列号
全部单元格	单击左上角行列交汇处的空白部分

若要取消选定的多个单元格，可用鼠标单击任意一个单元格或使用键盘上的光标移动键。

2. 插入单元格、行、列

（1）插入单元格的步骤如下。

① 选定一个或多个单元格。

② 单击“WPS 表格”菜单右边的下拉按钮，在弹出的下拉菜单中选择“插入/单元格”命令，或单击鼠标右键，从快捷菜单中选择“插入”命令，弹出“插入”对话框，如图 4-12 所示。

③ 根据需要选择一种插入方式。

④ 单击“确定”按钮。

（2）插入一行的步骤如下。

① 选定单元格，此单元格可以是新插入行下面一行的任意一个单元格，即新行插入到选定单元格的上面。

② 单击“WPS 表格”菜单右边的下拉按钮，在弹出的下拉菜单中选择“插入/行”命令。

（3）插入一列的步骤如下。

① 选定单元格，此单元格可以是新插入列右边一列的任意一个单元格，即新列插入到选定单元格的左边。

② 单击“WPS 表格”菜单右边的下拉按钮，在弹出的下拉菜单中选择“插入/列”命令。

3. 删除单元格、行、列

（1）删除单元格的步骤如下。

① 选定欲删除的一个或多个单元格。

② 单击“WPS 表格”菜单右边的下拉按钮，在弹出的下拉菜单中选择“编辑/删除”命令，或单击鼠标右键，从快捷菜单中选择“删除”命令，弹出“删除”对话框，如图 4-13 所示。

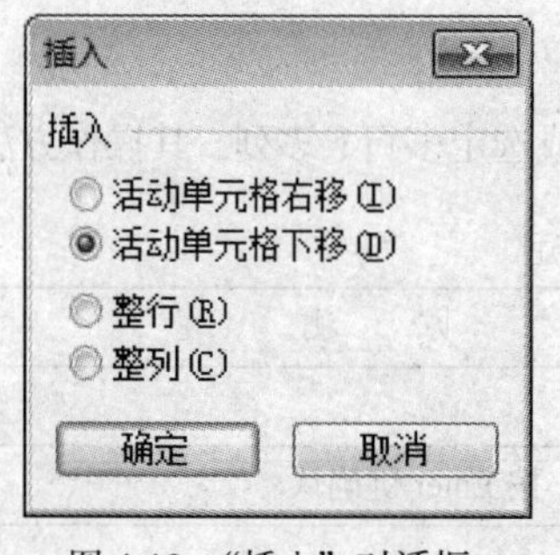

图 4-12 “插入”对话框

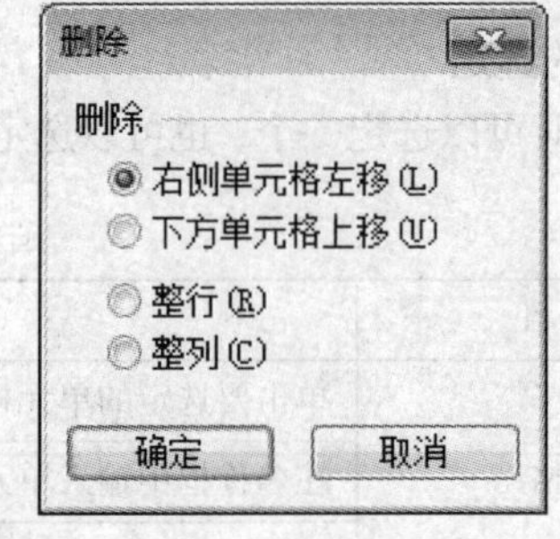

图 4-13 “删除”对话框

③ 根据需要选择一种删除方式。

④ 单击“确定”按钮。

（2）删除行的步骤如下。

① 选定欲删除的行。

② 单击“WPS 表格”菜单右边的下拉按钮，在弹出的下拉菜单中选择“编辑/删除”命令。

（3）删除列的步骤如下。

① 选定欲删除的列。

② 单击“WPS 表格”菜单右边的下拉按钮，在弹出的下拉菜单中选择“编辑/删除”命令。

（4）清除和删除操作。

“清除”是指清除选定单元格中的信息，这些信息可以是格式、内容、批注或全部，并不删除单元格本身。“删除”是指将信息及选定的单元格本身一起从表格中删掉。

“清除”的 4 个子菜单的选项含义如下。

① 全部：从选定的单元格中清除所有内容、格式和批注等。

② 格式：只删除所选单元格的格式信息，如字体、字号、颜色、下划线和底纹等，不删除单元格的内容和批注。

③ 内容：删除所选单元格的内容，即删除数据和公式，不删除单元格的格式和批注。此操作相当于按 Delete 键删除内容。

④ 批注：只删除所选单元格的批注。

单击“开始”选项卡中“编辑”组的“工作表”按钮，会弹出下拉菜单，实现插入、删除单元格/行/列等操作。

4. 移动或复制单元格

移动或复制单元格可以使用如下两种方法。

（1）剪贴法。

① 选择要移动（或复制）的单元格。

② 单击“开始”选项卡中“剪贴板”组的“剪切（或复制）”按钮。

③ 单击目标区域的左上角单元格或整个目标区域。

④ 单击“开始”选项卡中“剪贴板”组的“粘贴”按钮。

（2）鼠标拖动法。

① 选择要移动（或复制）的单元格。

② 单击选定区域加粗的边框，按住鼠标左键，将选定的区域拖动到目标位置，松开鼠标即可完成单元格区域的移动操作，如图 4-14 所示。如果在拖动时按住 Ctrl 键，则可以实现复制单元格区域的操作。

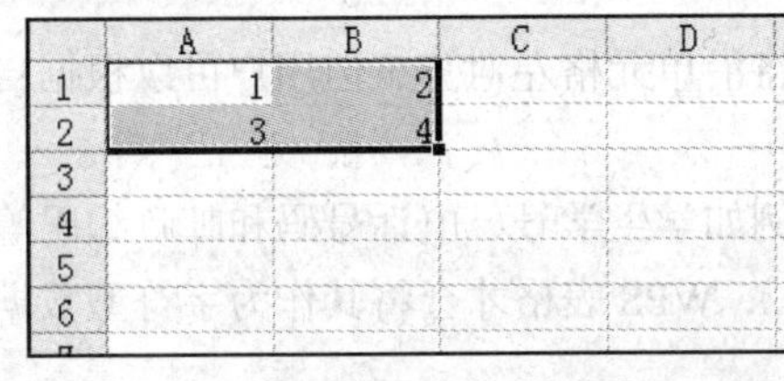

	A	B	C	D
1	1	2		
2	3	4		
3				
4				
5				
6				

（a）选定要移动的单元格区域

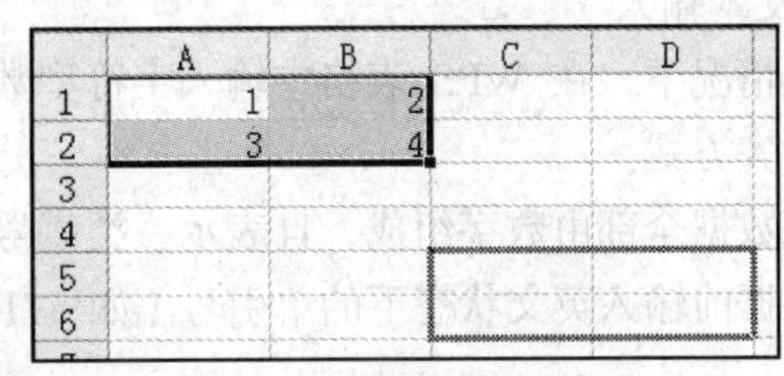

	A	B	C	D
1	1	2		
2	3	4		
3				
4				
5				
6				

（b）完成移动的单元格区域

图 4-14　移动单元格

4.3　数据的输入

在 WPS 表格中，要创建一个工作表，就必须将数据输入到工作表的单元格中，然后根据要求完成数据的计算和数据分析工作。

4.3.1　单元格的数据类型

在 WPS 表格工作表的单元格中，常用的数据类型有文本、数值、日期和时间等。

1. 文本

文本包括任何英文字母、汉字、数字和其他符号的组合。单元格中的文本在默认情况下以左对齐方式显示。如果单元格的宽度容纳不下文本，可以占相邻单元格的显示位置（相邻单元格本身并没有被占据），如果相邻单元格中已经有数据，就截断显示原单元格中的内容。

2. 数字

数字包含正号（+）、负号（-）、0~9、E、e、/、%、￥、$、小数点（.）和千分位符号（,）等符号，它们是正确表示数值的字符组合。数值类型的数据默认情况下以右对齐方式显示。

当单元格容纳不下一个未经格式化的数字时，就用科学记数法显示它（如 2.45E+10）；当单元格容纳不下一个格式化的数字时，就用若干个“#”号代替，此时用户可改变列宽来显示所有单元格中的数字。

3. 逻辑值

单元格中可输入逻辑值，即 TRUE（真）和 FLASE（假）。逻辑值常由公式产生，并用作条件。

4. 日期和时间

日期和时间是一种特殊的数据。日期数据通常为“年/月/日”或“年-月-日”。时间数据格式通常为“时:分:秒”。日期和时间的格式都可以在“单元格格式”对话框的“数字”选项卡中修改。

4.3.2 输入数据

在 WPS 表格中输入数据是相当简单的，首先选定该单元格，然后输入数据。例如，创建一个新的空工作簿“Book1.et”，在当前的工作表“Sheet1!D1”单元格中输入内容“学生成绩表”，其操作步骤如下。

① 单击“WPS 表格”菜单，在弹出的下拉菜单中选择“新建/新建空白文档”菜单命令，将会新建一个“Book1.et”工作簿。

② 用鼠标单击工作表 Sheet1 中的 D1 单元格，即选中该单元格。

③ 输入“学生成绩表”，按 Enter 键确认。

1. 文本输入

默认情况下，在 WPS 表格中输入字符型数据将沿单元格左对齐，但用户可以根据自己的需要改变对齐方式。

如果数据全部由数字组成，且表示一类序号，例如学生学号、电话号码和邮政编码等，输入时应在数据前输入英文状态下的单引号（如’571127），WPS 表格才会将其作为字符型数据沿单元格左对齐。

如果用户输入的数据较长，超过了单元格宽度，会产生以下两种结果。

（1）如果右边相邻的单元格中没有任何数据，那么超出的文字会显示在右边相邻的单元格中，如图 4-15 所示。

	A	B	C
1	大学计算机基础		
2			
3			
4			
5			
6			

图 4-15　文字显示在右边相邻的单元格中

（2）如果右边相邻的单元格已存储数据，那么超出单元格宽度的部分将不显示，如图 4-16 所示。没有显示的部分仍然存在，只要加大列宽或者在“开始”选项卡的“对齐方式”组中选择“自动换行”命令按钮，就可以在该单元格中看到其全部内容。

	A	B	C
1	大学计算	1234	
2			
3			
4			
5			
6			

图 4-16　超出单元格宽度的部分不显示

2. 数值输入

数值型数据在 WPS 表格中使用的频率最高，在默认的情况下，单元格中的数值型数据采用右对齐，但用户可以根据自己的需要改变对齐方式。

（1）输入正负数

如果要输入正数，可以直接将数字输入到单元格内；如果要输入负数，必须在数字前加一个负号“–”，或给数字加上圆括号。例如，输入“–78”和“(78)”都可以在单元格中得到数字–78。

（2）输入分数

如果要输入分数（如 1/4），应先输入“0”和一个空格，再输入“1/4”。如果不输入“0”和一个空格，WPS 表格会把输入的数字当作日期格式来处理，会默认存储为“1 月 4 日”。

（3）输入百分比数

如果输入的是百分比数据，可以直接在数据值后输入百分号“%”。例如，若输入 80%，可先输入 80，然后输入%。

（4）输入小数

如果要输入小数，直接在指定的位置输入小数点即可。如果输入的数据量较大，且都具有相同的小数位数时，可以利用“自动设置小数点”功能，其操作步骤如下。

① 单击“WPS 表格”菜单右边的下拉按钮，在弹出的下拉菜单中选择“工具/选项”命令，打开“选项”对话框，如图 4-17 所示。

② 在“选项”对话框中选择“编辑与显示”选项卡。

③ 选中“自动设置小数点”复选框。

④ 在“位数”微调框中输入小数位数或通过微调按钮来指定相应的小数位数。

例如，在“位数”微调框中输入“4”，表示保留 4 位小数。若要在 4 个单元格中分别输入“0.007 4”、“0.058 8”、“0.973 4”和“7.192 8”，只要在相应的单元格中输入“74”、“588”、“9 734”和“71 928”即可，这样就避免了输入小数点的麻烦。

如果设置了小数点预留位数，这种格式将始终保留，直到取消选择“自动设置小数点”复选框为止。如果输入的数据后面有相同个数的“0”，计算机也可以在数字后自动添零，方法是在“位数”微调框中指定一个负数作为需要的零的个数。例如，在“位数”微调框中输入“–2”，若要在 3 个单元格中分别输入“600”、“7 700”和“98 000”，只要在相应的单元格中输入“6”、“77”、“980”即可，这样可节省时间。

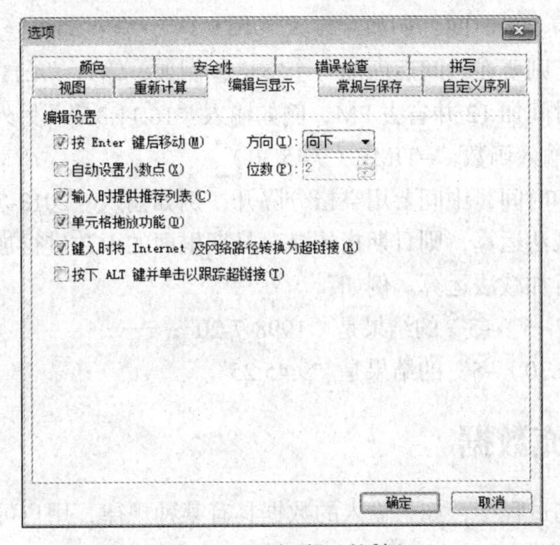

图 4-17　“选项”对话框

（5）输入特殊数字字符串

如果在单元格中输入身份证号码、电话号码、邮政编码等数字字符串时，在 WPS 表格中要先将其单元格格式设置为文本格式，单击“开始”选项卡中“编辑”组的“格式”按钮，在下拉列表中选择“单元格”命令，打开“单元格格式”对话框的“数字”选项卡进行设置即可。这样，输入的数字将作为字符型数据显示，也可以显示“001”、“002”、“003”等字符内容了。

（6）文本转换成数值

如果用户要把文本格式的数据转换成可计算的数据值数据，选中要转换格式的单元格区域，单击“开始”选项卡中“编辑”组的“格式”按钮，在下拉列表中选择“文本转换成数值”命令即可。此时，如果转换后的数值位数较长，则会自动用科学计数法显示。

注意

输入数值型数据时，如有包括+、−、. 、( )、E、e、$等符号均应在英文状态下输入。

3. 日期和时间输入

在 WPS 表格中内置了一些日期和时间的格式，当输入的数据与这些格式相匹配时，WPS 表格将会识别它们，使单元格的格式由“常规”数字格式变为内部的日期或时间格式。如果输入的格式不匹配，则该数据被作为文本处理。日期和时间格式可以在单击“开始”选项卡中“编辑”组的“格式”按钮，在下拉列表中选择“单元格”命令，打开“单元格格式”对话框的“数字”选项卡进行设置。

常用的日期格式用以下几种方式（以 2013 年 7 月 25 日为例）：

- 2013-07-25，2013/07/25 或 12/07/25；
- 07-25-13，07/25/13；
- 25-JUL-13 等。

输入日期时，输入年份可以是两位数或四位数，输入的月份值为 1～12，输入的天数值为 1～31。如果省略了年份，系统默认为当前的年份。另外，也可以使用 DATE（年,月,日）函数输入。例如，要在单元格中显示日期“1998-7-12”，可以输入函数“=DATE（98,7,12）”。

常用的时间格式是“hh:mm:ss（AM/PM）”。输入时间时，小时、分、秒之间用冒号（:）分隔。一般把插入的时间默认为上午时间，例如，输入“4:11:35”，会在编辑栏中显示“4:11:35 AM”。如果要输入 AM 或 PM，则要在时间后面加一个空格，例如，输入“4:11:35 PM”。采用 24 小时制表示时间，即把小时时间加 12 并省去 PM，例如输入“16:11:35”。另外，要在单元格中显示时间“9:45:30 AM”，可以输入函数“=TIME（9,45,30）”。

如果同时输入日期和时间，中间要用空格分隔开，例如输入“2013-7-15 9:45:30 AM”。如果要对日期或时间进行加减法运算，则日期指的是对日期里面的天数进行加减法运算，而时间指的是对时间里面的秒数进行加减法运算。例如：

执行“=DATE（98,7,15）+5”的结果是“1998-7-20”；

执行“=TIME（9,45,30）−5”的结果是“9:45:25”。

4.3.3 自动填充数据

在输入数据和公式的过程中，如果输入的数据具有某种规律，用户可以通过“自动填充”功能输入数据。

1. **可自动填充的数据序列**

所谓序列，就是按某种规律排列的一组数据。WPS 表格可自动填充的数据序列如下。

（1）等差序列：如 1，2，3，4…或 2，4，6，8…。

（2）等比序列：如 1，2，4，8…或 1，3，9，27…。

（3）日期时间序列：包括按指定天数、工作日或月份增长的序列，可设置以日、工作日、月和年为单位。

例如：8-13-98 以日为单位产生的扩展序列是 8-14-98，8-15-98，8-16-98…；

8-13-98 以工作日为单位产生的扩展序列是 8-14-98，8-17-98，8-18-98…；

8-13-98 以月为单位产生的扩展序列是 9-13-98，10-13-98，11-13-98…。

（4）自动填充序列：根据初始值决定填充项，如果初始值为纯字符或是公式，填充即相当于数据复制；如果初始值为纯数字，系统会自动默认为等差序列填充；如果初始值的第一个字符是文字，后面接数字，则拖动后填充的文字不变，数字递增，如空乘 1 班，空乘 2 班，空乘 3 班……

（5）预设填充序列：如果初始值在 WPS 表格预设的自定义序列中可以找到，则按系统预设好的序列进行填充。打开“自定义序列”选项卡的方法是：单击“WPS 表格”菜单右边的下拉按钮，在弹出的下拉菜单中选择“工具/选项”命令，弹出如图 4-18 所示的“选项”对话框，选择“自定义序列”选项卡，可以看到系统已经预设好的序列。

例如：一月，二月，三月，四月……；

Sun，Mon，Tue，Wed…。

（6）自定义自动填充序列：WPS 表格还允许用户自定义自动填充序列，即在图 4-18 中进行如下操作。

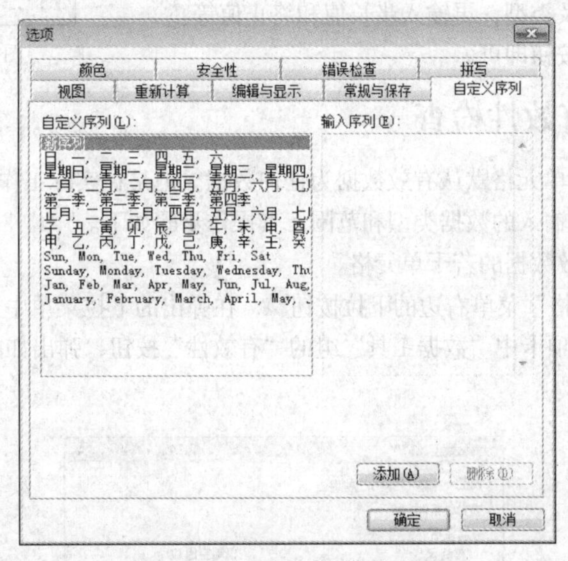

图 4-18 “自定义序列”选项卡

① 选择“自定义序列”列表框中的“新序列”。

② 在“输入序列”列表框中输入用户自己设置的序列，每一项内容用逗号隔开或逐行显示一项内容。

③ 单击“添加”按钮，就会在“自定义序列”列表框的底行显示新序列的内容。

④ 单击“确定”按钮，下次操作时就可以使用该序列了。

2. 自动填充数据操作

用户可使用鼠标拖动的方式或使用“序列”对话框来填充数据序列。

（1）使用鼠标拖动方式填充的步骤如下。

① 在指定单元格中输入数据。

② 单击该单元格，将鼠标指针指向该单元格右下角的填充柄，鼠标指针形状由空心的十字型✚变为全黑色实心的十字型。

③ 按住鼠标左键，拖动单元格的填充柄到要填充的单元格区域。

④ 释放鼠标，拖过的单元格中会自动按内部规定的序列进行填充。

例如：初始值为“1”时，建立的序列为 2，3，4，5，6…。

初始值为“1，6”时，建立的序列为 11，16，21，26…。

初始值为“星期三”时，建立的序列为星期四，星期五，星期六…。

对于数值型数据，初始值是“1”，直接拖动填充柄，填充序列为“1，2，3，4…”；如果要在其他单元格中也填充一样的数值，可以在起始单元格中输入数据后，按下 Ctrl 键的同时拖动填充柄自动填充，填充序列则为“1，1，1，1…”。

（2）使用“序列”对话框填充的步骤如下。

① 在填充区域的第一个单元格中输入数据序列的初始值。

② 选定填充区域。

③ 单击“WPS 表格”菜单右边的下拉按钮，在弹出的下拉菜单中选择“编辑/填充/序列”命令，弹出“序列”对话框，如图 4-19 所示。

④ 选定序列方向及类型，再输入步长值和终止值等。

⑤ 单击“确定”按钮即可。

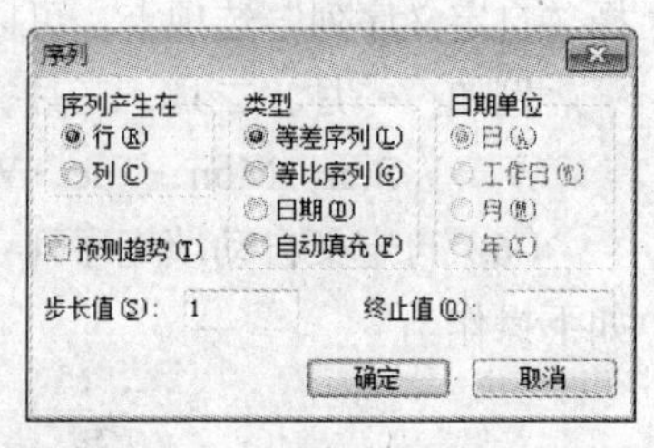

图 4-19 “序列”对话框

4.3.4 数据有效性检查

在 WPS 表格中，单元格默认有效数据为任何数据。但是在实际工作中，用户可以预先设定一个或多个单元格允许输入的数据类型和范围。其操作步骤如下。

① 选定要定义有效数据的若干单元格。

② 单击“WPS 表格”菜单右边的下拉按钮，在弹出的下拉菜单中选择“数据/有效性”命令，或单击“数据”选项卡中“数据工具”组的“有效性”按钮，弹出如图 4-20 所示的“数据有效性”对话框。

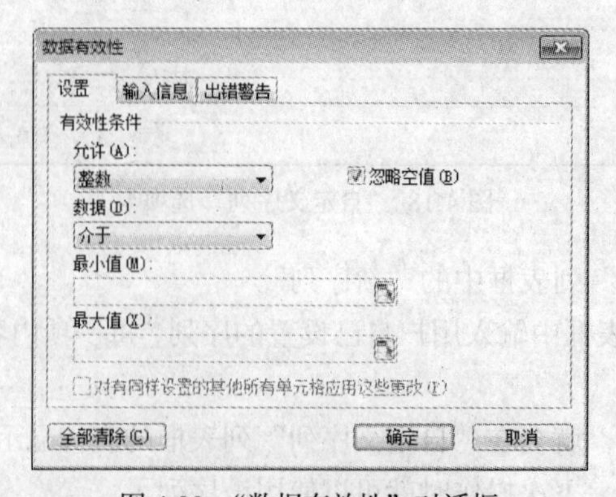

图 4-20 “数据有效性”对话框

③ 选择“设置”选项卡，在“允许”下拉列表框中选择允许输入的数据类型，如“整数”、“时间”等。

④ 在“数据”下拉列表框中选择所需的操作符，如“介于”、“不等于”等。在“最小值”和“最大值”文本框中根据要求分别填入上下限。

⑤ 单击“确定”按钮。

设置完单元格区域的有效数据后，如果输入数据不在有效范围内，则弹出数据有效性警告提示框，如图 4-21 所示，提示输入值非法，需重新输入直至正确为止，这样可以保证输入数据的有效性。

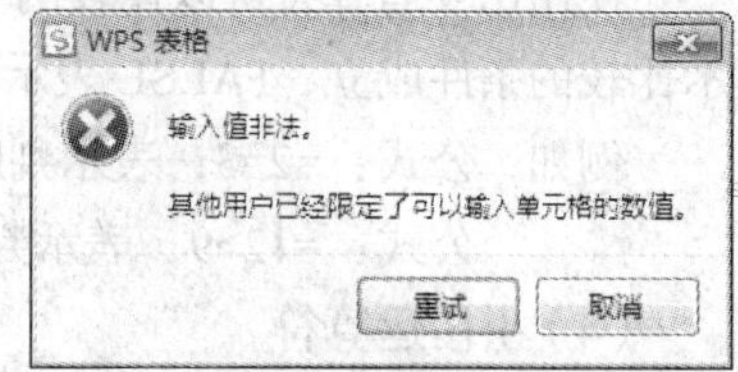

图 4-21　数据有效性警告提示框

如果设置有效数据检查的单元格允许出现空值，应选中“忽略空值”复选框。

4.4　公式和函数

4.4.1　公式的使用

WPS 表格强大的计算功能，为用户分析和处理工作表中的数据提供了极大的方便。公式是电子表格中数据运算的核心部分，它是对数据进行分析的表达式。在公式中，可以对工作表数值进行加、减、乘、除等运算。只要输入正确的计算公式，就会立即在单元格中显示计算结果。如果工作表中的数据源有变动，系统会自动根据公式计算结果，使用户能够随时观察到正确的数据。

1. 公式的输入

WPS 表格中的公式是以等号开头的式子，可以包含各种运算符、常量、变量、函数和单元格引用等，其语法为：“=表达式”。

运算符用于对公式中的元素进行特定类型的运算，分为算术运算符、文本运算符、比较运算符和引用运算符 4 类。

（1）算术运算符

算术运算符包括负号（–）、加（+）、减（–）、乘（*）、除（/）、乘幂（^）和百分数（%）。

算术运算符优先级由高到低分别为：负号、百分数、乘幂、乘和除、加和减。相同优先级的运算符按从左到右的次序进行运算。

例如，公式：=3/3%，表示 $\frac{3}{3\%}$，值为 100；公式：=(4+2^3)/3+1，表示 $\frac{4+2^3}{3}+1$，值为 5。

（2）文本运算符

WPS 表格的文本运算符只有一个，就是“&”。

“&”的作用是将两个文本串连接起来生成一个文本串。例如，公式：="WPS"&"电子表格软件"，目标串为“WPS 电子表格软件”；又如在单元格 A1 中输入“中国”，在单元格 A2 中输入“海南”（均不包括引号），则在 A3 单元格输入公式：=A1&A2，在 A3 上显示目标串为“中国海南”。

（3）比较运算符

比较运算符包括等于（=）、小于（<）、大于（>）、小于等于（<=）、大于等于（>=）和不等于（<>）。

使用比较运算符可以比较两个对象。比较的结果是一个逻辑值：TRUE 或 FALSE。TRUE 表示比较的条件成立，FALSE 表示比较的条件不成立。

例如，公式：=2=3，表示判断 2 是否等于 3，其结果显然是不成立的，故其值为 FALSE；

公式：=12>9，表示判断 12 是否大于 9，其结果显然是成立的，故其值为 TRUE。

（4）引用运算符

引用运算符包括冒号（:）、逗号（,）和空格（ ）。表 4-2 列出了引用运算符的含义及示例。

表 4-2　　引用运算符

引用运算符	含　义	示　例
:（冒号）	区域运算符，对两个引用之间和其自身在内的所有单元格进行引用	A1:A3
,（逗号）	联合运算符，将多个引用合并为一个引用	SUM（A1:A3，B2:D4）
空格（ ）	交叉运算符，产生对同时隶属于两个引用的单元格区域的引用	SUM（B5:B12　A7:D4）（在本示例中，单元格 B5:B7 同时隶属于两个区域）

了解了运算符之后，在输入公式时需注意运算符的优先级。输入公式的操作类似于输入文字的操作。用户可以在编辑栏中输入公式，也可以直接在单元格中输入公式。

在单元格中输入公式的步骤为如下。

① 单击要输入公式的单元格。

② 在单元格中输入等号和公式。

③ 按 Enter 键或者单击编辑栏中的“输入”按钮✓。

在编辑栏中输入公式的步骤如下。

① 单击要输入公式的单元格。

② 单击编辑框，在编辑框中输入等号和公式。

③ 按 Enter 键或者单击编辑栏中的“输入”按钮✓。

例如，在单元格 A1 中输入数值“80”，在单元格 A2 中输入“20”，在单元格 A3 中输入“3”，要对这 3 个单元格的数据进行计算，单击单元格 B1，输入公式“=A1–A2*A3”，如图 4-22 所示。

公式输入完毕，编辑框中也显示了公式。这时只要按 Enter 键或单击编辑栏中的“输入”按钮✓，单元格 B1 中就会显示出计算结果，如图 4-23 所示。在编辑框中仍然显示当前单元格的公式，方便用户编辑和修改。

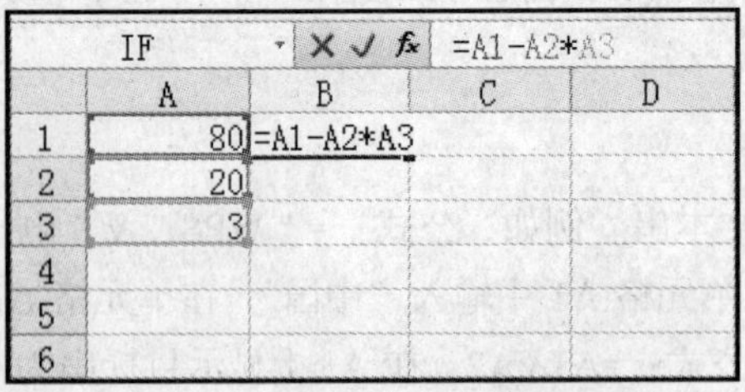

图 4-22　在单元格 B1 中输入公式

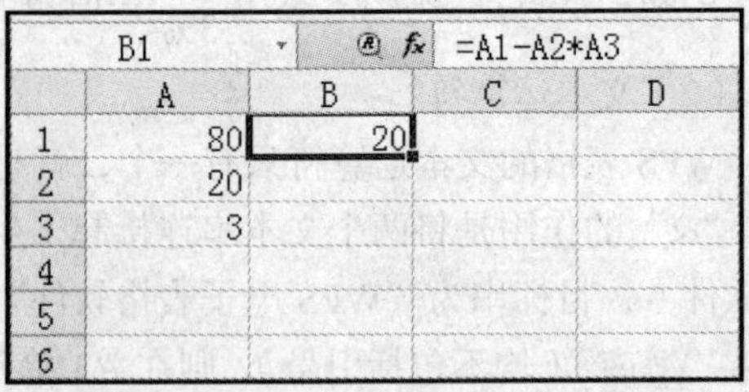

图 4-23　在单元格 B1 中看到计算结果

2. 公式的引用

在 WPS 表格公式中经常要引用各单元格的内容，引用的作用是标识工作表上的单元格或单元格区域，并指明公式中所使用的数据的位置。通过引用，用户可以在公式中使用工作表中不同部分的数据，或者在多个公式中使用同一个单元格的数据。用户还可以引用同一个工作簿中其他工作表中的数据。在 WPS 表格中，单元格的引用分为相对引用、绝对引用和混合引用 3 种。

（1）相对引用

单元格相对引用是用单元格所在的列号和行号作为其引用。例如，B5 指引用 B 列与第 5 行交叉处的单元格。

单元格区域相对引用由单元格区域左上角的单元格相对引用和单元格区域右下角的单元格相对引用组成，中间用冒号（：）分隔。例如，C2:F4 表示以单元格 C2 为左上角，以单元格 F4 为右下角的单元格区域。

相对引用的特点是将相应的计算公式复制或填充到其他单元格时，其中的单元格引用会自动随着移动的位置相对变化。例如，将单元格 A4 中的公式"=SUM（A1:A3）"（等价于"=A1+A2+A3"）分别复制到单元格 B4 和 D5 中，其公式内容会相应地变为"=SUM（B1:B3）"和"=SUM（D2:D4）"。当用户需要使用大量类似的公式时，可以使用相对引用，先输入一个公式，然后将其复制或填充到其他的单元格即可，这样可以减少重复输入带来的麻烦。

例如，在单元格区域 A1:A3 中分别输入"10、30、80"，在 B1:B3 中分别输入"60、40、50"。然后在单元格 A4 中输入公式"=SUM（A1:A3）"，按 Enter 键确认，其结果如图 4-24 所示。

如果选中图 4-24 中的单元格 A4，然后选择"开始"选项卡中"剪贴板"组的"复制"按钮 复制 或单击鼠标右键，从快捷菜单中选择"复制"命令，可将公式复制，此时单元格 A4 的四周出现虚边框。再单击单元格 B4，单击"开始"选项卡中"剪贴板"组的"粘贴"按钮，或单击鼠标右键，从快捷菜单中选择"粘贴"命令，即可将公式粘贴到单元格 B4 中，其结果如图 4-25 所示。

A4　=SUM(A1:A3)

	A	B	C	D
1	10	60		
2	30	40		
3	80	50		
4	120			
5				
6				

图 4-24　在公式中使用了相对引用

B4　=SUM(B1:B3)

	A	B	C	D
1	10	60		
2	30	40		
3	80	50		
4	120	150		
5				
6				

图 4-25　粘贴了含有相对引用的公式

从图 4-25 中可以看出，由于公式从 A4 复制到 B4，即位置向右移动了一列，因此公式中的相对引用也从"A1:A3"变为"B1:B3"。

（2）绝对引用

绝对引用是指在列号和行号前分别加上符号"$"。例如，$B$3 表示绝对引用单元格 B3，而 $B$3:$F$5 表示绝对引用单元格区域 B3:F5。

若公式中使用相对引用，则单元格引用会自动随着移动的位置相应变化；若公式中使用绝对引用，则单元格引用不会发生变化。

例如，我们把图 4-24 中单元格 A4 的公式改为"=$A$1+$A$2+$A$3"，然后将该公式复制到单元格 B4 中，结果如图 4-26 所示，即复制绝对引用结果不会发生变化。

（3）混合引用

混合引用是指行采用相对引用而列采用绝对引用，或行采用绝对引用而列采用相对引用。例如，$A5、A$5 均为混合引用。

例如，我们把图 4-26 中单元格 A4 的公式改为“=$A1+$A2+A3”，然后将公式复制到单元格 B5 中，结果如图 4-27 所示。

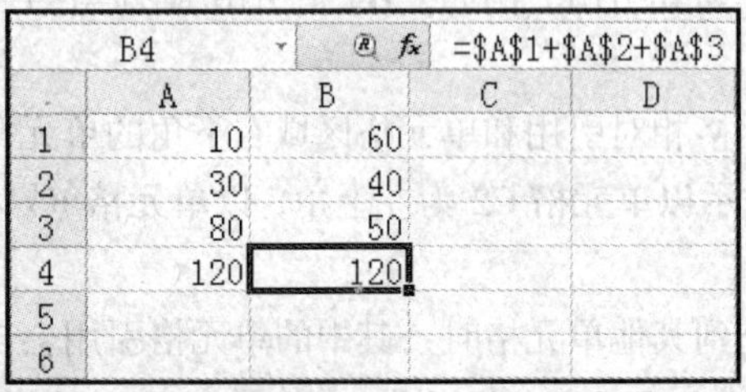

B4　　=$A$1+$A$2+$A$3

	A	B	C	D
1	10	60		
2	30	40		
3	80	50		
4	120	120		
5				
6				

图 4-26　粘贴了含有绝对引用的公式

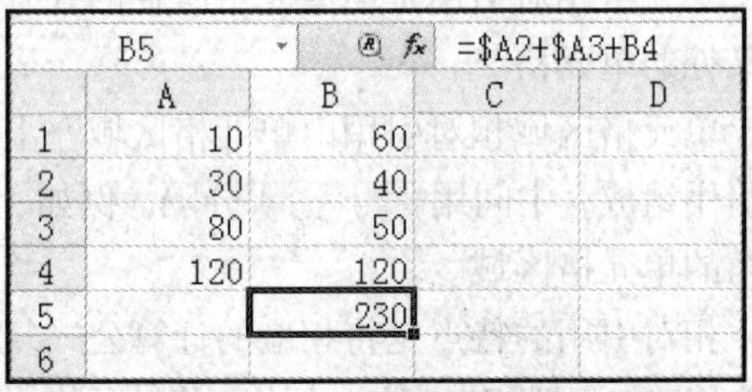

B5　　=$A2+$A3+B4

	A	B	C	D
1	10	60		
2	30	40		
3	80	50		
4	120	120		
5		230		
6				

图 4-27　粘贴了含有混合引用的公式

从图 4-27 中可以看出，由于单元格 A1 和 A2 使用了混合引用，当复制到单元格 B5 中时，公式相应改变为“=$A2+$A3+B4”。因为$A1、$A2 中的列号为绝对引用，故列号不变，而行号为相对引用，故行号会相应改变。

4.4.2　函数的使用

在 WPS 表格中进行数据分析工作时，常常要进行大量而繁杂的运算，使用函数就会给计算带来很大的方便。

每个函数由一个函数名和相应的参数组成。参数位于函数名的右侧并用括号括起来，函数的格式如下：

函数名（[参数 1]，[参数 2]，…）

它是一个函数用以生成新值或完成运算的信息。大多数参数的数据类型都是确定的，可以是数字、文本、逻辑值、数组、单元格引用或表达式等。参数的具体值由用户提供。

1．函数的分类

WPS 表格提供了丰富的函数，按照其功能可以分为以下几类。

- 财务函数：对数值进行各种财务运算。
- 日期与时间函数：在公式中分析和处理日期值和时间值。
- 数学和三角函数：处理各种数学计算。
- 统计函数：对数据区域进行统计分析。
- 查找和引用函数：对指定的单元格、单元格区域返回各项信息或运算。
- 数据库函数：分析和处理数据清单中的数据。
- 文本函数：用于在公式中处理文字串。
- 逻辑函数：用于进行真假值判断或者进行复合检验。
- 信息函数：用于确定保存在单元格中的数据类型。
- 工程函数：对数值进行各种工程上的运算和分析。

常用函数及使用格式和功能如表 4-3 所示。所有函数的使用说明，可查看“函数参数”对话框中的对应说明信息。

表 4-3　　WPS 表格提供的常用函数

函　数	格　式	功　能
求和函数	=SUM(number1,number2,…)	返回某一单元格区域中所有数值之和
平均值函数	=AVERAGE(number1,number2,…)	返回所有参数的算术平均值
计数函数	=COUNT(value1,value2,…)	返回包含数字的单元格以及参数列表中的数字的个数
最大值函数	=MAX(number1,number2,…)	返回参数列表中的最大值，忽略文本值和逻辑值
最小值函数	=MIN(number1,number2,…)	返回参数列表中的最小值，忽略文本值和逻辑值
条件函数	=IF(Logical_test,value_if_true, value_if_false)	判断一个条件是否满足：如果满足返回一个值，如果不满足则返回另外一个值
日期函数	=DATE(year,month,day)	返回代表特定日期的序列号
时间函数	=TIME(hour,minute,second)	返回某一特定时间的序列值
四舍五入函数	=ROUND(number,num_digits)	返回某个数字按指定位数取整后的数字
求整数函数	=INT(number)	将数字向下舍入到最接近的整数
绝对值函数	=ABS(number)	返回给定数字的绝对值

2. 输入函数

WPS 表格提供了以下两种函数输入方法。

（1）直接输入法。这种输入法要求对常用函数非常熟悉，其操作步骤如下。

① 单击要输入函数的单元格。

② 依次输入等号、函数名、左括号、具体参数和右括号。

③ 单击编辑栏中的“输入”按钮或按 Enter 键，此时在当前单元格中将显示运算结果。

（2）使用“插入函数”对话框。使用这种方法可以确保输入的函数名不会出错，特别是一些很难记的函数，其操作步骤如下。

① 选定要输入函数的单元格。

② 单击“WPS 表格”菜单右边的下拉按钮，在弹出的下拉菜单中选择“插入/函数”命令或单击“公式”选项卡中“函数库”组的“插入函数”按钮，弹出“插入函数”对话框，如图 4-28 所示。

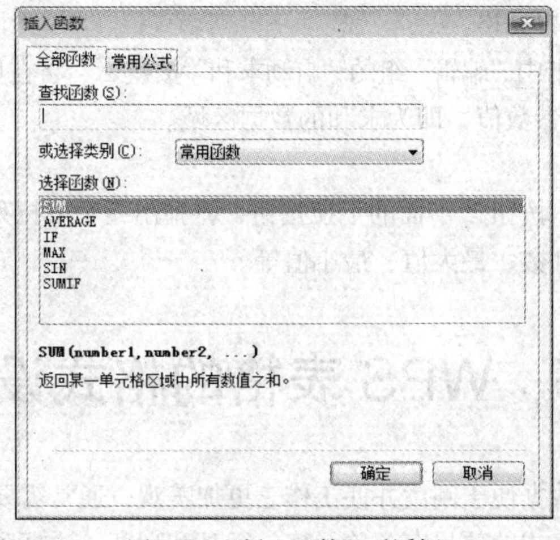

图 4-28　“插入函数”对话框

③ 在“插入函数”对话框中选择“全部函数”选项卡，可以直接在查找函数文本框中输入函数或在选择类别下拉列表中选择函数类别，再通过选择函数列表框中选择使用的函数，此时列表框的下方会出现关于该函数功能的简单提示。图 4-28 所示的对话框中选择类别是“常用函数”，选择函数列表框中选择“SUM”。

④ 单击“确定”按钮，这时弹出如图 4-29 所示的函数参数对话框。

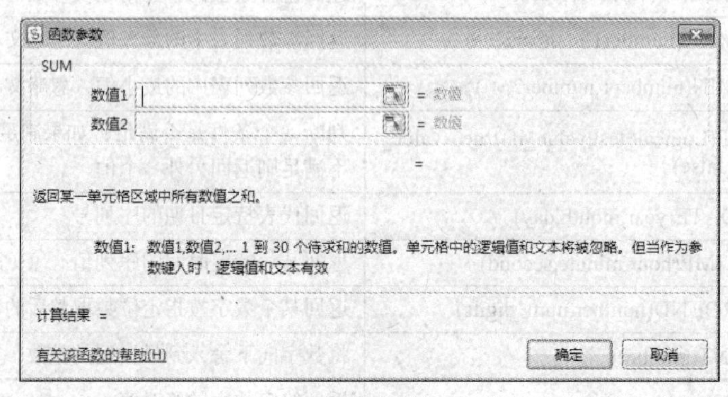

图 4-29 “函数参数”对话框

⑤ 给函数添加参数。方法是：单击“函数参数”对话框中的各参数框，在其中输入数值、单元格或单元格区域引用等（或者单击参数框右边的按钮使选项对话框隐藏，然后在工作表中选定区域，再单击按钮使选项对话框还原）。参数输入完成后，函数计算的结果将出现在对话框最下方“计算结果=”的后面。

⑥ 单击“确定”按钮，计算结果将显示在所选择的单元格中。

单击“公式”选项卡中“函数库”组的按钮，也可以插入所需的函数。

3. 自动求和按钮

在 WPS 表格中最常用的计算是求和，除了用包含加号运算符的公式之外，还可以使用“开始”选项卡中“编辑”组的“自动求和”按钮Σ。

其操作方法如下。

① 选中要存放结果的单元格。

② 单击“开始”选项卡中“编辑”组的“自动求和”按钮Σ，将在目标单元格显示 SUM 函数。

③ 重新选择函数里的参数值，即为求和的数据区域。

④ 按 Enter 键即可。

如果单击“自动求和”按钮Σ下面的下拉按钮，将弹出一个下拉列表，选择不同的列表项，同样可以计算出平均值、计数、最大值、最小值等。

4.5 WPS 表格的格式设置

为了使工作表中各项数据便于阅读并使工作表更加美观，通常需要对工作表进行格式设置。在 WPS 表格中可以设置格式的项目有：单元格、行高和列宽、边框和底纹、条件格式、表格样式、格式复制和删除、冻结/拆分窗口等。下面将介绍有关工作表格式设置的操作步骤和技巧。

4.5.1　设置单元格格式

根据用户对单元格数据的不同要求，可以在工作表中设置相应的格式，如设置单元格数据类型、对齐方式、字体、边框和图案等。

1. 设置单元格格式

设置单元格格式通常用以下两种方法来完成。

方法一：使用"格式"菜单。使用"格式"菜单的方法，可以对单元格的格式进行比较全面的设置，其操作步骤如下。

① 选定要设置格式的单元格或单元格区域。

② 单击"WPS 表格"菜单右边的下拉按钮，在弹出的下拉菜单中选择"格式/单元格"命令，或选择"开始"选项卡中"编辑"组的"格式"下拉按钮，在打开的下拉列表中选择"单元格"列表项，都可以打开"单元格格式"对话框，如图 4-30 所示。该对话框包含"数字"、"对齐"、"字体"、"边框"、"图案"和"保护"6 个选项卡，用户可以根据需要选择相应的选项卡对单元格或单元格区域进行设置。

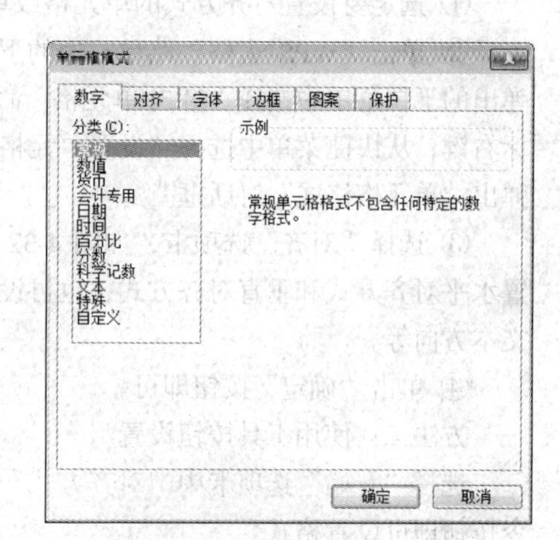

图 4-30　"单元格格式"对话框

③ 单击"确定"按钮或按 Enter 键即可。

方法二：使用工具按钮。对于一些简单的格式设置工作可以通过工具按钮来完成，例如，设置字体、对齐方式、边框和底纹等，其操作步骤如下。

① 选定要设置格式的单元格或单元格区域。

② 单击"开始"选项卡中"字体"、"对齐方式"、"数字"组中相应的命令按钮即可设置格式。

2. 设置数字格式

在"单元格格式"对话框的"数字"选项卡中，选择"数值"类型，可以设置小数位数，使用千位分隔符、负数表示方式等；在"货币"类型选项中可以设置货币符号；在"文本"类型选项中可以将数字作为文本处理，如设置单元格编号为 0001，0002……时，就可以将编号区域设置成文本单元格格式。

设置数字格式可使用以下两种方法。

方法一：使用菜单设置。

① 选定要设置数字格式的单元格或单元格区域。

② 单击"WPS 表格"菜单右边的下拉按钮，在弹出的下拉菜单中选择"格式/单元格"命令，或单击鼠标右键，从快捷菜单中选择"设置单元格格式"命令，弹出"单元格格式"对话框。

③ 选择"数字"选项卡，如图 4-31 所示。在"分类"列表框中选择"数值"选项，再指定小数位数、负数格式及是否使用千位分隔符。

④ 设置完毕后，单击"确定"按钮。

图 4-31　"数字"选项卡

方法二：使用工具按钮设置。

① 选定要设置数字格式的单元格或单元格区域。

② 选择“开始”选项卡中 “数字”组中相应的命令按钮即可设置格式。

3. 设置对齐方式

在 WPS 表格中，对齐方式可以根据需要来设置，大致可以分为两类：水平对齐和垂直对齐。水平对齐分为靠左、居中、靠右、填充、两端对齐、跨列居中和分散对齐等；垂直对齐分为靠上、居中、靠下、两端对齐和分散对齐等。在默认情况下，文字为水平左对齐，数值为水平右对齐。

设置对齐方式可以通过以下两种方法完成。

方法一：使用菜单设置。

① 选定要设置对齐方式的单元格或单元格区域。

② 单击“WPS 表格”菜单右边的下拉按钮，在弹出的下拉菜单中选择“格式/单元格”命令，或单击鼠标右键，从快捷菜单中选择“设置单元格格式”命令，弹出“单元格格式”对话框。

③ 选择“对齐”选项卡，如图 4-32 所示，分别设置水平对齐方式和垂直对齐方式，也可设置文本控制和文本方向等。

④ 单击“确定”按钮即可。

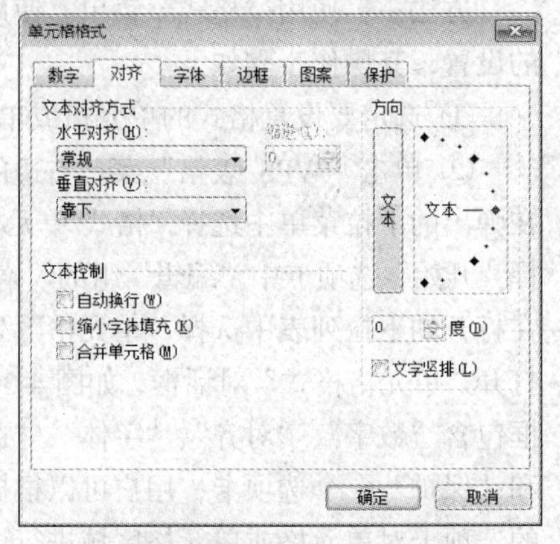

图 4-32 “对齐”选项卡

方法二：使用工具按钮设置。

选择“开始”选项卡中“对齐方式”组中相应的命令按钮即可设置格式。

4. 设置字体

为了使工作表中的某些数据醒目和突出，也为了使整个版面更为丰富，通常需要对不同的单元格设置不同的字体。

设置字体可以通过以下两种方法完成。

方法一：使用菜单设置。

① 选定要改变字体的单元格或单元格区域。

② 按前面的方法打开“单元格格式”对话框，选择“字体”选项卡，如图 4-33 所示。

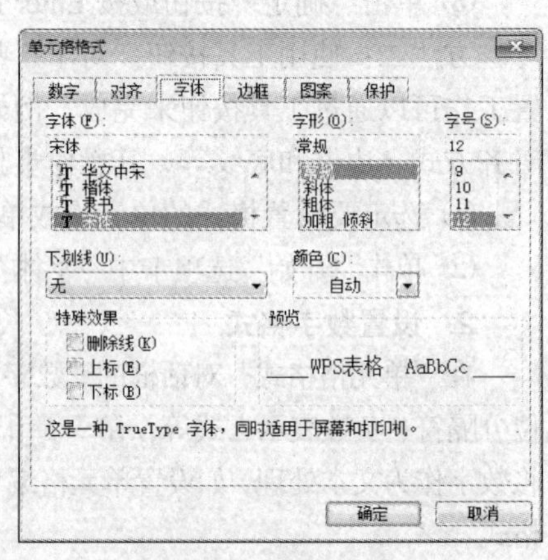

图 4-33 “字体”选项卡

③ 根据需要来设置有关的项目，如字体、字形、字号、下划线、颜色、特殊效果等。

④ 单击“确定”按钮即可。

方法二：使用工具栏设置。

选择“开始”选项卡中 “字体”组中相应的命令按钮即可设置格式。

5. 设置单元格边框

通常在工作表中看到的单元格都带有浅灰色的边框，这是 WPS 表格内部设置的便于用户操作的网格线，默认是不打印的。因此，在打印前要设置相应的边框线，这样才能使数据及其文字说明的层次更加分明。

设置单元格边框的方法有以下两种。

方法一：只加一般的网格线。

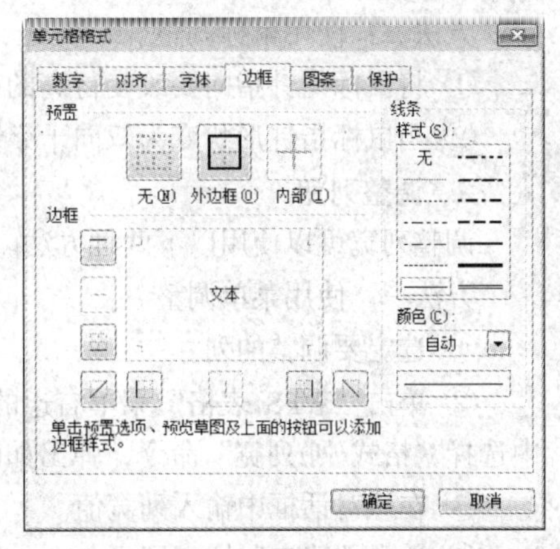

图 4-34 “边框”选项卡

① 单击“WPS 表格”菜单右边的下拉按钮，在弹出的下拉菜单中选择“文件/页面设置”命令。

② 在弹出的对话框中选择“工作表”选项卡，选中“网格线”复选框。

③ 单击“确定”按钮即可。

方法二：设置更为丰富的网格线。

① 选定要添加边框的单元格或单元格区域。

② 按前面的方法打开“单元格格式”对话框，选择“边框”选项卡，如图 4-34 所示。

③ 在“边框”选项栏中，指定添加边框线的位置。

④ 在“线条”选项栏中，选择一种线条样式和颜色。边框线的默认颜色是黑色，也可以在“颜色”下拉列表框中选择所需要的颜色。

⑤ 如果需要设置的区域内的边框不一样，可以重复上述步骤，进行反复设置。

⑥ 单击“确定”按钮即可。

6. 设置单元格底纹

为了使工作表中的数据便于区分、重点突出、外观更好看，可以设置单元格的底纹。在 WPS 表格中可以设置两种底纹：颜色和图案。其操作步骤如下。

图 4-35 “图案”选项卡

① 选定要添加底纹的单元格或单元格区域。

② 按前面的方法打开“单元格格式”对话框，选择“图案”选项卡，如图 4-35 所示。

③ 根据需要选择不同的颜色或图案。

④ 单击“确定”按钮即可。

选择“开始”选项卡“字体”、“对齐方式”、“数字”组的右下角的“旧式工具”按钮，也能打开“单元格格式”对话框。

4.5.2 设置行高与列宽

1. 调整行高

调整行高可以使用以下两种方法。

方法一：使用菜单调整。

① 选定要调整的行。

② 单击“WPS 表格”菜单右边的下拉按钮，在弹出的下拉菜单中选择“格式/行/行高”命令，弹出如图 4-36 所示的“行高”对话框。

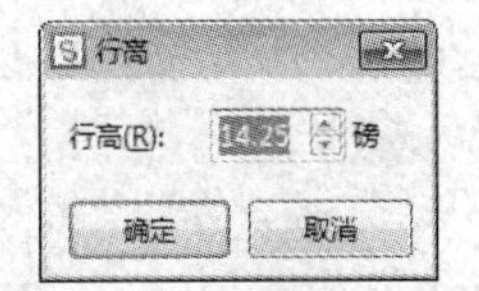

图 4-36 “行高”对话框

③ 在该对话框中输入行高值。

④ 单击“确定”按钮即可。

方法二：使用鼠标调整。

① 将鼠标指针指向要改变行高的行编号的上或下分隔线上。

② 当鼠标指针形状变为双向十字箭头时，拖动鼠标到合适的位置，释放鼠标即可。

2. 调整列宽

调整列宽可以使用以下两种方法。

方法一：使用菜单调整。

① 选定要调整的列。

② 单击“WPS 表格”菜单右边的下拉按钮，在弹出的下拉菜单中选择“格式/列/列宽”命令，弹出如图 4-37 所示的“列宽”对话框。

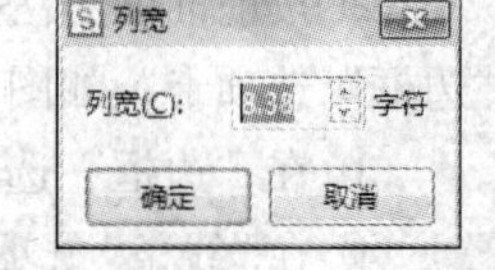

图 4-37 “列宽”对话框

③ 在该对话框中输入列宽值。

④ 单击“确定”按钮即可。

方法二：使用鼠标调整。

① 将鼠标指针指向要改变列宽的列编号的左或右分隔线上。

② 当鼠标指针形状变为双向十字箭头时，拖动鼠标到合适的位置，释放鼠标即可。

选择“开始”选项卡“编辑”组的“行和列”下拉按钮，在弹出的下拉列表中也能选择“行高/列宽”，打开相应的对话框进行设置。

在向单元格中输入文字和数据时，常常会出现这样的情况：有的单元格中的内容只显示一半；有的单元格显示的是一串“#”号，而在编辑框中却能看见对应单元格的完整内容。这是单元格的宽度或高度不够造成的。因此，在很多时候需要对工作表中的单元格高度和宽度进行调整。

4.5.3 设置条件格式

在日常应用中，用户可能需要将某些满足条件的单元格以指定样式显示。例如，在学生成绩表中，将各科 90 分以上成绩的用红色加粗字体显示，60 分以下的成绩用蓝色、加粗、倾斜字体来显示。利用条件格式的功能就能很方便地设置这样的格式。设置条件格式的步骤如下。

① 选定要设置条件格式的单元格区域，如图 4-38 所示。

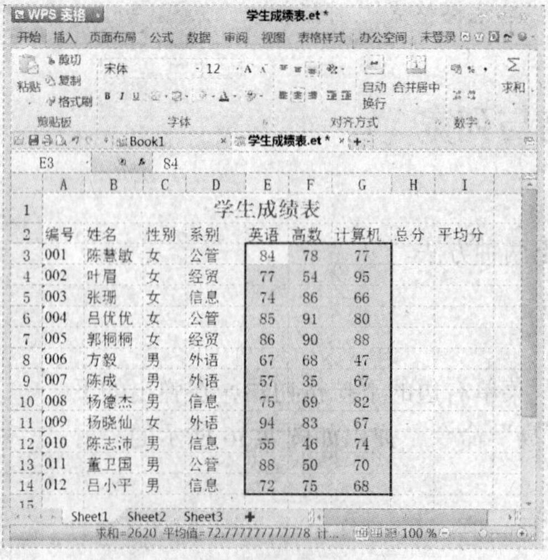

图 4-38 选定单元格区域

② 单击“WPS 表格”菜单右边的下拉按钮，在弹出的下拉菜单中选择“格式/条件格式”命令，弹出如图 4-39 所示的“条件格式”对话框。

③“条件格式”对话框中用于设置条件的选项有“条件”栏、“运算符”栏和“输入”栏。

④ 单击“格式”按钮，打开“单元格格式”对话框，根据需要对字体、边框和图案等进行设置。

⑤ 单击“确定”按钮，返回到“条件格式”对话框中。

⑥ 如果要增加另外的条件，可单击“添加”按钮，然后重复前面的步骤③~⑤，最多可设置 3 个条件；若要删除条件，可单击“删除”按钮，然后在打开的“删除条件格式”对话框中选择要删除的条件。根据例题要求，设置后的条件格式对话框如图 4-40 所示。

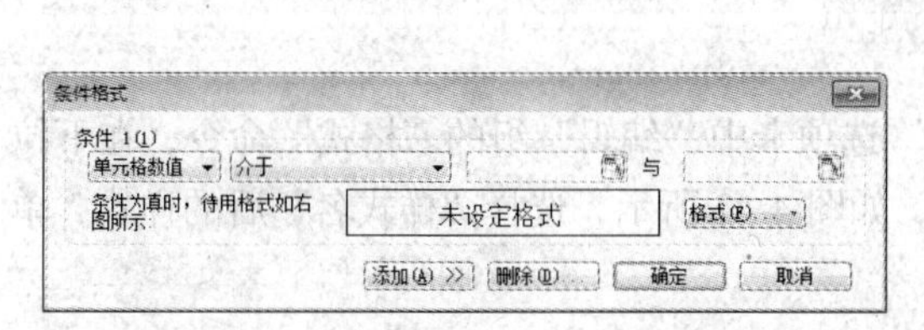

图 4-39 “条件格式”对话框

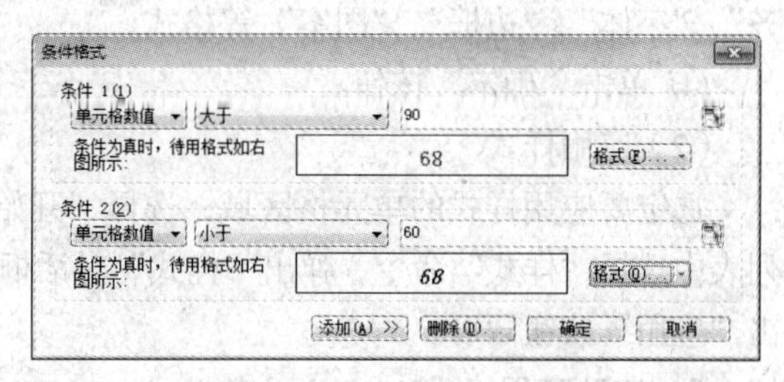

图 4-40 “条件格式”对话框

⑦ 设置完毕后，单击“确定”按钮，其效果如图 4-41 所示。

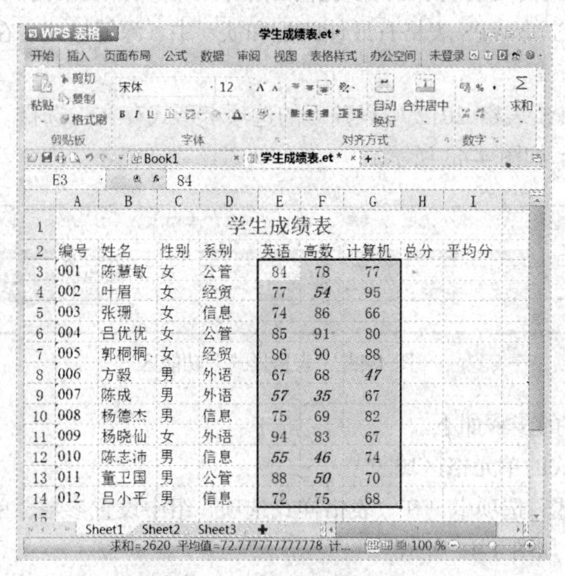

	A	B	C	D	E	F	G	H	I
1	学生成绩表								
2	编号	姓名	性别	系别	英语	高数	计算机	总分	平均分
3	001	陈慧敏	女	公管	84	78	77		
4	002	叶眉	女	经贸	77	54	95		
5	003	张珊	女	信息	74	86	66		
6	004	吕优优	女	公管	85	91	80		
7	005	郭桐桐	女	经贸	86	90	88		
8	006	方毅	男	外语	67	68	47		
9	007	陈成	男	外语	57	35	67		
10	008	杨德杰	男	信息	75	69	82		
11	009	杨晓仙	女	外语	94	83	67		
12	010	陈志沛	男	信息	55	46	74		
13	011	董卫国	男	公管	88	50	70		
14	012	吕小平	男	信息	72	75	68		

图 4-41 条件格式设置效果

4.5.4 表格样式

表格样式是单元格字体、字号和缩进等格式设置特性的组合，应用样式时，将同时应用该样式中所有的格式设置指令。如果需要在多处单元格设置同样的单元格格式，或者需要同时修改具有同一样式的单元格格式时，使用样式的功能可以提高工作效率。

1. 应用样式

样式包括内置样式和自定义样式。内置样式为 WPS 表格中系统预先定义好的样式，可以直接使用；自定义样式是用户自己根据需要自定义的组合设置。

（1）定义样式

其操作步骤如下。

① 选定单元格区域，选择“开始”选项卡中“编辑”组的“格式”命令，在下拉列表中选择“样式”命令，弹出“样式”对话框，如图 4-42 所示。

② 在“样式”对话框的“样式名”中输入“成绩”，单击“修改”按钮，弹出“单元格格式”对话框。

③ 在“单元格格式”对话框中设置“数字”、“对齐”、“字体”、“边框”、“图案”等格式。

④ 单击“确定”按钮。

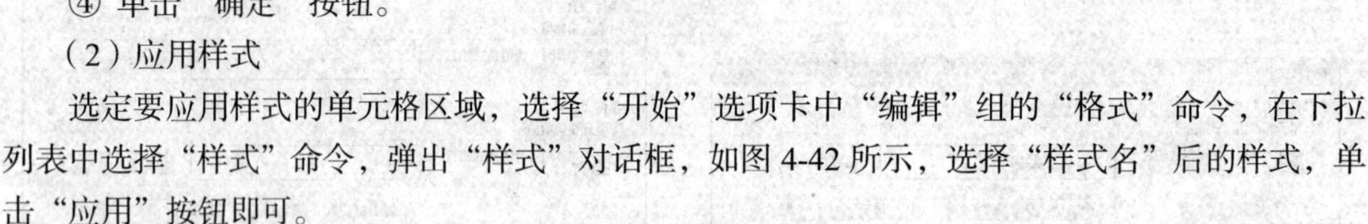

图 4-42 “样式”对话框

（2）应用样式

选定要应用样式的单元格区域，选择“开始”选项卡中“编辑”组的“格式”命令，在下拉列表中选择“样式”命令，弹出“样式”对话框，如图 4-42 所示，选择“样式名”后的样式，单击“应用”按钮即可。

2. 自动套用格式

利用“单元格格式”对话框，可以对工作表中的单元格或单元格区域逐一进行设置，但如果格式是一样的，重复设置就太繁琐了。为了提高工作效率，WPS 表格提供了自动套用格式的功能，并已预定义好的表格样式，WPS 表格有最佳匹配和淡、中、深等格式，在使用自动套用时还可以设置相应的选项。

“表格样式”在 WPS 表格 2012 中以独立的选项卡形式存在，选择“表格样式”选项卡，就可以使用“表格样式”，如图 4-43 所示。

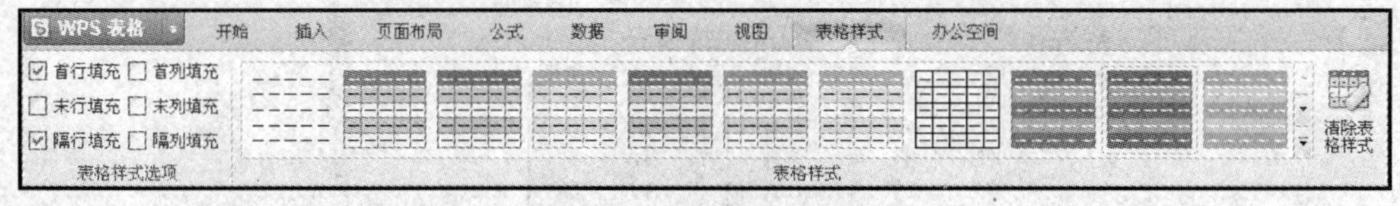

图 4-43 “表格样式”功能区

设置“表格样式”的步骤如下。

① 选定要套用样式的单元格区域。

② 单击“表格样式”选项卡，在“表格样式选项”组中设置参数，单击“表格样式”中的一种样式即可自动套用，如图 4-43 所示。

如果要清除表格样式，可以单击“表格样式”选项卡中的“清除表格样式”按钮。或者单击“开始”选项卡中“编辑”组的“清除”按钮，在下拉列表中选择“格式”命令。

4.5.5 格式的复制和删除

（1）复制格式

格式复制的步骤如下。

① 选定所需格式的单元格或单元格区域。

② 单击“开始”选项卡中“剪贴板”组的“格式刷”按钮，鼠标指针变成刷子形状。

③ 将鼠标指针指向目标区域并拖曳即可。

（2）删除格式

格式删除的步骤如下。

① 选定所要删除格式的单元格或单元格区域。

② 单击“WPS 表格”菜单右边的下拉按钮，在弹出的下拉菜单中选择“编辑/清除/格式”命令，可以把选定的单元格或单元格区域中已设置的格式清除，还原成系统默认的格式。

4.5.6 冻结/拆分窗口

1. 冻结窗口

当工作表中的内容超过一个屏幕时，需要使用滚动条来浏览工作表中更多的内容，这时如果想把工作表左边或上边的某些数据固定在窗口中，而工作表右边或下边的数据可以自动滚动，就可以使用冻结窗口功能来实现。

冻结窗口分为以下 3 种不同的情况。

（1）冻结行。要冻结前 n 行，可用鼠标选中第 n+1 行的第一个单元格或选择整个 n+1 行，再选择“视图”选项卡中“窗口”组的“冻结窗格”命令。

（2）冻结列。要冻结前 n 列，可用鼠标选中第 n+1 列的第一个单元格或选择整个 n+1 列，再选择“视图”选项卡中“窗口”组的“冻结窗格”命令。

（3）冻结行和列。要冻结前 n 行和 m 列，可用鼠标选中第 n+1 行和 m+1 列交叉的单元格，再选择“视图”选项卡中“窗口”组的“冻结窗格”命令。

如果要撤消冻结，可单击“视图”选项卡中“窗口”组的“取消冻结窗格”命令。

2. 拆分窗口

若要将工作表所在窗口分成 2 个或 4 个窗口时，可以使用拆分窗口功能来实现。拆分后的每个窗口都显示同一个工作表内的数据，可以在每个窗口中使用滚动条来浏览内容，使各拆分后的窗口显示所需内容。

拆分窗口也可以分为以下 3 种不同的情况。

（1）水平拆分。要拆分前 n 行，可用鼠标选中第 n+1 行的第一个单元格或选择整个 n+1 行，再选择“视图”选项卡中“窗口”组的“拆分”命令。

（2）垂直拆分。要拆分前 n 列，可用鼠标选中第 n+1 列的第一个单元格或选择整个 n+1 列，再选择“视图”选项卡中“窗口”组的“拆分”命令。

（3）水平和垂直拆分。要拆分前 n 行和 m 列，可用鼠标选中第 n+1 行和 m+1 列交叉的单元格，再选择“视图”选项卡中“窗口”组的“拆分”命令。

如果要撤销拆分，可选择“视图”选项卡中“窗口”组的“取消拆分”命令。

4.6 WPS 表格的数据管理和分析

4.6.1 数据清单

数据清单是指包含一组相关数据的一系列工作表的数据行。WPS 表格对数据清单进行管理时，一般把数据清单看作是一个数据库。数据清单中的行相当于数据库中的记录，行标题相当于记录名；数据清单中的列相当于数据库中的字段，列标题相当于数据库中的字段名。

为了充分发挥 WPS 表格自动管理和分析数据的功能，数据清单应满足下述要求。

◆ 为了便于数据的排序、筛选和自动分类汇总，最好是每个工作表中只放一个数据清单。

◆ 应在数据清单第一行中创建字段名，而且其字体、数据类型、单元格格式、图案和边框等样式应与数据清单中的其他数据（记录）的格式不同。

◆ 数据清单中不应有空行或空列。

◆ 同一列中所有字段值的格式应一致。

◆ 尽量使重要的数据清单有隔行或隔列，以防在筛选时隐藏这些数据。

◆ 数据清单可与整张工作表一样大，即可有 65 536 行、256 列。

◆ 管理和维护数据清单的最直接的方法是使用记录单。例如，可以使用记录单在数据清单中输入、查找和删除记录，也可以用以前的方法在工作表中输入数据、人工查找和删除记录。

1. 建立数据清单的结构

在工作表的第一行中，选中左上角的第一个单元格，输入第一个字段名，再依次向右输入第二个字段名、第三个字段名……如图 4-44 所示。

编号	姓名	性别	系别	英语	高数	计算机	总分	平均分

图 4-44　数据清单结构

2. 用“记录单”输入记录

可按下述步骤在数据清单中输入记录。

① 单击数据清单结构区域内的任一单元格。

② 单击“数据”选项卡中“数据工具”组的“记录单”按钮，出现记录单对话框，如图 4-45 所示。

③ 在记录单对话框中单击“新建”按钮，弹出空白记录单对话框，如图 4-46 所示。

④ 在对应的各字段值文本框中输入对应内容，按回车键，则对应的内容被自动填入数据清单的最后一行内。

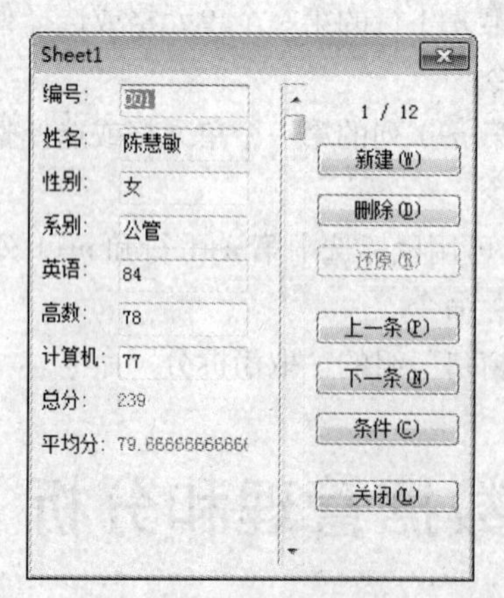

图 4-45　记录单对话框

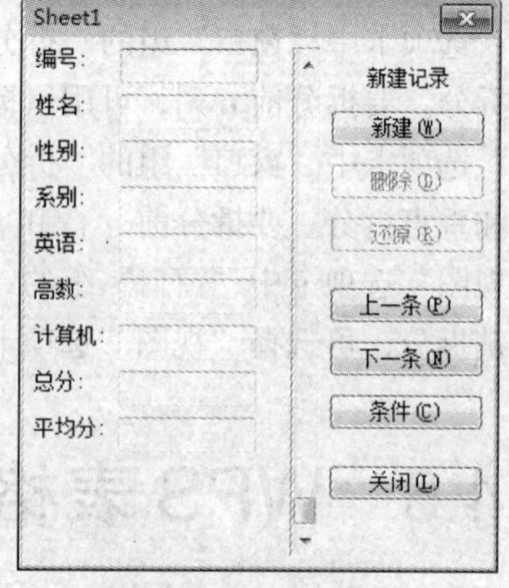

图 4-46　新建记录单界面

3. 查找记录

在记录单对话框中，除了可以使用“下一条”和“上一条”按钮及垂直滚动条来查看数据清单中的记录外，还可以使用“条件”按钮进行查找。其操作步骤如下。

① 选定该数据清单中的任意单元格。

② 单击“数据”选项卡中“数据工具”组的“记录单”按钮，出现记录单对话框，如图 4-45 所示。

③ 单击对话框中的“条件”按钮，在弹出的对话框的“性别”文本框中输入“女”，如图 4-47 所示。

④ 按回车键，WPS 表格将找到并显示符合条件的记录的内容，如图 4-48 所示。

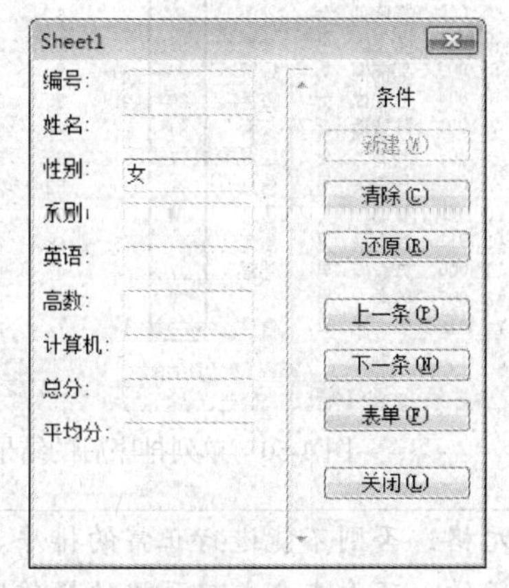

图 4-47　输入条件

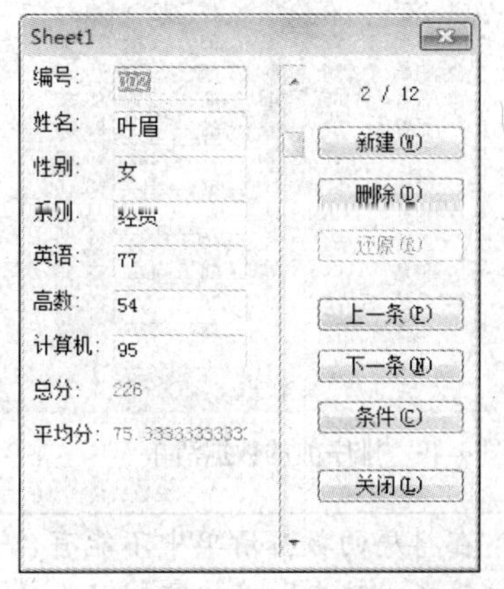

图 4-48　查找记录

⑤ 单击“关闭”按钮，返回到工作表。

如果数据清单中符合条件的记录不止一个，可接着单击“上一条”、“下一条”按钮，这样就会显示其他符合条件的记录。另外，记录单支持多条件查找，以帮助用户快速找到记录。用户只需在记录单对话框的相应文本框中输入多个条件，就可以找到符合条件的记录。

4．修改或删除记录

发现某条记录有错误需修改时，可以双击要修改的单元格，然后输入新的内容，也可以使用记录单来修改记录。对于数据清单中不再需要的记录，可以将其删除。

修改或删除记录时，单击“数据”选项卡中“数据工具”组的“记录单”按钮，打开记录单对话框，单击“下一条”或“上一条”按钮，逐条查看记录，或使用垂直滚动条来查看数据清单中的每个记录，也可以单击“条件”按钮进行查找。当找到需要修改的记录时，单击对应的文本框，然后修改该文本框中的内容。如果需要删除某个记录，查找到要删除的记录后，单击“删除”按钮，即可删除该记录，此时数据清单上该记录后面的记录将自动向上移动，最后单击“关闭”按钮，返回到工作表。

4.6.2　数据排序

数据排序是指按一定规则对数据进行整理和排列，这样可以为数据的进一步处理做好准备。WPS 表格 2012 提供了多种方法对数据清单进行排序，既可以按升序、降序的方式排序，也可以按用户自定义的排序方法排序。

1．单列排序

对 WPS 表格中的数据清单进行排序时，如果对单列的内容进行排序，例如，要求对图 4-49 所示的“学生成绩表”中的“英语”成绩一列由高到低进行排列。其操作方法如下。

① 选择要排序的"英语"列中任何一个含有数据的单元格。

② 选择"数据"选项卡中的"降序"按钮 降序，即可完成单列排序的功能。排序后的结果如图 4-50 所示。

经过 WPS 表格排序后，"英语"成绩中最高的"杨晓仙"由第 9 位上升到了第 1 位，此时是"杨晓仙"的学号和其他同一行的所有数据同时上升到了第 1 位，即整条记录移动了第 1 位。

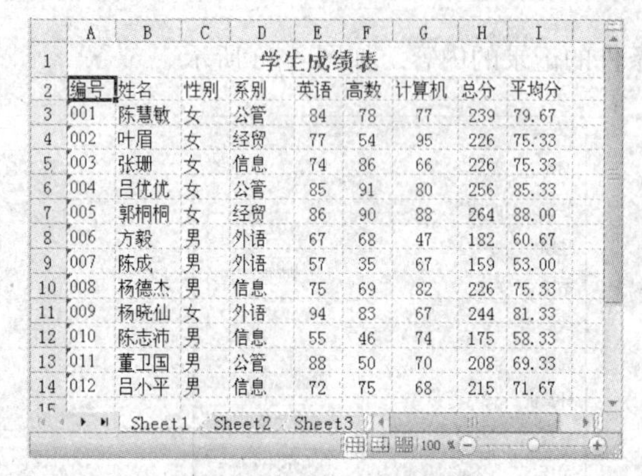

图 4-49 排序前的数据清单

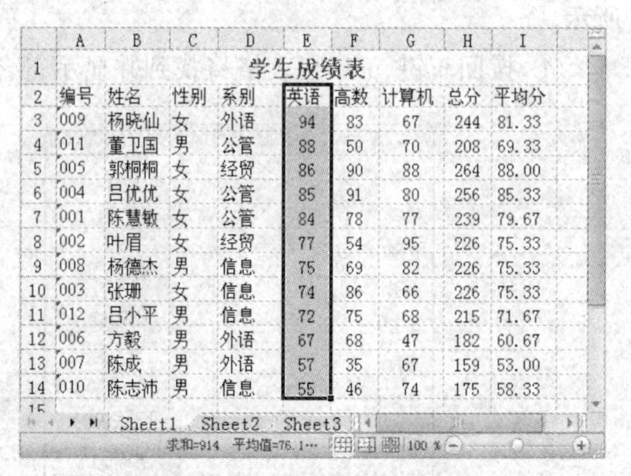

图 4-50 单列排序后的结果

注意

在排序的数据清单中不能有合并的单元格，否则不能进行正常的排序。上例中的标题"学生成绩表"是以跨列居中的方式显示的，不存在合并单元格的操作。如果在数据清单的周围有合并的单元格，也可以通过插入一行或一列的方式把有合并单元格的行或列分开。

提示

WPS 表格的排序功能是将每一行的数据做为一个单位，一行数据整体变化。

2. 多列排序

当要求排序的列有多个时，可以选择"排序"对话框对数据进行排序设置，下面我们通过一个实例来说明多列排序的方法。

例如，要求对如图 4-49 所示的"学生成绩表"进行排序，将数据清单按"总分"从高到低的方式排序，"总分"相同时，再按"计算机"成绩从高到低排序。

其操作步骤如下。

① 选择需要排序的数据清单中的任意单元格。

② 单击"WPS 表格"菜单右边的下拉按钮，在弹出的下拉菜单中选择"数据/排序"命令，弹出如图 4-51 所示的"排序"对话框。

③ 在"主要关键字"下拉列表框中选择"总分"作为排序关键字的字段名，然后选中右侧的"降序"单选按钮，在"次要关键字"下拉列表框中选择"计算机"作为排序关键字的字段名，然后选中右侧的"降序"单选按钮。

④ 在"列表"选项栏中选中"有标题行"单选按钮，则表示排序后的数据清单保留字段名行。如果选中"无标题行"单选按钮，则表示标题行也参与排序。

⑤ 单击"确定"按钮，则数据清单按照总分从高到低进行排序，而且当总分相同时，按计算机成绩从高到低进行排序，排序后的数据清单如图 4-52 所示。

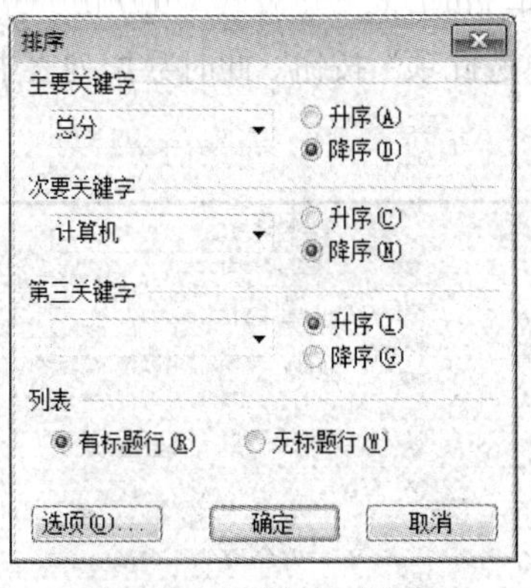

图 4-51　“排序”对话框

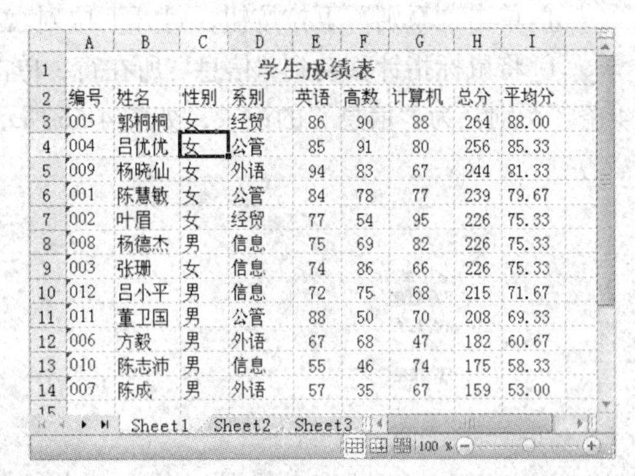

学生成绩表

编号	姓名	性别	系别	英语	高数	计算机	总分	平均分
005	郭桐桐	女	经贸	86	90	88	264	88.00
004	吕优优	女	公管	85	91	80	256	85.33
009	杨晓仙	女	外语	94	83	67	244	81.33
001	陈慧敏	女	公管	84	78	77	239	79.67
002	叶眉	女	经贸	77	54	95	226	75.33
008	杨德杰	男	信息	75	69	82	226	75.33
003	张珊	女	信息	74	86	66	226	75.33
012	吕小平	男	信息	72	75	68	215	71.67
011	董卫国	男	公管	88	50	70	208	69.33
006	方毅	男	外语	67	68	47	182	60.67
010	陈志沛	男	信息	55	46	74	175	58.33
007	陈成	男	外语	57	35	67	159	53.00

图 4-52　多列排序后的数据清单

经过排序后，“总分”一列从高到低排序，“计算机”成绩的排序是在总分相同的情况下才进行的，即总分相同的有“叶眉”、“杨德杰”、“张珊”3 人，这 3 条记录是按“计算机”成绩的降序排序的，而整个清单的“计算机”成绩并没有按降序排列。

4.6.3　数据筛选

WPS 表格 2012 为用户提供了自动筛选和高级筛选功能，可以快速查找数据清单中的数据。经过筛选后的数据清单只显示符合指定条件的数据行，其他不符合条件的数据行被隐藏起来而不是从数据清单中删除。

1．自动筛选

自动筛选功能可以使用户在大量记录中快速查找符合某种条件的记录集。使用自动筛选功能筛选记录时，字段名将变成一个下拉列表框的框名，参与筛选的字段其名称按钮图标将变为![]。

（1）自动筛选数据

例如，要求对图 4-49 所示的“学生成绩表”进行自动筛选，将数据清单中“系别”字段为“信息”的学生记录筛选出来。为了能够顺利操作，首先在第二行之前插入一空行，使数据清单能够独立出来，如图 4-53 所示。接着操作步骤如下。

① 单击需要进行筛选的数据清单中的任意一个单元格。

② 单击“WPS 表格”菜单右边的下拉按钮▾，在弹出的下拉菜单中选择“数据/筛选/自动筛选”命令，或者选择“数据”选项卡中“排序和筛选”组的“自动筛选”命令，学生成绩表的列标题全部出现下拉按钮▾，如图 4-54 所示。

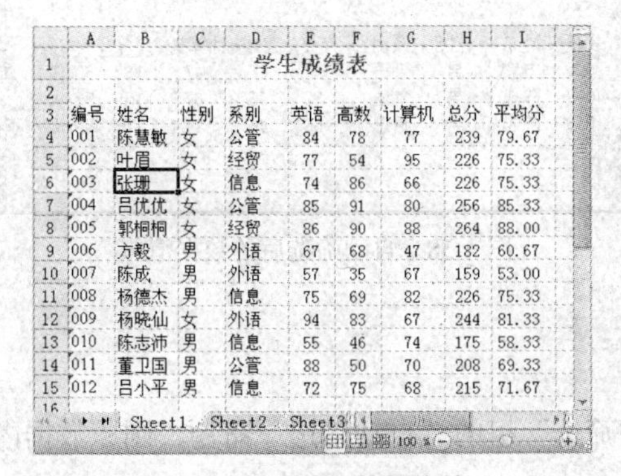

学生成绩表

编号	姓名	性别	系别	英语	高数	计算机	总分	平均分
001	陈慧敏	女	公管	84	78	77	239	79.67
002	叶眉	女	经贸	77	54	95	226	75.33
003	张珊	女	信息	74	86	66	226	75.33
004	吕优优	女	公管	85	91	80	256	85.33
005	郭桐桐	女	经贸	86	90	88	264	88.00
006	方毅	男	外语	67	68	47	182	60.67
007	陈成	男	外语	57	35	67	159	53.00
008	杨德杰	男	信息	75	69	82	226	75.33
009	杨晓仙	女	外语	94	83	67	244	81.33
010	陈志沛	男	信息	55	46	74	175	58.33
011	董卫国	男	公管	88	50	70	208	69.33
012	吕小平	男	信息	72	75	68	215	71.67

图 4-53　筛选前的数据清单

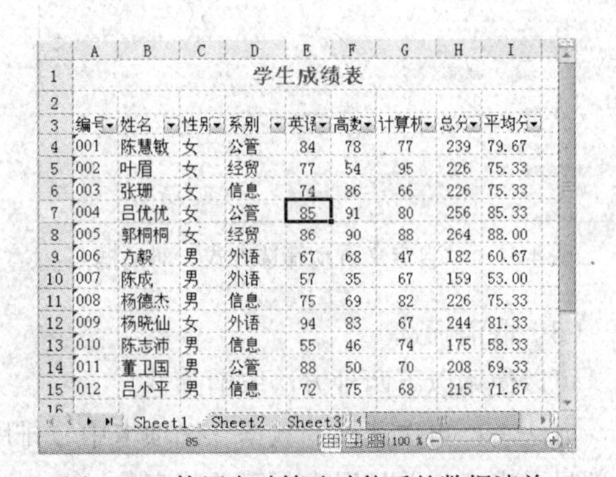

学生成绩表

编号	姓名	性别	系别	英语	高数	计算机	总分	平均分
001	陈慧敏	女	公管	84	78	77	239	79.67
002	叶眉	女	经贸	77	54	95	226	75.33
003	张珊	女	信息	74	86	66	226	75.33
004	吕优优	女	公管	85	91	80	256	85.33
005	郭桐桐	女	经贸	86	90	88	264	88.00
006	方毅	男	外语	67	68	47	182	60.67
007	陈成	男	外语	57	35	67	159	53.00
008	杨德杰	男	信息	75	69	82	226	75.33
009	杨晓仙	女	外语	94	83	67	244	81.33
010	陈志沛	男	信息	55	46	74	175	58.33
011	董卫国	男	公管	88	50	70	208	69.33
012	吕小平	男	信息	72	75	68	215	71.67

图 4-54　使用自动筛选功能后的数据清单

③ 单击“系别”下拉按钮，打开下拉列表框，如图 4-55 所示。

④ 将鼠标指针移动到“信息”所在行，单击选择“单选此项”按钮。此时数据列表中只显示 4 条“系别”为“信息”的记录，如图 4-56 所示。

图 4-55 “系别”下拉列表框

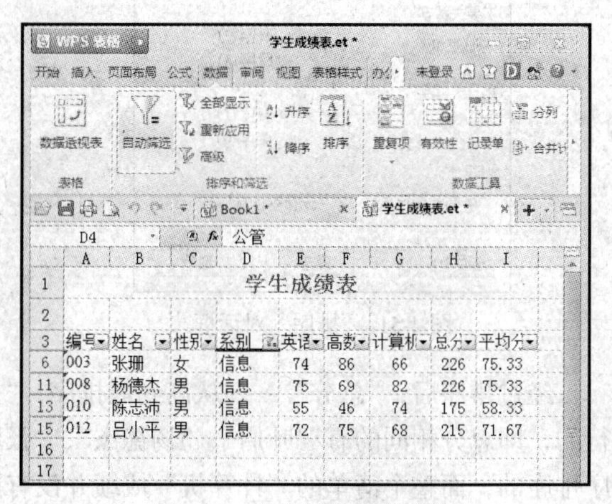

	A	B	C	D	E	F	G	H	I
1	学生成绩表								
2									
3	编号	姓名	性别	系别	英语	高数	计算机	总分	平均分
6	003	张珊	女	信息	74	86	66	226	75.33
11	008	杨德杰	男	信息	75	69	82	226	75.33
13	010	陈志沛	男	信息	55	46	74	175	58.33
15	012	吕小平	男	信息	72	75	68	215	71.67
16									
17									

图 4-56 自动筛选后的结果

筛选后，符合筛选条件的记录显示出来了，而不符合条件的记录则被隐藏起来。

（2）自定义筛选数据

如果在筛选条件的下拉列表中没有相应选项时，则可以选择“自定义”功能来筛选数据。例如，以图 4-53 所示的学生成绩表为例，筛选“总分”在 200 分以下的所有人的记录。其操作步骤如下。

① 单击需要进行筛选的数据清单中的任意一个单元格。

② 按前面的方法选择“自动筛选”命令，如图 4-54 所示。

③ 单击“总分”下拉按钮，打开下拉列表框，选择“自定义”，弹出“自定义自动筛选方式”对话框，在“自定义自动筛选方式”对话框中，设置“总分”为“小于”，值为“200”，如图 4-57 所示。

④ 单击“确定”按钮，完成自定义筛选，筛选后的数据清单如图 4-58 所示。

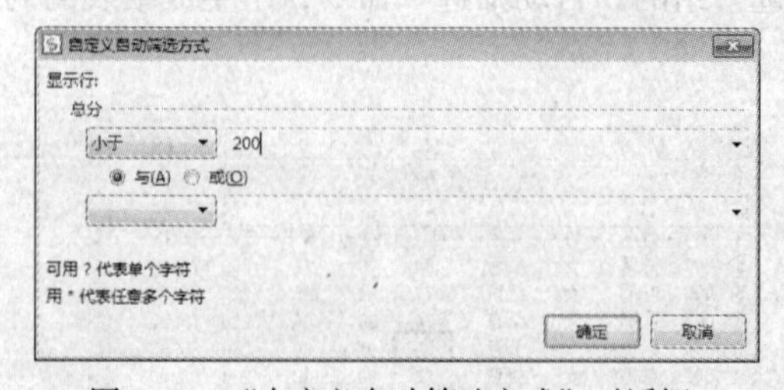

图 4-57 “自定义自动筛选方式”对话框

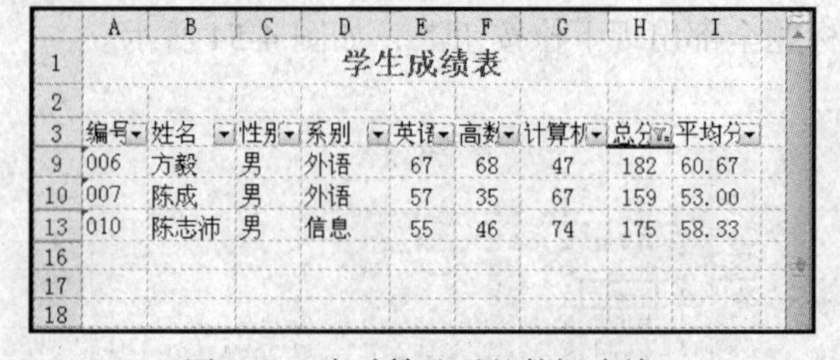

	A	B	C	D	E	F	G	H	I
1	学生成绩表								
2									
3	编号	姓名	性别	系别	英语	高数	计算机	总分	平均分
9	006	方毅	男	外语	67	68	47	182	60.67
10	007	陈成	男	外语	57	35	67	159	53.00
13	010	陈志沛	男	信息	55	46	74	175	58.33
16									
17									
18									

图 4-58 自动筛选后的数据清单

（3）取消筛选

可以使用以下两种方法取消筛选。

方法一：再次选择“数据”选项卡中“排序和筛选”组的“自动筛选”命令，则原数据内容全部显示出来，并且退出了筛选状态。

方法二：选择“数据”选项卡中“排序和筛选”组的“全部显示”命令，这种方法显示全部数据，但是还处于筛选状态。

2. 高级筛选

如果数据清单中筛选的条件比较多，自动筛选功能就不能满足筛选的要求，这时可以使用高级筛选功能来处理此类情况。单击“WPS 表格”菜单右边的下拉按钮，在弹出的下拉菜单中选择“数据/筛选/高级筛选”命令。

使用高级筛选功能，必须先建立一个条件区域，用来指定筛选的数据所需满足的条件。条件区域的第 1 行是所有作为筛选条件的字段名，这些字段名与数据清单中的字段名必须完全一致，条件区域的第 2 行则输入筛选条件。在设置筛选条件时，如果是并列关系的条件，则把条件录入到同一行的不同单元格中；如果是或者关系的条件，则把条件录入到不同行的不同单元格中。

条件区域和数据清单不能连接，必须用一行空行将其隔开。

例如，要求对图 4-53 所示的“学生成绩表”进行高级筛选，将数据清单中“总分”成绩大于 200 分，并且“计算机”成绩大于 80 分的记录筛选出来。其操作步骤如下。

① 在数据清单所在的工作表中选定一块条件区域，输入筛选条件，如分别在单元格 G17、G18、H17 和 H18 中输入“计算机”、“>80”、“总分”和“>200”，如图 4-59 所示。

② 选择需要筛选的数据清单中的任意一个单元格。

③ 选择“数据”选项卡中“排序和筛选”组的“高级”命令，打开如图 4-60 所示的“高级筛选”对话框。

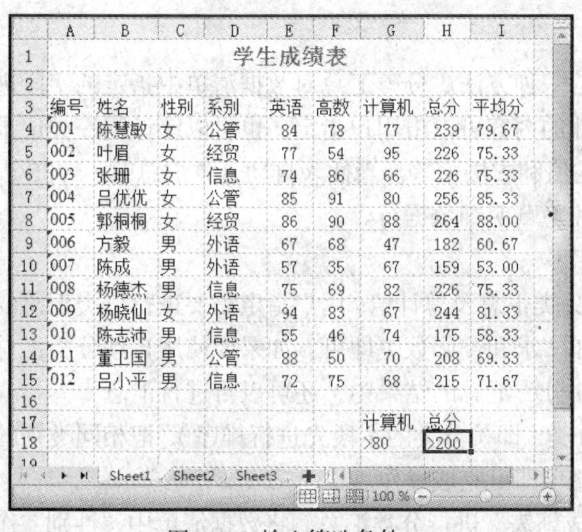

	A	B	C	D	E	F	G	H	I
1	学生成绩表								
2									
3	编号	姓名	性别	系别	英语	高数	计算机	总分	平均分
4	001	陈慧敏	女	公管	84	78	77	239	79.67
5	002	叶眉	女	经贸	77	54	95	226	75.33
6	003	张珊	女	信息	74	86	66	226	75.33
7	004	吕优优	女	公管	85	91	80	256	85.33
8	005	郭桐桐	女	经贸	86	90	88	264	88.00
9	006	方毅	男	外语	67	68	47	182	60.67
10	007	陈成	男	外语	57	35	67	159	53.00
11	008	杨德杰	男	信息	75	69	82	226	75.33
12	009	杨晓仙	女	外语	94	83	67	244	81.33
13	010	陈志沛	男	信息	55	46	74	175	58.33
14	011	董卫国	男	公管	88	50	70	208	69.33
15	012	吕小平	男	信息	72	75	68	215	71.67
16									
17							计算机	总分	
18							>80	>200	

图 4-59　输入筛选条件

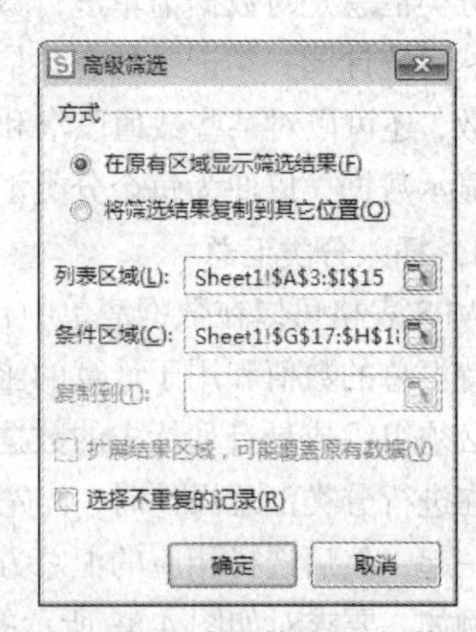

图 4-60　“高级筛选”对话框

④ 在“方式”选项栏中，确定筛选结果显示的位置。若选中“在原有区域显示筛选结果”单选按钮，则筛选结果显示在原数据清单位置；若选中“将筛选结果复制到其他位置”单选按钮，则筛选后的结果将显示在另外的区域，与原工作表并存，但需要在“复制到”文本框中指定区域。

⑤ 在“列表区域”文本框中输入要筛选的数据区域，可以直接在该文本框中输入区域引用，也可以用鼠标在工作表中选定数据区域“$A$3:$I$15”；用相同的方法在“条件区域”文本框中输

入含筛选条件的区域，或把光标定位在“条件区域”文本框中再选定数据区域“$G$17:$H$18”，如图 4-61 所示。

⑥ 如果要筛选掉重复的记录，可选中“选择不重复的记录”复选框。

⑦ 单击“确定”按钮，则符合筛选条件的数据记录显示在工作表中，筛选后的结果如图 4-62 所示。

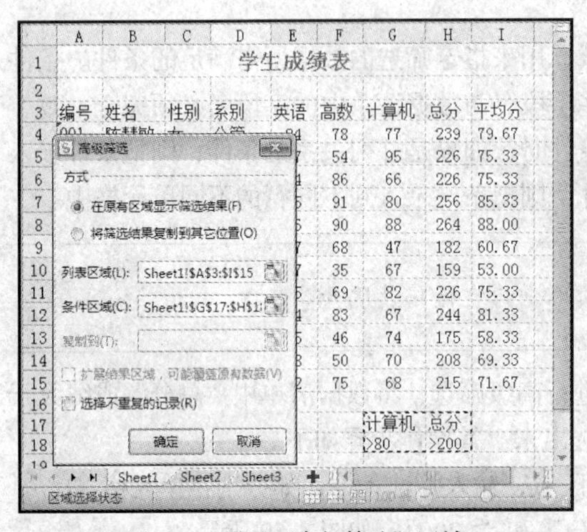

图 4-61 设置“高级筛选”区域

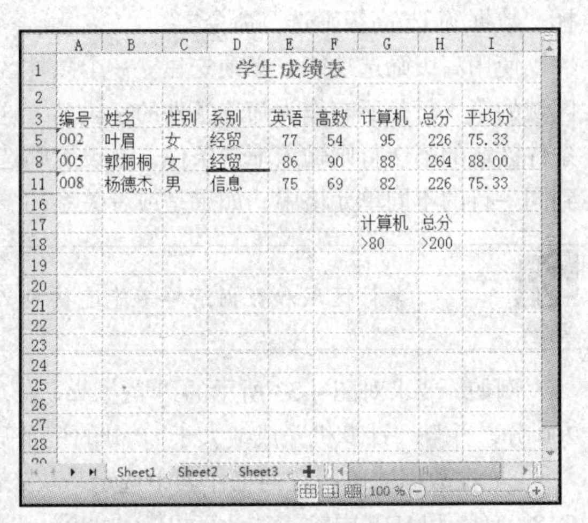

图 4-62 使用高级筛选功能后的结果

取消高级筛选的方法可以直接选择“数据”选项卡中“排序和筛选”组的“全部显示”命令，将显示筛选前的全部数据。

4.6.4 分类汇总

分类汇总是对数据清单进行数据分析的一种方法。分类汇总对数据清单中指定的字段进行分类，然后统计同一类记录的有关信息。统计的内容可以由用户指定，也可以统计同一类记录的记录条数，还可以对某些数值段求和、求平均值和求极值等。当插入自动分类汇总时，WPS 表格将分级显示数据，以便为每个分类汇总显示和隐藏明细数据行。

1. 插入分类汇总

WPS 表格可以在数据清单中自动计算分类汇总及总计值。用户指定需要进行分类汇总的数据项、待汇总的数值和用于计算的函数（例如“求和”函数）即可。如果要使用自动分类汇总，工作表必须组织成具有列标志的数据清单。在分类汇总的结果中，还可以再进行汇总。

在进行分类汇总操作时，首先要进行分类（即按分类的字段先进行排序），把相同类别的数据放在一起，然后选择相应的汇总方式和汇总项即可完成操作。

例如，要求对如图 4-53 所示的“学生成绩表”进行分类汇总，将数据清单中“性别”作为分类字段，“平均值”作为汇总方式，对“总分”进行分类汇总，结果如图 4-63 所示。

其操作步骤如下。

① 选择“性别”单元格或该单元格所在列的其他含有数据的单元格，单击“数据”选项卡中“排序和筛选”组的排序按钮（如“升序”按钮），将数据清单按性别的升序排列，如图 4-64 所示。

② 选择“数据”选项卡中“分级显示”组的“分类汇总”命令，打开如图 4-65 所示的“分类汇总”对话框。

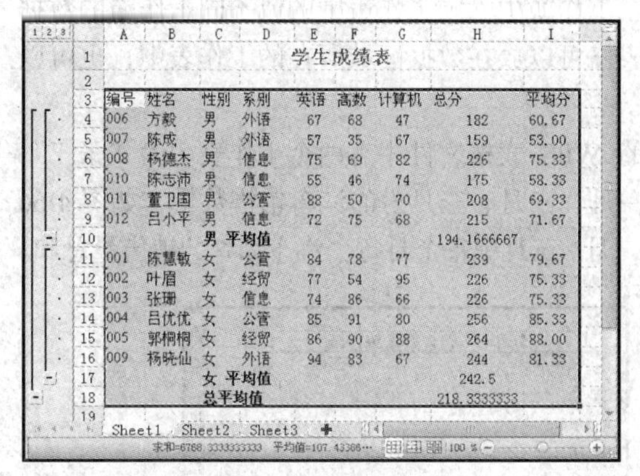

	学生成绩表							
编号	姓名	性别	系别	英语	高数	计算机	总分	平均分
006	方毅	男	外语	67	68	47	182	60.67
007	陈成	男	外语	57	35	67	159	53.00
008	杨德杰	男	信息	75	69	82	226	75.33
010	陈志沛	男	信息	55	46	74	175	58.33
011	董卫国	男	公管	88	50	70	208	69.33
012	吕小平	男	信息	72	75	68	215	71.67
		男 平均值					194.1666667	
001	陈慧敏	女	公管	84	78	77	239	79.67
002	叶眉	女	经贸	77	54	95	226	75.33
003	张珊	女	信息	74	86	66	226	75.33
004	吕优优	女	公管	85	91	80	256	85.33
005	郭桐桐	女	经贸	86	90	88	264	88.00
009	杨晓仙	女	外语	94	83	67	244	81.33
		女 平均值					242.5	
		总平均值					218.3333333	

图 4-63 汇总结果

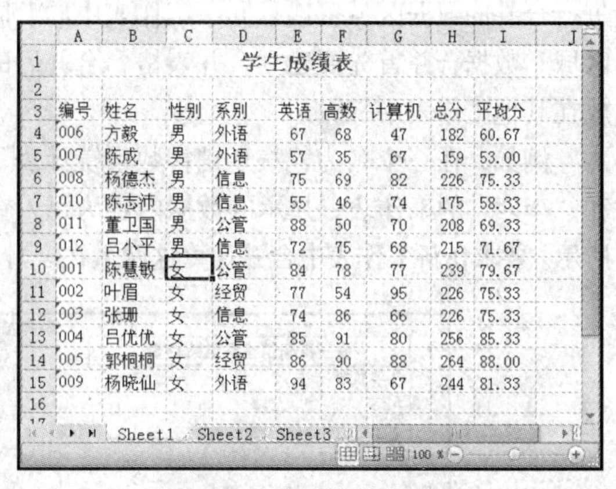

	学生成绩表							
编号	姓名	性别	系别	英语	高数	计算机	总分	平均分
006	方毅	男	外语	67	68	47	182	60.67
007	陈成	男	外语	57	35	67	159	53.00
008	杨德杰	男	信息	75	69	82	226	75.33
010	陈志沛	男	信息	55	46	74	175	58.33
011	董卫国	男	公管	88	50	70	208	69.33
012	吕小平	男	信息	72	75	68	215	71.67
001	陈慧敏	女	公管	84	78	77	239	79.67
002	叶眉	女	经贸	77	54	95	226	75.33
003	张珊	女	信息	74	86	66	226	75.33
004	吕优优	女	公管	85	91	80	256	85.33
005	郭桐桐	女	经贸	86	90	88	264	88.00
009	杨晓仙	女	外语	94	83	67	244	81.33

图 4-64 排序后的数据清单

③ 在“分类字段”下拉列表框中，选择需要用来分类汇总的数据列，这里选择“性别”选项。

④ 在“汇总方式”下拉列表框中，选择所需用于计算分类汇总的函数，这里选择“平均值”函数。

⑤ 在“选定汇总项”列表框中，选中汇总计算列所对应的复选框，这里选择“总分”复选框。

⑥ 单击“确定”按钮，即可在数据清单中插入分类汇总，效果如图 4-63 所示。

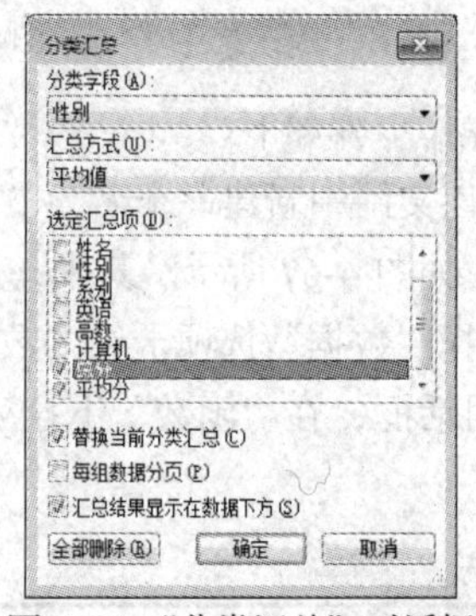

图 4-65 “分类汇总”对话框

2. 取消分类汇总

如果需要取消分类汇总的显示结果，恢复到数据清单的初始状态，可按下列步骤进行操作。

① 选择分类汇总数据清单中的任意单元格。

② 选择“数据”选项卡中“分级显示”组的“分类汇总”命令，打开如图 4-65 所示的“分类汇总”对话框。

③ 在“分类汇总”对话框中单击“全部删除”按钮。

④ 单击“确定”按钮即可取消分类汇总的显示结果。

在进行分类汇总操作时，一定要先按分类的字段进行排序。否则，做出来的分类汇总结果可能很乱，不是期望的整齐的有意义的汇总结果。

在图 4-63 的左上角自动产生分类汇总时一些新的按钮，其功能介绍如下。

1 2 3：分别显示按钮，分别显示 3 个级别的汇总结果。其中按“1”按钮，只显示全部数据的汇总结果，即总计；按“2”按钮，只显示每组数据的汇总结果，即小计；按“3”按钮，显示全部数据。

-：单击该按钮表示隐藏该性别的数据，只显示该性别的汇总信息，此时 - 按钮变成了 + 按钮；而单击 + 按钮时，表示显示出原隐藏的数据。

4.6.5 数据合并

在 WPS 表格中，可以对多个数据区域中的数据进行合并计算、统计等，这就是数据合并。

进行合并的数据区域可以是同一工作表中的、同一工作簿中不同工作表中的或不同工作簿的数据区域。数据合并首先要建立合并表格，合并后的表格可以放在数据区域所在的工作表中，也可以放在其他工作表中。

例如，在一个名为“汽车销售数量统计表”的 WPS 表格文件中有两个工作表名为“张三”和“李四”的工作表，显示的数据内容为每人在一月、二月、三月份的汽车销售数量，如图 4-66 所示。要求在新工作表中合并计算这两人在一月、二月、三月中每个月每个汽车品牌的销售量总和。

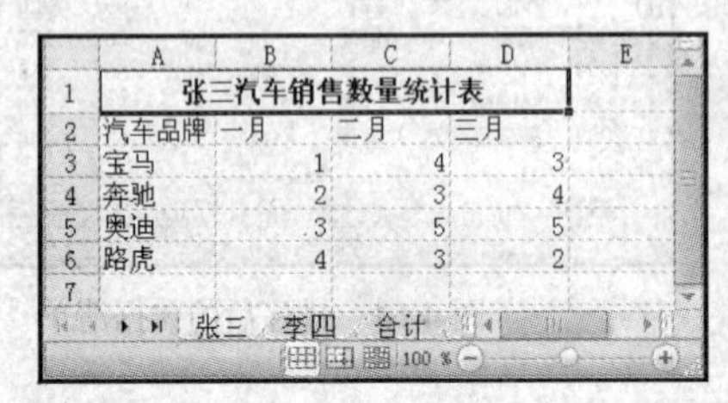

张三汽车销售数量统计表			
汽车品牌	一月	二月	三月
宝马	1	4	3
奔驰	2	3	4
奥迪	3	5	5
路虎	4	3	2

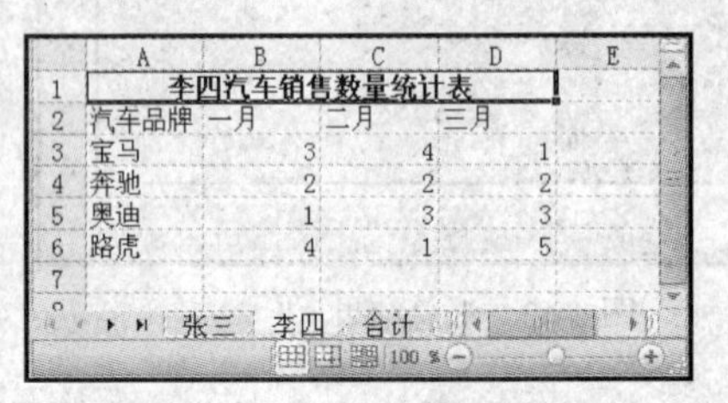

李四汽车销售数量统计表			
汽车品牌	一月	二月	三月
宝马	3	4	1
奔驰	2	2	2
奥迪	1	3	3
路虎	4	1	5

图 4-66 “张三”和“李四”工作表

具体操作步骤如下。

① 在该文件中新建一个名为“合计”的工作表，新工作表中数据的结构和需要合并计算的工作表相同，如图 4-67 所示。其中，选中的单元格区域 B3:D6 为空，用于存放合并计算的结果。

② 选择“数据”选项卡中“数据工具”组的“合并计算”命令，弹出如图 4-68 所示的“合并计算”对话框，在“函数”下拉列表框中选择“求和”运算。

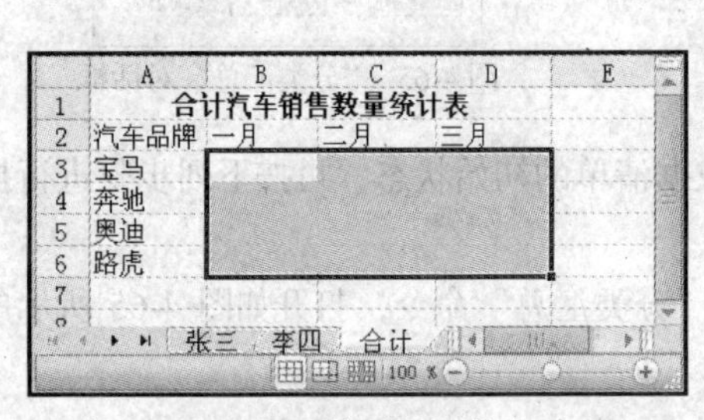

合计汽车销售数量统计表			
汽车品牌	一月	二月	三月
宝马			
奔驰			
奥迪			
路虎			

图 4-67 “合计”工作表

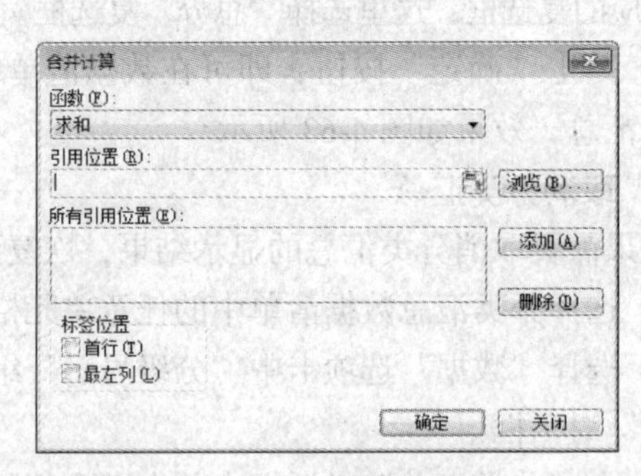

图 4-68 “合并计算”对话框

③ 单击“引用位置”右侧的按钮，此时“合并计算”对话框收缩显示为“引用位置”对话框，如图 4-69 所示，选择“张三”工作表的单元格区域 B3:D6，选择图 4-69 右侧的按钮，界面又展开到 4-68 所示的对话框，单击“添加”按钮。用同样的方法再选取“李四”工作表的单元格区域 B3:D6，添加到“合并计算”对话框。添加完两个引用后效果如图 4-70 所示。

④ 单击“确定”按钮，合并计算操作完成，计算结果如图 4-71 所示。

图 4-69 “合并计算-引用位置：”对话框

合并计算
函数(F):
求和
引用位置(R):
浏览(B)...
所有引用位置(E):
张三!$B$3:$D$6
李四!$B$3:$D$6
添加(A)
删除(D)
标签位置
首行(T)
最左列(L)
确定
关闭

图 4-70 设置后的“合并计算”对话框

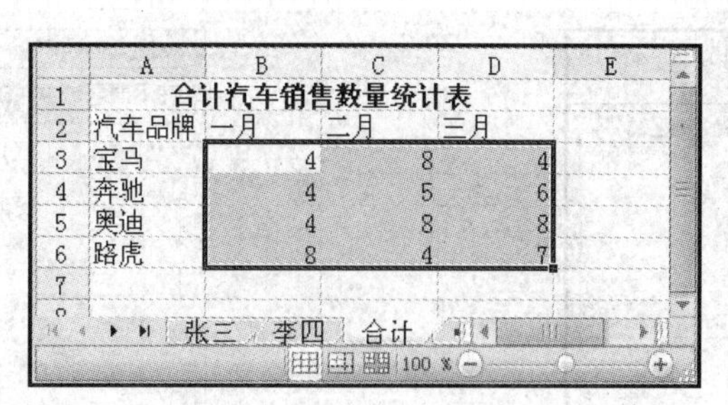

	A	B	C	D	E
1	合计汽车销售数量统计表				
2	汽车品牌	一月	二月	三月	
3	宝马	4	8	4	
4	奔驰	4	5	6	
5	奥迪	4	8	8	
6	路虎	8	4	7	
7					

图 4-71　合并计算结果

4.6.6　建立数据透视表

用户建立的数据清单只是流水账，如果我们想使一个静态的、原始数据记录的工作表活动起来，从中找出数据间的内在联系，挖掘更有用的数据，这就需要用到数据透视表。数据透视表是一种交互式的表。

面对一个数据清单，用户只需指定自己感兴趣的字段、表的组织形式以及运算和种类，系统就会自动生成一个用户要求的视图。数据透视表是一种动态的交互式的工作表，可以转换行和列以查看源数据的不同汇总结果，也可以显示不同页面以筛选数据，还可以根据需要显示所选区域中的明细数据。

例如，对如图 4-72 所示的“学生成绩表”原始记录统计表，利用数据透视表的功能统计各系男、女生的人数，此时既要按系别分类，又要按性别分类。其操作步骤如下。

（1）选择“数据”选项卡中“表格”组的“数据透视表”命令，打开“创建数据透视表”对话框，如图 4-73 所示。

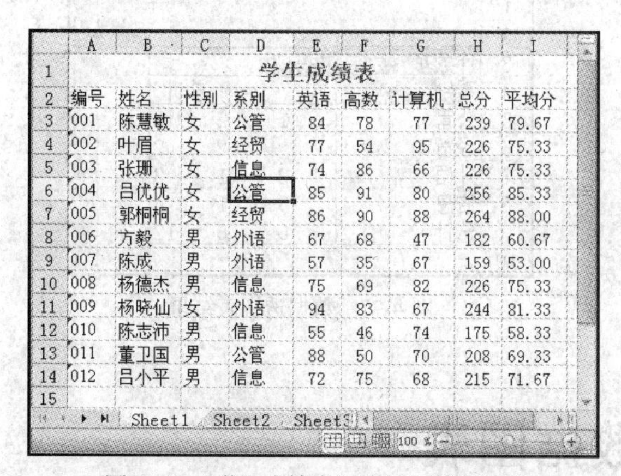

	A	B	C	D	E	F	G	H	I
1	学生成绩表								
2	编号	姓名	性别	系别	英语	高数	计算机	总分	平均分
3	001	陈慧敏	女	公管	84	78	77	239	79.67
4	002	叶眉	女	经贸	77	54	95	226	75.33
5	003	张珊	女	信息	74	86	66	226	75.33
6	004	吕优优	女	公管	85	91	80	256	85.33
7	005	郭桐桐	女	经贸	86	90	88	264	88.00
8	006	方毅	男	外语	67	68	47	182	60.67
9	007	陈成	男	外语	57	35	67	159	53.00
10	008	杨德杰	男	信息	75	69	82	226	75.33
11	009	杨晓仙	女	外语	94	83	67	244	81.33
12	010	陈志沛	男	信息	55	46	74	175	58.33
13	011	董卫国	男	公管	88	50	70	208	69.33
14	012	吕小平	男	信息	72	75	68	215	71.67
15									

图 4-72　“学生成绩表”原始记录统计表

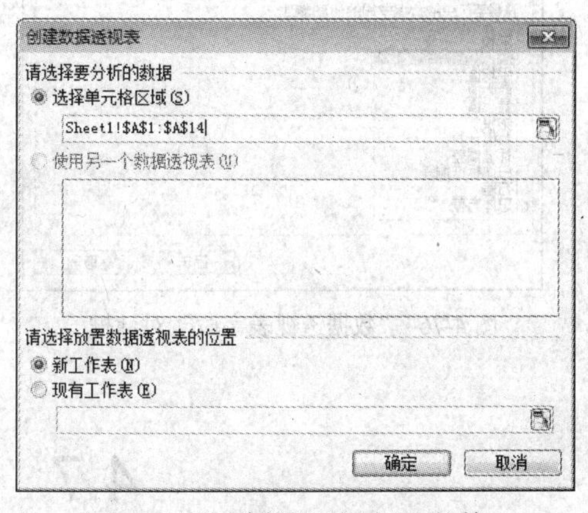

图 4-73　“创建数据透视表”对话框

（2）在“创建数据透视表”对话框中，在“请选择要分析的数据”部分选择“选择单元格区域”，并选择数据源单元格区域 A2：I14。在“请选择放置数据透视表的位置”中选择“新工作表”。

（3）单击“确定”按钮，在新工作表 Sheet4 中创建了一个数据透视表的位置。

（4）在右侧“数据透视表”控制面板区域的字段列表（图 4-74）中，拖动“系别”字段到“数据透视表区域”中的“行区域”，拖动“性别”字段到“列区域”，拖动“姓名”字段到“数据区域”，设置好后的“数据透视表区域”如图 4-75 所示。

图 4-74　字段列表

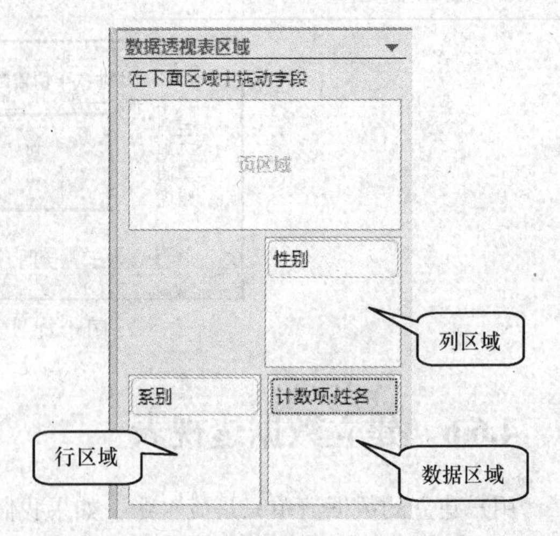

图 4-75　数据透视表区域

（5）在“数据透视表区域”的“数据区域”中，右键单击“姓名”选项，在弹出的下拉菜单中选择“字段设置”命令，弹出如图 4-76 所示的“数据透视表字段”对话框，可以设置源字段的名称和汇总方式等，这里设置汇总方式为“计数”，单击“确定”按钮。

（6）通过“数据透视表区域”的操作，在 Sheet4 工作表的数据透视表的相应位置上会自动显示数据，此时设置好后数据透视表结果如图 4-77 所示。

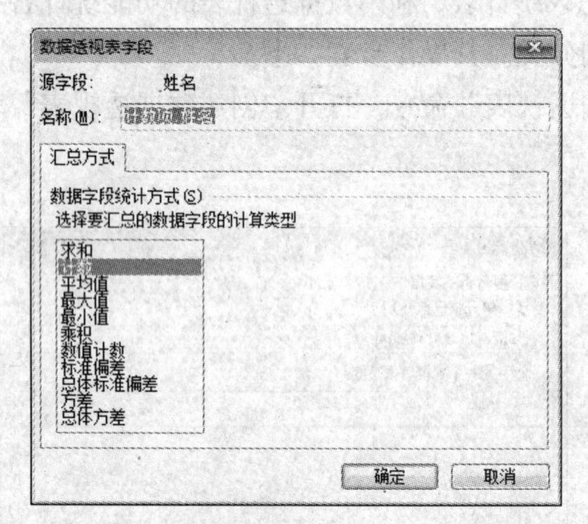

图 4-76　“数据透视表字段”对话框

	A	B	C	D
1				
2				
3	计数项:姓名	性别		
4	系别	男	女	总计
5	公管	1	2	3
6	经贸		2	2
7	外语	2	1	3
8	信息	3	1	4
9	总计	6	6	12
10				

图 4-77　数据透视表结果

4.7　数据图表

使用 WPS 表格对工作表中的数据进行计算、统计等操作后，得到的计算和统计结果还不能很好地显示出数据的发展趋势或分布状况。为了解决这一问题，WPS 表格能将所处理的数据生成多种统计图表，这样就能够把所处理的数据更直观地表现出来。

4.7.1　图表的基本组成

在 WPS 表格 2012 中提供了 11 类图表，分别是柱形图、条形图、折线图、饼图、XY 散图、面积图、圆环图、雷达图、气泡图、股价图和自定义等。每一类图表又有若干个子类，用户可以根据需要选择不同类型的图表，其中柱形图、折线图、饼图等是最常用的图表。

图表的基本结构一般都是由图表区、绘图区、图表标题、坐标轴、网格线和图例等部分组成的，如图 4-78 所示。

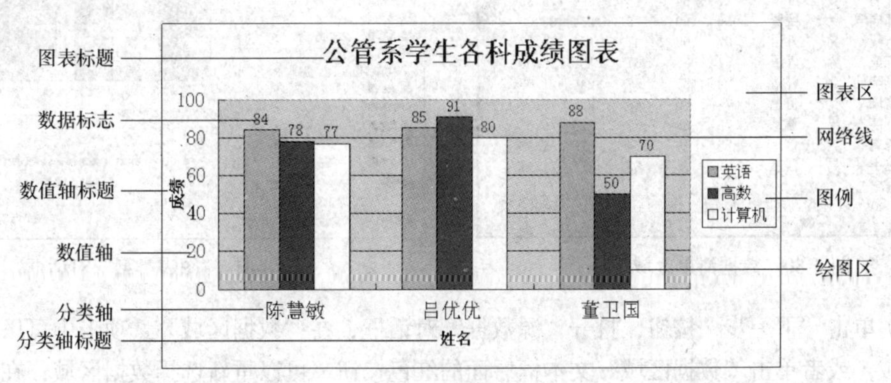

图 4-78　图表组成

4.7.2　创建图表

使用 WPS 表格提供的图表功能，可以方便、快速地创建一个标准类型或自定义类型的图表。创建图表有 3 个过程，即通过 3 个对话框的操作就可以完成图表的创建。“图表类型”对话框中可以选择图表类型和子类型；“源数据”对话框中可以选择创建图表所需的数据源；“图表选项”对话框中可以设置图表标题、坐标轴、网格线、图例、数据标志等效果。

例如，根据学生成绩表中的数据创建系别为“公管”的学生的各科成绩图表，效果如图 4-79 所示，其操作步骤如下。

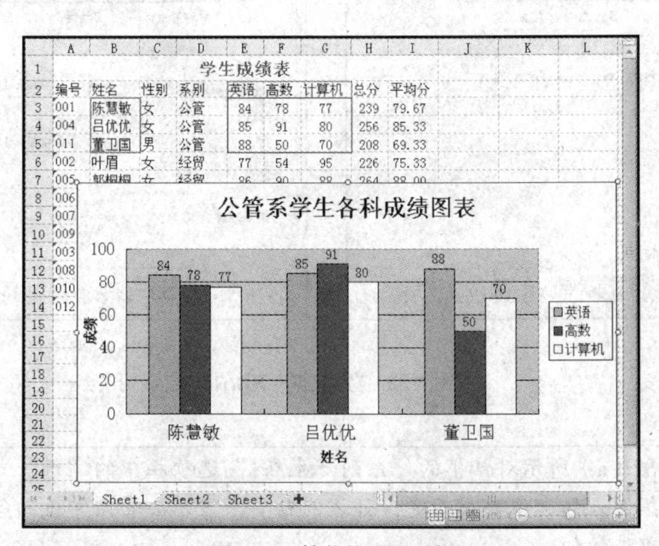

图 4-79　簇状柱形图示例

（1）选定数据清单区域，这里选择单元格区域为 B2:B5 和 E2:G5，如图 4-80 所示。

（2）选择“插入”选项卡中的“图表”按钮，打开“图表类型”对话框，如图 4-81 所示。选择图表类型和子类，如选择柱形图的“簇状柱形图”。

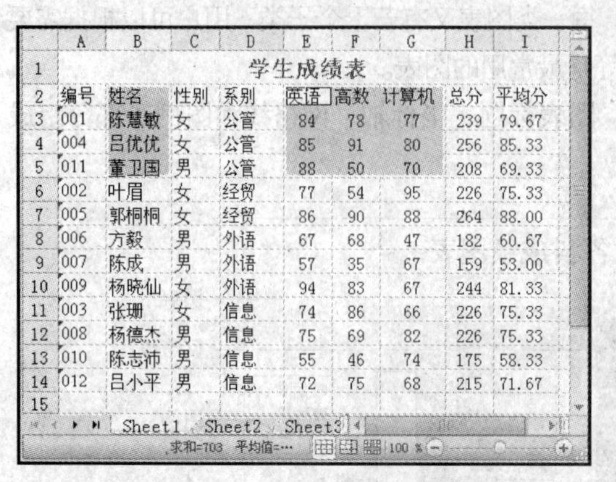

	A	B	C	D	E	F	G	H	I
1	学生成绩表								
2	编号	姓名	性别	系别	英语	高数	计算机	总分	平均分
3	001	陈慧敏	女	公管	84	78	77	239	79.67
4	004	吕优优	女	公管	85	91	80	256	85.33
5	011	董卫国	男	公管	88	50	70	208	69.33
6	002	叶眉	女	经贸	77	54	95	226	75.33
7	005	郭桐桐	女	经贸	86	90	88	264	88.00
8	006	方毅	男	外语	67	68	47	182	60.67
9	007	陈成	男	外语	57	35	67	159	53.00
10	009	杨晓仙	女	外语	94	83	67	244	81.33
11	003	张珊	女	信息	74	86	66	226	75.33
12	008	杨德杰	男	信息	75	69	82	226	75.33
13	010	陈志沛	男	信息	55	46	74	175	58.33
14	012	吕小平	男	信息	72	75	68	215	71.67
15									

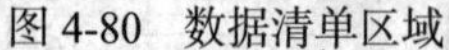
图 4-80　数据清单区域

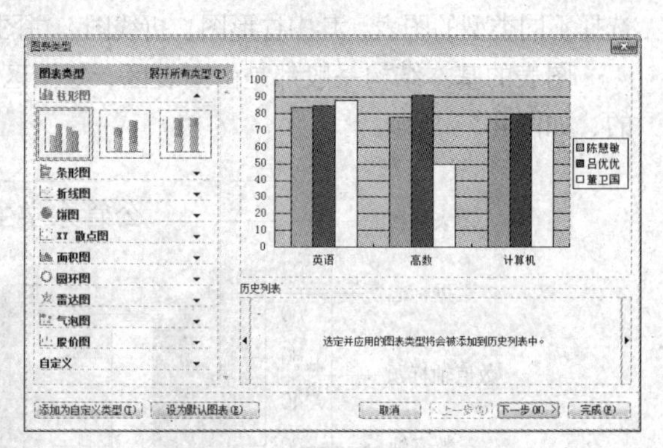

图 4-81　“图表类型”对话框

（3）单击“下一步“按钮，打开“源数据”对话框，在“数据区域”选项卡中可以重新输入数据区域，或者单击“数据区域”文本框后面的红色按钮，可以重新选择数据区域；在“系列产生在”处选择“列”，如图 4-82（a）所示。在此对话框中如果选择“系列”选项卡，可以定义“分类（X）轴标志”、数据系列、名称和数值引用等，如图 4-82（b）所示，本例题中没有修改“系列”选项卡。

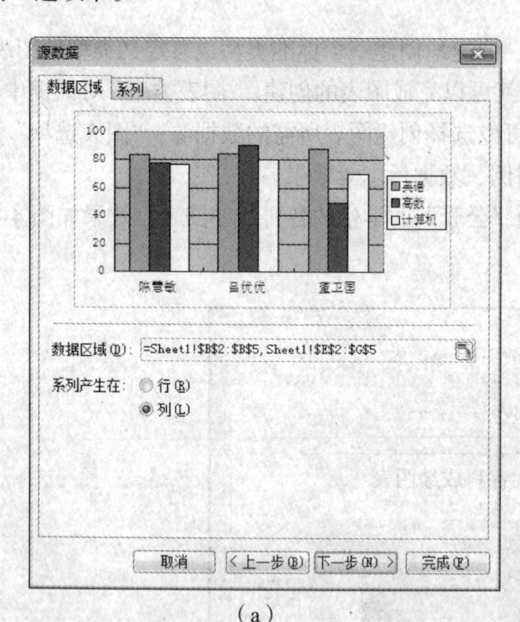

（a）

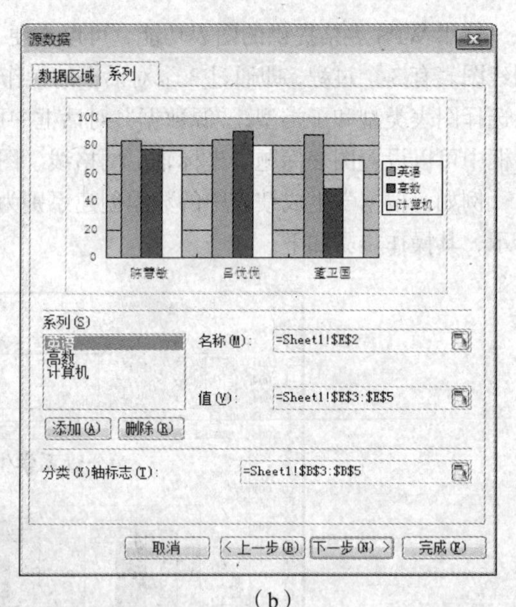

（b）

图 4-82　“源数据”对话框

图 4-82（a）所示对话框的“系列产生在:”选项栏中的“行”或“列”单选按钮的选择要根据图表的具体要求而定，如该例题要求显示公管系学生的各科成绩，所以选择了“列”单选按钮。

（4）单击“下一步”按钮，打开“图表选项”对话框，如图 4-83 所示。在“标题”选项卡中输入图表的标题“公管系学生各科成绩图表”，分类轴输入“姓名”，数值轴输入“成绩”；在“坐标轴”、“网格线”、“图例”、“数据标志”、“数据表”选项卡中分别进行相应的效果设置。

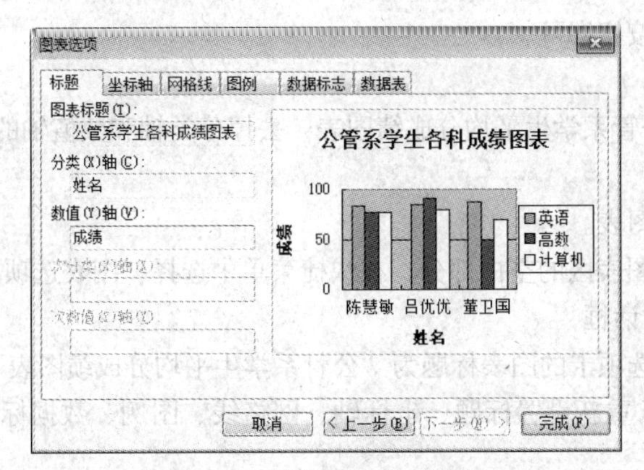

图4-83 “图表选项”对话框

（5）单击“完成”按钮，即可创建所需簇状柱形图，如图4-79所示。

4.7.3 编辑图表

在图4-79所示的图表上，编辑图表。

1. 改变图表类型

图表创建好以后，可以根据实际需要修改图表类型。根据以上例题，把“柱形图”改成“折线图”，其操作步骤如下。

① 选中要更改类型的图表。

② 鼠标右键单击图表区的空白部分，在快捷菜单中选择“图表类型”命令，弹出如图4-84所示的“图表类型”对话框，重新选择图表类型和子类，将图表类型改成“折线图”。

③ 单击“确定”按钮即可。

2. 改变源数据

把源数据改为公管系学生平均分成绩图表，必须修改数据区域。其操作步骤如下。

① 单击要更改的图表。

② 鼠标右键单击图表区的空白部分，在快捷菜单中选择“源数据”命令，弹出如图4-85所示的“源数据”对话框，修改数据区域为“=Sheet1!$B$2:$B$5,Sheet1!$I$2:$I$5”。

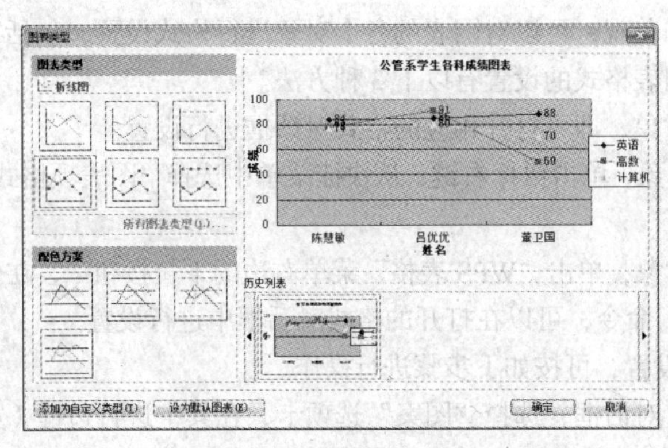

图4-84 “图表类型”对话框

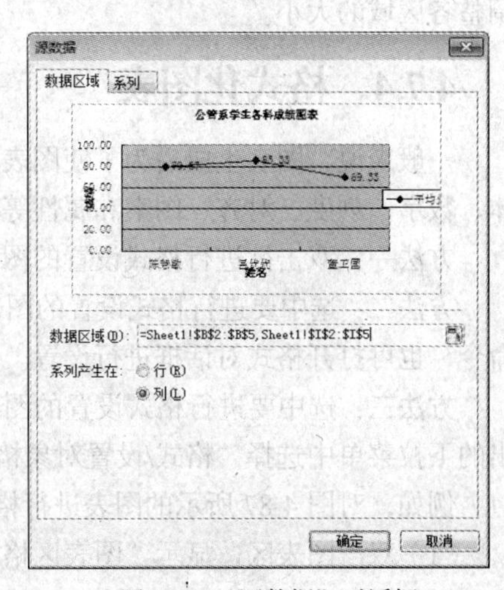

图4-85 “源数据”对话框

③ 单击“确定”按钮即可。

3. 改变图表选项

把图表标题改为公管系学生平均分成绩图表，去掉分类轴和数值轴的值，则改变图表选项的操作步骤如下。

① 单击要更改的图表。

② 鼠标右键单击图表区的空白部分，在快捷菜单中选择“图表选项”命令，弹出如图 4-86 所示的“图表选项”对话框，

③ 修改“标题”选项卡的图表标题为“公管系学生平均分成绩图表”，去掉分类轴和数值轴的值。也可以根据要求重新设置标题、坐标轴、网格线、图例、数据标志和数据表等选项卡的内容。

④ 单击“确定”按钮即可。

编辑后的图表如图 4-87 所示，将原来的簇状柱形图（见图 4-79）图表类型改为了折线图图表类型，并把数据区域改为公管系学生平均分成绩。

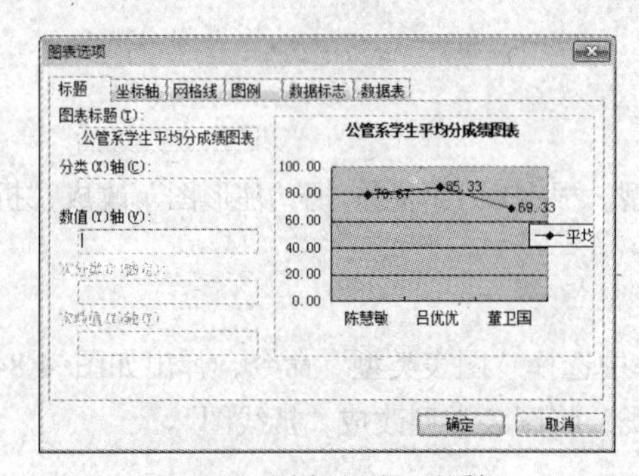

图 4-86 “图表选项”对话框

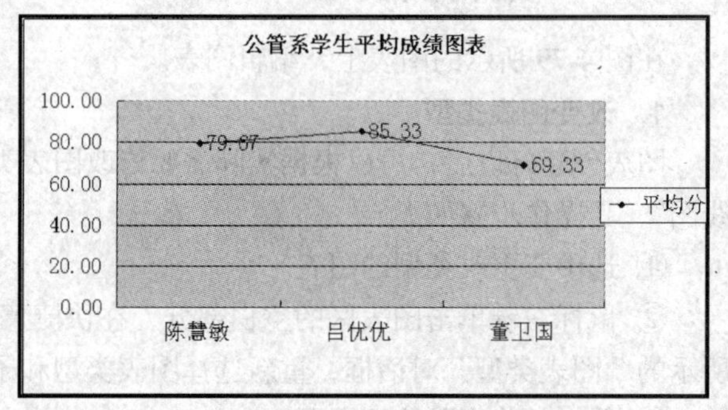

图 4-87 折线图示例

4. 图表的移动和缩放

图表大小、标题区域、绘图区域和图例区域等均可移动位置和更改大小，当用鼠标选中图表中的相应区域，并拖动鼠标时，被拖动的区域显示虚边框，鼠标处于斜箭头状态，表示进入移动状态；当把鼠标指针移到区域边界时，选中区域周围出现双向控制手柄，用鼠标拖动手柄，可以调整各区域的大小。

4.7.4 格式化图表

一般来说，图表生成后为了使图表更加美观，可以对图表的各个对象进行格式设置，包括字体、数字、刻度、对齐、图案和属性等。图表格式的设置有以下 3 种方法。

方法一：双击欲进行格式设置的图表对象，即可打开相应的格式对话框进行设置。

方法二：选中要进行格式设置的图表对象，单击鼠标右键，从快捷菜单中选择“图表项格式”命令，也可打开格式对话框进行设置。

方法三：选中要进行格式设置的图表对象，单击“WPS 表格”菜单右边的下拉按钮，在弹出的下拉菜单中选择“格式/设置对象格式”命令，可以在打开的格式对话框中进行设置。

例如，对图 4-87 所示的图表进行格式设置，可按如下步骤进行操作。

（1）双击图表区，显示“图表区格式”对话框，选择“图案”选项卡，在其中进行边框（如边框样式、颜色和粗细）和区域（即图表背景）的设置，如图 4-88 所示，单击“确定”按钮关闭

对话框。

（2）双击数值轴，显示“数值轴格式”对话框，选择“刻度”选项卡，在其中进行最小值、最大值、主要刻度单位和次要刻度单位等设置，如图 4-89 所示；选择“数字”选项卡，设置小数位数为 0，如图 4-90 所示，单击“确定”按钮关闭对话框。

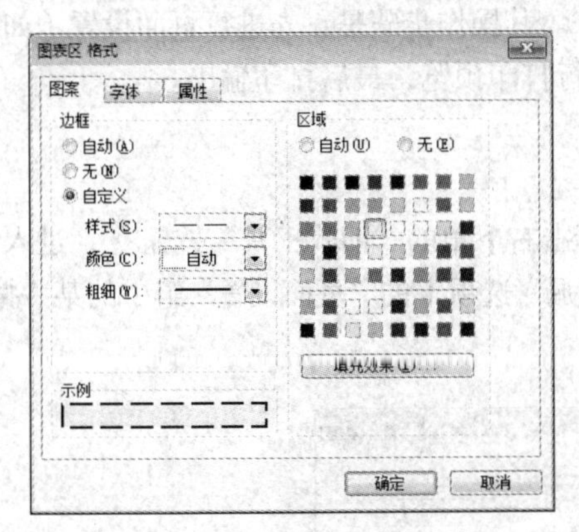

图 4-88 “图表区格式”对话框

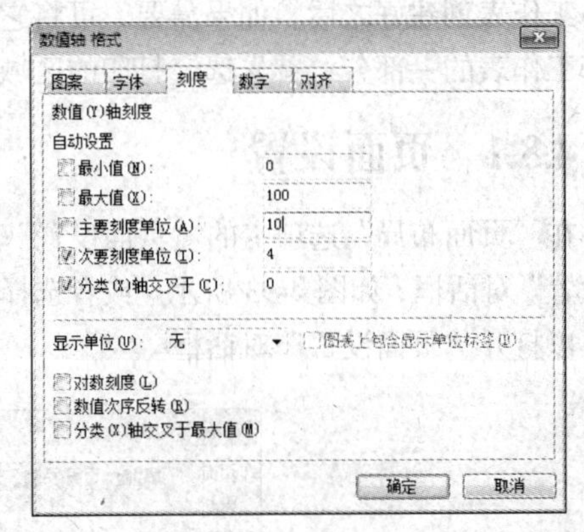

图 4-89 “数值轴格式”对话框的“刻度”选项卡

（3）双击分类轴，显示“分类轴格式”对话框，选择“对齐”选项卡，在对话框中进行方向的设置，即可以旋转分类轴文字成某个角度，如图 4-91 所示，单击“确定”按钮关闭对话框。

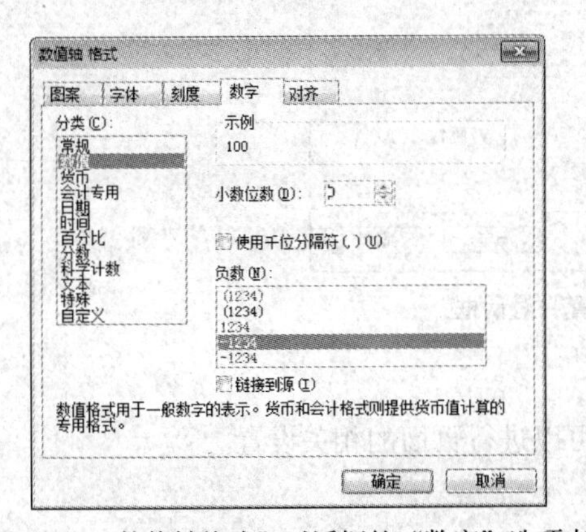

图 4-90 “数值轴格式”对话框的“数字”选项卡

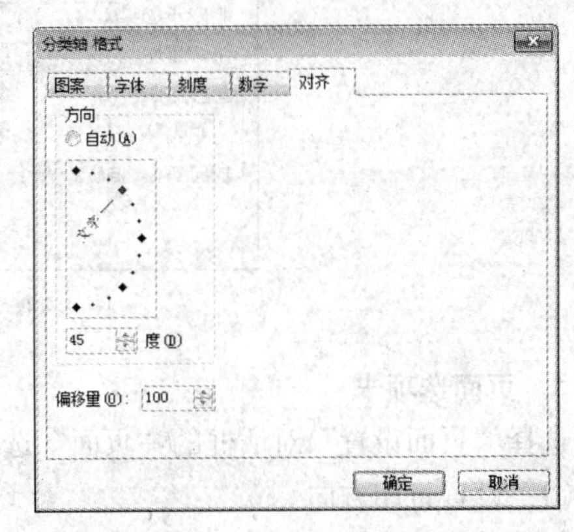

图 4-91 “分类轴格式”对话框的“对齐”选项卡

进行部分格式设置后的图表，效果如图 4-92 所示。

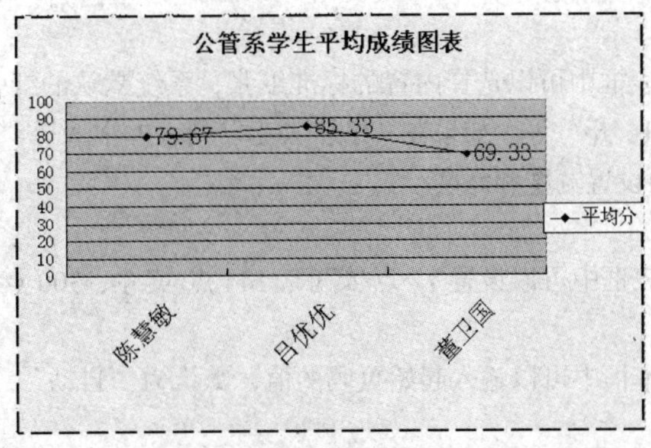

图 4-92 格式化图表后的效果图

4.8 打印工作表

工作表创建好之后，如果需要，可将它打印出来。其操作步骤是：先进行页面设置（如果只打印工作表的一部分，首先选定打印的区域），再进行打印预览，最后打印输出。

4.8.1 页面设置

在“页面布局”选项卡的“页面设置”组中，单击右下角的“旧式工具”按钮，进入“页面设置”对话框，如图 4-93 所示。或者选择“页面布局”选项卡的“页面设置”组中的某一按钮，都可以打开“页面设置”对话框。

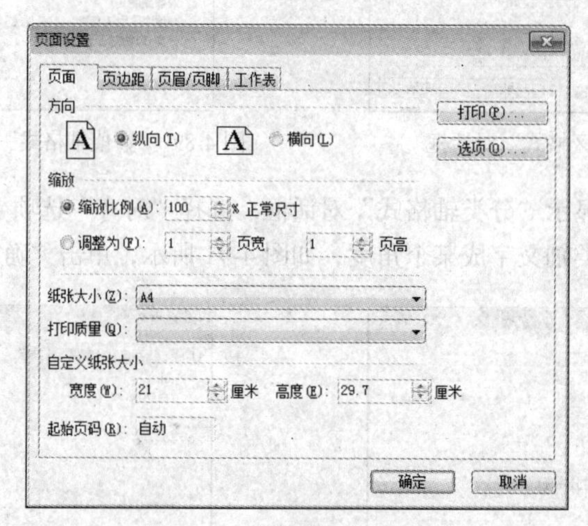

图 4-93 “页面设置”对话框

1. 页面选项卡

选择“页面设置”对话框的“页面”选项卡，可以进行页面的相关设置。

（1）设置打印方向

在“方向”下面可以选择“纵向”或“横向”打印纸张的内容。

（2）设置缩放

可以设置的缩放比例在 10%～400%之间，也可以调整为若干页宽和页高。

（3）设置纸张大小

在“纸张大小”列表框中可以选择内置的标准纸张，系统默认的纸张大小是“A4”，常用的纸张大小还有“B5”、“16 开”等。如果在“纸张大小”列表框中选择“自定义大小”，则可以在“自定义纸张大小”下面设置宽度和高度。

（4）设置打印质量

在“打印质量”列表框中可以设置 72 点/英寸、144 点/英寸、300 点/英寸、600 点/英寸等。

（5）起始页码

在“起始页码”文本框中可以输入起始页码的值，默认为“自动”。

2. 页边距选项卡

选择“页面设置”对话框中的“页边距”选项卡，或者单击“页面布局”选项卡（如图 4-94

所示）中的“页边距”按钮，可以进行页面的上、下、左、右边距，页眉、页脚边距，以及居中方式等设置。

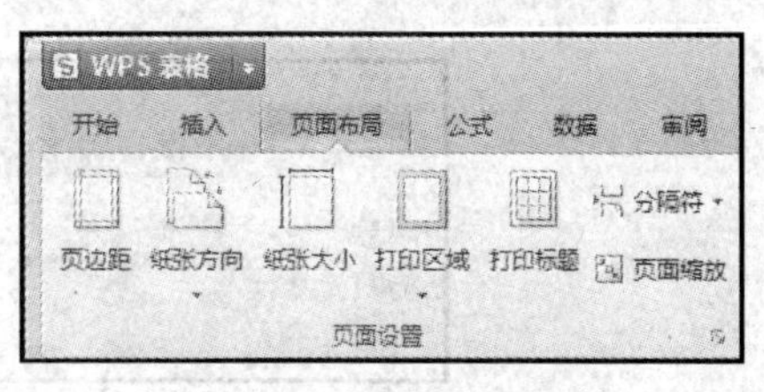

图 4-94　“页面布局”选项卡

3. 页眉/页脚选项卡

选择“页面设置”对话框中的“页眉/页脚”选项卡，可以设置页眉、页脚的内容。页眉是打印页顶部显示的文字，页脚是打印页底部显示的文字。

（1）设置内置的页眉/页脚

在“页面设置”对话框中选择“页眉/页脚”选项卡，在“页眉”或“页脚”列表框中，选择内置的页眉或页脚。

（2）自定义页眉/页脚

在“页面设置”对话框中选择“页眉/页脚”选项卡，单击“自定义页眉”或“自定义页脚”按钮，在弹出的对话框中进行“页眉”或“页脚”详细的设置。其操作步骤如下。

① 单击“自定义页眉”或“自定义页脚”按钮。

② 在弹出的对话框中单击“左”、“中”、“右”编辑框，再单击相应的按钮，然后在所需的位置插入相应的页眉或页脚的内容。

③ 也可以在“左”、“中”、“右”编辑框中添加其他的文本内容，如单位名称等。

（3）删除“页眉”和“页脚”

选定工作表，在“页面设置”对话框中选择“页眉/页脚”选项卡，在“页眉”或“页脚”列表框中选择“无”即可。

4. 工作表选项卡

在“页面设置”对话框中选择“工作表”选项卡，打开“工作表”对话框，可以对工作表进行设置。

（1）打印区域

在“打印区域”文本框中可以设置要打印的数据区域。

（2）打印标题

在“打印标题”栏下面可以设置“顶端标题行”或“顶端标题列”，这样在每页都重复打印某行或某列的数据，增加表格的可读性。

（3）打印

在“打印”栏下面可以设置网格线和行号列号，也可以设置错误单元格打印为“显示值”、“<空白>”、“- -”或“#N/A”等。

（4）打印顺序

在“打印顺序”栏下面可以设置“先列后行”或“先行后列”的方向。

4.8.2　打印预览

一般在打印工作表内容之前，使用“打印预览”查看工作表的打印效果，如果效果不理想，可以重新设置页面，减少纸张的浪费。

单击“WPS 表格”菜单中的“打印预览”命令，或单击快速访问工具栏的“打印预览”按钮，进入“打印预览”视图状态，如图 4-95 所示。

“打印预览”视图中各命令按钮功能如下。

① 打印：进入“打印”对话框，设置打印选项，然后打印所选的工作表。

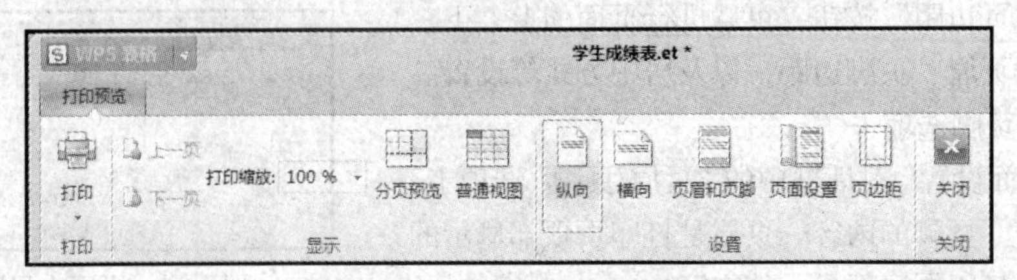

图 4-95 “打印预览”选项卡

② 上一页/下一页：显示要打印的上一页或下一页。

③ 打印缩放：设置打印缩放的比例。

④ 分页预览：把工作表的内容进行分页预览。

⑤ 普通视图：恢复活动工作表之前的显示状态。

⑥ 纵向/横向：设置页面方向为“纵向”或“横向”。

⑦ 页眉和页脚：可以进入“页面设置”对话框中的“页眉/页脚”选项卡，进行页眉和页脚的设置。

⑧ 页面设置：可以进入“页面设置”对话框，再次设置相关选项。

⑨ 页边距：以虚线显示页面的边距，如上边距、下边距、左边距、右边距、页眉/页脚边距等。

⑩ 关闭：关闭“打印预览”视图，并返回活动工作表之前的显示状态。

4.8.3 打印设置

单击“WPS 表格”菜单中的“打印”命令，或单击快速访问工具栏的“打印”按钮，打开“打印”对话框，如图 4-96 所示。可以选择打印机名称、页码范围、打印内容和打印份数等。

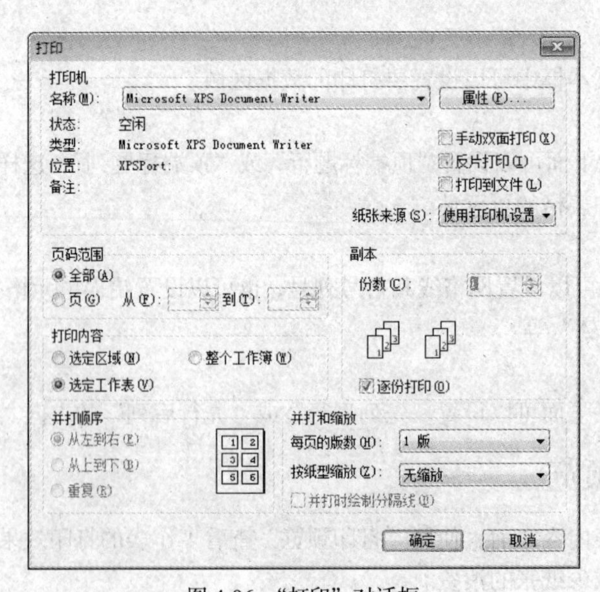

图 4-96 “打印”对话框

1. 设置打印机

在“打印机”栏中设置要打印输出的某台打印机的名称，设置“属性”、“手动双面打印”、“反片打印”、“打印到文件”、“纸张来源”等。

2. 设置打印的页码范围

在“页码范围”栏中，选择“全部”选项，表示打印所有内容，为默认设置状态；选择“页”选项，表示可以输入打印的起始页和终止页。

3. 设置打印内容

默认选定的打印内容是“选定工作表”，也可以设置打印“选定区域”或打印“整个工作簿”。

4. 设置副本

在“副本”栏中，可以设置打印的份数，是否是逐份打印。

5. 设置并打顺序

在“并打顺序”栏中，默认选定“从左到右”，也可以选择“从上以下”或“重复”。

6. 设置并打和缩放

在“并打和缩放”栏中，可以设置“每页的版数”、“按纸型缩放”和“并打时绘制分隔线”。

思考与练习

1. WPS 表格的窗口主要由哪几部分组成?
2. WPS 表格 2012 的界面布局风格有哪两种？它们主要的区别是什么？
3. 简述工作簿、工作表和单元格三者之间的关系。
4. 怎样移动和复制工作表?
5. 数据删除和数据清除有什么区别?
6. 绝对引用、相对引用各有什么作用?
7. 什么是筛选？筛选有什么作用？有哪几种筛选方式?
8. 在进行分类汇总时，首先要进行的操作是什么？
9. 简述建立数据透视表的步骤。
10. 常用的图表类型有哪些？

第 5 章 WPS 演示软件

WPS 演示软件（简称 WPS 演示）是金山公司推出的 WPS Office 办公套件中的一员，其主要功能是可以方便地制作演示文稿，包括各种提纲、教案、演讲稿、简报等。使用 WPS 演示可以采用声音、视频等多媒体途径展示创作内容，使得其效果声形俱佳，图文并茂，达到专业水准。本章将从实际操作入手，介绍 WPS 演示的使用方法。

5.1 WPS 演示简介

WPS 演示是创作演示文稿（即幻灯片）的软件，它能够把所要表达的信息组织在一组图文并茂的画面中。作为一个升级软件，WPS 演示 2012 集成了原来版本的优点，并增加了一些实用的新功能，如保存后可撤销、批量替换字体、WPS 演示转换成 WPS 文字格式等。WPS 演示支持最新的 Windows 8 系统，并全面兼容微软 Office 97～2007 格式的 WPS 演示动画。

5.1.1 初识 WPS 演示 2012

打开 WPS 演示软件后将进入初始界面，如图 5-1 所示。

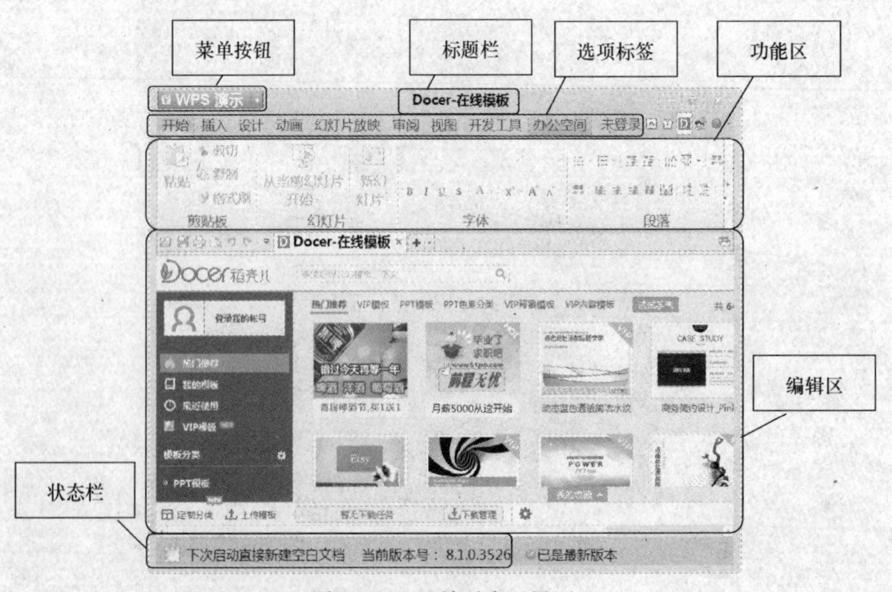

图 5-1 WPS 演示窗口界面

同 WPS 文字软件的界面类似，WPS 演示的界面也包括菜单按钮、标题栏、选项标签、功能区、编辑区、状态栏等主要部分。

WPS 演示的界面中为用户提供了丰富的幻灯片设计模板，用户可直接单击喜欢的模板并下载，如图 5-2 所示。下载完成后，将自动创建一个演示文稿文件，如图 5-3 所示，可单击保存按钮 将文件存盘，该演示文稿文件的扩展名为“.dps”。

图 5-2　网络模板下载

图 5-3　创建演示文稿文件

演示文稿文件中可包含多张幻灯片，每张幻灯片中包含的内容也多种多样，可以是文字、表格、图片、声音和图像，当播放演示文稿文件时，幻灯片里的多媒体对象按照预先设定好的方式呈现在屏幕上，使得信息内容得到有效的展示和传递。

5.1.2　切换到经典视图

WPS 演示 2012 的默认界面风格与微软多媒体演示文稿软件 PowerPoint 2010 相似，如习惯使用 WPS 演示 2010 版和微软 PowerPoint 2003 版的用户，可在启动软件后，单击“WPS 演示”菜单右边的下拉按钮，在弹出的下拉菜单中选择“工具/更改界面”命令，如图 5-4 所示，在弹出的“更改界面”对话框中，选择“经典风格”并确定，如图 5-5 所示，关闭 WPS 演示软件。

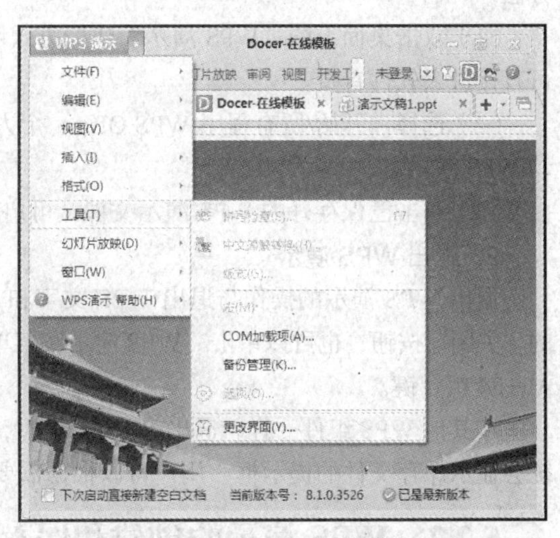

图 5-4　更改界面命令

再次打开 WPS 软件时，界面风格就成为“经典风格”，如图 5-6 所示。

5.2　WPS 演示的基本操作

WPS 演示制作功能非常强大，可以很方便地输入标题和正文。为了美化和强化演示文稿，用户还可以在幻灯片中添加剪贴画、表格、图表等对象，并可以改变幻灯片的版面布局。在 WPS 演示

图 5-5　选择“经典风格”

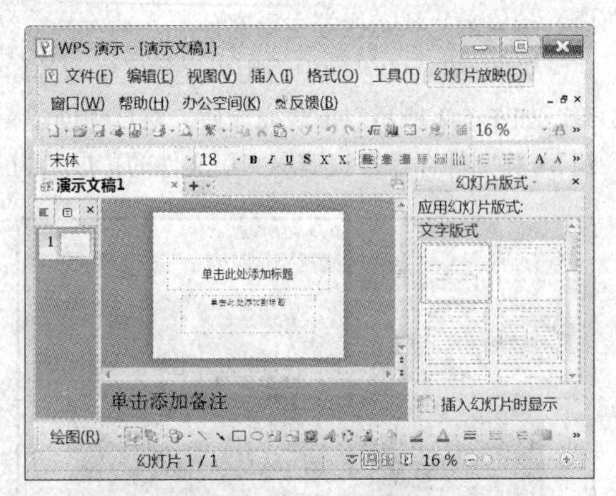

图 5-6　经典风格界面

幻灯片浏览视图下，可以管理幻灯片的结构，随意调整幻灯片的顺序，以及删除和复制幻灯片。

5.2.1　启动和退出

1. 启动 WPS 演示

启动 WPS 演示的方法同启动 WPS 文字一样，有以下几种常用的方法。

（1）双击桌面上的“WPS 演示”快捷方式图标，如图 5-7 所示，可直接进入软件首页。

图 5-7　WPS 演示图标

（2）选择“开始/所有程序/WPS Office 个人版/WPS 演示”，可启动 WPS 演示。

（3）双击已保存好的 WPS 演示文件，可启动 WPS 演示。

2. 退出 WPS 演示

退出 WPS 演示的操作与退出 WPS 文字和 WPS 表格的操作完全相同。可以单击窗口界面中的“关闭”按钮；也可以单击“WPS 演示”菜单，在弹出的菜单中单击“退出”按钮；还可以按 Alt+F4 组合键。

和其他 WPS 组件一样，退出 WPS 演示时，如果用户没有保存当前正在操作的演示文稿，系统会显示保存文件的提示框，用户可以根据需要选择是否保存文件。

5.2.2　WPS 演示的创建和保存

建立新的演示文稿的方法有多种，下面分别介绍几种常见的创建演示文稿的方法。

1. 新建空白演示文稿

（1）打开 WPS 演示，单击“WPS 演示”菜单按钮，在弹出的菜单中选择“新建/新建空白文档”命令，如图 5-8 所示。

（2）此时便创建了一个演示文稿，该演示文稿包含一张幻灯片，如图 5-9 所示。

（3）单击“WPS 演示”菜单，在弹出的菜单中单击“保存”按钮，或者按“Ctrl+S”快捷键，弹出保存对话框，在保存对话框中可以修改保存位置及保存文件名，编辑完成后单击“保存”按钮即可。

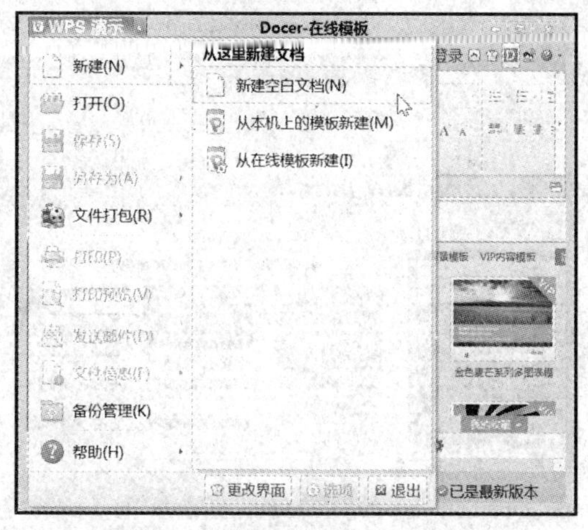

图 5-8　新建空白演示文稿

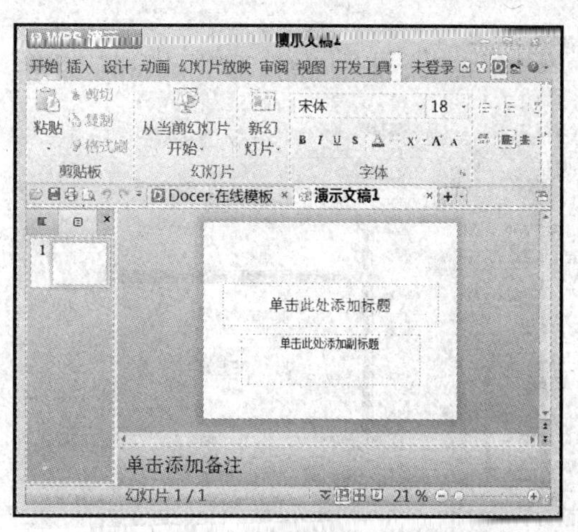

图 5-9　包含一张幻灯片的新演示文稿

2．使用内置模板创建演示文稿

（1）打开 WPS 演示，单击“WPS 演示”菜单，在弹出的菜单中选择“新建/从本机上的模板新建”命令，如图 5-8 所示。

（2）在弹出的“模板”对话框中，可选择“常用”或者“通用”选项卡中的模板，单击“确定”按钮，如图 5-10、图 5-11 所示。

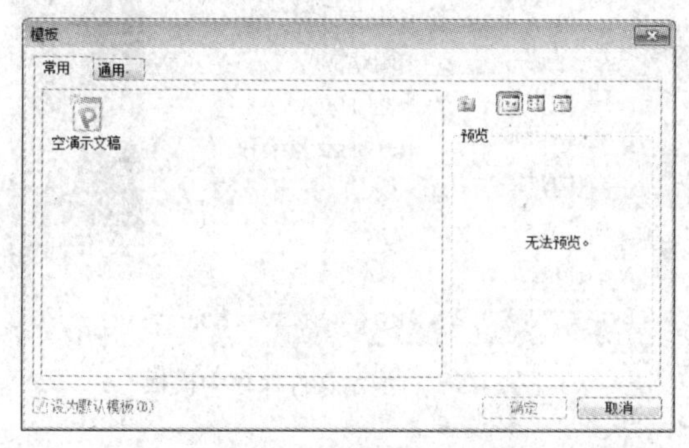

图 5-10　常用模板

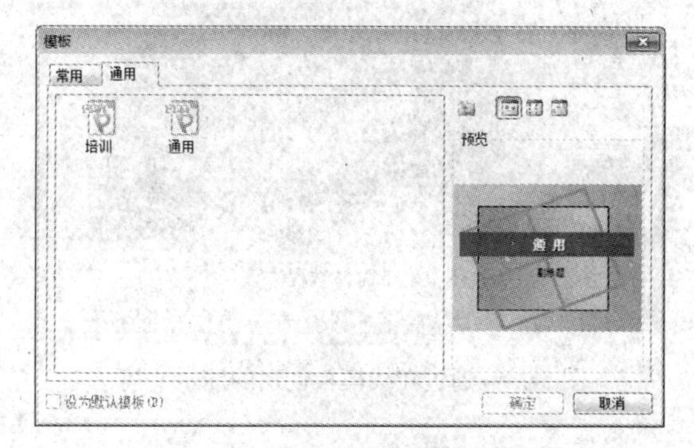

图 5-11　通用模板

（3）此时便创建了带有模板的演示文稿，此演示文稿包含多张幻灯片，每张幻灯片的内容和版式都已预先设置，如图 5-12 所示。

3．使用在线模板创建演示文稿

（1）当打开 WPS 演示时，一般情况下会直接显示“在线模板”界面，可在此界面中进行查找，选择自己喜欢的模板，同时也可以在标签中搜索各种风格的模板，如图 5-13 所示。

若打开 WPS 演示后并没有显示上述界面，也可通过单击“WPS 演示”菜单，在弹出的菜单中选择“新建/从在线模板新建”命令，如图 5-8 所示，之后操作同上。

（2）选择好某个模板后单击，便创建了该模板的演示文稿，如图 5-14 所示。

4．使用其他演示文稿的模板创建演示文稿

在制作 WPS 演示的时候，为了让演示文稿风格统一，常会使用模板，如需使用一些设计美观的演示文稿文件的模板时，可先将该文件保存为模板文件，即可供其他文件调用。

在 WPS 中将文件保存为模板的方法为：单击“WPS 演示”菜单，在弹出的菜单中选择“另存为/WPS 演示文件（*.dpt）”命令，WPS 演示中模板后缀名是“*.dpt”，如图 5-15 所示。

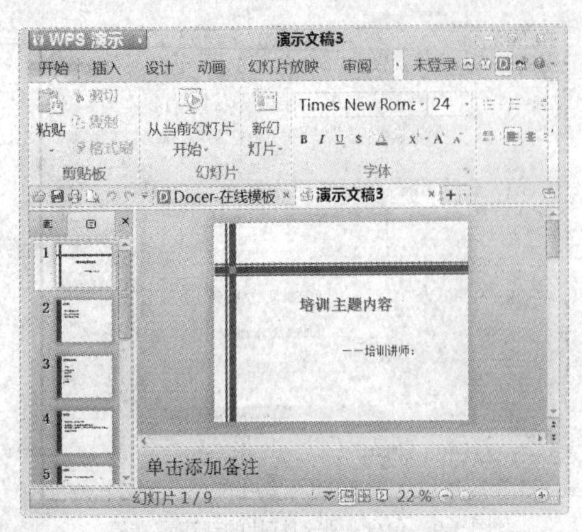

图 5-12　带有模板的演示文稿

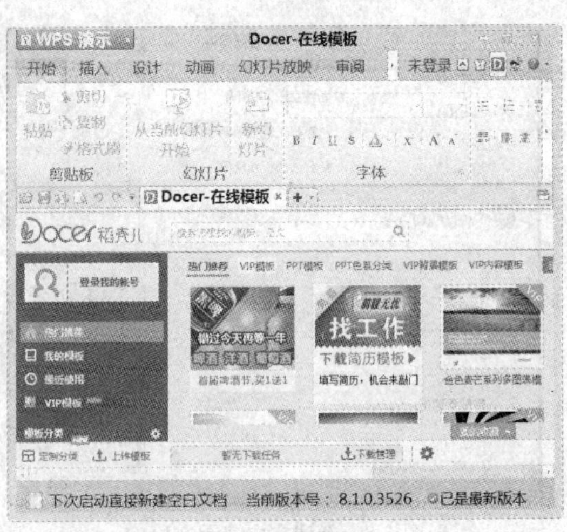

图 5-13　在线模板

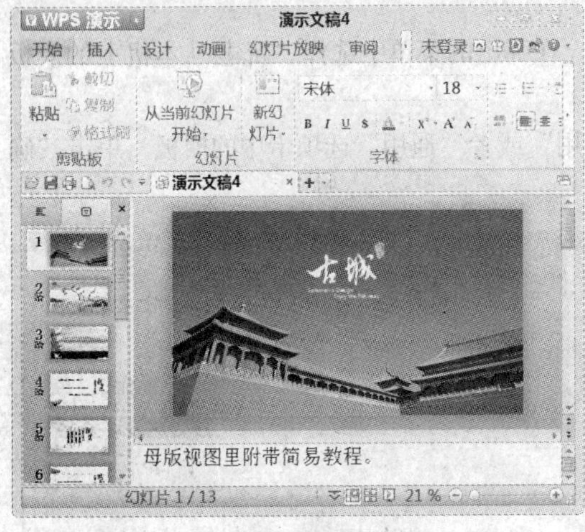

图 5-14　通过在线模板创建的演示文稿

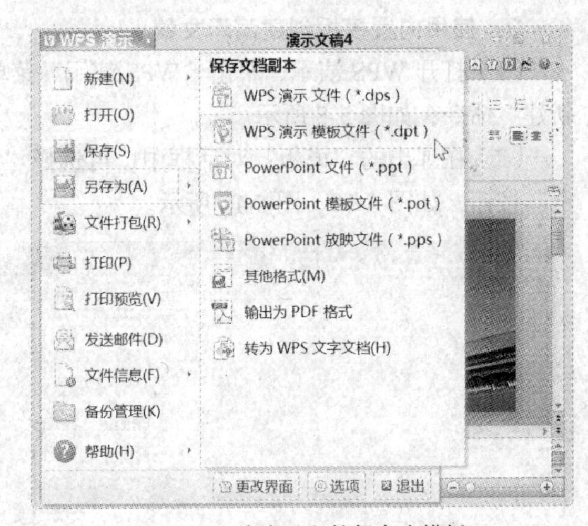

图 5-15　将演示文件保存为模板

5.2.3　演示文稿的浏览和编辑

1. 演示文稿的视图

WPS 演示为编辑、浏览和放映幻灯片的需要提供了 3 种不同的视图方式，分别为普通视图、幻灯片浏览视图和幻灯片播放视图。这些视图分别突出了编辑过程中的不同部分。各种视图间的切换可以用状态栏上的视图切换按钮，如图 5-16 所示。也可单击“WPS 演示”菜单右边的下拉按钮，在弹出的下拉菜单中选择“视图”中的命令进行切换。

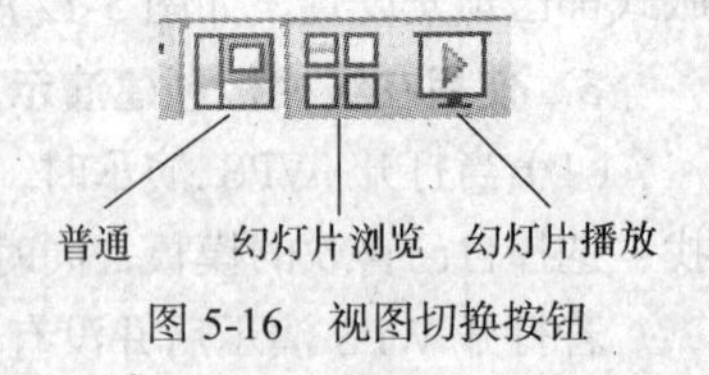

图 5-16　视图切换按钮

（1）普通视图

普通视图是 WPS 演示的默认视图，如图 5-17 所示。在该视图方式下，工作窗口以 4 个区域的形式显示。左区域以大纲形式显示演示文稿中的文本内容；中部显示当前幻灯片中的所有内容；下方区域显示当前幻灯片的备注，备注文字在幻灯片放映时不显示，单击视图切换按钮前的按钮可隐藏或显示备注面板；右区域是任务窗口，可对幻灯片效果进行快速设定，该窗口不需要显示时可关闭。单击前 3 个区域中的任何一个区域，即可对大纲编辑区、幻灯片编辑区和备注区进行编辑，另外，拖动区域边框线可调整区域的大小。

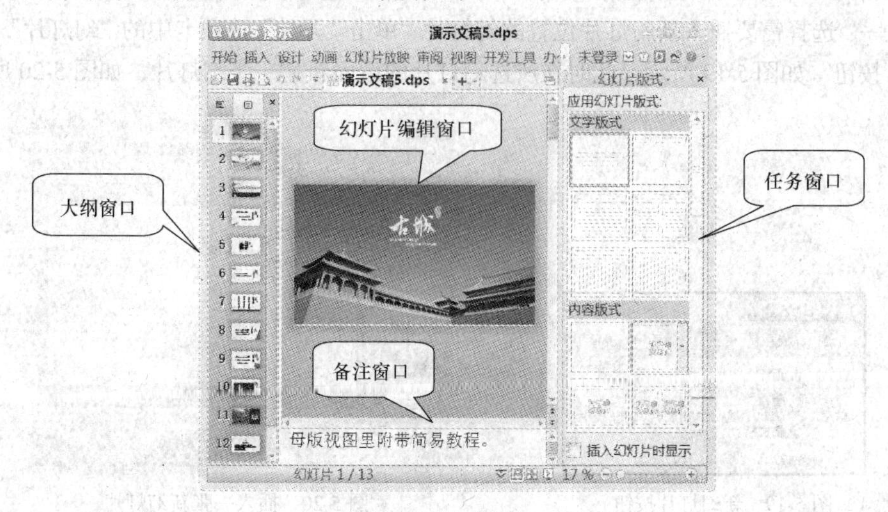

图 5-17　普通视图

（2）幻灯片浏览视图

幻灯片浏览视图是所有的幻灯片以缩略图形式显示的一种方式，如图 5-18 所示。在幻灯片浏览视图中，用户可以利用滚动条在屏幕上同时看到每张幻灯片的缩略图，可以非常方便地对幻灯片进行复制、移动和删除等操作。但是在幻灯片浏览视图下不能对幻灯片的内容直接进行修改。

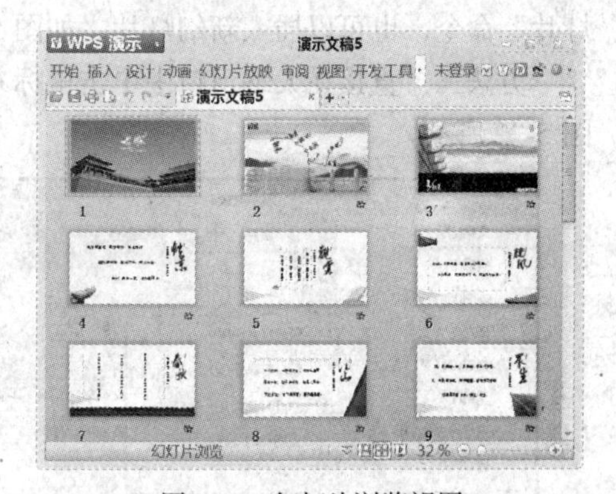

图 5-18　幻灯片浏览视图

在任务栏右侧的缩放标尺 56 % 可用来调节每张幻灯片的显示大小，标尺左侧会显示出缩放的具体数值。

（3）幻灯片放映视图

幻灯片放映视图就像一架幻灯放映机，每张幻灯片以满屏的方式显示出来。在该视图下，用户不仅能看到设计好的各种动画和定时效果等，还可在放映过程中通过绘图笔在屏幕上进行注释。另外，通过幻灯片放映视图按钮切换出的放映动作，总是从当前幻灯片位置开始放映。

2. 演示文稿的编辑

通常情况下，一个完整的演示文稿是由很多张幻灯片组成的。在对演示文稿的编辑过程中，经常要对幻灯片进行复制、移动和删除等操作，一般在幻灯片浏览视图下操作比较快捷。下面对演示文稿的各种编辑操作进行介绍。

（1）幻灯片的选定

① 如果是选择单张幻灯片，则用鼠标直接单击要选定的幻灯片即可。

② 如果是选择连续的多张幻灯片，则在单击第 1 张幻灯片后，按住 Shift 键不放，选择最后一张幻灯片。

③ 如果选择不连续的幻灯片，则需在按住 Ctrl 键的同时分别单击需要选择的幻灯片。

④ 如果选择全部幻灯片，单击“WPS 演示”菜单右边的下拉按钮，在弹出的下拉菜单中选择“编辑/全选”命令，或使用 Ctrl+A 快捷键。

（2）插入新幻灯片

插入新幻灯片有以下几种常用方法。

方法一：选择需要插入新幻灯片位置的幻灯片，单击“开始”选项卡中的“幻灯片”组的“新幻灯片”按钮，如图 5-19 所示，此时在所选幻灯片的后面新建一张幻灯片，如图 5-20 所示。

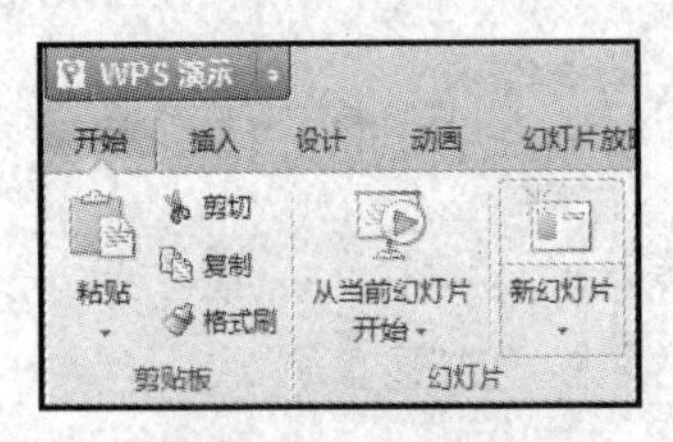

图 5-19　新幻灯片按钮

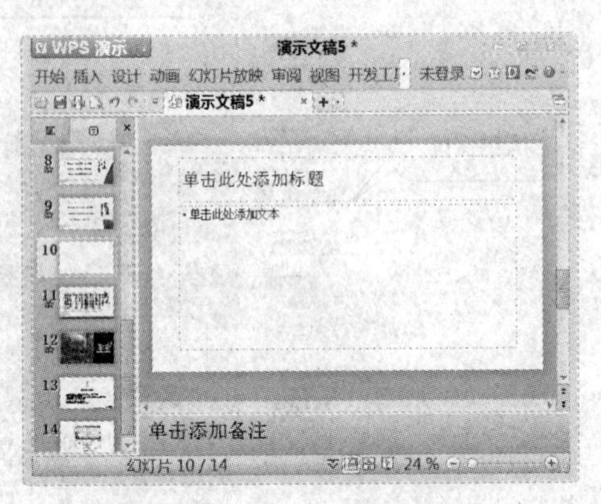

图 5-20　插入一张新幻灯片

方法二：单击“WPS 演示”菜单右边的下拉按钮，在弹出的下拉菜单中选择“插入/新幻灯片”命令，也可以插入新幻灯片，如图 5-21 所示。

方法三：直接在大纲窗口中单击鼠标右键，在弹出的快捷菜单中选择“新幻灯片”命令，如图 5-22 所示。

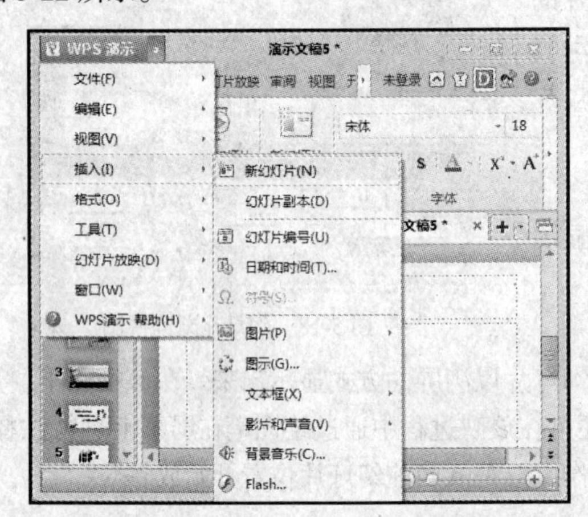

图 5-21　从菜单插入新幻灯片

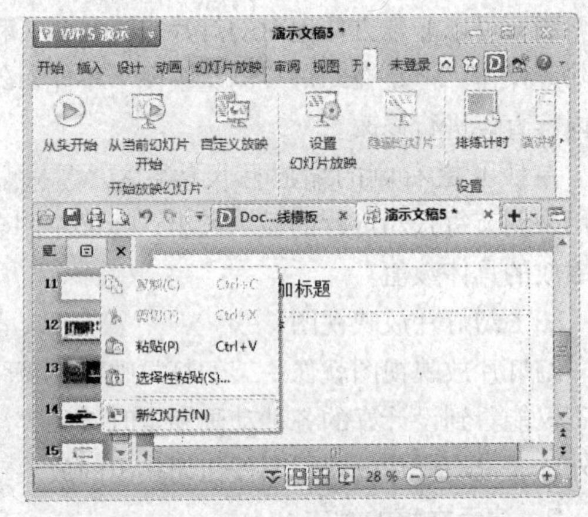

图 5-22　右键插入新幻灯片

（3）更改幻灯片版式

更改幻灯片版式有以下几种常用方法。

方法一：在对幻灯片的编辑过程中，如果对当前已选定的幻灯片版式不满意，可对当前版式进行更改，其方法是：首先选定需要更改版式的幻灯片，然后单击“WPS 演示”菜单右边的下拉按钮，在弹出的下拉菜单中选择“格式/幻灯片版式”命令，此时界面右侧会出现“幻灯片版式”任务窗口，如图 5-23 所示，在该窗口中重新选择版式，则幻灯片将应用新的版式。

方法二：在幻灯片编辑窗口单击右键，在右键快捷菜单中选择“幻灯片版式”命令，也可以启动“幻灯片版式”任务窗口，如图 5-24 所示，在该窗口中重新选择版式，则幻灯片将应用新的版式。

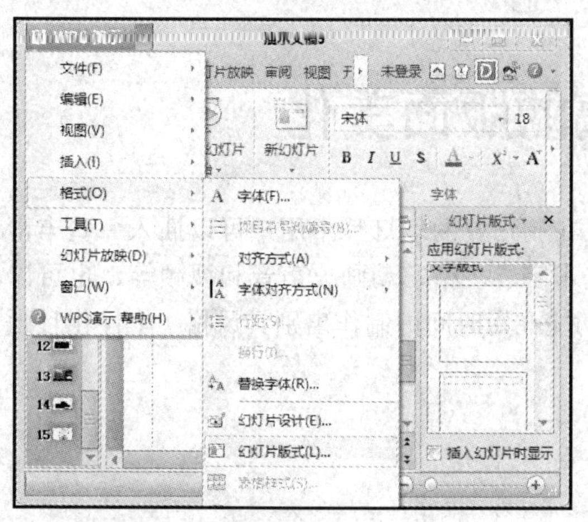

图 5-23　从菜单更改幻灯片版式

图 5-24　右键更改幻灯片版式

方法三：单击“设计”选项卡中“设计模板”组的“幻灯片版式”按钮，打开“幻灯片版式”任务窗口，如图 5-25 所示，在该窗口中重新选择版式，则幻灯片将应用新的版式。

（4）删除幻灯片

在幻灯片浏览视图中，选择要删除的幻灯片按 Delete 键，即可删除幻灯片，此时其后面的幻灯片会自动向前排列。如果要删除多张幻灯片，可在选择多张幻灯片后再按 Delete 键。也可以使用“编辑”菜单下的“删除幻灯片”命令完成，如图 5-26 所示。

图 5-25　从选项标签更改幻灯片版式

图 5-26　从菜单删除幻灯片版式

（5）复制幻灯片

选择要复制的幻灯片，单击“WPS 演示”菜单右边的下拉按钮，在弹出的下拉菜单中选择“编辑/复制”命令，然后选定将要粘贴到的位置前面的幻灯片，再选择“粘贴”命令即可。

（6）幻灯片的移动

除了利用常规的“剪切”和“粘贴”命令之外，可以用鼠标拖曳的方法进行移动。选择要移动的幻灯片，按住鼠标左键拖曳到需要的位置处后释放鼠标即可。

在拖曳时有一条长的直线会指示插入点位置。

5.3 演示文稿的版面美化

为了避免演示文稿总体布局的单调和呆板，在制作好的幻灯片中用户可以插入一些丰富多彩的多媒体对象，如文本框、图形、图像、艺术字、表格、动画、声音和视频等，也可以利用 WPS 演示提供的母版、背景和配色方案等功能在短时间内制作出别具风格、个性化且画面精美的幻灯片。

5.3.1 多媒体对象的插入

1. 文本框对象的插入

通常情况下，要在 WPS 演示中输入文字信息时，可直接在幻灯片的占位符中输入，但是 WPS 演示提供的版式有限，当需要在占位符之外的地方输入文字信息时，就必须添加文本框来实现。

（1）插入文本框

单击“WPS 演示”菜单右边的下拉按钮，在弹出的下拉菜单中选择“插入/文本框”命令，再根据需要选择“横排/竖排”文本框，然后用鼠标直接在幻灯片中拖曳，画出一个文本框来。这时文本框内会出现闪烁的光标，表示可以输入文本了。

（2）文本框的设置

文本框（或占位符，占位符和文本框的功能相似）中文字的字体格式和段落格式的设置方法与 WPS 文字的字体格式的设置方法相同。选中内部文字，单击“WPS 演示”菜单右边的下拉按钮，在弹出的下拉菜单中选择“格式/字体”命令，在弹出的“字体”对话框中直接修改格式即可。

对于文本框本身，可以添加背景、边框等格式。具体操作为：选中文本框的边框线，即可实现对文本框的选定，选定后，单击鼠标右键，选择“设置对象格式”命令，在弹出的“文本框设置”对话框中根据需要设置颜色与线条、尺寸、位置等信息即可。

2. 图形的插入

在 WPS 演示中可以添加多种图形，如图片、艺术字、形状、图表等。

（1）插入图片和素材

丰富演示文稿最好的方法就是在幻灯片中插入图片，这样可以达到美化的效果，同时也可以让表现的内容更加形象化。插入图片的具体操作步骤如下。

① 选定一张幻灯片。

② 单击“插入”选项卡中“图像”组的“图片”按钮，如图 5-27 所示，在弹出的“插入图片”对话框中选择需要插入的图片，单击“插入”按钮即可。

例如要向幻灯片中插入更多的图片素材，也可通过网络选择 WPS 提供的丰富的在线素材，如图 5-28 所示。

（2）插入艺术字

艺术字是一种特殊的图形对象，它以图形的方式来表现文字，使文字更具艺术魅力，在幻灯片中通常会在标题等处使用艺术字。具体操作步骤如下。

① 单击“插入”选项卡中“文本”组的“艺术字”按钮。

② 在打开的“艺术字库”对话框中选择一种艺术字样式，单击“确定”按钮。

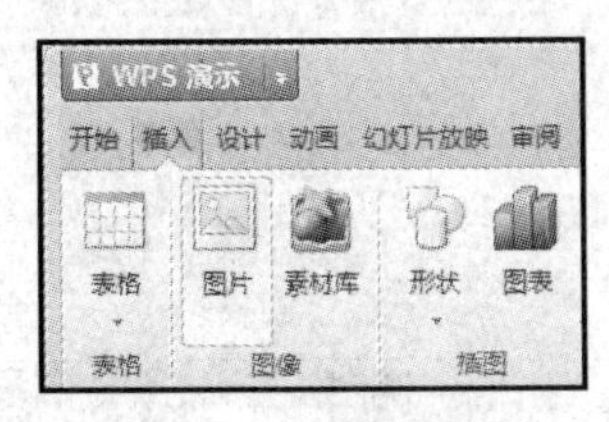
图 5-27　插入图片按钮

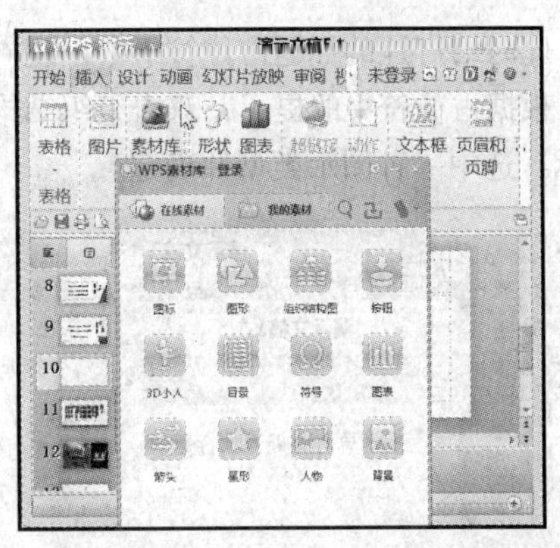
图 5-28　网络图片素材

③ 在“编辑‘艺术字’文字”对话框中的文本框中输入文字，单击“确定”按钮。

艺术字的编辑操作与 WPS 文字的操作相同，可以利用“艺术字”选项标签功能区中的按钮对艺术字的格式进行设置。

（3）形状和图表

单击“插入”选项卡中“插图”组的“形状”按钮，在打开的下拉列表中用户可以方便地选择并自制一些图形，WPS 演示提供了自带常用形状和在线素材等多种选择，如图 5-29 所示。图形的绘制方法与 WPS 演示中图形的绘制方法相同，此处不做过多讲解。

3. 组织结构图的插入

通常情况下，在描述一种结构关系或层次关系时，经常要采用一类能够形象地表达结构和层次关系的图形，这类图形称做组织结构图。在幻灯片中插入组织结构图的方法有两种，一种是在演示文稿中插入一个带有组织结构图占位符的新幻灯片，另外一种就是在已有的幻灯片上单击“WPS 演示”菜单右边的下拉按钮，在弹出的下拉菜单中选择“插入/图片/组织结构图”命令来插入一个组织结构图。下面就以第一种方法详细介绍组织结构图的插入。

创建一个带有组织结构图的新幻灯片，是创建组织结构图的最简便的方法，可利用含有组织结构图占位符的自动版式来创建幻灯片，操作步骤如下。

（1）创建新的演示文稿或在原有的演示文稿中插入新幻灯片，选择“标题和图示或组织结构图”版式，如图 5-30 所示。

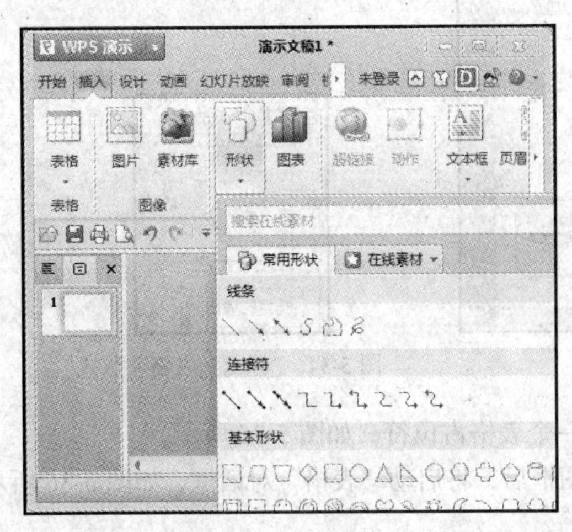
图 5-29　常用形状

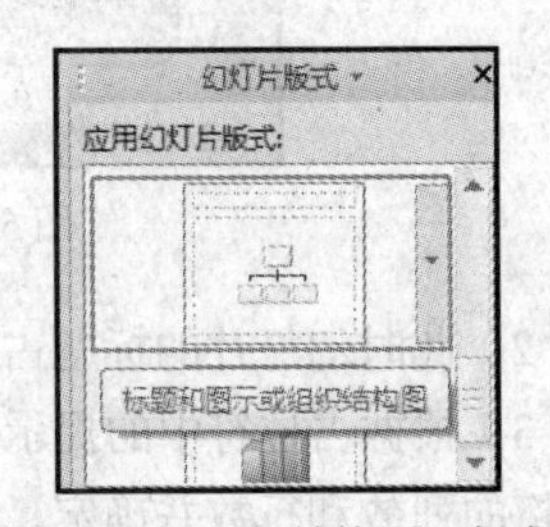
图 5-30　“组织结构图”版式

（2）此时幻灯片的标题占位符下方出现一个可加入组织结构图的占位符，如图 5-31 所示。

（3）根据占位符中的提示，双击组织结构图的图框后，将自动启动“图示库”对话框，如图 5-32 所示，选中一种图示类型并确定。

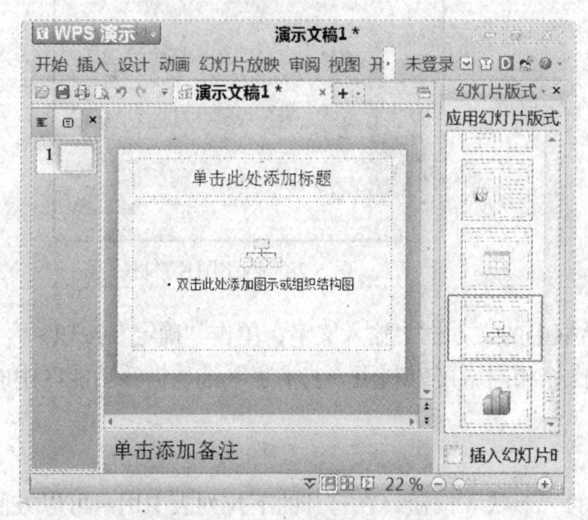

图 5-31　“组织结构图”幻灯片

图 5-32　组织结构图图示库

（4）此时在组织结构图占位符中，可根据设计要求直接向组织结构图的各个图框中输入文本，如图 5-33 所示。

4. **表格的插入**

在 WPS 演示中，创建和编辑表格的方法基本上与在 WPS 文字中创建和编辑表格的方法相同。用户可以单击“插入”选项卡中“表格”组的“表格”按钮或单击“WPS 演示”菜单右边的下拉按钮，在弹出的下拉菜单中选择“插入/表格”命令来创建表格，也可以直接使用带有表格对象的幻灯片来创建表格。下面以创建含有表格占位符版式的幻灯片为例，介绍插入表格的方法，具体步骤如下。

（1）创建新的演示文稿或在原有的演示文稿中插入新幻灯片，选择“标题和表格”版式，如图 5-34 所示。

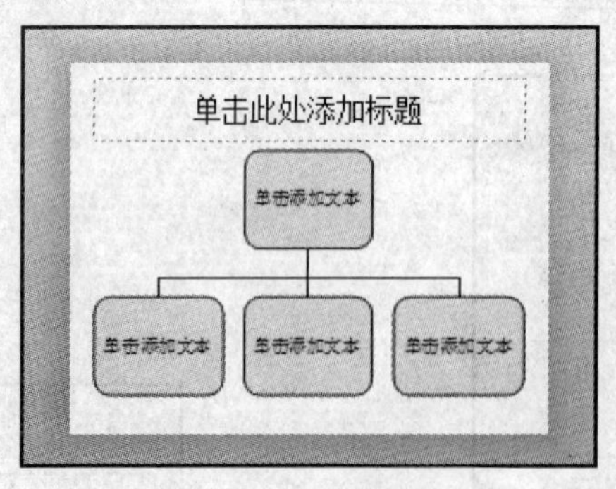

图 5-33　组织结构图

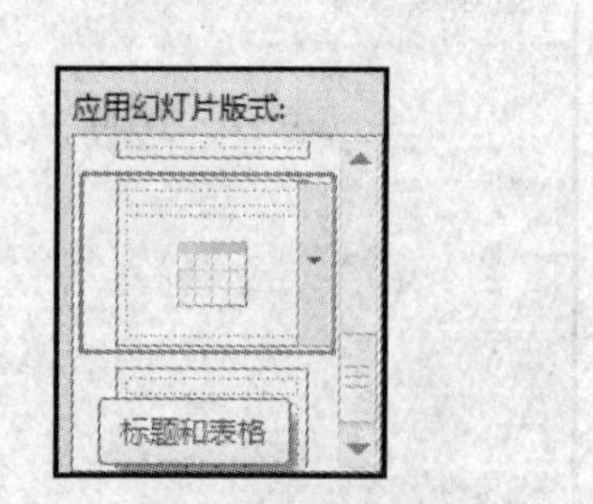

图 5-34　“标题和表格”版式

（2）此时幻灯片的标题占位符下方出现一个表格占位符，如图 5-35 所示。

（3）根据占位符中的提示，双击表格的图框后，将启动“表格”对话框，如图 5-36 所示，设定表格的列数和行数并确定。

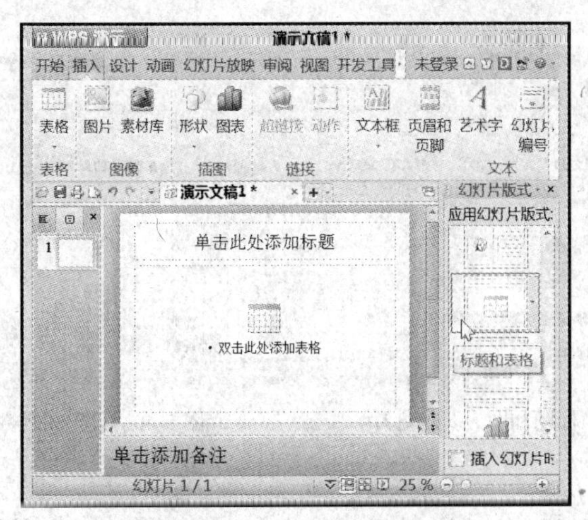

图 5-35 “标题和表格”幻灯片

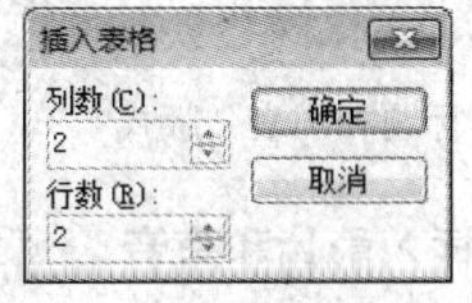

图 5-36 设定表格尺寸

（4）此时在表格占位符中插入一个基本表格对象，在表格中输入文本内容，再单击幻灯片的空白区，即可完成表格的制作，如图 5-37 所示。

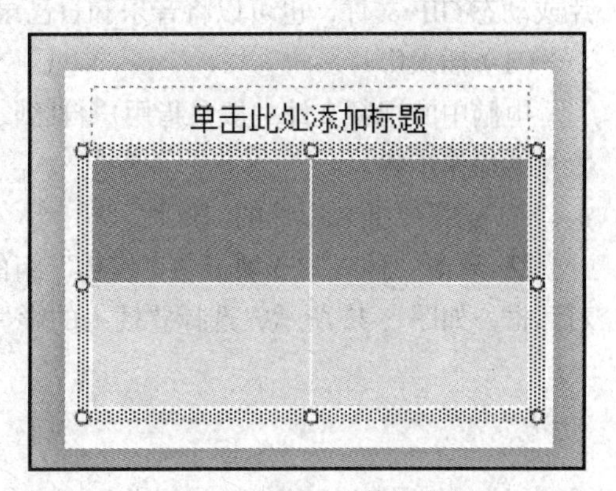

图 5-37 幻灯片中使用表格

表格制作完成后，要对表格进行编辑、修改操作，可以选择“表格工具”选项卡的命令按钮。也可以根据需要选择“表格样式”选项卡的命令按钮对表格进行格式化，使表格中的文本和外观更协调。WPS 演示没有“表格”菜单。删除表格只要单击表格边框，再按 Delete 键即可。另外，值得一提的是，用户还可以把现成的 WPS 文字表格复制到幻灯片中。

5. 图表的插入

在 WPS 演示中添加图表，可以清晰、简洁地显示数字，使数字更具说服力，同时也可以使演示文稿更加丰富多彩。与表格相比，图表的表示方式更加直观，分析也更为方便。

添加图表的方式有多种。

◆ 用户可以选择“插入”选项卡中“插图”组中的“图表”按钮。

◆ 用户可以单击“WPS 演示”菜单右边的下拉按钮，在弹出的下拉菜单中选择“插入/图表”命令。

◆ 可以直接使用带有图表对象的幻灯片来创建图表。

下面以创建含有图表占位符版式的幻灯片为例，介绍图表的插入，具体步骤如下。

（1）创建新的演示文稿或在原有的演示文稿中插入新幻灯片，选择“标题和图表”版式，如图 5-38 所示。

（2）此时幻灯片的标题占位符下方出现一个图表占位符，如图 5-39 所示。

（3）根据占位符中的提示，双击图表的图框后，将启动 WPS 图表的窗口，其中显示着图表的默认数据，如图 5-40 所示。

（4）此时可以对表格中的数据以及图表区域进行调整，调整好后返回幻灯片，可以看到默认的图表被更新。

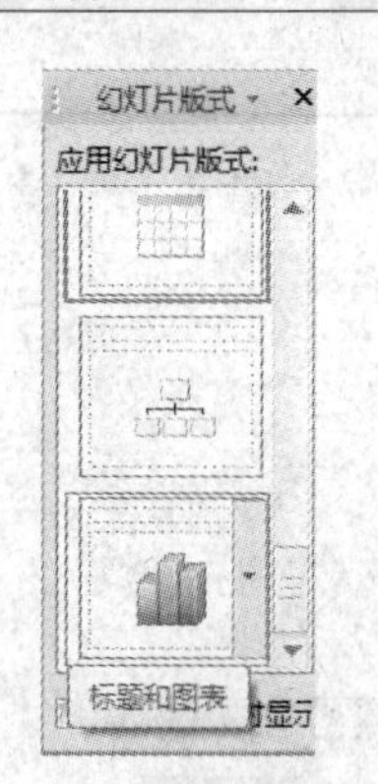
图 5-38 “标题和图表”版式

图 5-39 “标题和图表”幻灯片

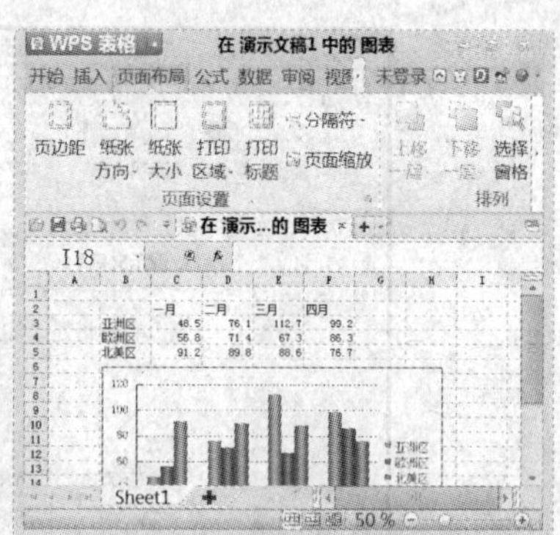
图 5-40 设置图表数据

6. 插入影片和声音

可以在幻灯片中插入多种类型的视频文件，例如扩展名为.asf、.mov、.wmv、.avi 等格式的影片或动态 GIF 文件，也可以将音乐和自己录制的声音添加到幻灯片中，使幻灯片更加生动形象。

（1）插入影片

电脑中的视频文件一般是指用户自己收集或从网上下载的影片。下面主要介绍从文件中插入影片的操作步骤。

① 选择要插入影片的幻灯片。

② 单击“插入”选项卡中“媒体”组的“影片”按钮，如图 5-41 所示，打开“插入影片”对话框，如图 5-42 所示，选择要插入的影片，然后单击“确定”按钮。

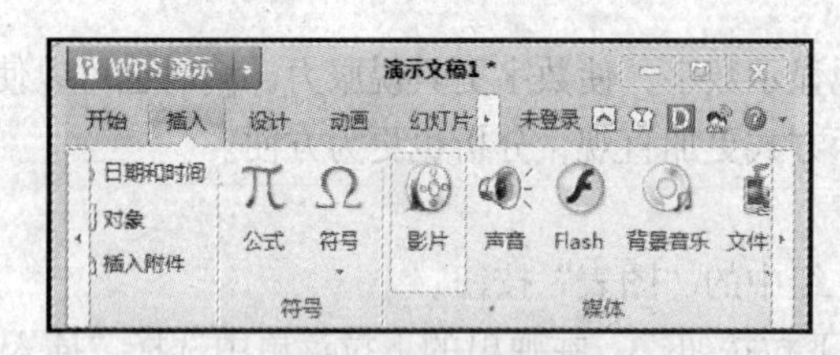
图 5-41 插入影片按钮

图 5-42 “插入影片”对话框

③ 此时会弹出一个提示框，询问是否自动播放影片，如图 5-43 所示。根据需要进行选择即可。

④ 插入影片后的幻灯片如图 5-44 所示。

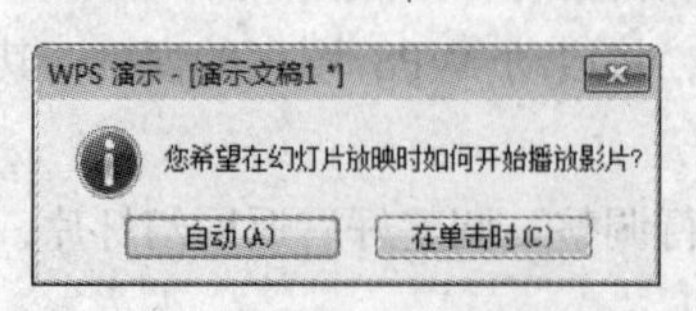

图 5-43 自动播放影片提示窗口

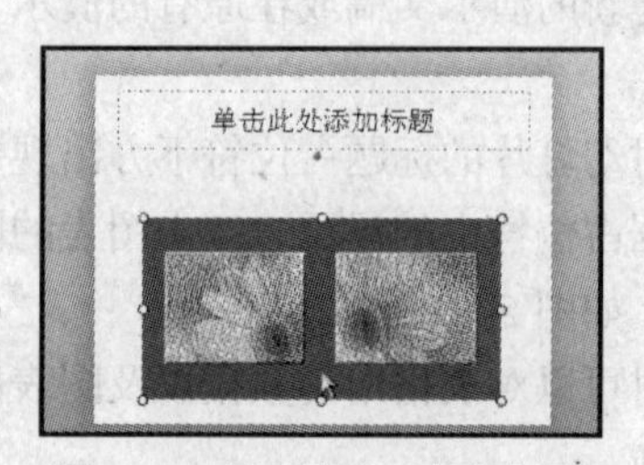

图 5-44 插入影片后的幻灯片

（2）插入声音

插入声音的方法和插入影片的方法相同。将音乐或声音插入幻灯片后，会显示一个代表该声音文件的声音图标。若要播放这段音乐或声音，可以将它设置为幻灯片显示时自动开始播放、单击鼠标时开始播放、带有时间延迟的自动播放或作为动画片段的一部分播放。如果要隐藏该图标，可以将它拖出幻灯片并将声音设置为自动播放。

（3）设置背景音乐

插入背景音乐的操作步骤如下。

① 单击“插入”选项卡中“媒体”组的“背景音乐”按钮，打开“从当前页插入背景音乐”对话框，选择要插入的音乐，然后单击“打开”按钮。

在插入背景音乐时需要注意的是：如果当前幻灯片为第一张，则音乐直接插入到第一张幻灯片中；如果当前幻灯片不是第一张幻灯片，且无背景音乐，则会弹出提示“首页没有背景音乐，是否添加到首页”，选择“是”则添加到第一张幻灯片；选择“否”，则添加到当前幻灯片中，如图 5-45 所示。

② 当插入背景音乐后，会在幻灯片左下角出现一个代表背景音乐的声音图标。在这个图标上单击右键，在快捷菜单上选择“播放声音”命令可检测插入的文件是否可以播放。单击鼠标即可结束播放，如图 5-46 所示。

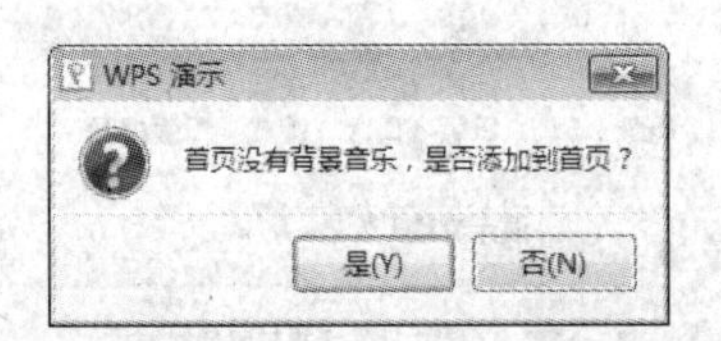

图 5-45　自动播放影片提示窗口

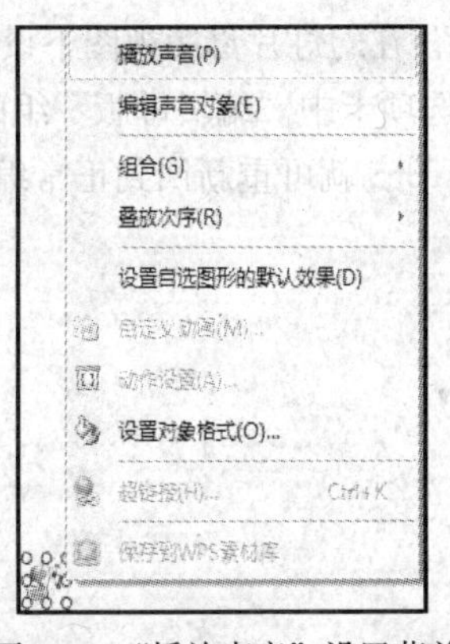

图 5-46　“播放声音”设置菜单

在有代表背景音乐的声音图标的幻灯片中插入新的背景音乐时，即可完成对背景音乐的替换。通过删除代表背景音乐的声音图标来实现对背景音乐的删除。同时，对这个图标的剪切、粘贴也可以实现对背景音乐的移动。

③ 在代表背景音乐的声音图标上单击右键，在弹出的快捷菜单上选择“编辑声音对象”，在弹出的“声音选项”对话框中便可对背景音乐的音量进行编辑，如图 5-47 所示。

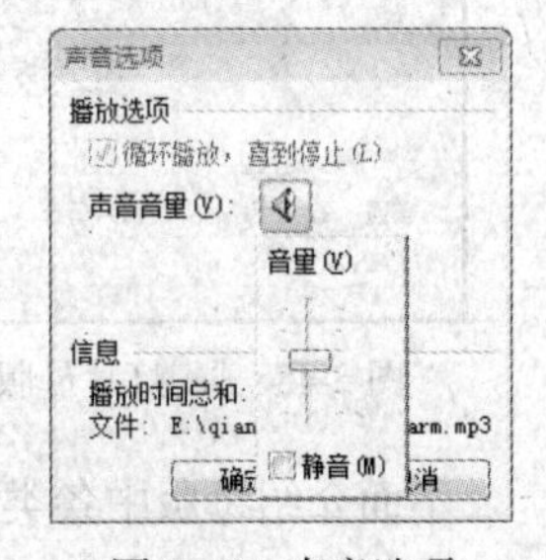

图 5-47　声音选项

（4）插入 Flash

随着网站技术的日益增进，Flash 已经成为当下流行的一种动画格式，在 WPS 演示中使用 Flash 格式文件的方法如下。

① 单击“插入”选项卡中“媒体”组的“Flash”按钮，打开“插入 Flash 动画”对话框。选择要插入的 Flash 文件，然后单击“打开”按钮。

② Flash 文件即插入到幻灯片中，切换到幻灯片预览视图，可观看播放效果。

5.3.2 设置幻灯片外观

WPS 演示有一个很大的优点就是可以使演示文稿中的所有幻灯片都有一致的外观。控制幻灯片外观的方法有三种：使用母版、配色方案和应用设计模板。

1. 使用母版

母版是所有幻灯片的底版，常用来设置文稿中的每张幻灯片的预设格式，这些格式包括每张幻灯片的标题及正文文字的位置和大小、项目符号的样式、背景图案等。由于一套幻灯片受到同一母版的主控，故幻灯片之间就显得和谐和匹配。

WPS 演示母版分为两类：幻灯片母版、标题母版。

（1）幻灯片母版

幻灯片母版最常用，适用于所有幻灯片。

进入母版编辑区的方法有以下几种。

第一种：单击“视图”选项卡中“母版视图”组的“幻灯片母版”按钮，如图 5-48 所示。

第二种：单击“WPS 演示”菜单右边的下拉按钮，在弹出的下拉菜单中选择“视图/母版/幻灯片母版”命令。

在幻灯片母版视图中有 5 个占位符，分别用来确定幻灯片中不同区域显示的对象格式，如图 5-49 所示。在幻灯片母版视图下设置完成后，若要回到正常的幻灯片编辑视图，可以单击“幻灯片母版”选项卡中“编辑母版”组的“关闭母版视图”按钮，或单击状态栏右侧的任一视图切换按钮，就可重新回到正常编辑状态下。

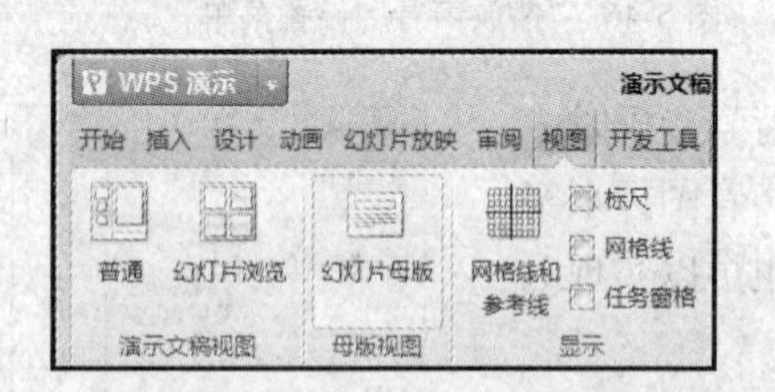

图 5-48 “幻灯片母版”按钮

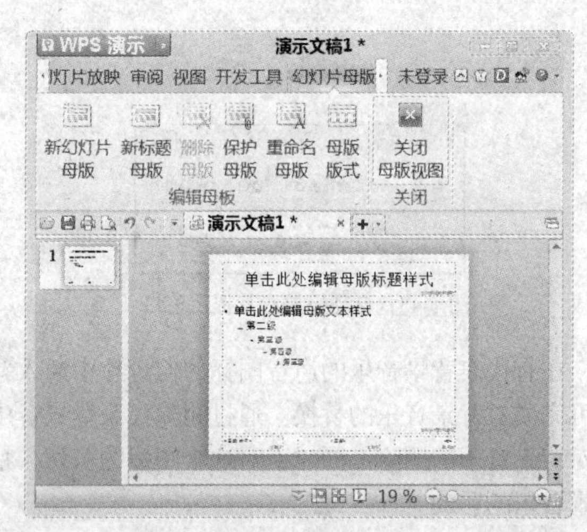

图 5-49 “幻灯片母版”视图

下面介绍母版中各类版式对象的设置方法。

① 设置标题、正文格式

在幻灯片母版视图中选中对应的文本占位符对象，例如标题样式或文本样式等，可以设置字符格式、段落格式等，该设置方法与 WPS 文字中的设置方法相同。

② 设置页眉、页脚和幻灯片编号

在幻灯片母版状态下，单击“WPS 演示”菜单右边的下拉按钮，在弹出的下拉菜单中选择

"视图/页眉页脚"菜单命令，打开"页眉和页脚"对话框，选择"幻灯片"选项标签，如图 5-50 所示。

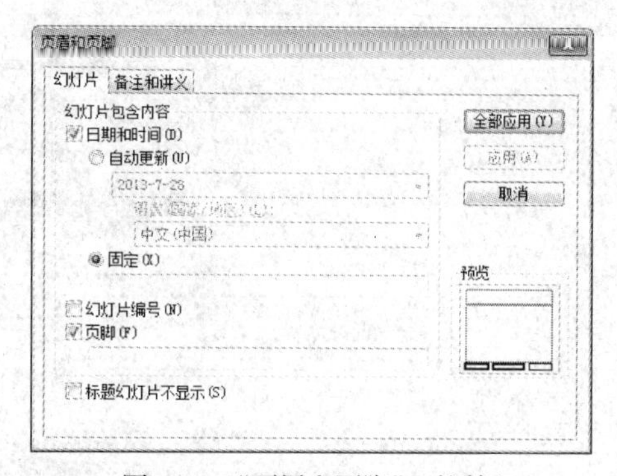

图 5-50　"页眉和页脚"对话框

◆　选中"日期和时间"复选框，表示在"日期区"显示日期和时间。在"日期和时间"复选框下方有两个选项，若选择了"自动更新"，则时间采用系统时间，会随着系统时间的改变而改变；若选择"固定"，则需要用户在其后面的文本框中输入一个确定的日期。

◆　选中"幻灯片编号"复选框，则在"数字区"自动加上幻灯片编号。

◆　选中"页脚"复选框，则可以在每页上添加一些注释，如设计者、单位等。

另外，在"页眉和页脚"对话框的最下方有一个"标题幻灯片不显示"复选框，若选中该复选框，则幻灯片中采用了"标题幻灯片"版式的幻灯片就不会显示日期、编号和页脚等信息。

③ 向母版插入对象

要使多张幻灯片的相同位置出现同样的对象，则可向母版中插入该对象，这样多张幻灯片中都会自动拥有该对象。

例如，在母版编辑状态下，单击"插入"选项卡中"图像"组的"图片"按钮，在弹出的"插入图片"对话框中选择并插入用户选定的图片后，图片就插入到母版中，如图 5-51 所示。选择"幻灯片母版"选项卡中"编辑母版"组的"关闭母版视图"按钮或者单击视图切换栏上的任意视图按钮，退出母版编辑状态。这时可实现在多张幻灯片中显示该图片，图 5-52 所示为幻灯片浏览视图下的效果。

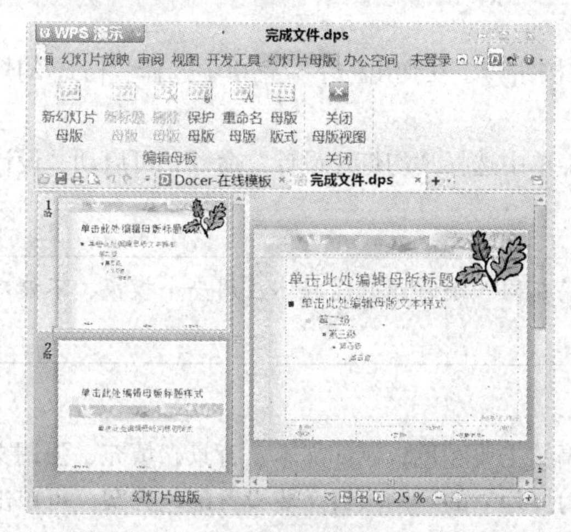

图 5-51　在母版编辑状态下插入图片

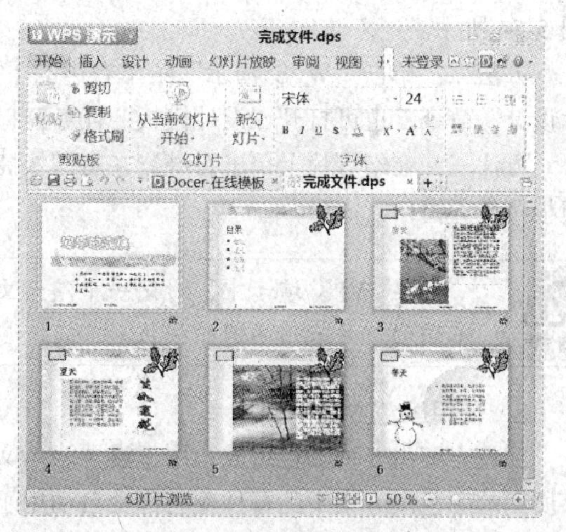

图 5-52　通过母版插入图片的效果

（2）标题母版

按照上述方式进入母版编辑区，如母版编辑区中不存在"标题母版"，可通过单击"幻灯片母版"选项标签中的"新标题母版"按钮建立，如图 5-53 所示。标题幻灯片母版控制的是采用"标题幻灯片"版式建立的幻灯片，一般第 1 张幻灯片常采用"标题幻灯片"版式建立，由于标题幻灯片相当于幻灯片的封面，所以要对它单独设计。标题母版的设置方法与幻灯片母版的设置方法相同，此处略述。

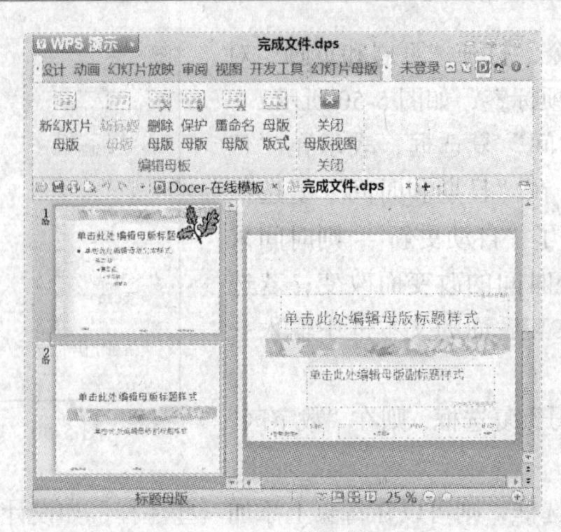

图 5-53　标题母版

由于图 5-52 的第一张幻灯片采用的是“标题幻灯片”版式，其显示效果受“标题母版”控制，所以没有应用树叶图片；而其余幻灯片显示效果受“幻灯片母版”控制，所以都应用了树叶图片。

2. 应用设计模板

利用设计模板可以快速地为演示文稿选择统一的背景图案和配色方案。

应用设计模板可采用以下几种方法。

方法一：选择“设计”选项卡的“设计模板”组中任一在线模板，则可通过网络下载该模板应用到幻灯片上。或单击其后的“设计模板”按钮，可打开“设计模板”任务窗口，如图 5-54 所示。

方法二：单击“WPS 演示”菜单右边的下拉按钮，在弹出的下拉菜单中选择“格式/幻灯片设计”命令，也可打开“设计模板”任务窗口。

方法三：在幻灯片上单击右键，在右键快捷菜单中选择“幻灯片设计”命令，可启动“设计模板”任务窗口。

在 WPS 演示中，对同一个演示文稿在同一个时间只能整体应用一个模板，不能对不同幻灯片采用不同的模板。

3. 使用配色方案

配色方案由 8 种颜色组成，用于设置演示文稿的主要颜色，例如文本、背景、填充、强调文字所用的颜色。方案中的每种颜色都会自动用于幻灯片上的不同项目。要设置配色方案，可单击“设计”选项卡的“设计模板”组的“颜色方案”按钮，在打开的“幻灯片设计-配色方案”任务窗口中选择某种“应用配色方案”，如图 5-55 所示。

单击任务窗口下方的“编辑配色方案”选项，在打开的“编辑配色方案”对话框中，用户可选择“标准”选项卡，使用系统搭配好的配色方案，如图 5-56 所示；也可以选择该对话框的“自定义”选项卡，对幻灯片的各个细节定义个性化的颜色，如图 5-57 所示。

在“配色方案”对话框中，不论以标准方式或自定义方式设置的方案，在设置完成后，单击“应用”按钮，将应用到演示文稿中的所有幻灯片。

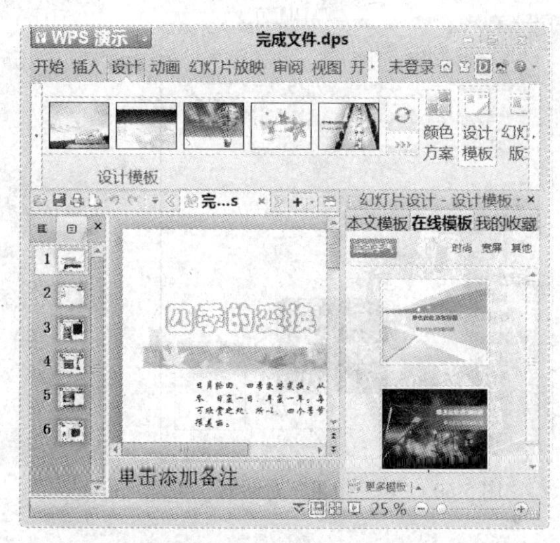

图 5-54　应用在线模板

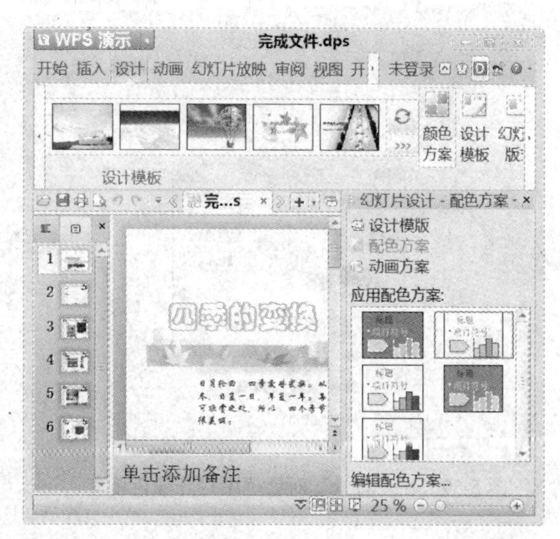

图 5-55　应用配色方案

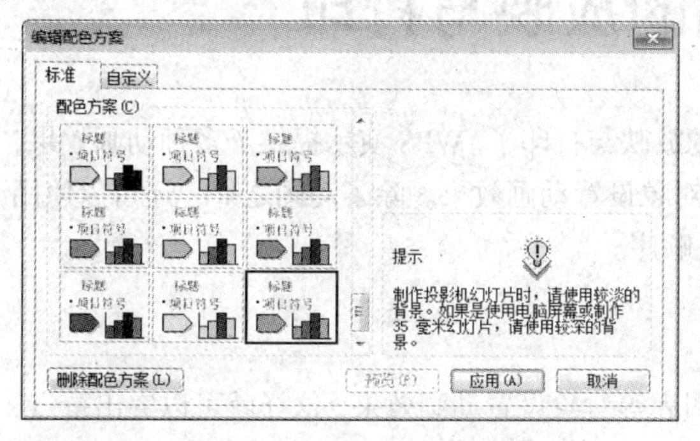

图 5-56　“配色方案”对话框

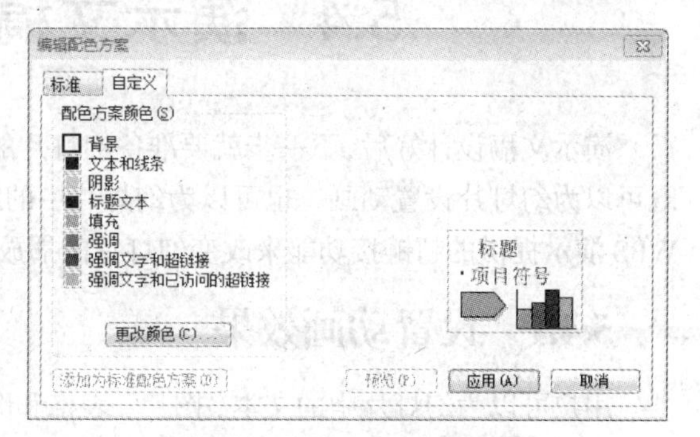

图 5-57　自定义配色方案

4. 背景设置

更改幻灯片的颜色除了可以采用幻灯片配色方案之外，还可以通过改变幻灯片的背景来完成。在设置背景时，可以设置颜色、阴影、图案和纹理等，还可以使用图片作为幻灯片背景。其操作步骤如下。

图 5-58　“背景”对话框

（1）选取需要更改背景的幻灯片。

（2）单击“WPS 演示”菜单右边的下拉按钮，在弹出的下拉菜单中选择“格式/背景”菜单命令，或者在当前幻灯片上单击鼠标右键，选择“背景”命令，弹出“背景”对话框，如图 5-58 所示。

（3）在“背景”对话框中设置背景时，可以单击“背景填充”选项栏下方的下拉按钮，即可打开颜色填充选项，如图 5-59 所示。

（4）在颜色填充选项中，如果选择单色，则直接选择即可。如果有特殊设置，可选择“填充效果”选项，此时会自动弹出“填充效果”对话框，如图 5-60 所示。在该对话框中，可以选择“渐变”、“纹理”、“图案”和“图片”选项卡分别设置不同的背景效果。

（5）设置完成后，单击“应用”按钮，将更改应用到所有的幻灯片。

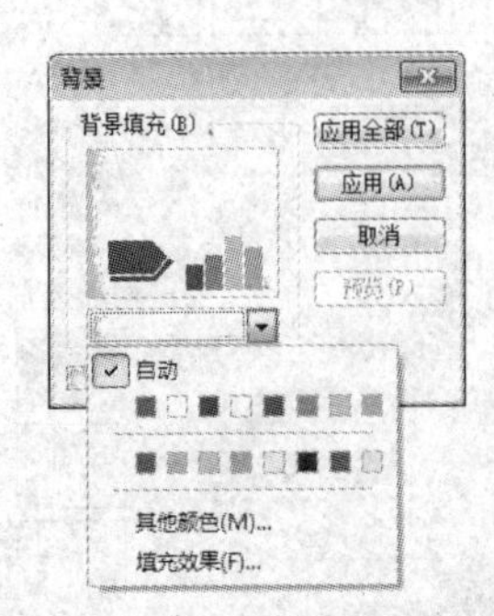

图 5-59 在“背景”对话框中打开颜色填充

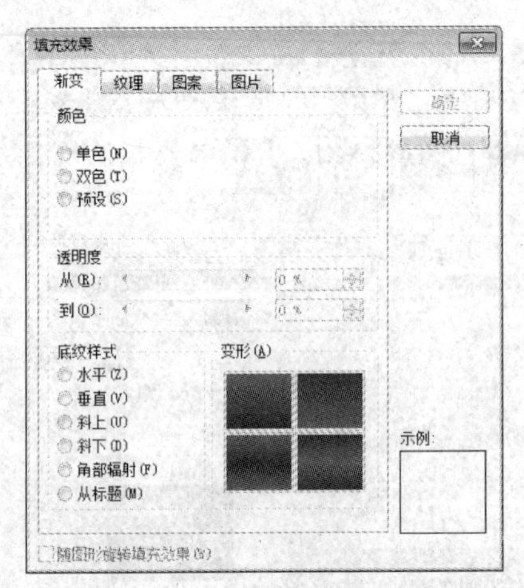

图 5-60 “填充效果”对话框

5.4 演示文稿的放映与打印

演示文稿设计好后，下一步就要准备幻灯片的放映与打印了。WPS 演示提供了多种动画效果，既可以为幻灯片设置动画，也可以为幻灯片中的对象设置动画效果。除了动画之外，还可以使用 WPS 演示提供的超链接功能来改变幻灯片的播放顺序。

5.4.1 设置动画效果

用户可以为幻灯片中的文本、图片、表格和图表等对象设置动画效果，这样就可以突出重点、控制信息的流程、提高演示的趣味性。

在设计动画时，有两种不同的动画设计方式，一个是幻灯片内部动画，另一个是幻灯片之间的动画。

1. 幻灯片内部动画设置

幻灯片内部动画是指在演示某一张幻灯片时，随着演示的进展，逐渐显示幻灯片内不同层次、不同对象的内容。如首先显示标题内容，然后一条一条地显示正文，再用不同的动画效果显示接下来的对象，这种方法称为幻灯片内部动画。幻灯片内部动画的设置一般在“幻灯片视图”窗口中进行。

使用自定义动画可以较为灵活地设置对象出现的次序，并可以根据实际需要设置每个对象的播放时间和动态显示图表中的各个元素等。自定义动画可适用于多种对象，可以是标题、文本、图形、图像、图表和各种插入对象，甚至可以是影片和声音。

设置自定义动画的操作步骤如下。

① 使设置动画的幻灯片为当前编辑的幻灯片。单击“WPS 演示”菜单右边的下拉按钮，在弹出的下拉菜单中选择“幻灯片放映/自定义动画”菜单命令（或单击“动画”选项卡的“动画”组的“自定义动画”按钮），弹出“自定义动画”任务窗口，如图 5-61 所示。

② 在幻灯片编辑窗口中选中需要设置动画效果的对象，在“自定义动画”任务窗口中单击“添加效果”按钮，选中某一种效果，如图 5-62 所示，单击“其他效果”可获得更多动画效果。

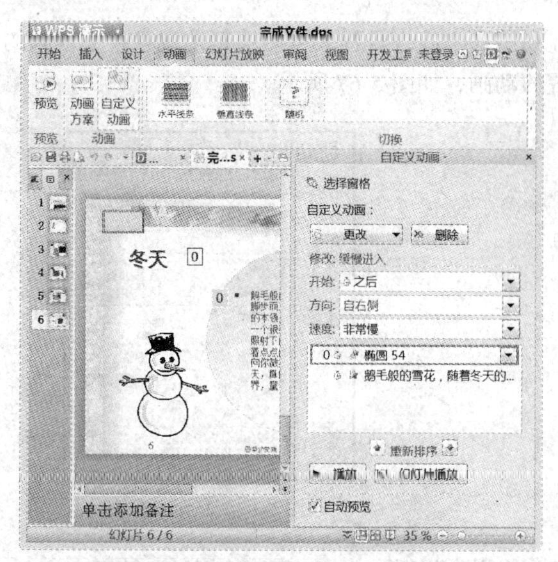

图 5-61 打开“自定义动画”任务窗口

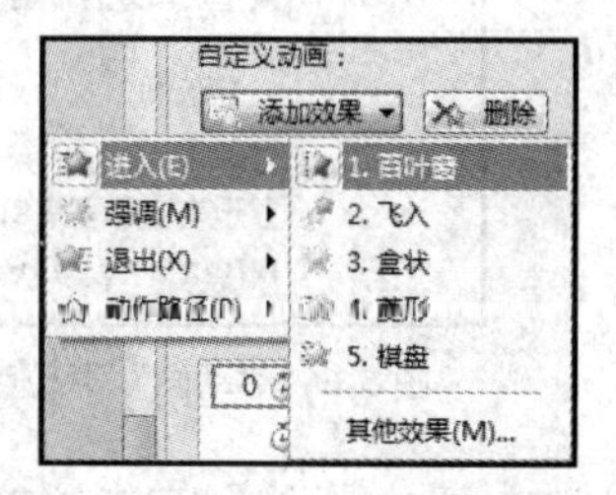

图 5-62 “填充效果”对话框

③ 在“开始”下拉菜单中，可以执行下列三种操作，如图 5-63 所示。

◆ “单击时”是指以单击幻灯片的方式启动动画。

◆ “之前”是指与上一个对象同时启动动画。

◆ “之后”是指在上一个动画播放完之后启动动画。

④ 在“方向”下拉列表框中，“擦除”动画下可以执行下列四种操作：自底部、自左侧、自右侧、自顶部，如图 5-64 所示。

动画不同选项也不同。

例如：“盒状”、“菱形”、“十字形扩展”等动画下可以执行下列两种操作：内、外。“擦除”、“阶梯状”、“切入”等动画下可以执行下列四种操作：自底部、自左侧、自右侧、自顶部。

⑤ 速度分为五种：非常慢、慢速、中速、快速、非常快。字幕动画的时间默认为 15 秒，“渐变”、“出现”、“随机效果”等动画效果无速度方面的操作，如图 5-65 所示。

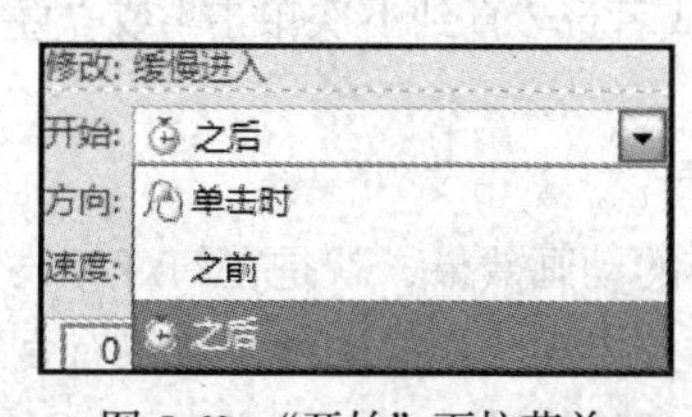

图 5-63 “开始”下拉菜单

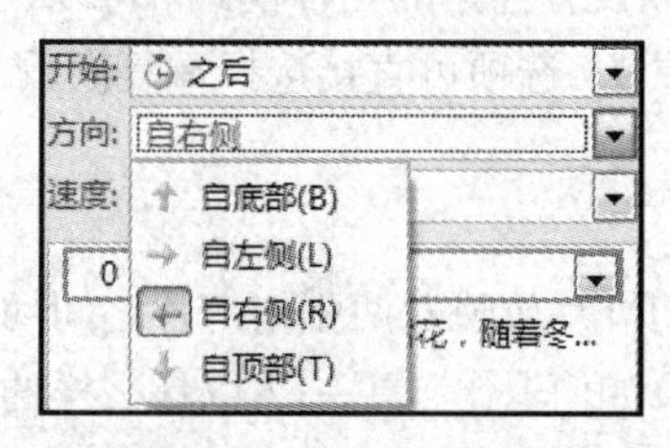

图 5-64 “方向”下拉菜单

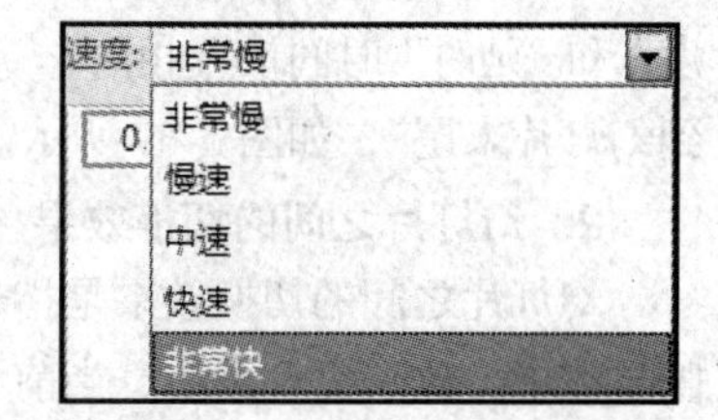

图 5-65 “速度”下拉菜单

⑥ 选中自定义动画窗格中的动画列表中的某一项动画，单击其右侧的下拉按钮，在其下拉菜单中可以选择设置动画开始的三种方式：单击开始、从上一项开始、从上一项之后开始，如图 5-66 所示。

⑦ 单击“隐藏高级日程表”则隐藏高级日程表，单击“显示高级日程表”则显示高级日程表。

可以选择隐藏和显示高级日程表，在打开的高级日程表中，鼠标指向会出现上下或左右的双向箭头，按住就可以拖动，拖动上下的双向箭头可以调节动画出现次序的先后，拖动左右的双向箭头可以调节动画出现的时间及其长短。利用这个高级日程表可以清楚地观察各个动画的顺序和时间的分配情况，可以很方便地修改设置的动画，如图 5-67 所示。

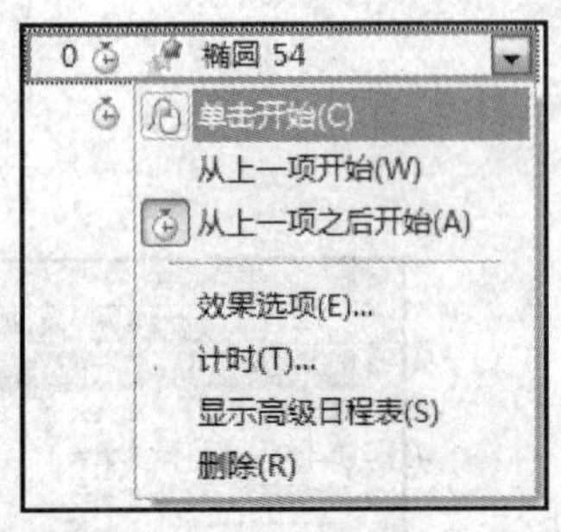

图 5-66 “动画”下拉菜单

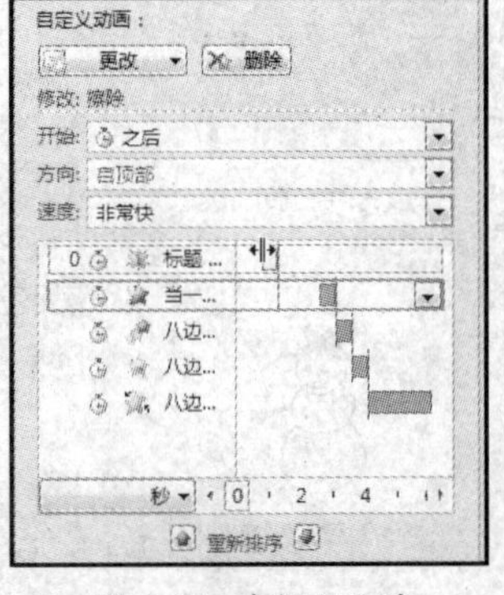

图 5-67 高级日程表

⑧ 选中某一项动画，单击下拉菜单中的“删除”选项，就可以删除此动画设置。

⑨ 单击下拉菜单中的“效果选项”，在弹出的对话框中可以对选中的动画效果进行进一步的设置，如图 5-68 所示。

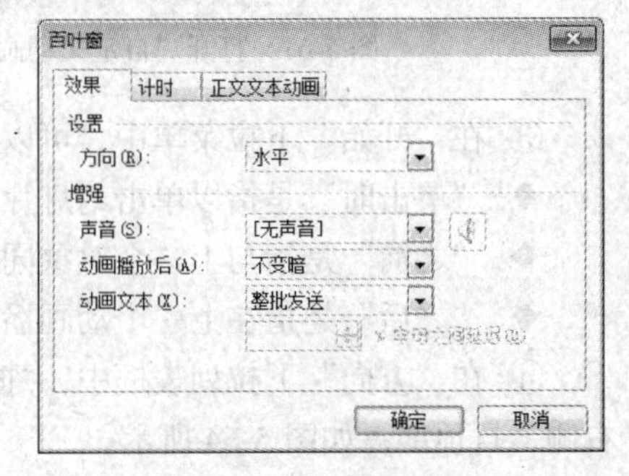

图 5-68 “效果”选项卡

在“效果”选项卡中：

◆ 可以设置动画方向为水平或垂直，和在“自定义动画”任务窗口设置效果相同。

◆ “声音”选项可以使用系统提供或用户自行添加的.wav 格式的声音，可调节音量大小或者设置为静音模式。

◆ “动画播放后”选项可以选择系统提供的颜色或者其他颜色，还可以选择“不变暗”、“播放动画后隐藏”或“下次单击后隐藏”等效果。

◆ “动画文本”选项可以选择“整批发送”和“按字母”两种方式，“按字母”方式可以设置字母间的延迟百分比。

⑩ 在“计时”选项标签中可以设置开始的三种模式。可以设置“延迟”时间，单位为秒。“速度”和“延时”时间设置相同。“重复”选项可直接选择重复次数，或者选“直到下次单击”或“直到幻灯片末尾”，如图 5-69 所示。

2. 幻灯片之间的切换效果

幻灯片之间的切换效果是指幻灯片放映时两张幻灯片之间切换的动画效果，就是在幻灯片放映过程中，放映完一页后，当前页如何退出，下一页以什么样的方式出现。切换的动画效果有百叶窗、溶解、盒状展开、随机等几十种方式。通过设置幻灯片之间的切换效果，可以增加幻灯片放映的活泼性和生动性。

添加切换动画效果，最好在幻灯片浏览视图模式下进行，因为在此模式下选取幻灯片和预览动画效果非常容易。设置切换动画效果的具体操作步骤如下。

（1）选择要设置切换动画效果的一张幻灯片。单击“WPS 演示”菜单右边的下拉按钮，在弹出的下拉菜单中选择“幻灯片放映/幻灯片切换”菜单命令（或在“动画”选项卡中单击“切换效果”按钮），弹出“幻灯片切换”任务窗口，如图 5-70 所示。

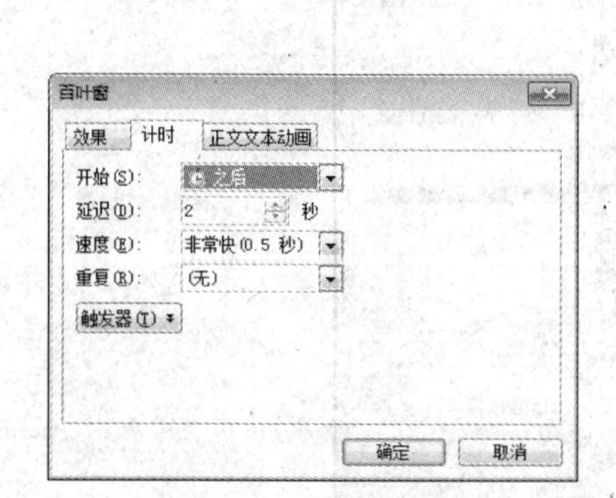

图5-69 “计时”选项卡

图5-70 “幻灯片切换”任务窗口

（2）在“幻灯片切换”任务窗口中，用户可以设置切换效果、切换速度、声音和换片方式。当用户在“应用于所选幻灯片”列表框中选择某种切换方式和切换效果后，可通过单击“幻灯片播放”按钮在幻灯片预览视图中查看播放效果。在“换片方式”中，可选择“单击鼠标时”的换页方式，也可选择每隔若干秒后自动换页，其时间由用户自行定义。如果同时选定两种切换方式，则哪种方式先被触发就采用哪种方式。在切换时还可以设定声音，以配合动画效果。

完成以上设定后，单击“应用于所有幻灯片”按钮，则动画的切换效果将应用于整个演示文稿。

如需要快速设置幻灯片的切换方式，也可以直接单击“动画”选项标签下方“切换”选项组中的切换方式按钮，如图5-71所示。

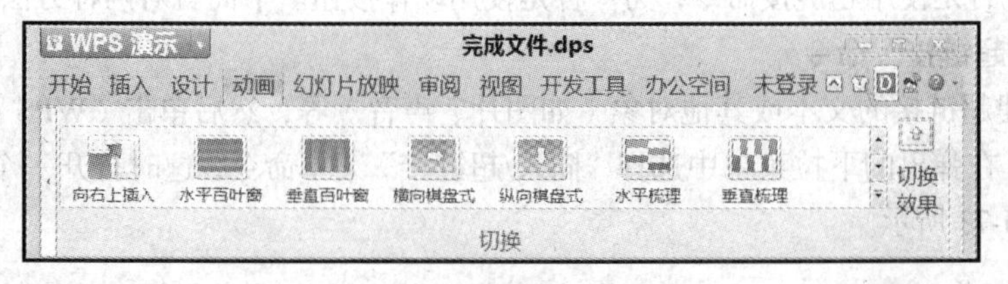

图5-71 切换选项组

3. 采用动画方案

动画方案是一组集成的动画效果，每个方案通常包含幻灯片切换效果、幻灯片标题效果、应用于幻灯片的项目符号或段落的效果等。通过动画方案，可以快速地为幻灯片添加一整套预设效果。WPS演示中内置了几十种动画方案。

如需要使用某组动画方案，可单击“WPS演示”菜单右边的下拉按钮，在弹出的下拉菜单中选择“幻灯片放映/动画方案”命令选项，会启动“幻灯片设计-动画方案”任务窗格，在“应用于所选幻灯片”列表框中可选择相应的动画效果，如图5-72所示。

使用动画方案功能，则动画的出现次序与设置次序是一致的，并且每个对象的播放时间也是固定的。

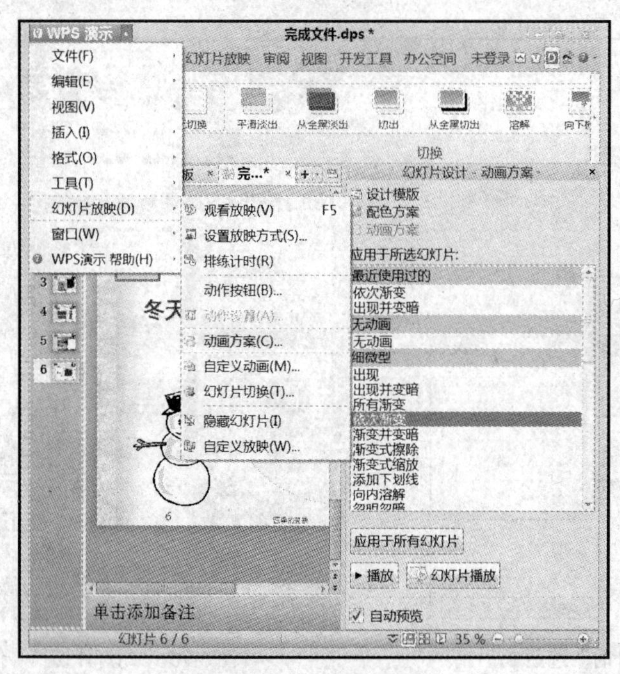

图 5-72　动画方案

5.4.2　超链接的设置

超链接的起点可以是任何文本或对象，被设置成超链接起点的文本会添加下划线。幻灯片放映时将鼠标指针移到超链接的文本或图像处，鼠标指针就变成小手形状，此时单击鼠标就可激活超链接，跳转到链接处。超链接的对象不但可以是文本，还可以是图像、声音和影片片断等。

在放映演示文稿时，通常按照幻灯片的页码顺序依次进行。但是，有时用户希望依照幻灯片之间的逻辑关系改变播放的顺序，此时 WPS 演示允许用户在演示文稿中添加超链接。创建超链接的方法有两种，一种是使用超链接命令，另一种是使用动作按钮。下面就对两种方法分别进行介绍。

1．使用“超链接”命令

选择要创建超链接的文本或其他对象（如图片、声音）等，然后单击“WPS 演示”菜单右边的下拉按钮，在弹出的下拉菜单中选择“插入/超链接”菜单命令，这时打开一个“插入超链接”对话框，如图 5-73 所示。

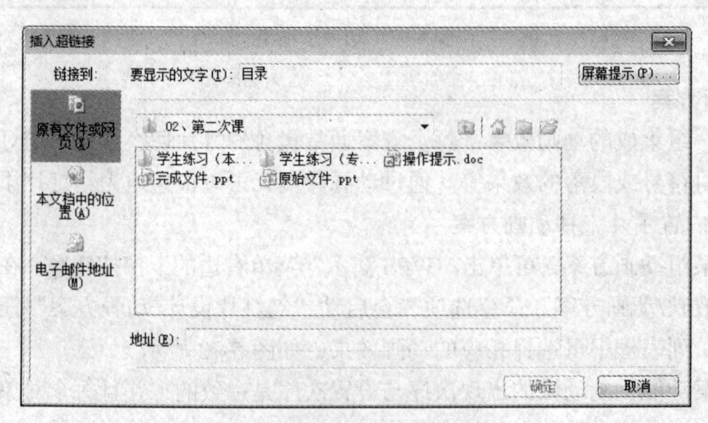

图 5-73　“插入超链接”对话框

在该对话框的“链接到”列表框中选择要插入的链接类型，如果链接到原有文件或网页上，可选择“原有文件或网页”选项；如果要链接到当前演示文稿的某个位置，可选择“本文档中的位置”选项；如果要建立电子邮件链接，可选择“电子邮件地址”选项。

下面以一个演示文稿为例，如图 5-74 所示，简单介绍 WPS 演示设置超链接的方法。

由图 5-74 可以看出，这篇演示文稿由 6 张幻灯片组成，其中，第 2 张幻灯片是目录介绍，如图 5-75 所示，第 3～6 张幻灯片是对目录中各项目的详细介绍。在幻灯片放映时，用户若想在第 2 张幻灯片的目录上根据需要查看后面 4 张幻灯片的内容，此时就需要在第 2 张幻灯片上插入超链接，以实现随机浏览的功能。

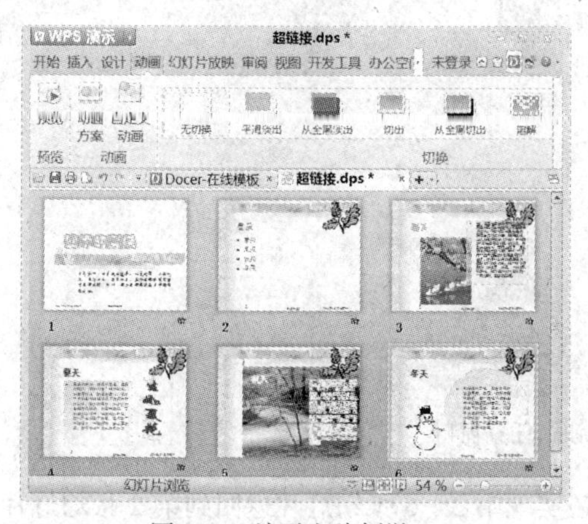

图 5-74　演示文稿例举

图 5-75　幻灯片目录介绍

其操作步骤如下。

① 在第 2 张幻灯片中，选中标题 1“春天”后，单击“WPS 演示”菜单右边的下拉按钮，在弹出的下拉菜单中选择“插入/超链接”菜单命令，弹出“插入超链接”对话框，在左边的列表框中选择“本文档中的位置”选项，如图 5-76 所示。

② 在图 5-76 所示的对话框中，选择“⊟幻灯片标题”下方的第 3 项“春天”，单击“确定”按钮，即可实现当前幻灯片中“春天”文本内容与第 3 张幻灯片的超链接设置。

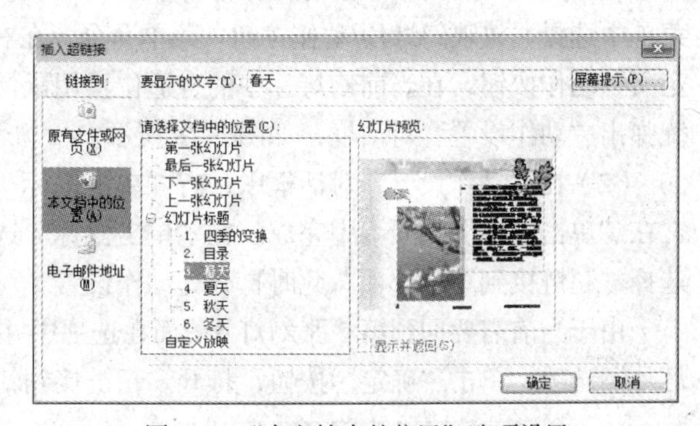

图 5-76　“本文档中的位置”选项设置

③ 在第 2 张幻灯片中，分别选中标题 2、标题 3 和标题 4，依次重复执行与之相关页面的链接操作，这样，在幻灯片播放时即可实现从第 2 张幻灯片到其他页面的浏览。

超链接设置好以后，只能在幻灯片放映状态下才能查看效果。单击超链接跳转到链接位置后，原来位置上被链接文本的颜色会改变，通过颜色改变可分辨出是否访问过超链接。另外，要想更改超链接的颜色，需要单击“设计”选项标签中的“颜色方案”按钮，在打开的“幻灯片设计-配色方案”任务窗口中进行修改。

2. 使用动作按钮

在 WPS 演示中除了可以使用“超链接”命令实现从一个链接跳转到另一个位置的功能，还可以采用动作按钮实现。WPS 演示提供了许多动作按钮，如图 5-77 所示。用户可以将动作按钮插入到演示文稿的某些幻灯片中，并为这些按钮定义超链接。在所提供的动作按钮中，大多数已经默认设置了一些动作，如后退或前一项、前进或下一项、开始和结束等，在操作时可以直接拿来使用。当然，用户也可以根据需要更改默认动作设置或采用无动作按钮自定义动作。

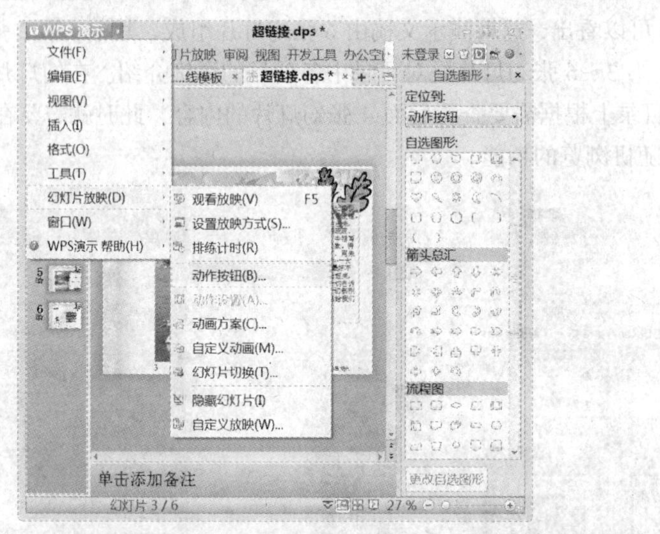

图 5-77 “动作按钮”任务窗口

以图 5-74 所示的演示文稿为例，利用动作按钮实现第 3～6 张幻灯片返回到第 2 张幻灯片的超链接，具体操作步骤如下。

（1）在演示文稿第 3 张幻灯片中，单击“WPS 演示”菜单右边的下拉按钮，在弹出的下拉菜单中选择“放映幻灯片/动作按钮”菜单命令，在右侧“自选图形”任务窗口下方选择一个“自定义”动作按钮，在当前幻灯片中的合适位置用鼠标拖曳的方式绘制出一个自定义按钮，此时系统弹出“动作设置”对话框，如图 5-78 所示。

（2）在“动作设置”对话框中，有“单击鼠标”和“鼠标移过”两个选项卡，一般设置动作常在“单击鼠标”选项卡中完成。在“单击鼠标”选项卡中，用户若要设置超链接时的动作，可选择“超链接到”单选项，此时打开“动作设置”对话框，如图 5-78 所示。

由于当前需要回到第 2 张幻灯片，而在选项中并无“第 2 张幻灯片”的选项，此时可选择“幻灯片”选项，单击“确定”按钮，打开“超链接到幻灯片”选项列表，如图 5-79 所示。

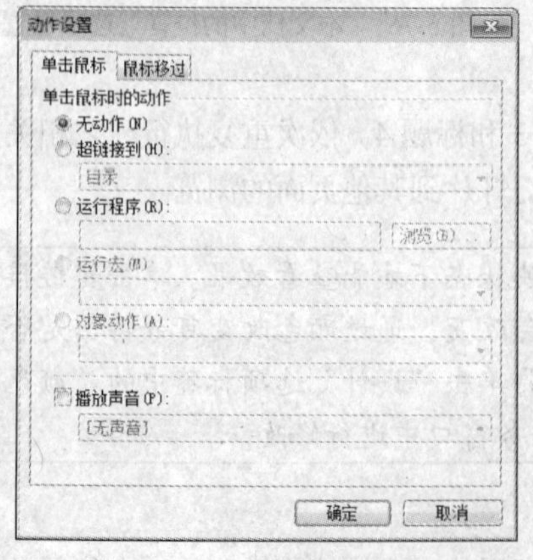

图 5-78 “动作设置”对话框

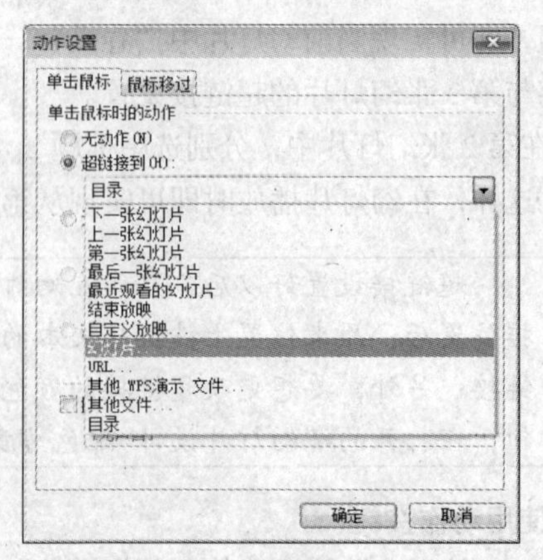

图 5-79 “超链接到”选项列表

在图 5-80 中，根据需要选择第 2 张幻灯片后，单击“确定”按钮，即可完成利用动作按钮从第 3 张幻灯片链接到第 2 张幻灯片的超链接动作设置。

（3）依次在第 4 张、第 5 张和第 6 张幻灯片中添加按钮并完成动作设置，使其链接到第 2 张幻灯片。完成效果如图 5-81 所示。

超链接到幻灯片
幻灯片标题(S):
1. 四季的变换
2. 目录
3. 春天
4. 夏天
5. 秋天
6. 冬天
确定
取消

图 5-80 “超链接到幻灯片”对话框

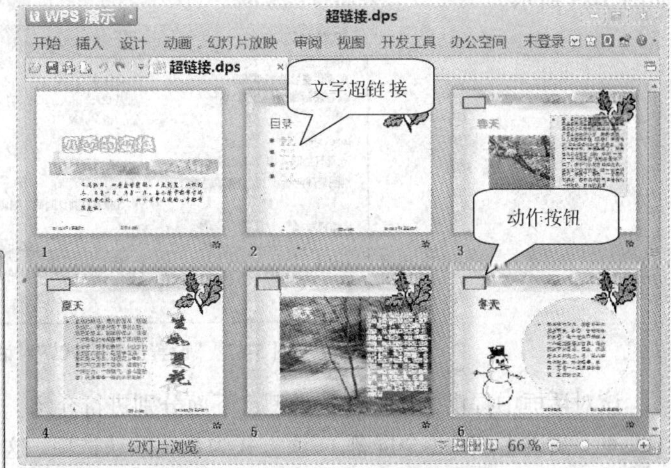

图 5-81　完成效果

3. 编辑和删除超链接

（1）编辑超链接

选择已经建立好的超链接，单击右键，选择“编辑超链接”命令，弹出如图 5-82 所示的对话框，可以重新定义链接的目标位置。

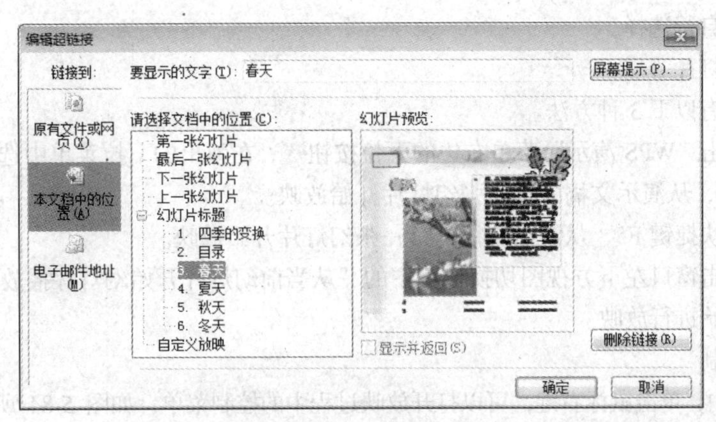

图 5-82 “编辑超链接”对话框

（2）取消超链接

将鼠标指针指向已经链接好的超链接，单击右键，选择“超链接/取消超链接”命令，即可取消目标和起点之间已建立的链接关系。对于动作按钮，若不需要，可以使用“剪切”命令直接删除。

5.4.3　放映和打印演示文稿

演示文稿创建好后，用户可以根据实际需要进行放映，也可以将演示文稿以各种方式打印出来。

1．演示文稿的放映

（1）放映方式的设置

在幻灯片放映前可以根据需要选择放映方式，单击“WPS 演示”菜单右边的下拉按钮，在弹出的下拉菜单中选择“幻灯片放映/设置放映方式”菜单命令，打开“设置放映方式”对话框，如图 5-83 所示。

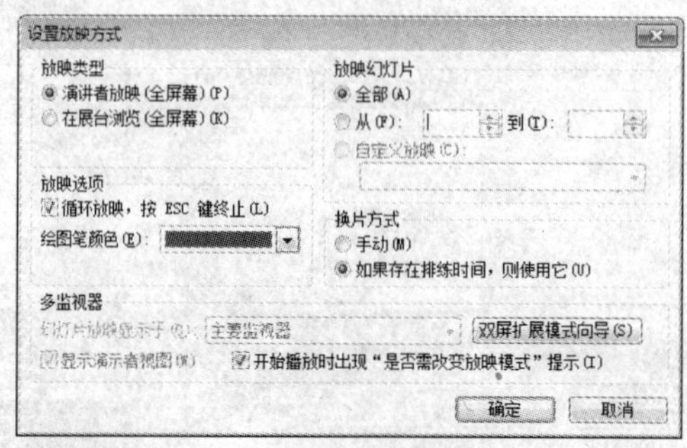

图 5-83 “设置放映方式”对话框

该对话框中提供了 2 种放映类型，下面分别进行介绍。

◆ 演讲者放映（全屏幕）：该方式为系统默认选项。这种放映方式是将演示文稿进行全屏幕放映。演讲者具有完全的控制权，并可以采用自动或人工方式来放映。除可以用鼠标左右键操作外，还可以用空格键、PageUp 键和 PageDown 键控制幻灯片的播放。

◆ 在展台浏览（全屏幕）：选择此项可自动放映演示文稿。在放映过程中，无需人工操作，自动切换幻灯片，并且在每次放映完毕后自动重新启动。如果要终止放映，可按 Esc 键。在展览会场等场合需要运行无人管理的幻灯片时可采用该方式。

“设置放映方式”中还可以设置循环放映、指定从第几张放映到第几张幻灯片以及换片方式，用户可根据需要自行选择。

（2）放映幻灯片

放映幻灯片有以下 3 种方法。

方法一：单击“WPS 演示”菜单右边的下拉按钮，在弹出的下拉菜单中选择“幻灯片放映/观看放映”命令，从演示文稿的第一张幻灯片开始放映。

方法二：按快捷键 F5，从演示文稿的第一张幻灯片开始放映。

方法三：单击窗口左下方视图切换按钮中的“从当前幻灯片开始幻灯片播放”按钮，可从当前幻灯片位置开始进行放映。

（3）放映控制

在放映过程中，单击鼠标右键，可以打开放映过程中的控制菜单，如图 5-84 所示。根据菜单中的选项，用户可以任意定位，选择不同的幻灯片进行放映。同时也可以使用鼠标指针给观众指出幻灯片的重点内容，或利用绘图笔在屏幕上勾画，加强演讲的效果。打开圆珠笔的方法是：在放映控制快捷菜单中选择“指针选项”子菜单中的“圆珠笔”，还可以选择墨迹颜色，如图 5-85 所示。

2．演示文稿的打印

演示文稿除了可以放映外，还可以打印成书面材料。下面介绍打印演示文稿的步骤。

（1）页面设置

要打印幻灯片，用户首先要对幻灯片进行页面设置，与 WPS 文字和 WPS 表格一样，页面设置用于为当前正在编辑的文件设置纸张大小、页面方向和打印的起始幻灯片。单击“WPS 演示”

菜单右边的下拉按钮，在弹出的下拉菜单中选择"文件/页面设置"菜单命令，将会打开"页面设置"对话框，如图 5-86 所示。根据实际需要在各选项中进行设置。

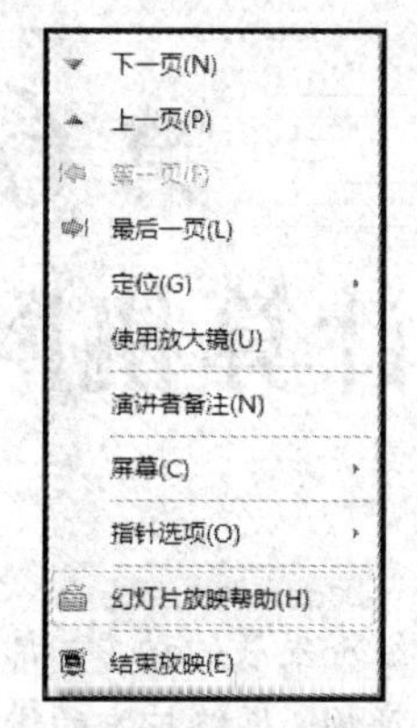

图 5-84　放映控制快捷菜单

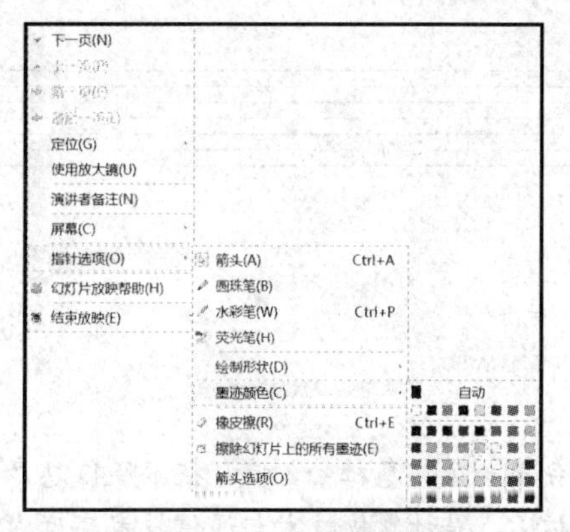

图 5-85　放映控制快捷菜单中的绘图笔及其颜色设置

（2）打印设置

页面设置好后就可以对演示文稿进行打印设置了。单击"WPS 演示"菜单右边的下拉按钮，在弹出的下拉菜单中选择"文件/打印"命令，将打开"打印"对话框，如图 5-87 所示。

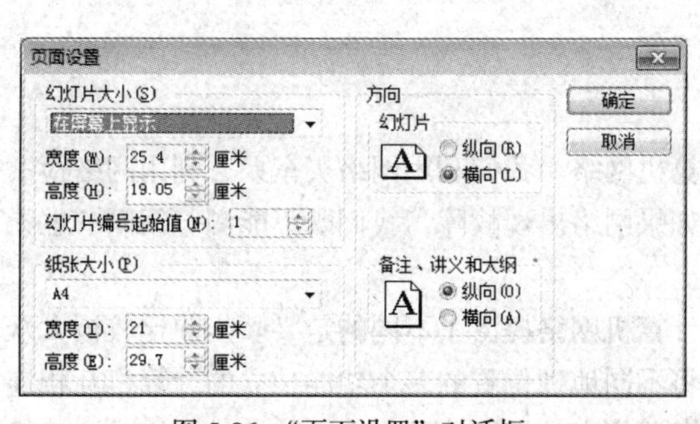

图 5-86　"页面设置"对话框

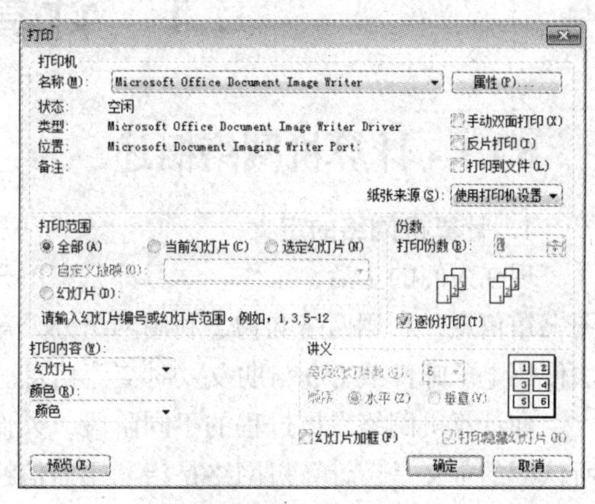

图 5-87　"打印"对话框

该对话框中提供了打印机、打印范围、打印内容、讲义形式和打印时每页的打印份数等选项，根据实际需要进行设置即可。

思考与练习

1. 演示文稿和幻灯片的区别是什么？WPS 演示文稿的扩展名是什么？
2. 建立演示文稿有几种常用方法？建立好的幻灯片能否改变幻灯片的版式？
3. 简单说明母版的作用。母版和模板有何区别？如何通过母版修改所有幻灯片的标题字体颜色？
4. 演示文稿中设置超链接的作用是什么？创建超链接的方法有哪两种？
5. "幻灯片配色方案"和"背景"这两个命令有何区别？
6. 在幻灯片放映时，如果想让每张幻灯片以不同的效果出现，最简洁的设置方法是什么？

第6章 计算机网络

当前社会是一个信息社会，信息技术及信息产业已经成为社会经济发展的动力。计算机网络是信息技术的核心，是计算机技术与通信技术高度发展、紧密结合的产物。网络技术的进步对当前信息产业及社会的发展起着重要的影响。从某种意义上讲，计算机网络的发展水平不仅反映了一个国家的计算机科学和通信技术的水平，同时也是衡量其国力及现代化程度的重要标志之一。

6.1 计算机网络基础

6.1.1 计算机网络概述

1. 计算机网络的定义

现在人们的生活、工作、学习都已离不开计算机网络。我们利用网络买车票，利用网络检索图书馆信息，利用网络购物、利用网络办公等。如果网络出现故障，我们既不能浏览新闻，也无法使用电子邮件或QQ与朋友及时交流信息。

在计算机网络发展过程的不同阶段，人们对计算机网络提出了不同的定义。当前比较被大众所认同的定义是：计算机网络是指利用通信线路将不同地理位置的多个功能独立的计算机互相连接起来，并在网络软件的支持下实现数据通信和资源共享的计算机的集合。计算机网络是计算机技术与通信技术相融合的产物。

计算机网络具有以下特征。

（1）计算机网络是计算机的一个群体，是由多台计算机组成的。

（2）计算机之间通过一定的通信媒体互相连接在一起，彼此之间可以交换信息。

（3）网络中的每台计算机是独立的，任何一台计算机不干预其他计算机的工作。

（4）计算机之间的通信是通过通信协议实现的。

2. 计算机网络的功能

计算机网络在逻辑功能上一般分为两部分，即通信子网和资源子网，前者负责数据通信，后者负责信息处理，二者通过一系列计算机网络协议，共同完成计算机网络工作。

通信子网是由一些专用的节点交换机和连接它们的通信链路组成，如：通信线路（即传输介质）、网络连接设备、网络协议和通信控制软件。其主要功能是连接网络上的各种计算机，完成数据的传输、交换和通信处理。

资源子网负责全网的信息处理任务，以实现最大限度地共享全网资源的目标。资源子网主要是由联网的计算机、终端、外部设备、网络协议、网络软件及信息资源组成的，负责全网的数据处理业务，向用户提供各种网络资源和网络服务。资源子网拥有所有的共享资源及所有的数据。

计算机网络的基本功能有数据通信、资源共享、分布式处理和提高系统的可靠性等四个方面。

（1）数据通信

网络中的计算机与计算机之间交换各种信息数据，并根据需要对这些信息进行分类或集中处理，这是计算机网络提供的最基本的功能。数据通信提供了快捷交流信息的手段，例如：E-mail、文件传送（FTP）、IP 电话、WWW 等。

（2）资源共享

计算机网络最主要的功能是实现资源共享。从用户的角度来看，网中用户既可以使用本地计算机的资源，又可以使用远程计算机上的资源。这里所说的资源包括网内计算机的硬件、软件和信息资源。

◆ 硬件资源共享：包括硬盘存储器、光盘存储器等存储设备，打印机、扫描仪等输入输出设备以及其他硬件资源。通过网络共享硬件设备，可以减少预算、节约开支。

◆ 软件资源共享：包括各种文件、应用软件以及数据库等软件。如：网络上的一些计算机里可能有一些别的计算机上没有但却十分有用的程序，用户可通过网络来使用这些软件资源。

◆ 数据与信息资源共享：计算机上各种有用的数据和信息资源，通过网络可以快速准确地向其他计算机传送。例如学校将选课信息（如上课时间、地点、教师、课程有关介绍等）放在校园网上，学校的师生可以通过校园网迅速找到自己感兴趣的课程。

（3）分布式处理

分布式处理是把一个复杂的任务分别放到多台电脑上处理，由这些计算机分工协作来完成，以减少某一台计算机的负荷。此时的网络就像是一个具有高性能的大中型计算机系统，能很好地完成复杂的任务，但费用却比大中型计算机低得多。

（4）提高系统的可靠性

在网络中，计算机可以互为备份系统，通过将重要的软件、数据同时存储在网内的不同计算机中，可以避免由于机器损坏而造成资源的丢失。当一台计算机出现故障时，既可在网上的其他计算机中找到相关资源的副本，还可以调度另一台计算机来接替完成计算任务。很显然，比起单机系统来，整个系统的可靠性大大提高。

6.1.2　计算机网络的发展与分类

1. 计算机网络的发展

计算机网络最早出现于 20 世纪 50 年代，随着计算机技术和通信技术的不断发展，计算机网络也经历了从简单到复杂、从地域到全球的发展过程。纵观计算机网络的形成与发展历史，大致可分为 4 个阶段。

第一阶段是 20 世纪 50 至 60 年代，面向终端的具有通信功能的单机系统。即将独立的计算机技术与通信技术结合，为计算机网络的产生奠定基础。人们将地理位置上分散的多终端通过通信线路连接到一台中心计算机上，由一台计算机以集中方式处理用户数据。这种网络实际上是一种计算机远程分时多终端系统。远程终端可以共享计算机资源。此阶段主要网络应用是提供网络通信、保障网络连通。这一阶段的主要网络有美国的半自动防空系统（SAGE），联机飞机订票系统（SABRE-1）和通用电器公司信息服务系统（GE Information Services）等。

第二阶段在计算机通信网络的基础上，实现了网络体系结构与协议完整的计算机网络。其特点是以通信子网为中心，通过通信线路把若干个计算机终端网络系统连接起来。该阶段应从美国的 ARPAnet 与分组交换技术开始。ARPAnet 是计算机网络技术发展中的里程碑，它使网络中的用户可使用其他计算机的软件、硬件与数据资源，从而达到资源共享的目的。它通过有线、无线和卫星通信线路覆盖了美国和欧洲，成为当时的国际网，也就是现在 Internet（因特网）的前身。此阶段网络应用的主要目的是：提供网络通信、保障网络连通，网络数据共享和网络硬件设备共享。这阶段的代表网络是 1969 年美国国防部研究计划管理局（ARPA）研制的 ARPAnet 网络。

第三阶段从 20 世纪 70 年代中期开始。国际上各种广域网、局域网与公用分组交换网发展十分迅速，各计算机厂商和机构纷纷发展自己的计算机网络系统，随之而来的就是网络体系结构与网络协议标准化的问题。故该阶段又称为开放式和标准化网络阶段。1977 年国际标准化组织（ISO）专门成立机构，提出了构造网络体系结构的“开放系统互联（OSI）”参考模型，该模型得到国际上的普遍承认，成为公认的新一代网络体系结构的基础，对现代网络理论的形成和发展产生了重要影响。这阶段美国国家科学基金会（NSF）研制了 NSFnet 网络，并以此为基础与其他网络连接。

第四阶段从 20 世纪 90 年代开始。这阶段称为现代网络阶段，其特点是网络技术、网络服务的日趋完善及网络的广泛使用。迅速发展的互联网、信息高速公路、无线网络与网络安全使得信息时代全面到来。当今世界已经进入了一个以网络为中心的时代，因特网将分散在世界各地的网络连接起来，形成了一个跨国界覆盖全球的网络系统。从电子邮件、WWW 到今天的即时通信，互联网的热门应用可谓从未间断。尤为重要的是，这些应用没有随着新应用的出现而走向消亡，而是不断巩固、规范化。而网上电视点播、电视会议、可视电话、网上购物、网上银行、网络图书馆等也越来越普及。随着 IPv6 从实验室走向商用，人工智能技术、虚拟世界、注意力经济、云计算、物联网等的发展，未来网络服务功能将进一步增强。随着云时代的来临，大数据（Big Data）也吸引了越来越多的关注。

2. 计算机网络的分类

根据不同的标准，可以对计算机网络进行多种分类。例如，按网络的覆盖范围、传输介质、通信方式、网络使用目的、服务方式等分类。但一般来讲，人们用得最多的是按网络覆盖的地理范围分类。下面介绍几种分类方法。

（1）按网络覆盖的地理范围可分为：局域网、城域网和广域网。

局域网（Local Area Network，LAN）是将较小地理区域内的计算机或数据终端设备连接在一起的通信网络。局域网覆盖的地理范围比较小，一般只有数千米，它常用于组建一个办公室、一栋楼、一个楼群、一个校园或一个企业的计算机网络。局域网的数据传输速率高（一般最高速率可达 10Mbit/s～10Gbit/s），误码率低。

城域网（Metropolitan Area Network，MAN）是一种大型的 LAN，它的覆盖范围一般为几千米到几十千米，通常能覆盖一个城市，其主干的工作速率可达数百 Mbit/s。

广域网（Wide Area Network，WAN）在一个广阔的地理区域内进行数据、语音、图像信息传输的通信网。广域网可以覆盖一个城市、一个国家甚至于全球。因特网是广域网的一种，但它不是一种具体独立的网络，它将同类或不同类的物理网络（局域网、广域网、城域网）互连，并通过高层协议实现各种不同类网络间的通信。数据传输速率一般在 96 kbit/s～45 Mbit/s。但随着广域网技术的发展，广域网的数据传输速率正在不断地提高。目前通过光纤，采用 POS（光纤通过 SDH）技术，数据传输速率可达到 155 Mbit/s，甚至 2.5 Gbit/s。

（2）按传输介质的不同，可分为有线网和无线网。

有线网是通过双绞线、电缆或光缆等有形介质将主机连接在一起的网络。无线网是通过自然空间的微波通信、卫星通信等连接在一起。

（3）按服务方式的不同，可分为客户机/服务器网络和对等网。

（4）按信息交换方式的不同，可分为分组交换网、报文交换网和电路交换网。

6.1.3　计算机网络的组成

计算机网络是一个复杂的系统，包括一系列的硬件和软件。网络硬件系统和软件系统是网络系统赖以存在的基础。在网络系统中，硬件对网络的选择起着决定性作用，而软件则是挖掘网络潜力的工具。

1. 网络硬件系统

计算机网络硬件系统主要由多个计算机及通信设备构成，它主要包括：各种类型的计算机、网络传输介质、共享的外部设备、互连设备和通信设备等。

（1）各种类型的计算机

采用网络技术，可将各种类型的计算机连接在同一个网络上。这些机器可以是巨型机，也可以是微型机。不同的机器在网络中承担着不同的任务。

在计算机网络中，通常把提供网络服务并管理共享资源的计算机称为服务器（Server）。服务器是网络的核心。服务器上运行的一般是多用户多任务网络操作系统，如 UNIX、Linux 和 Windows Server 2000 等。服务器的主要任务是为网络上的其他机器提供服务，如打印服务器主要接收网络用户的打印请求，并管理这些打印队列及控制打印输出。此外还有文件服务器、通信服务器等。与服务器相对应，其他的向服务器发出资源请求的网络计算机被称作网络工作站，简称工作站（Station），在一些场合下也被称为客户机（Client）。现在许多网络采用的都是这种 C/S（客户机访问服务器）的计算模式工作。

（2）网络通信设备

常用网络通信设备有网络适配器、集线器、调制解调器等。

网络适配器（Network Interface Card，NIC）又称网卡或网络接口卡。网卡是计算机与传输介质的接口，是构成计算机网络的基本部件。在计算机网络中，每一台计算机至少配有一块网卡，然后通过传输介质和通信设备与其他计算机通信，否则，这台计算机和网络是孤立的。网卡起着向网络发送数据、控制数据、接受并转换数据的作用。它有两个主要功能：一是读入由网络设备传输过来的数据包，经过拆包，将它变为计算机可以识别的数据，并将数据传输到所需设备中；二是将计算机发送的数据，打包后输送至其他网络设备。网卡有有线及无线之分，网卡的厂商、型号都比较多，常见的有线及无线网卡如图 6-1 所示。

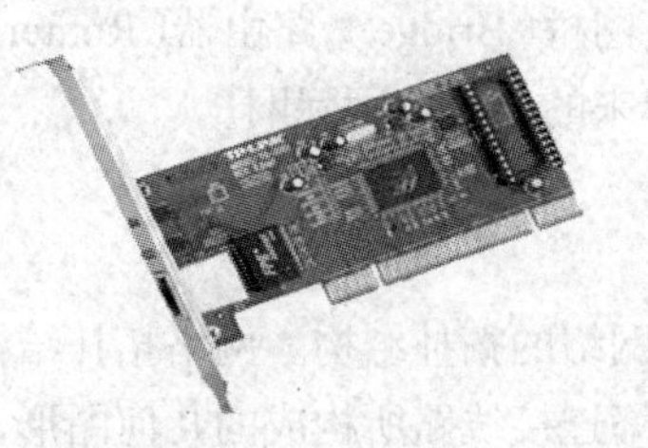

图 6-1　有线及无线网卡

集线器即 Hub（见图 6-2），使用 Hub 组网灵活，它处于网络的一个星形节点，对节点相连的工作站进行集中管理，避免有问题的工作站影响整个网络的正常运行，并且用户的加入和退出也很自由。

调制解调器（Modem）用于个人计算机连接因特网，是组建远程拨号网络所必需的网络设备，它利用电话线将计算机与网络服务器相连接组建远程网络。调制解调器有内置和外置两种（见图 6-3、图 6-4）。

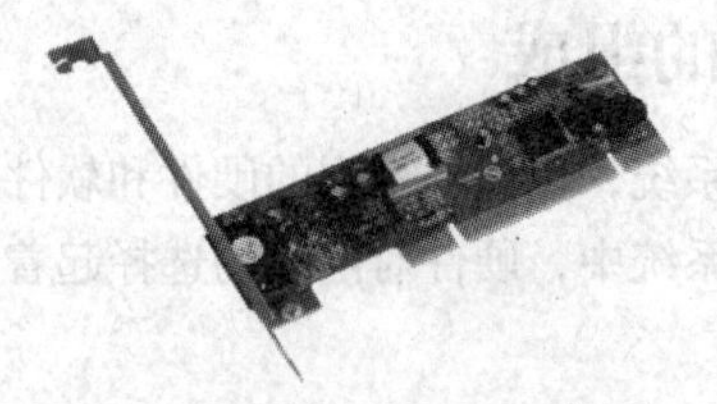

图 6-2　集线器　　图 6-3　内置调制解调器　　图 6-4　外置调制解调器

（3）网络传输介质

网络传输介质是通信网络中发送方和接收方之间的物理通路。常用的网络传输媒介可分为有线介质和无线介质。有线传输媒介主要有双绞线、同轴电缆和光纤；无线媒介有微波、无线电、激光、蓝牙和红外线等。

双绞线（Twisted Pairwire，TP）是布线工程中最常用的一种传输介质。双绞线由两根具有绝缘保护层的铜导线组成。把两根绝缘的铜导线按一定密度互相绞在一起，可降低信号干扰的程度，每一根导线在传输中辐射的电波会被另一根线上发出的电波抵消。目前，双绞线可分为非屏蔽双绞线（Unshielded Twisted Pair，UTP）和屏蔽双绞线（Shielded Twisted Pair，STP）。

同轴电缆在实际应用中很广，比如有线电视网，就是使用同轴电缆。同轴电缆可分为两类：粗缆和细缆。不论是粗缆还是细缆，其中央都是一根铜线，外面包有绝缘层。同轴电缆由内部导体、绝缘层以及金属屏蔽网和最外层的护套组成。这种结构的金属屏蔽网可防止中心导体向外辐射电磁场，也可用来防止外界电磁场干扰中心导体的信号。

光纤具有很大的带宽，光束在光纤内传输，防磁防电，传输稳定，质量高，适用于高速网络和骨干网。光纤传输信息是光束，而非电气信号。因此，光纤传输的信号不受电磁的干扰。

有线介质的缺点是存在实际的实体，这在一些场合下是不方便的。无线介质常用于难以布线的场合或远程通信，现在无线网络正处于快速发展期。

（4）共享的外部设备

共享的外部设备指连接在网络中的供整个网络使用的外部硬件设备，如打印机、绘图仪等。

（5）网络互连设备

网络互连设备主要用于计算机之间的互连和数据通信。常见的网络互连设备有多种，如集线器（Hub）、交换机（Switch）、中继器（Repeater）、网桥（Bridge）、路由器（Router）和网关（Gateway）。Internet 就是一个通过许多网络互连设备连接起来的庞大的网际网。

有关设备的详细介绍请参见 6.1.5 小节。

2. 网络的拓扑结构

网络中各台计算机的连接形式和方法称为网络的拓扑结构。网络拓扑结构是抛开网络电缆的物理连接来讨论网络系统的连接形式，是指网络连接线路所构成的几何图形，它能表示网络服务器、工作站的网络配置和互相之间的连接。网络拓扑结构按形状可分为 6 种类型，分别是：星形结构、环形结构、总线型结构、树形结构、网状结构和混合型结构。

（1）总线型结构

网络中所有的节点共享一条数据通道的网络布局方式，称为总线型拓扑结构，如图 6-5 所示。

总线型网络使用广播式传输技术，总线上的所有节点都可以发送数据到总线上，数据沿总线传播。但是，由于所有节点共享同一条公共通道，所以在任何时候只允许一个节点发送数据。当一个节点发送数据，并在总线上传输时，数据可以被总线上的其他所有节点接收。各节点在接收数据后，分析目的地址再决定是否接收该数据。同轴电缆以太网就是这种结构的典型代表。

（2）环形结构

环形结构是各个网络节点通过环接口连在一条首尾相接的闭合环形通信线路中，如图 6-6 所示。环形网中环路上任何节点均可以请求发送信息。请求一旦被批准，便可以向环路发送信息。环形网中的数据可以是单向也可是双向传输。由于环线公用，一个节点发出的信息必须穿越环中所有的环路接口，信息流中目的地址与环上某节点地址相符时，信息被该节点的环路接口所接收，而后信息继续流向下一环路接口，一直流回到发送该信息的环路接口节点为止。

（3）星形结构

星形结构的每个节点都由一条点到点链路与中心节点（公用中心交换设备，如交换机、Hub 等）相连，如图 6-7 所示。星形布局是以中心节点为中心与各节点通过点与点方式连接而组成的，中心节点执行集中式通信控制策略，因此中心节点相当复杂，负担也重。信息的传输是通过中心节点的存储转发技术实现的，并且只能通过中心节点与其他节点通信。以星形拓扑结构组网，其中任何两个节点要进行通信都必须经过中心节点控制。这种结构便于集中控制。这一特点也带来了易于维护和安全等优点。但中心系统必须具有极高的可靠性，因为中心系统一旦损坏整个系统便趋于瘫痪。对此中心系统通常采用双机热备份以提高系统的可靠性。

（4）树形结构

树形结构是从总线型和星形结构演变而来的，各节点按一定的层次连接起来，形状像一棵倒置的树，故得名树形结构，如图 6-8 所示。在树形结构的顶端有一个根节点，它带有分支，每个分支还可以再带子分支。

（5）网状结构

网状结构是指将各网络节点与通信线路互连成不规则的形状，每个节点至少与其他两个节点相连，或者说每个节点至少有两条链路与其他节点相连，如图 6-9 所示。大型互联网一般都采用这种结构，如我国的教育科研网（CERNET）、因特网（Internet）的主干网都采用网状结构。

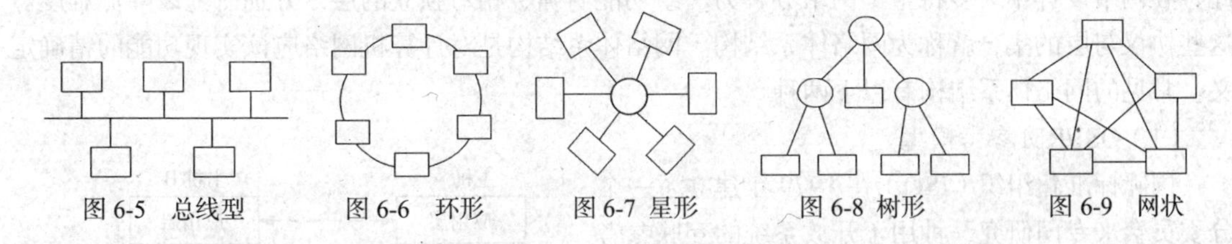

图 6-5 总线型　　图 6-6 环形　　图 6-7 星形　　图 6-8 树形　　图 6-9 网状

3. 网络软件系统

网络软件是一种在网络环境下运行和使用，或者是控制与管理网络运行和通信双方交流信息的计算机软件。网络是在网络软件的控制下工作的。在计算机网络上通信双方都必须遵守相同的协议才能进行相互的信息交流和资源共享，所以网络软件必须实现网络协议，并在协议的基础上管理网络、控制通信、提供网络功能和网络服务，可以说网络软件由协议或规则组成。

网络软件系统一般包括如下几部分。

（1）网络操作系统：像单个计算机需要操作系统（如 Windows XP 操作系统）管理一样，整个网络的资源和运行也必须由网络操作系统来管理。它是用以实现系统资源共享、管理用户对不同资源访问的应用程序，它是最主要的网络软件。目前主流的网络操作系统有 Windows、UNIX 和 Linux 等。

（2）网络协议和协议软件：它通过协议程序实现网络通信规则功能。

（3）网络通信软件：通过网络通信软件实现网络工作站之间的通信。

（4）网络管理及网络应用软件：网络管理软件是用来对网络资源进行管理和对网络进行维护的软件。网络应用软件是为网络用户提供服务并为网络用户解决实际问题的软件。如网络管理监控程序、网络安全软件、分布式数据库、管理信息系统（MIS）、数字图书馆、因特网信息服务、远程教学、远程医疗、视频点播等。网络应用的领域极为广泛，应用软件也极为丰富。

6.1.4　网络协议与体系结构

1. 网络协议

在计算机网络中要做到有条不紊地交换数据，就必须遵守一些事先约定好的规则。这些规则明确规定了所交换的数据格式以及有关的同步问题。这些为进行网络中的数据交换而建立的规则、标准或约定称为网络协议，简称为协议。更进一步讲，网络协议主要由以下 3 个要素组成。

（1）语法，即数据与控制信息的结构或格式。

（2）语义，即需要发出何种控制信息，完成何种动作以及做出何种响应。

（3）时序，即事件实现顺序的详细说明。

人们形象地把这三个要素描述为：语义表示要做什么，语法表示要怎么做，时序表示做的顺序。由此可见，网络协议是计算机网络不可缺少的组成部分。只要用户想让连接在网络上的另一台计算机做点什么事情（例如，从网络上的某个主机下载文件），都需要有协议。但是当用户在自己的计算机上进行文件存盘操作时，就不需要任何协议，除非这个用来存储文件的磁盘是网络上的某个文件服务器的磁盘。协议通常有两种不同的形式，一种是使用便于阅读和理解的文字描述；另一种是使用让计算机能够理解的程序代码。这两种不同形式的协议都必须能够对网络交换的信息做出精确的解释。

2. 网络体系结构

由于计算机之间的网络通信是一个非常复杂的过程，如果作为一个整体来研究难度较大，因此，在网络设计中大多将整个网络分解为一组功能明确、相对独立的层，分别研究以降低难度。这些协议与层的集合就称为网络体系结构。网络体系结构是对计算机网络应该实现功能的精确定义。常见的网络体系结构有以下两种。

（1）OSI/RM 参考模型

国际标准化组织（ISO）在 1979 年建立了一个分委员会来专门研究一种用于开放系统的互联参考模型 Open System Interconnection Reference Model（即 OSI/RM）。OSI/RM 将计算机网络体系结构规定为物理层、数据链路层、网络层、传输层、会话层、表示层、应用层，共七层，如图 6-10 所示。按此模型一台计算机上的每一层都只与另一台计算机的同层“对话”（在图中用双向箭头线表示），但是同层之间并不存在物理上的直接数据传输，而是通过调用下层功能实现逻辑连接，物理层是此模型唯一建

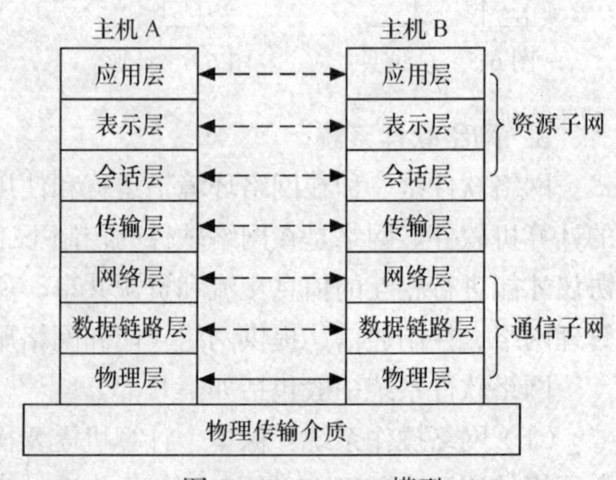

图 6-10　OSI/RM 模型

立实连接的层次。模型中低三层属于通信子网范畴，高三层归于资源子网范畴，传输层起着衔接上三层和下三层的作用。各层协议的具体功能如下。

① 物理层：实现两个主机（终端）间的物理通信，它涉及网络终端点设备和通信设备有关机械特性、电气特性、接口及时钟同步等方面。

② 数据链路层：负责将被传送的数据按帧结构格式化，并实现差错控制，此外还负责编址、链路管理、顺序编号、流控制及帧的传送。

③ 网络层：用于提供在源站和目标站之间的信息传输服务，传输单位是分组。信息在网络中传输时，由网络层提供路由选择、源和目标节点之间差错检测、顺序及流量控制。网络层还应向传输层提供数据报或虚电路服务。

④ 传输层：负责向会话层提供网络本身的传送服务，其中包括多点转接控制、接通管理、资源管理等。

⑤ 会话层：负责管理和建立进程和进程的连接，如信息流传输设置、对话服务及会议管理服务。

⑥ 表示层：实现协议转换、数据库管理服务、虚拟终端以及数据格式转换等。

⑦ 应用层：负责网络设备的控制、网络文件和通信服务。应用层协议提供基本的面向用户的网络服务，例如电子邮件的交换，或通过网络传送文件。

（2）TCP/IP 体系结构

TCP/IP 体系结构是目前最流行的体系结构，它是一种商业化的体系结构。TCP/IP 的前身是由美国国防部在 20 世纪 60 年代末期为其远景研究规划署网络（ARPAnet）而开发的。由于低成本以及在多个不同平台间通信的可靠性，TCP/IP 迅速发展并开始流行，并成为局域网的首选协议。从协议分层模型方面来讲，TCP/IP 由 4 个层次组成：网络接口层、互联网层、传输层和应用层，如图 6-11 所示。

图 6-11　TCP/IP 体系结构

① 网络接口层：这是 TCP/IP 软件的最低层，负责接收 IP 数据报并通过网络发送，或者从网络上接收物理帧，抽出 IP 数据报，交给 IP 层。

② 网络层：负责相邻计算机之间的通信。它所包含的协议设计数据包在整个网络上的逻辑传输。除了赋予主机一个 IP 地址来完成对主机的寻址，它还负责数据包在多种网络中的路由。该层有四个主要协议：网际协议（IP）、地址解析协议（ARP）、互联网组管理协议（IGMP）和互联网控制报文协议（ICMP）。

③ 传输层：为应用层实体提供端到端的通信功能，保证了数据包的顺序传送及数据的完整性。该层定义了两个主要的协议：传输控制协议（TCP）和用户数据报协议（UDP）。其功能包括：格式化信息流及提供可靠传输。为实现后者，传输层协议规定接收端必须发回确认，并且假如分组丢失，必须重新发送。

④ 应用层：为用户提供所需要的各种服务，例如：FTP、Telnet、DNS、SMTP 等。

6.1.5　计算机局域网

局域网（Local Area Network, LAN）产生于 20 世纪 70 年代，是在小型机与微型机上大量推广使用之后逐步发展起来的一种使用范围最广泛的网络。LAN 一般用于短距离的计算机之间的数据、信息的传递，属于一个部门或一个单位组建的小范围网络，其成本低、应用广、组网方便、使用灵活，深受用户欢迎，是目前计算机网络发展中最活跃的分支。

1. 局域网的特点

局域网是一个通信网络，它仅提供通信功能。从 OSI 参考模型的协议层角度看，它仅包含了低两层（物理层和数据链路层）的功能，所以连到局域网的数据通信设备必须加上高层协议和网络软件才能组成计算机网络。局域网连接的是数据通信设备，这里的数据通信设备是广义的，包括微机、高档工作站、服务器等大、中、小型计算机，以及终端设备和各种计算机外围设备。局域网具有以下一些主要特点。

◆ 共享传输信道。在局域网中，多个系统连接到一个共享的通信媒体上。

◆ 局域网覆盖的地理范围比较小。局域网覆盖的地理范围通常在几米到几十千米之间，一般不超过 30 km。

◆ 数据传输速率高。共享式局域网的数据传输速率通常为 1 Mbit/s～100 Mbit/s，交换式局域网技术的数据传输速率目前最高已达到 1 Gbit/s。

◆ 传输时延小。一般在几毫秒至几十毫秒之间。

◆ 误码率低。局域网一般使用有线传输介质，两个站点之间具有专用通信线路，使数据传输有专一的通道，故误码率低，一般误码率为 10^{-8}～10^{-12}。

2. 局域网的组成

服务器（Server）：为网络上的其他计算机提供信息资源的功能强大的计算机。根据服务器在网络中所起的作用，可分为文件服务器、打印服务器、通信服务器等。

客户机（Client）：网络中用户使用的计算机，可使用服务器所提供的各类服务，从而提高单机的功能，是使用者直接操作的客户端。

网卡：又称网络适配器，是网络接口卡。在计算机网络中，每一台计算机至少配有一块网卡，然后通过传输介质和通信设备与其他计算机通信，否则，这台计算机和网络是孤立的。网卡的功能是将计算机数据转换成能在通信介质中传输的信号。

传输介质：根据局域网的作用和要求，传输介质有不同选择。通常，局部范围内的中、高速局域网的传输介质使用双绞线、同轴电缆等；在对网络速度要求很高的场合下会采用光纤，如视频会议。无线介质在局域网络中也逐渐显示出它的优势和广泛用途。无线局域网是现在应用中的热点。在后续章节中将进一步介绍。

中继器、集线器、交换机：这些设备主要作用是延伸局域网的连接距离和便于网络的布线。

3. 网络互连

网络的互连，是指两个以上的计算机网络，通过一定的方法，用一种或多种通信处理设备相互连接起来，以构成更大的网络系统。

网络互连的目的就是实现更广泛的资源共享。这使得一个网络上的某一主机与另一个网络上的一台主机进行通信，通过通信使得任意网络上的用户都能访问其他被连接的网络上的资源，不同网络上的用户能够进行信息、数据的交换。

网络互连的形式有：局域网与局域网、局域网与广域网和广域网与广域网的互连三种。要实现各种类型的网络互连，可以利用网络的互连设备。常用网络间的互连设备有以下几类。

（1）中继器（Repeater）

当信号在传输介质上传送时，会产生损耗，造成信号的失真，因此导致错误的数据传输，中继器就是为了解决这个问题而设计的。中继器对衰减的信号进行放大，让信号保持与原数据相同，使信号能在长电缆上传输，以达到延长电缆长度的目的。中继器最典型的作用就是连接两个以上的以太网电缆段，但延长是有限的。例如，在 10BASE-5 粗缆以太网的组网规则中规定，每个电缆段最大长度为 500m，最多可用 4 个中继器连接 5 个电缆段，延长后的网络长度为 2 500m。

（2）交换机（Switch）

交换机（又称为交换式集线器），如图 6-12 所示。当网络经常堵塞而影响速度、用户数量增加或用户在网上需求急剧增加时，这时 Hub 的能力已发挥到极限，交换机是改善这种状态的最好的产品。

以太网交换机的所有端口平时都不连通，当节点需要通信时，交换机能同时连通许多对端口，使每一对相互通信的节点都能像独占通信介质那样，进行无冲突的数据传输，通信完成后就断开连接。所有连接的节点不是共享，而是独享带宽，不会出现带宽不足的问题。

（3）路由器（Router）

路由器（见图 6-13）是工作在网络层的的网络互连设备。当要互连的局域网之间需要对信息交换施加比较严格的控制时，或者把局域网通过广域网与远程的局域网互连时，一般采用路由器作为互连设备。

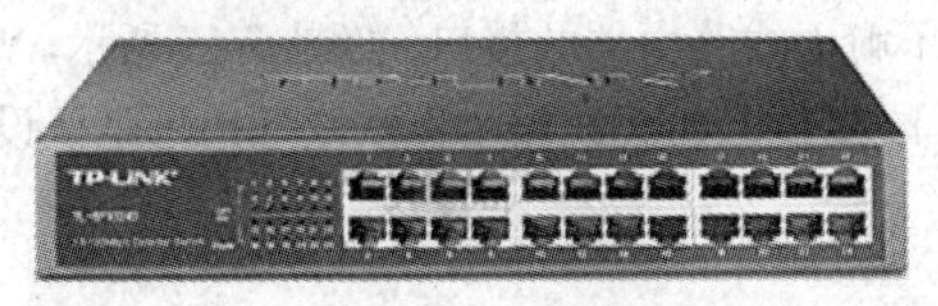

图 6-12　交换机

图 6-13　路由器

路由器在网络层实现网络互连，它主要完成网络层的功能。路由器负责将数据从源主机经最佳路径传送到目的主机。为此，路由器必须具备两个最基本的功能，那就是确定通过互联网到达目的网络的最佳路径和完成信息分组的传送，即路由选择和数据转发。显然，路径选择是路由器的主要任务。

路由器的另一个重要功能是可以克服广播风暴。在一个局域网上，每一个节点都可以听到同一局域网上的其他节点发出的广播帧与广播信包，路由器可以割断这种广播信息，不向另一端口所接的网络节点传送广播信息。这样，路由器限制了接受广播信息的节点数，使得网络不会因传播过多的广播信息而引起性能恶化。在共享传输介质的局域网中，网络中带宽的绝大部分都是由广播帧消耗掉的。这也是一个单位组织的网络与外界公用网络互连时，总是采用路由器与外界互连的缘故。与之相对照的是，中继器、集线器和一般的交换机对广播帧都不隔断，会在网络中传播广播帧。

（4）网关（Gateway）

网关（又称网间连接器、协议转换器），是能够连接不同网络的一种软件和硬件的结合体，是最复杂的网络互连设备。网关在传输层上实现网络互连，其主要工作是在不同网络之间进行数据格式转换、地址映射和网络协议转换等。网关的结构也和路由器类似，不同的是互连层。网关既可以用于广域网互连，也可以用于局域网互连。

由于网关不仅具有路由器的全部功能，而且具有协议转换功能，因此，它的传输速率更低，价格更贵，仅在连接两个不同体系结构的网络时才使用。

4．无线局域网络

随着计算机硬件的快速发展，笔记本电脑、掌上电脑、智能手机等各种移动便携设备迅速普及，人们希望在家中或办公室里可以在一定范围内上网而不是被网线固定在书桌上。于是许多研究机构很早就开始对计算机的无线连接而努力，使它们之间可以像有线网络一样进行通信。

无线局域网（Wireless Local Area Networks，WLAN）利用无线技术在空中传输数据、语音和视频信号。作为传统布线网络的一种替代方案或延伸，无线局域网把个人从办公桌边解放了出来，使他们可以随时随地获取信息，提高了办公效率。此外，WLAN 还有其他一些优点：它能够方便地联网，因为 WLAN 可以便捷、迅速地接纳新加入的成员，而不必对网络的用户管理配置进行过多的变动；WLAN 在有线网络布线困难的地方比较容易实施，使用 WLAN 方案，则不必再实施打孔布线作业，因而不会对建筑物造成任何损害。

在无线网络的发展史上，WiFi 由于其较高的传输速度、较大的覆盖范围等优点，发挥了重要的作用。WiFi 不是具体的协议或标准，它是无线局域网联盟（WLANA）为了保障使用 WiFi 标志的商品之间可以相互兼容而推出的，在如今许多的电子产品如笔记本电脑、手机、PAD 等上面都可以看到 WiFi 标志。针对无线局域网 IEEE 制定了一系列无线局域网标准，即 IEEE802.11 家族。随着协议标准的发展，无线局域网的覆盖范围更广，传输速度更高，安全性、可靠性等大幅度提高。

要设置无线局域网，无线路由器必不可少。无线路由器种类繁多，形状也各异。常见无线路由器如图 6-14 所示。设置无线局域网络之前必须要了解无线路由器的接口，如图 6-15 所示。WAN 口用于连接网线，LAN 口连接电脑（任选一个接口），复位键将无线路由器恢复到出厂默认设置。

图 6-14　无线路由器

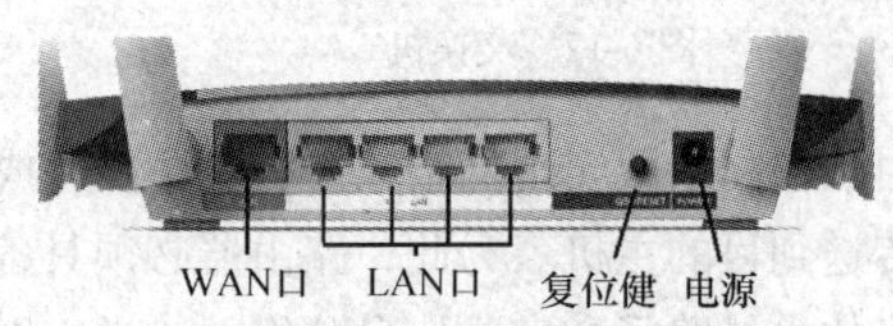

图 6-15　无线路由器接口

将无线路由器连接好，启动路由器。开始路由器的设置，其具体操作步骤如下。

（1）打开 IE 浏览器，在地址栏中输入 192.168.1.1 或 192.168.0.1，显示登录界面。

（2）在该界面输入帐号、密码（默认的登录用户名和密码都是 admin，可以参考说明书，若错误，恢复到出厂设置即可），无线路由器登录成功方可设置。

（3）登录成功之后选择设置向导的界面，默认情况下会自动弹出。

（4）选择设置向导之后会弹出一个窗口说明，通过向导可以设置路由器的基本参数，根据提示单击“下一步”按钮即可。

6.2 因特网基础知识

6.2.1 因特网概述

1. 因特网的概念

因特网（Internet）在英语中“Inter”的含义是“交互的”，“net”是指“网络”。因特网音译为“因特网”。因特网定义为：将以往相互独立的、散落在各个地方的单独的计算机或是相对独立的计算机局域网，借助已经发展得有相当规模的电信网络，通过一定的通信协议而实现更高层次的互连。在因特网中，一些巨型服务器通过高速的主干网络（光缆、微波和卫星）相连，而一些较小规模的网络则通过众多的支干与这些巨型服务器连接。在这些连接中，包括物理连接和软件连接。物理连接是指各主机之间的连接，利用常规电话线、高速数据线、卫星、微波或光纤等各种通信手段；软件连接是指全球网络中的计算机使用同一种语言进行交流，即使用相同的通信协议。

2. 因特网的发展

因特网本身起源于 1969 年的一个广域网计划，当时美国国防部的高级研究计划署（ARPA）为了能使一些异地计算机相互共享数据，便以一定的方式将计算机接入公用电话交换网，形成一个计算机网络并将其命名为 ARPAnet，这就是因特网的前身。最初，ARPAnet 主要用于军事研究，它主要是基于这样的指导思想：网络必须经受得住故障的考验而维持正常的工作，一旦发生战争，当网络的某一部分因遭受攻击而失去工作能力时，网络的其他部分应能维持正常的通信工作。

20 世纪 70 年代，美国国防部为了使卫星通信网和无线分组通信网也能加入到 ARPAnet，研制出了 TCP/IP 协议，它使得体系结构不同的网络能够连接成为一个整体，使得 ARPAnet 不断壮大。至 1983 年已有 100 多台不同体系结构的计算机连接到 ARPAnet。此时，ARPAnet 分为学术研究用的 ARPAnet 和纯军事用的 MILnet 两部分。TCP/IP 协议成为 ARPAnet 上的标准通信协议，Internet 的雏形已经形成。

1986 年，美国国家科学基金组织（NSF）将分布在美国各地的 5 个为科研教育服务的超级计算机中心互联，并支持地区网络，形成 NSFnet。1988 年，NSFnet 替代 ARPAnet 成为 Internet 的主干网。NSFnet 主干网利用了在 ARPAnet 中已证明是非常成功的 TCP/IP 技术，准许各大学、政府或私人科研机构的网络加入。1989 年，ARPAnet 解散，Internet 从军用转向民用。由于多种学术团体、企业研究机构甚至个人用户的进入，因特网的使用者不再限于“纯粹”的计算机专业人员。因特网逐步成为一种交流与通信的工具。

Internet 的发展引起了商家的极大兴趣，发现了它在通信、资料检索、客户服务等方面的巨大潜力。1992 年，美国 IBM、MCI、MERIT 三家公司联合组建了一个高级网络服务公司（ANS），建立了一个新的网络，叫做 ANSnet，成为 Internet 的另一个主干网。它与 NSFnet 不同，NSFnet 是由国家出资建立的，而 ANSnet 则是 ANS 公司所有，从而使 Internet 开始走向商业化。

因特网已经发展到全球的大多数国家，因特网用户普及率也逐年增加。今天，人们可以在 Internet 上学习、工作、娱乐。Internet 逐渐渗入政治、经济、科学教育、医疗卫生等社会的方方面面，深刻影响着人们的生活，形成了一种计算机网络文化。

3. 因特网在中国的发展

中国 Internet 的发展，和世界上大多数国家 Internet 发展相似，最初都是由学术网络发展而来的。从 20 世纪 80 年代中期开始，中国的科技人员开始了解到国外同行们已经采用电子邮件来互相交流信息，十分方便、快捷。因此，一些单位开始了种种努力，争取早日使用 Internet。

钱天白在 1987 年 9 月 20 日发出了第一封电子邮件“越过长城，通向世界”，实现了电子邮件的存储转发功能，揭开了中国人开始使用 Internet 的序幕。

1987 年至 1993 年以中科院高能物理所为首的一批科研院所与国外机构合作开展一些与因特网连网的科研课题，通过拨号方式使用因特网的 E-mail（电子邮件）系统，并为国内一些重点院校和科研机构提供国际因特网电子邮件服务。

1990 年中国正式向国际因特网信息中心（InterNIC）登记注册了最高域名“CN”，从而开通了使用自己域名的因特网电子邮件。

1994 年原邮电部同 Sprint 电信公司签署合同，建立了中国公用计算机因特网（ChinaNet），使因特网真正开放到普通中国人中间。同年，中国教育科研网（CERnet）也连接到了因特网，目前，各大学的校园网已成为因特网上最重要的资源之一。

为了规范发展，1996 年 2 月，国务院令第 195 号《中华人民共和国计算机信息联网国家管理暂行规定》中明确规定只允许四家因特网络拥有国际出口：中国科学技术网（CSTnet）、中国教育网（CERnet）、中国公用计算机因特网（Chinanet）和金桥信息网（ChinaGBnet），即中国的因特网的四大主流体系。

现在，中国互联网是全球第一大网，网民人数最多，联网区域最广。然而在发展过程中也存在许多问题，如：安全隐患、技术支持、网络速度等。目前中国网络日趋完善、网络技术创新发展、网络应用已经从生活娱乐逐步向社会经济领域渗透。

4. 未来的因特网发展

从目前的情况来看，因特网市场仍具有巨大的发展潜力，未来其应用将涵盖从办公室共享信息到市场营销、服务等广泛领域。全面预测因特网未来的发展是很困难的，但以下几个方面是不可忽视的。

（1）随着 IPv6 从实验室走向商用，地址空间更大、更安全、更快、更方便的因特网即将到来。IPv6 协议给人们带来了近乎完美的因特网解决方案。与 IPv4 协议相比，IPv6 协议寻址空间扩大；业务质量功能得到提高；功能增强。

（2）因特网的商业化应用将大量增加。如网上电视点播、电视会议、可视电话、网上购物、网上银行、网络图书馆等也越来越普及。而人工智能、虚拟世界、注意力经济、云计算、物联网等技术的发展，未来网络服务功能将进一步增强。

（3）有线、无线等多种通信方式将更加广泛、有效地融为一体。接入技术的发展充分体现了“三网合一”的应用趋势。今后的数据网、电视网和电话网将不再相互隔离，而是共同承揽数据、语音、图像集成的业务。

（4）因特网的管理与技术将进一步规范化，其使用规范和相应的法律规范正逐步健全和完善。

总之，未来因特网将给任何人（anybody）、在任何时间（anytime）任何地点（anywhere）、以任何接入方式（any connection）和可以承受的价格，提供任何信息（any information）并完成任何业务（any service）。

6.2.2 Internet 的主要信息服务

Internet 是世界上最大的信息资源库，同时也是最方便、快捷、廉价的通信方式，人们足不出户就能获取各种信息、进行交流和接受各种服务。Internet 提供的主要服务包括：信息浏览、电子邮件、远程登录、文件传输、信息检索等。

1. WWW 信息浏览

WWW 是 World Wide Web 的缩写，中文称为“万维网”，“环球网”等，常简称为 Web。WWW 是一个分布的、动态的、多平台的交互式信息查询、发布系统。在 Internet 上分布着许多 Web 站点（网站），这个 Web 站点存储了各种各样的信息。这些信息以超文本标记语言（Hyper Text Transport Protocol，HTML）编写的网页形式存储、以超文本传输协议（HTTP）进行传送。

WWW 分为 Web 客户端和 Web 服务器程序。WWW 可以让 Web 客户端（常用浏览器，如 IE 浏览器、360 浏览器等）访问浏览 Web 服务器上的页面。WWW 提供丰富的文本和图形，音频，视频等多媒体信息，并将这些内容集合在一起，并提供导航功能，使得用户可以方便地在各个页面之间进行浏览。由于 WWW 内容丰富，浏览方便，目前已经成为互联网最重要的服务。

2. 电子邮件（E-mail）

电子邮件（E-mail）是 Internet 应用最广的服务之一，是用电子手段提供信息交换的通信方式。通过电子邮件可以传送文字、图像、声音等各种信息。通过网络的电子邮件系统，用户可以用非常低廉的价格，以非常快速的方式（几秒钟之内可以发送到世界上任何你指定的目的地），与世界上任何一个角落的网络用户联系。

随着 Internet 的不断发展，众多 ISP（Internet 服务提供商）向公众提供免费或收费的 E-mail 服务。E-mail 也迅速普及，成为受用户欢迎的网络通信方式之一。

3. 远程登录（Telnet）

远程登录（Telnet）也是 Internet 的基本服务方式之一，它在 Telnet 协议的支持下，使用户的计算机通过 Internet 暂时成为远程计算机的终端。要开始一个 Telnet 会话，必须输入用户名和密码来远程登录计算机。一旦登录成功，用户可以实时使用远程计算机对外开放的全部资源。Telnet 是常用的远程控制 Web 服务器的方法。

4. 文件传输（FTP）

FTP 是文件传输协议（File Transfe Protoco）的缩写，FTP 是最早的 Internet 服务功能。FTP 的作用是通过 Internet 把文件从客户机复制到服务器（上传）或把文件从服务器复制到客户机（下载）。与 E-mail 相比，FTP 主要用于上传或下载非常大的数据文件。

早期的 FTP 软件多是命令行操作，有了像 CuteFTP 这样的图形界面软件，使用 FTP 传输变得方便易学。目前常用的 FTP 专用工具软件有 CuteFTP、LeapFTP 等。

5. 电子公告板系统（BBS）

BBS 是英文 Bulletin Board System 的缩写，中文译为“电子布告栏系统”或“电子公告牌系统”。BBS 是一种电子信息服务系统。它向用户提供了一块公共电子白板，每个用户都可以在上面发布信息或提出看法，早期的 BBS 由教育机构或研究机构管理，如今多数网站上都建立了自己的 BBS 系统，供网友表达自己的想法。早几年国内的 BBS 已经十分普遍，可以说是不计其数。目前由于 QQ 群的普及，BBS 有被取代的趋势。

6. 即时通信

QQ 是由腾讯公司开发的一款基于 Internet 的即时通信（IM）软件，是中国目前使用最广泛的聊天软件之一。至 2012 年拥有用户数已达 2 亿。

腾讯 QQ 支持在线聊天、视频电话、点对点断点续传文件、共享文件、网络硬盘、自定义面板、QQ 邮箱等多种功能，并可与移动通信终端等多种通信方式相连，是一种方便、实用、超高效的即时通信工具。而 QQ 群是已成为人们交流讨论的最重要阵地。

常用的即时通信软件还有 MSN、ICQ 等。

7. 搜索引擎

Internet 上蕴含着丰富的信息资源，要从这个信息海洋中准确、迅速地找到自己所需要的信息，就要借助 Internet 上的搜索引擎。

搜索引擎是指根据一定的策略、运用特定的计算机程序从互联网上搜集信息，在对信息进行组织和处理后，为用户提供检索服务，将用户检索相关的信息展示给用户的系统。搜索引擎实际上是一个专用的 Web 服务器，主要工作是收集网络上数以亿计的网站页面信息，组成庞大的索引数据库，用户使用关键字对网页提出查询请求，搜索引擎使用关键字匹配方式在索引数据库中查询，然后显示含有该关键字的所有网站、网页和新闻等匹配信息。

搜索引擎包括全文索引、目录索引、元搜索引擎、垂直搜索引擎、集合式搜索引擎、门户搜索引擎与免费链接列表等。目前最大的中文是百度（www.baidu.com）和谷歌（www.google.com.hk）等。

8. 电子商务

电子商务通常是指是在全球各地广泛的商业贸易活动中，在因特网开放的网络环境下，基于浏览器/服务器应用方式，买卖双方不谋面地进行各种商贸活动，实现消费者的网上购物、商户之间的网上交易和在线电子支付以及各种商务活动、交易活动、金融活动和相关的综合服务活动的一种新型的商业运营模式。

6.2.3 因特网的协议和地址

1. TCP/IP

因特网的本质是计算机与计算机之间互相通信并交换信息，这种通信跟人与人之间交流信息一样要具备一些条件，比如首先必须使用一种双方能看懂的语言，然后还要知道对方的通信地址，才能把信发出去。同样，因特网就是由许多小的网络构成的国际性大网络，在各个小网络内部使用不同的协议，正如不同的国家使用不同的语言，不同网络之间进行信息交流，就要靠网络上的世界语——TCP/IP 协议。

TCP/IP 是一系列通信协议的总称，它实际上包括上百个各种功能的协议，如远程登录、文件传输、电子邮件等。通常所说的 TCP/IP 是 Internet 协议簇，而 TCP（Transmission Control Protocol，传输控制协议）和 IP（Internet Protocol，互联网协议）是保证数据完整传输的两个最基本的重要协议。通俗而言：TCP 负责发现传输的问题，一有问题就发出信号，要求重新传输，直到所有数据安全正确地传输到目的地。而 IP 是给因特网的每一台电脑规定一个地址。

TCP/IP 是 Internet 互连网络的基础，是网络中使用的基本通信协议。

2. IP 地址

在 Internet 上连接的所有计算机都以独立的身份出现，为了实现主机间的通信，每台主机都必须有一个唯一的网络地址，就好像每个住户都有唯一的通信地址一样，才不至于在数据传输时出现混乱。Internet 上这唯一的网络地址就是 IP 地址。

（1）IP 地址的格式

TCP/IP 规定，IP 地址是由 32 位二进制数组成，而且在因特网范围内是唯一的。例如，某台连入因特网上的计算机的 IP 地址为：

11010010 01001011 10001100 00001010

这些数字对于人来说不太好记忆。于是人们将组成计算机的 IP 地址的 32 位二进制分成 4 段，每段 8 位，中间用小数点隔开，然后将每段二进制转换成十进制数，这样上述计算机的 IP 地址就变成了：210.75.140.10。

计算机很容易将十进制转换为对应的二进制 IP 地址，再供网络互联设备识别。采用这种编址方法可使 Internet 容纳约 40 亿台主机。

（2）IP 地址的结构

IP 地址在设计时就考虑到地址分配的层次特点，将每个 IP 地址都分割成网络号和主机号两部分，即：IP 地址=网络号+主机号。

采用分层结构的目的是为了便于 IP 地址的寻址操作。即先按 IP 地址中的网络地址找到 Internet 中的一个物理网络，再在该网络中找到主机地址。同一个物理网络上的所有主机都用同一个网络号来标识，网络上的一个主机（包括网络上工作站、服务器和路由器等）都有一个主机号与其对应。

（3）IP 地址的分类

IP 地址唯一标识出主机所在的网络和网络中位置的编号，按照网络规模的大小，常用 IP 地址分为五类：A 类、B 类、C 类、D 类和 E 类，如图 6-16 所示。

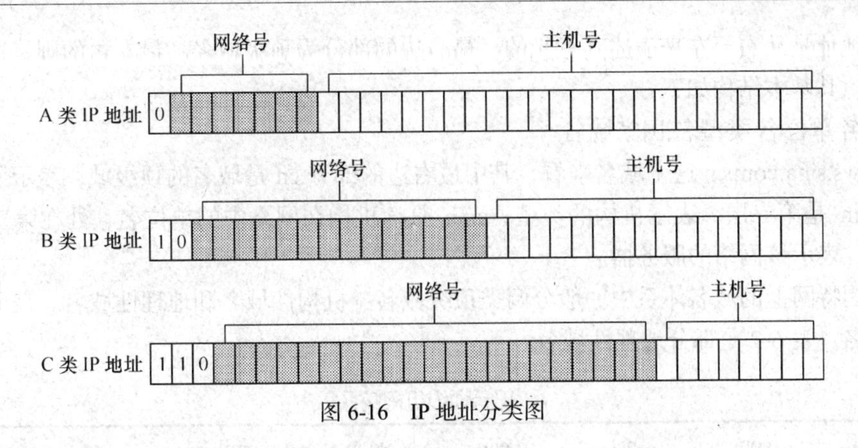

图 6-16 IP 地址分类图

A 类：这类地址的特点是以 0 开头，第一字节表示网络号，第二、三、四字节表示网络中的主机号，网络数量少，最多可以表示 126 个网络号（即网络号从 00000001～011111110），每一网络中最多可以有 2^{24}-2（16 777 214）个主机号。地址范围：1.0.0.1～126.255.255.254。这类地址主要分配给有大量主机的网络用户。

有两个特殊的地址不能分配给具体的计算机，即全为 0 和全为 1 的情况。全为 0 的地址留给网络本身使用，全为 1 的地址用作广播地址。下同。

B 类：这类地址的特点是以 10 开头，第一、二字节表示网络号，第二、三字节表示网络中的主机号，最多可以表示 2^{14}（16 384）个网络号（即网络号从 10000000 00000000～10111111 11111111），每个网络中最多可以有 66 534 个主机号。地址范围：128.0.0.1～191.255.255.254。

这类地址主要分配给中等规模的网络用户，例如国际大公司和政府机构等。

C 类：这类地址的特点是以 110 开头，第一、二、三字节表示网络号，第四字节表示网络中的主机号，网络数量比较多，可以有 2^{21}（2 097 152）个网络号，每一网络中最多可以有 254 个主机号。C 类地址一般分配给小型网络。地址范围：192.0.0.1～223.255.255.254。

例如：IP 地址为 192.168.0.100。

192.168.0——表示 C 类网络，网站要经电信部门批准；

100——表示主机号，在内部网络不冲突即可。

D 类：这类地址的特点是以 1110 开头，它是一个专门保留的地址，范围从 224 ~ 239。它并不指向特定的网络，目前这一类地址被用在多点广播（Multicast）中。多点广播地址用来一次寻址一组计算机，它标识共享同一协议的一组计算机。

E 类地址：以 11110 开头，为将来使用保留。

3. 域名地址

尽管 IP 地址能够唯一地标识网络上的计算机，但 IP 地址是数字型的，用户记忆这类数字十分不方便，为此 Internet 采用英文符号给网络中的主机命名，即域名地址。访问一个站点时，可以输入这个站点用数字表示的 IP 地址，也可以输入它的域名地址。

例如，海口经济学院站点的 IP 地址是 202.100.206.136，对应域名地址为 www.hkc.edu.cn。

这里存在一个域名地址和对应的 IP 地址相转换的问题，这些信息实际上是存放在 ISP 中的域名服务器（Domain Name System，DNS）上，当输入一个域名地址时，域名服务器就会搜索其对应的 IP 地址，然后访问到该地址所表示的站点。

域名地址是从右至左来表述其意义的，最右边的部分为顶级域名，最左边的则是这台主机的机器名称。其基本结构如下：

主机名.单位名.类型名.国家域名

从 news.sina.com.cn 这个域名来看，其中最右边的部分.cn 是域名的顶级域，表示所在的国家代码；.com 是第二层，表示机构的类型；sina 是该机构在网络中的单位名，处在第三层；news 在第四层，表示该网络的服务器。

目前因特网上的域名体系中一般分两类顶级域名：机构性域名和地理性域名。表 6-1 是机构性最高域名，表 6-2 是部分地理性域名。

表 6-1　部分顶级机构域名

机构域名	com	net	edu	gov	mil	org	int
含　义	商业机构	网络机构	教育机构	政府机构	军事机构	非赢利性组织	国际机构

表 6-2　部分顶级地理域名

地理域名	含　义	地理域名	含　义	地理域名	含　义
us	美国	cn	中国	Jp	日本
ca	加拿大	gb	英国	kr	韩国
de	德国	Fr	法国	It	意大利
in	印度	hk	中国香港地区	Au	澳大利亚

6.2.4　因特网接入方法

计算机可以通过多种方式连接到 Internet。常见方式有以下几种。

1. 拨号连接

拨号连接是指计算机使用 Modem（猫）通过普通电话与 Internet 服务提供商（Internet Service Provider，ISP）相连接，再通过 ISP 接入 Internet。Modem（调制解调器）能够将计算机的数字系统与电话线路上传送的模拟信号相互转换，即调制/解调。拨号连接是最传统的 Internet 接入方式，也是最容易实施的方法。该连接方式的优点是：原始投入较少，只要有一台计算机、一个 Modem，一部电话即可；缺点是速率低，理论上的最高速率为 56kbit/s。一般只适合于个人或小型企业使用。

2. ADSL 方式

ADSL（Asymmetrical Digital Subscriber Line）即非对称数字用户线路，是 xDSL 家族成员中的一员，ADSL 是一种新的数据传输方式。ADSL 方式也是利用现有的电话线网络，在线路两端加装 ADSL 设备——ADSL Modem，即可为用户提供高宽带服务，网络访问速度远高于普通电话拨号，传输距离能达 3 ~ 5km。另外，ADSL 方式上网和打电话互不影响，也为用户生活和交流带来便利。

以上介绍的 Modem、ADSL 方式是电信部门经营的，都是利用现有的电话线路，上网费用包括电话费和网络资源使用费，按时间计费。

3. Cable Modem 方式

利用有线电视网进行数据传输，Cable Modem 中文译作“电缆调制解调器”，它是近几年随着网络应用的扩大而发展起来的，是连接有线电视同轴电缆与用户计算机之间的中间设备。优点是：可利用已有的有线电视网，只需要对同轴电缆网进行双向改造，可以使用有线电视台机房。缺点是：系统调试较为复杂，不可预见因素多。

4. 局域网方式

在单位局域网内的用户，可通过局域网代理接入因特网。

将一个局域网连接到因特网主机可以有两种方法。

方法一：通过局域网的服务器、一个高速调制解调器和电话线路把局域网与因特网主机连接起来，局域网的所有计算机共享服务器的一个 IP 地址。

方法二：通过路由器把局域网与因特网主机连接起来，通信可以通过 X.25 网或 DDN 专线实现。

5. 无线连接

无线接入技术是指在终端用户和交换局端间的接入网全部或部分采用无线传输方式，为用户提供固定或移动的接入服务的技术。作为有线接入网的有效补充，它的系统容量大，语音质量与有线一样，覆盖范围广，构建与维护更简单，是当前发展最快的接入网之一。

架设无线网需要一台无线 AP（Wireless Access Point，无线访问接入点），装有无线网卡的计算机或支持 WiFi 功能的手机等设备就可以与网络相连。无线 AP 中的扩展型 AP 就是无线路由器，如此便能以无线的模式，配合既有的有线架构来分享网络资源。目前家庭中上网的模式大多采用宽带 ADSL 来连接到 Internet，因此只需要连接到一个无线路由器，在计算机中安装一块无线网卡，就可以实现无线上网了。AP 功能类似于有线网络中的集线器或交换机，是连接有线网和无线网的桥梁，其主要作用是将各个无线客户端连接到一起，然后将无线网络接入到以太网。

6.3 Internet 的主要应用

因特网是一个覆盖全球的枢纽中心，上面的信息资源极为丰富，用户可以通过它了解新闻，收发电子邮件，和朋友聊天，进行网上购物，观看影片，阅读网络杂志等。下面介绍几种常用的 Internet 应用。

6.3.1 WWW 服务

WWW 是 World Wide Web 的简称，俗称“万维网”、3W 或 Web。它是在 Internet 上以超文本为基础形成的全球性的、交互的、动态的、分布式的、多平台的信息网，也是目前建立在 Internet 上的最重要的一种服务。

万维网常被当成因特网的同义词，但万维网与因特网有着本质的差别。因特网指的是一个硬件的网络，全球的所有电脑通过网络连接后便形成了因特网。而万维网更倾向于一种浏览网页的功能。万维网的内核部分是由三个标准构成的：HTTP、HTML、URL。

WWW 网站包含很多网页。网页是用超文本标记语言（Hyper Text Markup Language，HTML）编写的，并在 HTTP 支持下运行。一个网站的第一个网页称为首页或主页，每一个网页都有一个唯一的地址（URL）来表示。

HTML：超文本标记语言（Hyper Text Markup Language），是一种标记超文本语言。所谓超文本（Hypertext）是指不仅包含文字信息，还可以包含图形、图像、声音和视频等信息，故称“超”文本；更重要的是超文本中包含指向其他页面的链接，这种链接称为超链接。超文本通过超链接将各种不同空间的信息组织在一起。超文本是一种用户接口范式，用以显示文本及与文本之间相关的内容，允许从当前位置直接切换到超文本链接所指向的位置。

HTTP：超文本传输协议（HyperText Transport Protocol），是用于从 WWW 服务器传输超文本到本地浏览器的传送协议。它可以使浏览器更加高效，使网络传输减少。它不仅保证计算机正确快速地传输超文本文档，还确定传输文档中的哪一部分，以及哪部分内容首先显示（如文本先于图形）等。HTTP 是一个应用层协议，由请求和响应构成，是一个标准的客户端/服务器模型。

URL：统一资源定位器（Uniform Resource Locator）。在 WWW 上，每一信息资源都有统一的且在网上唯一的地址，即 URL；它是 WWW 的统一资源定位标志，就是指网络地址。URL 由三部分组成：资源类型、存放资源的主机域名、资源文件名。

URL 的一般语法格式为：

协议://主机地址或域名/路径/文件名

其中“协议”可以是 Internet 上的某一种应用所使用的协议，如 http、ftp、mailto、MMS、news 等；“主机地址或域名”是网页所在计算机在 Internet 上的地址，即网址；路径和文件名是用路径形式表示 Web 页在主机中的具体位置。

如：http://sf.hkc.edu.cn/web/rs/content/230.html 是一个 Web 页的 URL，浏览器通过该 URL 可知：使用的协议是“http”，网页所在主机的域名为“sf.hkc.edu.cn”，要访问的文件在文件夹“/web/rs/content”下，文件名为“230.html”。

1. 浏览器

浏览器是 WWW 的客户端程序，它安装在用户的机器上。浏览器负责接收用户的请求并将请求传送给 Web 服务器；当服务器将请求页面送回到浏览器后，浏览器负责将页面解释并显示在用户的屏幕上。是用户与 WWW 之间的桥梁。其工作流程如下。

（1）WWW 浏览器根据用户输入的 URL 连到相应的远端 WWW 服务器上。

（2）取得指定的 Web 文档。

（3）断开与远端 WWW 服务器的连接。

由此可见，平时用户在浏览某个网站的时候，是每连一个网页就建立一次连接，读完后马上与服务器断开，当需要另一个网页时重新开始。

浏览器有很多种，目前最常用的浏览器是微软公司的 Internet Explorer（简称 IE）和谷歌的 Google Chrome。除此之外还有苹果公司的 Safari、百度浏览器、搜狗浏览器等。下面以 IE 为例介绍 WWW 浏览器的使用。

2. Internet Explorer 浏览器

Internet Explorer（IE）浏览器是微软公司推出的免费浏览器，2010 年推出最新版本是 IE 9.0。IE 浏览器直接绑定在微软公司的 Windows 操作系统中，当用户计算机安装了 Windows 操作系统之后，无需专门下载安装浏览器即可利用 IE 浏览器实现网页浏览。

（1）IE 9.0 的启动与退出

启动 IE 9.0，方法如下。

方法一：单击任务栏上“快速启动”工具栏中的 IE 图标。

方法二：双击桌面上的 IE 图标。

方法三：选择“开始/所有程序/ Internet Explorer”命令。

退出 IE 9.0。方法如下。

方法一：单击 IE 窗口右上角的“关闭”按钮图标 X 。

方法二：单击 IE 窗口左上角，在弹出的菜单中单击“关闭”菜单项。

方法三：选择 IE 窗口后，按 Alt+F4 键。

如果当前打开多个选项卡，且执行了退出操作，IE 浏览器将弹出如图 6-17 所示的对话框，提示“关闭所有选项卡”还是“关闭当前选项卡”。若勾选了“总是关闭所有选项卡”，则以后会默认关闭所有选项卡。

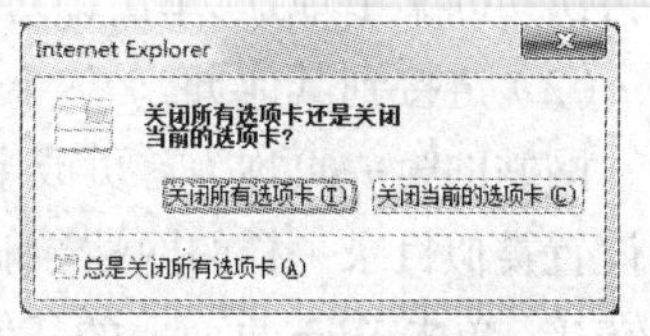

图 6-17　关闭对话框

（2）IE 9.0 窗口组成

启动 IE 后，工作窗口界面如图 6-18 所示。IE 9.0 的界面十分简洁。启动时打开一个选项卡显示默认主页。窗口由标题栏、地址栏、菜单栏、选项卡、Web 窗口等组成。

图 6-18　IE 窗口

标题栏位于 IE 窗口最上方。左侧空白，右侧显示“最小化”、“最大化”/“还原”和“关闭”按钮。在标题栏右键单击可显示一个快捷菜单，如图 6-19 所示。可用于显示或关闭其他工具栏。操作方法是在需要显示或关闭的菜单项上单击即可。

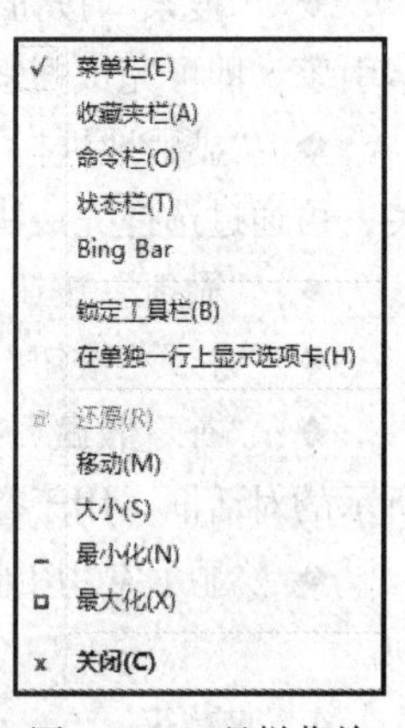

图 6-19　工具栏菜单

标题栏下方横条是 IE 最常用的功能的集合。包括前进、后退按钮、地址栏、选项卡及功能按钮。前进、后退按钮可以浏览记录中前进及后退；地址栏用于输入或显示浏览的网页的 Web 地址或 IP 地址，另外 IE 9.0 的地址栏还具有搜索功能；海口经济学院 × 百度一下，你就知道 称为选项卡，一个选项卡显示一张网页，单击右侧“新建选项卡”按钮即可添加新的标签页；功能按钮，分别用于返回主页、查看收藏和显示常用工具。

菜单栏上排列有 Windows 规范的系统菜单，集合了所有的操作命令。

3. 使用 IE 浏览器浏览网页

（1）浏览首页

如果知道要访问网站的地址，可以直接在地址栏中输入网址。如在地址栏中输入腾讯的网址 http://www.qq.com，按 Enter 键后即可浏览腾讯网的首页。

在输入网址过程中，IE 将出现下拉列表，在下拉列表中显示曾经访问过的类似的地址，如果要再次访问某个地址，单击即可，如图 6-20 所示。

图 6-20　输入网址的 IE 窗口

（2）链接到其他页

网站的第一页称为首页或主页，在首页一般都设置类似目录一样的网站导航。网页上有许多超链接，单击 Web 页面上的任何超链接，都可以跳转到链接指定的 Web 页面或其他内容。超链接可以是图片、三维图像或彩色文字，通常指向超链接鼠标会变成☝，文字带下划线。

由于设计时的不同，单击超链接时，链接到的网页有些会在新的选项卡中显示，而有些则直接覆盖原网页。对于后者若不希望覆盖原网页则可以在超链接上右键单击选择“在新选项卡中打开”菜单项即可。

（3）常用按钮

图 6-21　常用按钮

在浏览网页时可能会需要返回曾经浏览过的某一页面或收藏页面等，此时将需要用到前面提到的一些按钮，如图 6-21 所示。使用这些按钮，可以快速、方便地浏览网页。

◆ “后退”按钮：单击之，返回到在此之前浏览的页，按住不松则打开一个下拉列表，罗列最近浏览过的几个页面。

◆ “前进”按钮：单击之，则转到下一页。如果在此之前没有使用“后退”按钮，则“前进”按钮将处于非激活状态，不能使用。按住不松效果同“后退”按钮。

◆ “搜索”按钮：单击之，地址栏出现“？”，输入要搜索的内容或关键字，在下方选择搜索引擎，即可完成搜索。

◆ “显示地址栏”按钮：单击之，出现下拉列表，列表项是输入过的网址、历史记录及收藏夹，可通过选择完成快速访问。

◆ “刷新”按钮：单击之，则重新连接到因特网，并下载最新内容。

◆ “主页”按钮：单击该按钮，将返回到默认的起始页。

◆ “查看收藏”按钮：单击该按钮，将弹出如图 6-22 所示的对话框。用于查看、添加收藏。

◆ “显示常用工具”按钮：单击该按钮，显示常用命令项。

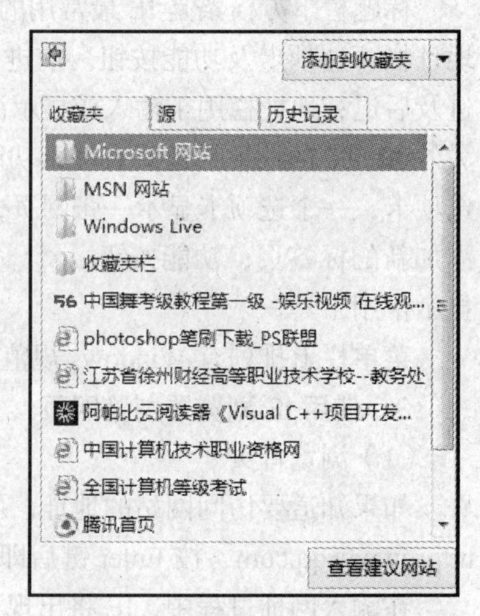

图 6-22　IE 的添加收藏功能

4. 收藏夹

为了帮助用户记忆和管理网址，IE 提供了收藏夹功能。收藏夹其实是一个文件夹，其中存放的是用户喜爱的、经常访问的网站的网址。

（1）将网页添加到收藏夹

将打开的网页添加到收藏夹的方法很多，一般操作步骤如下。

① 打开要收藏的网页。

② 单击IE上的☆按钮或单击菜单栏"收藏夹/添加到收藏夹"命令，弹出如图6-22所示的窗口。

③ 单击"添加到收藏夹"按钮，弹出如图6-23所示的对话框。在"名称"处可修改网址在收藏夹中显示的名称，在"创建位置"选择网址的分类位置，默认为"收藏夹"。

④ 单击"添加"按钮，则添加了一个网址到收藏夹中。

（2）在"收藏夹"中创建新的文件夹

在系统创建的"收藏夹"里，可以另外创建新的文件夹，将网址分类存放在各子文件夹中。其操作步骤如下。

① 单击"添加收藏"对话框中的"新建文件夹"按钮，打开如图6-24所示的"创建文件夹"对话框创建分类，如"教育网站"，可对收藏的网址进行分类。

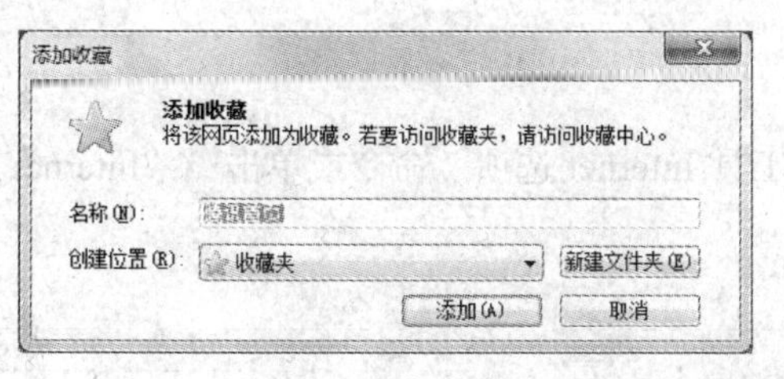

图6-23　添加收藏

图6-24　创建文件夹

② 在"文件夹名"处键入文件夹的名称，单击"创建"即可添加一个文件夹到收藏夹。

③ 再次单击IE上的☆按钮查看，即可发现创建成功。

（3）管理"收藏夹"

使用IE浏览器不但可以把网站地址保存到"收藏夹"中，还可以随时对"收藏夹"进行整理，如创建文件夹、重命名、删除和移动等操作，其操作步骤如下。

① 在IE浏览器的菜单栏中选择"收藏夹/整理收藏夹"命令，弹出如图6-25所示的"整理收藏夹"对话框。

图6-25　查看添加收藏结果

② 单击选择需要编辑的项，然后单击"创建文件夹"、"移动"、"重命名"或"删除"按钮，即可进行相应的处理。

5. 查看历史记录

历史记录是IE浏览器中的一项基本功能，可以记载用户在最近一段时间内浏览过的网页信息。通过查询历史记录，可以快速找到曾经访问过的信息，其具体查询步骤如下。

① 单击IE上的☆按钮，弹出如图6-22所示的"查看收藏夹、源和历史记录"的窗口。

② 选择"历史记录"选项卡。历史记录的查看方式包括：按日期查看、按站点查看、按访问次数查看、按今天的访问顺序查看及搜索历史记录。

③ 选择其中一种查看方式后，即可查看历史记录信息。

6. 保存网页信息

因特网是一个庞大的资源信息库，如果希望将网上有价值的信息，如Web页、图片等保存下来，可以进行如下操作。

（1）保存Web页

① 在 IE 浏览器的菜单栏单击“文件/另存为”命令，弹出“保存网页”对话框，如图 6-26 所示。

② 选择保存路径。在“文件名”处，输入一个新名称或保持默认名称；默认的保存类型为“网页，全部(*.htm;*.html)”，可以在“保存类型”下拉列表框中选择其他类型，如“文本文件(*.txt)”。

③ 单击“保存”按钮，即可保存当前网页。

（2）保存图片

如果需要将网上的图片存到本地计算机中，可按以下步骤操作。

① 在需要保存的图片上右键单击，在弹出的快捷菜单中选择“图片另存为”命令，将弹出“保存图片”对话框。

② 选择保存路径，输入文件名，确认保存类型，然后单击“保存”按钮，即可将该图片保存到目标文件夹中。

7. IE 浏览器的设置

如果要对 IE 浏览器进行设置，可选择“工具/Internet 选项”命令或单击 “Internet 选项”，选择，便会弹出如图 6-27 所示的对话框。

图 6-26 “保存网页”对话框

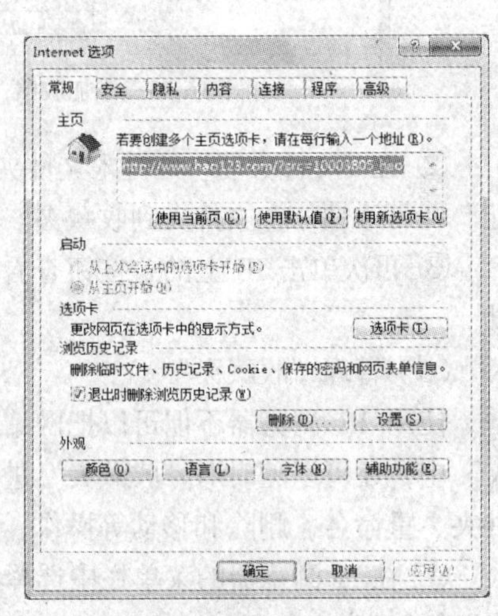

图 6-27 “Internet 选项”对话框

在该对话框中有“常规”、“安全”、“隐私”、“内容”、“连接”、“程序”和“高级”7 个命令选项卡，通过这些选项卡可以进行相关设置。

（1）设置默认主页

IE 的起始主页是指每次启动 IE 时最先显示的页面，一般设置为最频繁查看的网站。更改主页的步骤：选择“常规”选项卡，做如下任意操作。

◆ 在“主页”选项栏中单击“使用当前页”按钮可将正在浏览的网址设置成为主页。

◆ 单击“使用默认页”按钮，将还原为 IE 默认的起始主页。

◆ 单击“使用新选项卡”按钮，将主页设置为空白页。

◆ 手动在主页栏输入网址。若需要设置多个主页，则在地址框中另起一行，再输入下一个主页地址。最后单击“确定”按钮。

（2）历史记录的设置与删除

使用 IE 浏览 Web 页时，浏览器自动将访问过的网页内容保存到本地的特定文件夹中。当要访问的网页存放在临时文件中时，访问速度会更快。用户可以根据硬盘大小、工作情况来调整放临时文件的空间大小。

在图 6-25 所示的对话框的“浏览历史记录”组中，单击“设置”则弹出“网站数据设置”对话框。在此可修改临时文件“使用的磁盘空间”、“在历史记录中保存网页的天数“等参数。

单击“删除文件”按钮，勾选要删除的选项，即可删除相应类别的 Internet 临时文件。

6.3.2 电子邮件（E-mail）

电子邮件（E-mail）是用户或用户组之间通过 Internet 发送和接收电子信函的服务。由于电子邮件具有快捷、简便、可靠、价廉等优点，能在短到几分钟甚至几秒钟的时间内把信发送到地球上另一端的接收用户的服务器上，所以电子邮件是 Internet 上使用较频繁的一种服务。用户使用电子邮件的前提是要拥有自己的电子信箱，即电子邮件地址（E-mail 地址）。用户可以向邮件服务管理机构申请，它实际上是在与 Internet 联网的计算机上分配给用户一个专门用于存放电子邮件的磁盘区域。

E-mail 地址由两部分组成，其形式为：用户名@主机域名，例如，lognname@sohu.com，符号“@”的含义是“在”（at）的意思，表示名为 lognname 的电子邮箱存在一个名叫 sohu.com 的 Internet 电子邮件服务器上。

1. E-mail 的申请

用户可以在提供邮箱申请的网站上去申请电子邮箱，个人用户可申请付费或免费邮箱，现在许多网络服务商都提供免费邮箱服务。

申请电子邮箱的步骤如下（以 126 免费邮箱为例，根据网站更新步骤可能会略有不同）。

① 启动 IE 浏览器，打开 www.126.com 网站，如图 6-28 所示。

② 单击“注册”按钮进入注册页面，如图 6-29 所示。

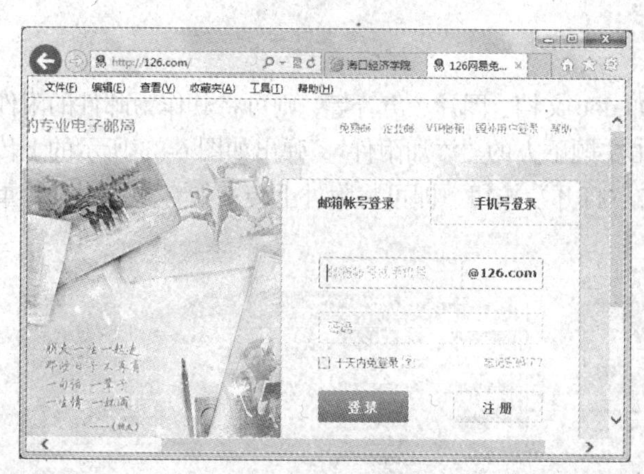

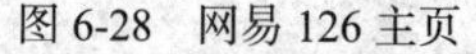

图 6-28 网易 126 主页

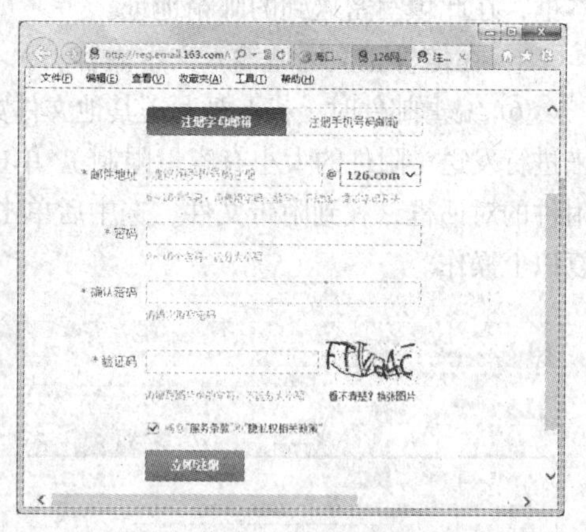

图 6-29 126 邮箱注册页

③ 可选择“注册字母邮箱”或“注册手机号码邮箱”，操作类似。在此注册字母邮箱。输入申请的邮箱地址、密码、确认密码及验证码（假定注册邮箱地址为 jain2013）。输入时注意网页提示信息及要求。输入完成后单击“立即注册”，进入注册成功页面，如图 6-30 所示。

④ 在此页面，进行手机验证。如不需要，单击“跳过这一步，进入邮箱”，开始使用邮箱，如图 6-31 所示。

注意，提供免费电子邮箱服务的网站有许多，如新浪、腾讯、网易、Yahoo 等。

图 6-30　注册成功

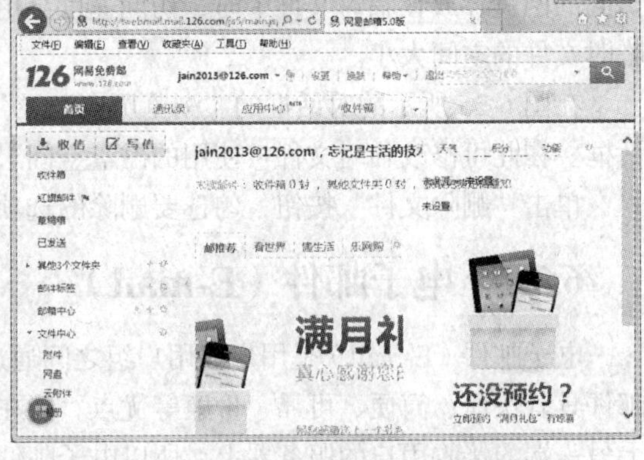

图 6-31　邮箱界面

2. E-mail 的使用

下面以 126 免费邮箱为例，说明免费邮箱的使用方法。

（1）编辑邮件

① 登录 126 免费邮箱主页（http://www.126.com），在“邮箱账号”和“密码”文本框中分别输入用户已经注册的邮箱地址及密码，单击“登录”按钮即可进该用户的 126 邮箱。

② 在邮件页面左栏中，单击“写邮件”链接，右栏变成邮件编辑窗口，如图 6-32 所示。

③ 在“收件人”文本框中输入收件人的邮箱地址（此栏必须填写）；主题是让收信人看到的信件的标题，可以不填写。

④ 若一封邮件是发送给多人的，可单击“添加抄送”，显示“抄送人”文本框，在此输入其他的邮件地址，“抄送”多人时，中间用半角逗号隔开；利用“抄送”可实现批量发送邮件；若要给多人发送，但不希望收件人看到都同时发给了哪些人，可单击“添加密送”，显示“密送人”文本框，在此填写密送到的邮箱地址。

⑤ 在信件正文区域输入文本内容。

⑥ 编辑邮件时，若需要发送其他文件如.doc 文档、图片、声音等，则可将其作为邮件的附件来进行发送（附件的大小有容量限制）。单击主题下方的“添加附件”，弹出如图 6-33 所示的上传附件的对话框，找到附带文件，选中后单击“打开”按钮，即可将附件上传；如有多个附件，重复以上操作。

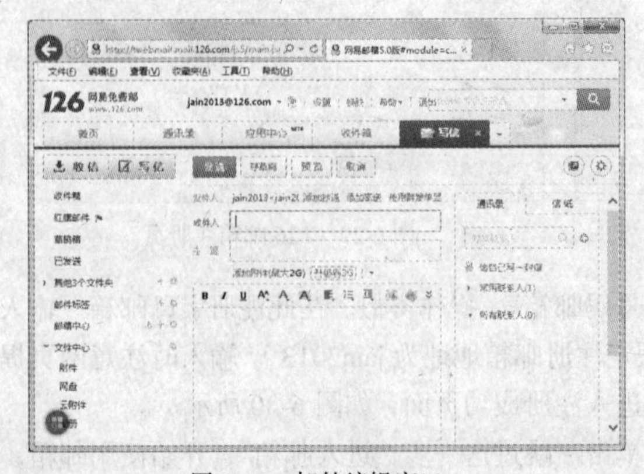

图 6-32　邮件编辑窗口

图 6-33　添加附件窗口

⑦ 单击“发送”即可。

（2）邮件的接收和阅读

如果要接收和阅读邮件，可以按照以下方法进行。

① 登录邮箱后，单击邮件窗口左侧的“收件箱”按钮，所有已收邮件显示在右侧窗口。

② 在该窗口单击任一邮件即可在该窗口显示邮件详细内容，如果该邮件有附件，还会显示附件信息。

③ 单击“收信”按钮，可及时更新收件箱信息。

（3）邮件的回复和转发设置

用户还可以对邮箱进行设置，如自动回复和转发等，设置好后，便可自动回复和转发邮件。

在邮箱的上方选择“设置”，即可显示有关邮箱设置的页面，在此不再详细说明，按照提示进行设置即可。

3. Outlook 的使用

除了在网页上进行电子邮件的收发外，还可采用客户端软件方式。常用的客户端电子邮件软件有很多，如 Foxmail、Outlook 等。虽然各软件不尽相同，但其操作方式都基本类似。下面以 Outlook 2010 为例介绍电子邮件客户端软件的使用。

（1）认识 Outlook 2010

选择“开始/所有程序/ Microsoft Office/ Microsoft Office Outlook 2010”选项，启动 Outlook 2010。其主界面如图 6-34 所示。

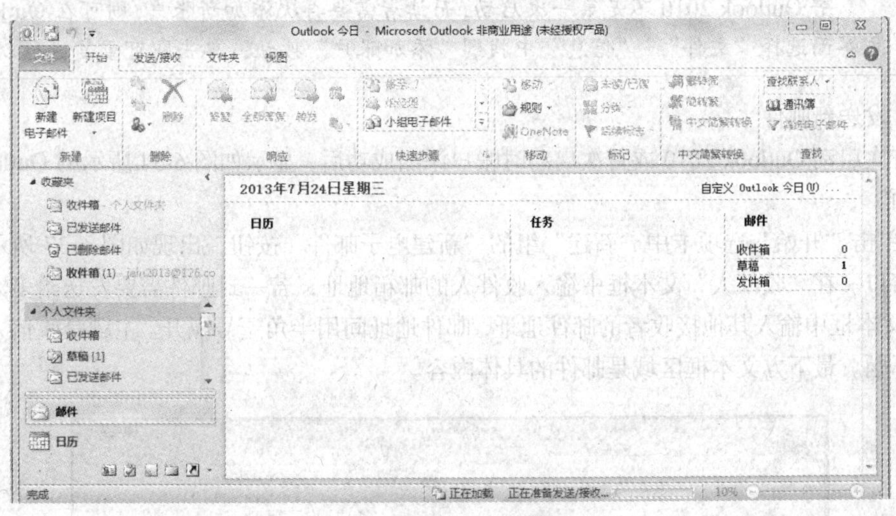

图 6-34　Outlook 2010 主界面

Outlook 2010 用选项卡取代了原来的菜单栏，包括开始、发送/接收、文件夹和视图等选项卡，这些选项卡包含了 Outlook 中的大部分功能。选项卡右侧还有一些常用的功能按钮，如显示/隐藏功能区、帮助。

单击选择相应的选项卡，在选项卡下方的功能区就会显示出该选项卡中所有命令按钮，每个命令按钮具有不同的功能，根据功能被分在不同的组中，可以快速完成相应的操作。功能区可以显示或隐藏，单击选项卡右侧的显示/隐藏功能区按钮，即可以隐藏或显示功能区。

（2）设置 Outlook 2010，添加新账户

① 选择“开始/所有程序/ Microsoft Office/ Microsoft Office Outlook 2010”选项，启动 Outlook，第一次启动时弹出设置向导，如图 6-35 所示。单击“下一步”按钮按照提示进行相关设置。

② 电子邮件配置选择“是”，单击“下一步”按钮。

③ 添加新账户：设置邮箱的相关信息。将插入点依次移动到用户姓名、电子邮件地址、密码及重新键入密码位置，输入对应信息。注意，密码应为邮箱对应密码，如不对正确则不能连接，如图 6-36 所示。单击“下一步”按钮。

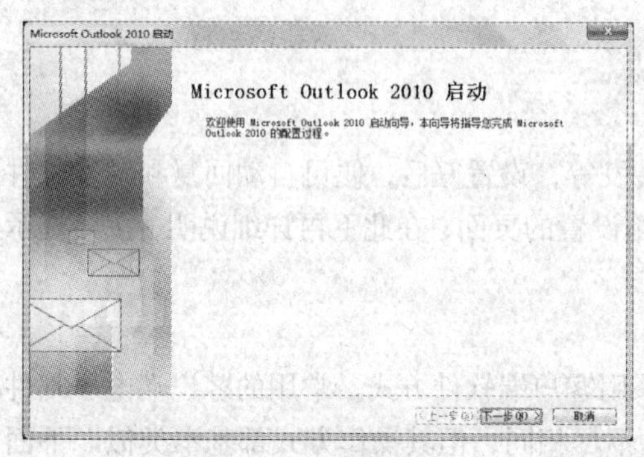

图 6-35 启动 Outlook

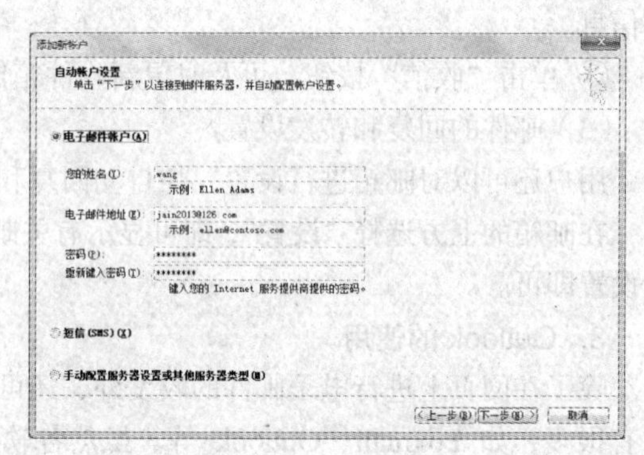

图 6-36 添加新帐户

④ Outlook 开始设置，根据系统不同，这里需要一些时间（一般 1 分钟左右）。设置成功，单击“完成”按钮，即可完成新账户的添加。

若 Outlook 2010 不是第一次启动，而读者需要再次添加新账户，则可在 Outlook 2010 主界面选择“文件”-“信息”中找到“添加账户”按钮，单击即可重复进行以上设置。

（3）发送新邮件

非首次启动 Outlook 2010 或首次启动时帐户添加成功后，显示如图 6-34 所示的 Outlook 2010 的主界面。

① 单击“开始”选项卡中“新建”组的“新建电子邮件”按钮，出现如图 6-37 所示的撰写新邮件窗口。在“收件人”文本框中输入收件人的邮箱地址，若一封邮件需要发送给多人，可在“抄送”文本框中输入其他接收者的邮件地址，邮件地址间用半角逗号隔开。主题是收信人看到的信件的标题。最下方文本框区域是邮件的具体内容。

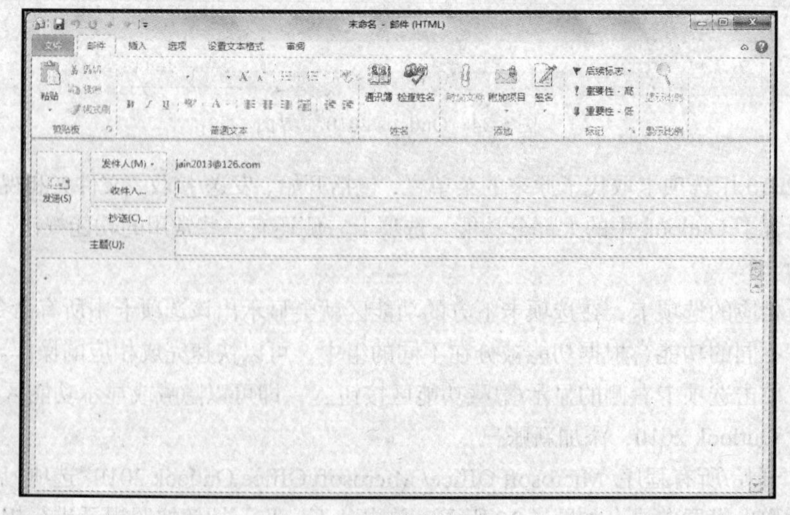

图 6-37 撰写新邮件

② 在电子邮件中插入附件。如果要通过电子邮件发送计算机中的其他文件，可把这些文件作为邮件的附件随邮件一起发送。具体步骤：单击“邮件”选项卡中的“添加”组的“附加文件”按钮，打开“插入文件”对话框；在“插入文件”对话框中选定要插入的文件，然后单击“插入”按钮；在新撰写邮件的“附件”框中就会列出所附加的文件名。重复以上步骤，可以继续插入其他附件。

另一种比较简单的插入附件的方法：直接把要附加的文件拖曳到发送邮件的窗口上，就可自动插入为邮件的附件。

③ 完成新邮件的所有内容后，单击“发送”按钮，完成新邮件的发送。

（4）接收与阅读邮件

一般情况，启动 Outlook 2010 前应先连接到 Internet。如果要查看是否有新邮件，则单击“发送/接收”选项卡中“发送/接收”组的“发送/接收所有文件夹”。此时，会出现一个邮件发送和接收的对话框，当下载完邮件后，就可以阅读查看了。

单击 Outlook 主界面左侧的收件箱按钮，在右侧显示收到的邮件列表，选择要浏览的邮件双击即可打开阅读窗口显示邮件详细内容。阅读完单击“关闭”按钮即可。

（5）回复与转发

阅读某一邮件时，如需要回复则单击阅读窗口的“答复”按钮，弹出写信窗口，默认收件人为所阅读邮件的发件人，书写内容，单击“发送”即可完成回复。

转发是将自己收到的邮件发送给其他人。对于刚阅读的邮件，单击阅读窗口的“转发”按钮，弹出类似回复的转发窗口，填写收件人地址，单击“发送”即可完成转发。

（6）添加新联系人

Outlook 2010 的联系人功能强大。利用它可以保存联系人的姓名、职务、E-mail 地址、邮编、通讯地址、电话和传真号码等信息，还可以自动填写电子邮件地址、电话拨号等功能。添加联系人信息的具体步骤如下。

① 单击 Outlook 2010 的“开始”选项卡，在界面左下角选择“联系人”，打开联系人管理视图。在此显示已有联系人的名片（包括联系人姓名、E-mail 等摘要信息）。双击某个联系人名片即可查看及编辑该联系人。

② 在功能区上单击“新建联系人”，打开联系人资料填写窗口。联系人资料包括：姓氏、名字、单位、电子邮件、电话号码、地址及头像等。将联系人的各项信息输入到对应文本框中，并单击“保存并关闭”按钮。

6.3.3 搜索引擎

Internet 是一个信息的海洋，上面的信息每时每刻都在更新。如何在无边的信息中找到我们所需要的而不迷失其中，是 Internet 使用者要解决的问题。为了使人们更好地使用 Internet，网络服务商提供了搜索引擎功能。

搜索引擎是一种用于帮助因特网用户查询信息的搜索工具，它以一定的方式在因特网中搜集、发现信息，对信息进行理解、提取、组织和处理，并为用户提供检索服务，从而达到信息导航的目的。搜索引擎专用于帮助用户查询 WWW 服务器上的 Web 站点信息，有的搜索引擎还可以查询新闻服务器的信息。搜索引擎周期性地在 Internet 上收集新的信息，并将其分类存储，这样在搜索引擎所在的计算机上，就建立了一个不断更新的“数据库”。用户在搜索特定信息时，实际上是借助搜索引擎在这个数据库中进行查找。

1. 常用搜索引擎

Internet 上有许多好的搜索引擎，如百度、谷歌、搜狗、雅虎等。下面对这些搜索引擎做简单介绍。

（1）百度

百度的网址是“http://www.baidu.com”。百度是目前全球最优秀的中文信息检索与传递技术供应商之一，是国内用户用的最多的搜索引擎之一。用户可以通过百度主页，在瞬间找到相关的搜索结果，这些结果来自于百度超过 10 亿的中文网页数据库，并且这些网页的数量每天正以千万级的速度在增加。

（2）Google

Google 的中文网址是“http://www.google.com.hk”。Google 开发出了世界上最大的搜索引擎，提供了最便捷的网上信息查询方法。Google 可为世界各地的用户提供适合的搜索结果，而且搜索时间通常不到半秒。

Google 富于创新的搜索技术和典雅的用户界面设计使 Google 从当今的第一代搜索引擎中脱颖而出。Google 并非只使用关键词或代理搜索技术，它将自身建立在高级的 PageRank（网页级别）技术基础之上，该技术可确保始终将最重要的搜索结果首先呈现给用户。

（3）雅虎

雅虎的网址是“http://yahoo.com.cn/”。雅虎为用户提供了强大的搜索功能，通过其 14 类简单易用、手工分类的简体中文网站目录及强大的搜索引擎，用户可以轻松搜索到政治、经济、文化、科技、房地产、教育、艺术、娱乐、体育等各方面的信息。

（4）新浪

新浪的网址是“http://www.sina.com.cn”。它是因特网上规模最大的中文搜索引擎之一，设有大类目录 18 个，子目录一万多个，收录网站二十余万个。提供网站、中文网页、英文网页、新闻、汉英辞典、软件、沪深股市行情、游戏等多种资源的查询。

2. 搜索引擎的使用方法

虽然因特网上的搜索引擎非常多，但其具体使用方法却比较接近，只是在具体操作过程中稍有不同而已。

（1）全文搜索引擎的使用

全文搜索引擎是名副其实的搜索引擎，国外具代表性的有 Google、Inktomi 等，国内著名的有百度。全文搜索引擎又可细分为两种，一种拥有自己的检索程序，并自建网页数据库，搜索结果直接从自身的数据库中调用，如上面提到的例子；另一种则是租用其他引擎的数据库，并按自定的格式排列搜索结果，如 Lycos 引擎。

全文搜索引擎的使用方法，以百度为例，过程如下：在百度搜索框中输入希望查询的信息，然后按 Enter 键，或单击“百度搜索”按钮，即可把相关网页显示出来。例如，输入“计算机等级考试”，百度会反馈搜索的结果，如图 6-38 所示。

（2）目录搜索引擎的使用

目录索引是按目录分类的网站链接列表，用户完全可以不用关键词进行查询，仅靠分类目录也可找到需要的信息。目录索引中最具代表性的是雅虎，国内的搜狐、新浪、网易搜索也都属于这一类。这类搜索引擎往往也提供关键字查询功能，但在查询时，它只能够按照网站的名称、网

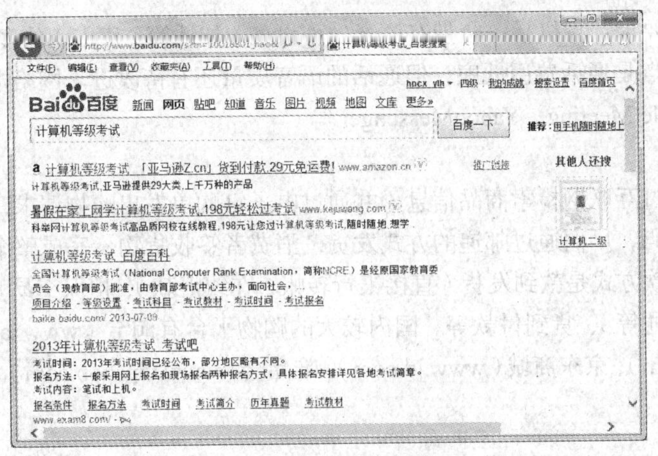

图 6 38　搜索结果

址、简介等内容进行查询，所以它的查询结果也只是网站的 URL 地址，不能查到具体的页面。目录搜索引擎适于查找那些不知道关键词的资料。

6.3.4　因特网的其他应用

1. MSN

MSN 全称 Microsoft Service Network（微软网络服务），是微软公司推出的即时消息软件，可以与亲人、朋友、工作伙伴进行文字聊天、语音对话、视频会议等即时交流，还可以通过此软件来查看联系人是否联机。MSN 移动互联网服务提供包括手机 MSN（即时通信 Messenger）、必应移动搜索、手机 SNS（全球最大 Windows Live 在线社区）、中文资讯、手机娱乐、手机折扣等创新移动服务，满足了用户在移动互联网时代的沟通、社交、出行、娱乐等诸多需求，在国内拥有大量的用户群。

在国内使用最多的即时消息软件是腾讯公司的 QQ。腾讯 QQ 支持在线聊天、视频电话、点对点断点续传文件、共享文件、网络硬盘、自定义面板、QQ 邮箱等多种功能，应用十分广泛。

2. 博客

博客（Blog）又译为网络日志或部落阁等，是一种通常由个人管理、不定期张贴新的文章的网站。Blog 就是以网络作为载体，简易、迅速、便捷地发布自己的心得，及时、有效、轻松地与他人进行交流，再集丰富多彩的个性化展示于一体的综合性平台。博客上的文章通常根据张贴时间，以倒序方式由新到旧排列。一个典型的博客结合了文字、图像、其他博客或网站的链接，以及其他与主题相关的媒体。大部分的博客内容以文字为主，仍有一些博客专注在艺术、摄影、视频、音乐、播客等各种主题。博客是社会媒体网络的一部分。

3. 微博

微博即微博客（MicroBlog）的简称，是一个基于用户关系的信息分享、传播以及获取平台，用户可以通过 Web、WAP 以及各种客户端组建个人社区，以 140 字以下的文字更新信息，并实现即时分享。最早也是最著名的微博是美国的 twitter，根据相关公开数据，截至 2010 年 1 月份，该产品在全球已经拥有 7500 万注册用户。2009 年 8 月份中国最大的门户网站新浪网推出“新浪微博”内测版，成为门户网站中第一家提供微博服务的网站，微博正式进入中文上网主流人群视野。

4. IP 电话

IP 电话又称网络电话，它通过因特网来实现计算机与计算机或者计算机与电话机之间的通信。使用网络电话要求计算机是一台带有语音处理设备（如话筒、声卡）的多媒体计算机。目前，网络电话最大的优点是通话费用低廉，但通话的语音质量还有待改进。网络电话的软件有多种，例如 MediaRing、NetMeeting、YahooMessenger 等。

5. 网购

网上购物是通过互联网检索商品信息，并通过电子订购单发出购物请求，然后填上私人银行帐号或信用卡的号码，厂商通过邮递的方式发货，消费者签收货物，完成整个交易过程。国内的网上购物，一般付款方式是款到发货（直接银行转帐，在线汇款）、担保交易（淘宝支付宝，百度百付宝，腾讯财付通等）、货到付款等。国内较大的购物平台有淘宝（www.taobao.com）、当当网（www. dangdang.com）、京东商城（www.jd.com）、唯品会（www.vipshop.com）、火车票订票（www.12306.cn）等。

思考与练习

1. 计算机网络的定义是什么？计算机网络主要由哪些部分组成？
2. 计算机网络按覆盖范围如何分类？比较不同类型网络的特点。
3. 什么是网络的拓扑结构？常见的拓扑结构有哪几种？
4. TCP/IP 模型分为哪几层？各层的作用是什么？
5. WWW 的含义是什么？万维网的信息是以什么方式传送的？
6. 简要写出 URL 的一般格式。
7. 将经常访问的网址设置为主页，并删除历史记录。
8. 简述用 Outlook 收发邮件的过程。

第7章 多媒体技术基础及应用

多媒体技术是20世纪后期发展起来的一门新型技术。自进入20世纪90年代以来，多媒体技术迅速兴起、蓬勃发展，其应用已遍及国民经济与社会生活的各个角落，正在给人类的生产方式、工作方式乃至生活方式带来巨大的变革。到了今天，多媒体技术已经成为人们生产、生活中不可或缺的信息技术之一。

7.1 多媒体基础知识

多媒体计算机技术从诞生之日起，就被认为是会对计算机的未来发展产生革命性影响的一个新生事物。它现在已不仅仅是一个使人类可以更加直观地接触计算机的界面技术，同时为计算机技术与应用的多方面发展提供了一个有力的手段。特别是随着因特网的普及和应用，多媒体技术已经涵盖了计算机网络通信、信息检索、虚拟现实等多个领域。

7.1.1 多媒体基本概念

1. 媒体

媒体（Medium）是指存储信息的实体，它是信息的载体。例如日常生活中大家熟悉的报纸、图书、杂志、广播、电影、电视均是媒体。在计算机领域中，媒体有两种含义：一种是指媒质，即存储信息的实体，如磁盘、光盘、磁带、半导体存储器等；另一种是指传递信息的媒介，如文字、声音、图形图像、动画、视频等。

2. 多媒体

多媒体 (Multimedia)是指两个或两个以上媒体的有机结合。在现代社会中，多媒体信息都是以数字的形式而不是以模拟信号的形式存储和传输的。所以说，多媒体是数字、文字、声音、图形、图像和动画等各种媒体的有机组合，并与先进的计算机、通信和广播电视技术相结合，形成的一个可组织、存储、操纵和控制多媒体信息的集成环境和交互系统。

3. 多媒体技术

多媒体技术是指能对多种载体（媒介）上的信息和多种存储体（媒质）上的信息进行处理的技术。也就是说，它是一种把文字、图形、图像、视频、动画和声音等表现信息的媒体结合在一起，并通过计算机进行综合处理和控制，将多媒体各个要素进行有机组合，完成一系列随机性交互式操作的技术。因此，多媒体技术是计算机集成、音频视频处理集成、图像压缩技术、文字处理、网络及通信等多种技术的完美结合。

7.1.2 多媒体的主要特征

与传统的媒体相比，多媒体有着不可比拟的优势，多媒体的关键特征主要包括信息载体的集成性、多样性、实时性和交互性，也是在多媒体研究中必须解决的主要问题。

1. 集成性

信息载体的集成性不仅表现为多媒体设备的集成，还表现为多媒体信息的集成。媒体信息的集成，即文字、声音、图形、图像、视频等的集成；媒体设备的集成，即多媒体系统不仅包括计算机本身，而且包括像电视、音响、摄像机、DVD 播放机等设备，把不同功能、不同种类的设备集成在一起使其共同完成信息处理工作。

2. 多样性

多样性指的是信息媒体的多样化或多维化。利用计算机技术可以综合处理文字、声音、图形、图像、动画、视频等多媒体信息，从而创造出集多种表现形式于一体的新型信息处理系统。处理信息的多样化可使信息的表现方式不再单调，而是有声有色，生动逼真。

3. 实时性

实时性是指在多媒体系统中音频、动画、视频等对象是和时间密切相关的，多媒体技术必然要提供对这些时基媒体的实时处理能力。现代多媒体系统在处理信息时需要有严格的时序要求和很高的处理速度，特别是网络多媒体系统的使用使这个问题更加突出，并对系统结构、媒体同步、多媒体操作系统以及应用服务提出了相应的实时性的要求。

4. 交互性

交互性是指人、机器之间的对话或通信。从用户角度而言，交互性是多媒体的关键特征，它的使用可以更有效地控制和使用信息，增强对信息的理解和注意。人可以通过多媒体计算机系统对多媒体信息进行加工、处理并控制多媒体信息的输入、输出和播放。简单的交互对象是数据流，较复杂的交互对象是多样化的信息，如文字、图像、动画以及语言等。

7.1.3 常见的媒体信息元素

媒体信息元素是指多媒体应用中可显示给用户的媒体组成，如文字、声音、图形、图像、动画和视频等元素。

1. 文本

文本（Text）是媒体的主要类型，主要包括符号和语言文字两种类型。文本是计算机处理程序的基础，通过对文本显示方式的组织，多媒体应用系统可以使显示的信息更加容易理解。文本数据可以先用文本编辑软件，如 Microsoft Word、WPS 等制作，然后再将其输入到多媒体应用程序中，也可以直接在制作图形的软件或多媒体编辑软件中一起制作。

在计算机中获取文字的方法有以下几种。

（1）键盘输入：使用普通键盘，使用常用的汉字输入法进行文本输入。

（2）OCR 汉字识别输入：将需要输入的文本经过扫描仪输入计算机，这种方法常用于大量印刷体文字的输入。

（3）手写输入：在手写板上，用专用笔或手指写字进行输入。

（4）语音输入：通过语音设备将语言转换成文字输入到计算机中，但是其准确率还不够理想。

2. 图形

计算机图形（Graphic）又称矢量图或向量图。它是一种描述性的图形，如直线、圆、圆弧、任意曲线和图表等。矢量图与图像的分辨率无关，可以随意的扩大或缩小矢量图形，而图像的质量不会降低。矢量图的文件较小，但描述精细影像时很困难，因此矢量图适用于以线条定位物体为主的对象，通常用于计算机辅助设计与工艺美术设计等，如图 7-1 所示。

图 7-1　矢量图放大前后效果图

3. 图像

计算机图像（Image）又称位图，指由输入设备捕捉的实际场景画面或以数字化形式存储的任意画面。位图又称点阵图，是用像素阵列来表示的图像。一幅图像就如一个矩阵，矩阵中每一个元素（称为一个像素）对应于图像中一个点，而相应的值对应于该点的灰度（或颜色）等级。当灰度（颜色）等级越多时，图像就越逼真。位图的特点是有固定的分辨率，图像细腻平滑、清晰度高。但是当我们扩大或缩小位图时，由于像素点的扩大或位图中像素点数目的减少，会使位图的图像质量降低，图像参差不齐、模糊不清，如图 7-2 所示。

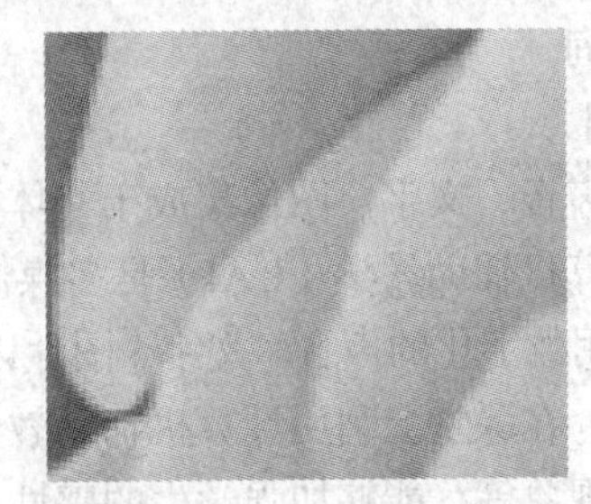

图 7-2　位图放大前后效果图

4. 音频

音频（Audio）的种类繁多，如人的声音，乐器声，机器产生的声音以及自然界的声音。这些声音有许多共性，也有它们各自的特性，在用计算机处理这些声音时，按照不同的处理方法和描述形式，计算机中的音频分为声音、音乐和语音等。波形声音实际上包含了所有的声音形式，它可以把任何声音都进行采集量化后保存，并恰当地恢复出来。音乐是一种符号化的声音，这种符号就是乐谱，乐谱可转化为符号媒体形式，表现为 MIDI 音乐。

5. 视频

视频（Video）影像实质上是快速播放的一系列静态图像，它们都是由一系列静止的画面组成的。这些静止的画面称为帧（Frame），它们以一定的速率（f/s）连续地投射在屏幕上，使观察者具有图像连续运动的感觉。由于每帧在人的眼睛中都会产生视觉暂留现象，于是图像连续地运动就产生了动画。视频文件的存储格式有 AVI、MPG 和 MOV 等。视频标准主要有 NTSC 制和 PAL 制两种。我国采用的电视标准是 PAL 制，它规定视频每秒 25 帧（隔行扫苗方式），每帧 625 个扫描行。当计算机对视频进行数字化时，就必须在规定的时间内（1/25 秒内）完成量化、压缩、存储等多项工作。

6. 动画

动画（Animation）的实质是一系列静态图画快速而连续地播放。这些连续播放的画面，给人的视觉造成连续变化的图画。动画与电影、电视一样都利用了人的视觉原理。医学上已经证明，人眼具有“视觉停留”的特性，就是人的眼睛在看到一个画面 1/24 秒内不会消失，如果在这段时间之内将画面换成下一张画面，如此连续就会造成一种流畅的播放效果。

随着计算机技术的飞速发展，从最早的计算机二维辅助动画系统到三维辅助动画系统再到现在的综合运用各项计算机技术进行动画制作，计算机动画已经达到了很高的水平。计算机动画的应用非常广泛，除了人们所熟知的影视制作之外，还被广泛地应用于电子游戏、科学研究、军事仿真、视觉模拟、工业及建筑设计、教学训练等诸多领域。

7.1.4 多媒体技术的应用领域

多媒体技术的普及，为全世界各个行业部门的工作、学习都提供了很大的帮助。多媒体技术的应用领域非常广泛，并已渗透到人类生活的各个领域，并不断寻求新的发展。20 世纪 90 年代，随着因特网的兴起，多媒体技术也应用到因特网中，并随着网络的发展和延伸，不断地成熟和进步。

1. 信息管理

多媒体信息管理的内容是多媒体与数据库相结合，用计算机管理数据、文字、图形、静态图像和声音资料。利用多媒体技术把文字、图形、图像、声音、影像等，通过扫描仪、录音机和录像机等设备输入计算机，存储于光盘。在数据库技术支持下，通过计算机进行放音、放像和显示等，实现资料的查询。

2. 教育与培训

多媒体技术将声音、文字、图像集成于一体，使传递的信息更丰富、更直观，是一种合乎自然的交流方式。计算机辅助教学（CAI）是多媒体技术在教育领域中应用的典型范例。CAI 的主要表现形式是：利用数字化的声音、文字、图片以及动态画面，形象地展现学科中的可视化内容，强化形象思维模式，在课堂上利用计算机辅助教学，可以模拟、演示一些传统教学工具不可能表现的过程、情景、现象等，能够加强学生的感性认识，提高教学效果，如图 7-3 所示。

图 7-3　多媒体在教育方面的应用

3. 电子出版物

随着计算机技术、多媒体技术的发展，电子出版物越来越普及，大量的图书资料已经被存放在光盘中，通过多媒体终端进行阅读。图书馆的多媒体阅览室已经相当普及，可以将电子出版物分成网络型电子出版物和单机型电子出版物两类。电子出版物的媒体形态有：软磁盘（FD）、图文激光唱片（CD-G）、照片光盘（Photo-CD）和集成电路卡（IC Card）等。

4. 商业广告

多媒体在商业广告中的应用具有非常广阔的前景，能够为企业带来丰厚的利润。影视广告、招贴广告、企业广告，其绚丽的色彩，变化多端的形态，特殊的创意效果，使人们了解了广告的意图，并得到艺术享受。

（1）企业形象设计：企业形象对一个企业的成功起着不可估量的作用，现在知名企业非常重视形象设计，利用多媒体网站使用户了解企业的产品、服务和独特的文化。

（2）商业广告：利用多媒体技术制作商业广告是扩大销售范围的有效途径，目前被广泛应用。

（3）观光旅游：多媒体给旅游业带来了耀眼的光彩。多媒体为我们展现世界各地的名胜古迹、自然风光，并详细介绍旅游、住宿等活动安排，让我们足不出户就能领略外面世界的多姿多彩，增加知识。

（4）效果图设计：在建筑、装饰、家具和园林设计等行业，多媒体将设计方案变成模型，让客户从各个角度观看和欣赏效果，客户不满意可直接在电脑上修改，直到满意后再施工，避免不必要的浪费，如图 7-4 所示。

图 7-4　多媒体在效果图设计方面的应用

5. 影视娱乐

影视娱乐业采用计算机技术，以适应人们日益增长的娱乐需求。多媒体技术在作品的制作和处理上，越来越多地被人们采用。例如，动画片的制作。动画片经历了从手工绘画到计算机绘画的过程；动画模式也从经典的平面发展到体现高科技的三维动画，使动画的表现内容更加丰富，更加离奇。随着多媒体技术的发展趋于成熟，在影视娱乐业使用先进的计算机技术已经成为一种趋势，大量的计算机特效已经被投入到影视作品中，从而增加了作品的艺术效果和商业价值，如图 7-5 所示。

图 7-5　多媒体在影视娱乐方面的应用

6. 过程模拟

采用多媒体技术模拟诸如化学反应、火山喷发、海洋洋流、天气预报、天体演化、生物进化等自然现象发生的过程，可以使人们轻松、形象地了解事物的变化原理和关键环节，并且能够建立必要的感性认识，使复杂、难以用语言表达的变化过程变得形象具体。

事实证明，人们更乐于接受感觉得到的事物。多媒体技术的应用，为揭开特定事物的变化规律，了解变化的本质起到十分重要的作用。

7.1.5 多媒体的压缩技术

多媒体的数据都很庞大，需要大容量的存储设备。多媒体计算机系统一般都采用 CD-ROM 或 CD-WORM 进行存储。由于数据的庞大，对存储容量和网络传输速度提出了很高的要求，即使采用 CD-ROM 和高速通信网络，也很难满足要求。因此，多媒体的压缩和解压技术的研究至关重要，根据压缩方法和原理，压缩方法有以下几种。

1. 量化和向量量化编码

量化过程就是将连续的模拟量通过采样，离散化为数字量的过程。对像素进行量化时，可以一次量化多个点，这种方法就是向量量化。在量化过程中可以每次量化相邻的两个点，这样就可以将这两点用一个量化码表示，从而达到压缩数据的目的。

2. 预测编码

预测编码适用于空间冗余和时间冗余。它是从相邻像素之间有较强的相关性特点考虑，对于当前像素的数值，与其相邻像素进行比较，得到一个预测值（估计值），将实际值和预测值进行求差，对这个差值信号进行编码、传送，这种编码方法被称为预算编码方法。这种方法和量化与向量量化编码方法近似，本质上都是针对统计冗余的压缩。

3. 变换编码

变换编码不是直接对空域图像信号进行编码，而是首先将空域图像信号映射变换到另一个正交矢量空间（变换域），产生一批变换系数，然后对这些变换系数进行编码处理。在对空域图像信号描述时，数据之间相关性大，数据冗余度大，经过在变换域中描述时，数据相关性大大减少，数据冗余量减少，编码得到较大的压缩。

4. 混合编码

混合编码方法是变换编码和预测编码结合的编码方法，通常有两种方法。一种是在某一方向进行变换，另一方向上用 DPCM 对变换系数进行预测编码；另一种是在二维变换加上时间方向上的 DPCM 预测。

7.2 多媒体计算机系统

多媒体计算机是指具有多媒体功能的计算机，它需要安装能处理各类多媒体数据的硬件设备，还需要安装具有多媒体处理功能的操作系统软件和各类多媒体应用软件。

7.2.1 多媒体硬件系统

多媒体计算机也是与普通计算机一样，应当具备普通计算机所应该具备的一些常见硬件配置，如主板（Main Board）、中央处理器（CPU）、内存、硬盘（Hard Disk）、光驱（CD-ROM）、显卡、声卡、网卡、显示器、机箱、键盘、鼠标等；除此之外还有其他扩展设备，如视频卡、扫描仪、数码相机、数码摄像机、打印机、投影仪等。下面根据多媒体技术的特点，对多媒体计算机的相关设备做一些介绍和说明。

（1）存储设备

多媒体数据的特点之一是信息量很大，需要大容量的存储设备，所以多媒体计算机一般都需要配备大容量的内存和大容量的硬盘，目前最新硬盘容量已超过 2TB。光盘也是多媒体数据存储的常用媒质。现在最流行的光盘是 DVD 光盘，容量一般为 4.7GB；最新的光盘技术是蓝光 DVD 光盘，最高容量已经达到 200GB。所以一般多媒体计算机需要配备 DVD 光驱，高档多媒体计算机需要配备蓝光光驱。

（2）光盘驱动器

光盘驱动器包括可重写光盘驱动器（CD-R）、WORM 光盘驱动器和 CD-ROM 驱动器。CD-ROM 早已广泛使用，因此现在光驱对广大用户来说已经是必须配置的了。可重写光盘、WORM 光盘价格较贵，目前还不是非常普及。另外，DVD 出现在市场上也有较长的时间了，它的存储量更大，一般双面容量可达 17GB，是升级换代的理想产品。

（3）音频卡

音频卡上连接的音频输入/输出设备，包括话筒、音频播放设备、MIDI 合成器、耳机、扬声器等。对数字音频处理的支持是多媒体计算机的重要方面，音频卡具有 A/D 和 D/A 音频信号的转换功能，可以合成音乐、混合多种声源，还可以外接 MIDI 电子音乐设备。

（4）图形加速卡

图文并茂的多媒体表现需要分辨率高、同屏显示色彩丰富的显示卡的支持，同时还要求具有 Windows 的显示驱动程序，并在 Windows 下的像素运算速度较快。所以现在带有图形用户接口（GUI）加速器的局部总线显示适配器，使得 Windows 的显示速度大大加快。

（5）视频卡

视频卡可细分为视频捕捉卡、视频处理卡、视频播放卡以及 TV 编码器等专用卡。其功能是连接摄像机、VCR 影碟机、TV 等设备，以便获取、处理和表现各种动画和数字化视频媒体。

（6）扫描卡

扫描卡是用来连接各种图形扫描仪的，是常用的静态照片、文字、工程图输入设备。

（7）网络接口

网络接口是实现多媒体通信的重要 MPC 扩充部件。计算机和通信技术相结合的时代已经来临，这就需要专门的多媒体外部设备将数据量庞大的多媒体信息传送出去或接收进来。通过网络接口相连接的设备包括视频电话机、传真机、LAN 和 ISDN 等。

（8）绘图板

绘图板又称数位板，由一块平板和一支压感笔组成，连接计算机配合相关软件作为输入工具使用。用绘图板绘画和用鼠标绘画原理类似，都是通过坐标的变化绘制出轨迹；其不同点在于鼠标使用相对坐标，绘图板使用绝对坐标。相对于使用鼠标来说，使用绘图板的感觉如同使用普通画笔在纸上作画，所以更加灵活，更加得心应手，而且绘图板绘制的图直接输入到计算机十分利于后期处理，所以绘图板是平面设计者的必备工具。另外还有一种手写板，外观、原理都和绘图板一样，只是主要用于手写文字输入，可以看做是低级的绘图板（或者反过来讲，绘图板就是一种高级的手写板）。

7.2.2　多媒体软件

操作系统（Operation System，OS）是计算机的核心，是计算机系统中非常重要的一种系统软件。裸机只有安装了操作系统之后，人机交互才成为可能。有了它，可以使计算机系统中的软件和硬件资源得到有效的管理和控制，它合理地组织计算机的工作流程，为用户提供了一个使用计算机的非常方便的工作平台。个人计算机中常用的三大操作系统是：微软公司的 Windows、苹果公司的 Mac OS、各公司或组织在自由软件 Linux 操作系统基础之上发布的各种 Linux 发行版。它们都具有处理多媒体信息的功能，所以都可以算作是多媒体操作系统。

根据处理的信息不同，多媒体软件有声音处理软件、图形图像处理软件、动画制作软件、视频处理软件、各种多媒体播放软件、多媒体文件格式转换软件等。

多媒体技术越来越广泛的应用，推动着它不断继续向前发展。目前，多媒体技术的发展趋势是逐渐把计算机技术、通信技术和大众传播技术融合在一起，建立更广泛意义上的多媒体平台，实现更深层次的技术支持和应用。例如，3G 通信技术的成功推广和应用，已经实现了视频通话；4G 通信技术也已经在研究试验之中；国家推出电信网、广播电视网和计算机通信网的“三网合一”政策等，这些都体现了这一发展趋势。

7.3 音频信息处理

声音是由物体振动产生的。在媒体信息当中，音频处理技术是指通过多媒体计算机及相关软、硬件设备对音频信息进行获取、编码、剪辑、回放等的技术，是多媒体技术的重要组成部分。

7.3.1 音频的基本概念

音频包括人的声音、音乐、自然界的各种声音（如风声、雨声等）、机器声等各种声响。声音携带了大量的信息，是人类表达、信息传递的主要媒体之一。在多媒体应用中，适当的运用声音和音乐能起到其他媒体无法替代的效果，使多媒体的应用更加生动形象。按照不同的处理方法和描述形式，计算机中的音频分为声音、音乐和语音。

1. 声音

声音是自然界最普通的形态。波形声音实际上包含了所有的声音形式，任何声音都可以进行采样量化；还可根据采样量化的数据，将声音恢复出来。人耳能听到的声音频率为 20～20 000Hz，幅度为 0～120dB。计算机中存放的信息都是数字信息，自然界中的声音要通过声音采样、转换、编码等过程，才能转换为计算机能够识别和处理的数字音频，这个过程也称声音的数字化。

2. 语音

计算机对声音处理还有一种技术就是语音处理技术。人说话时的语音实质上也是一种声波，但是由于语音和文字有一一对应的关系，就可以对语音进行符号化处理。语音处理技术中较为常见的又有语音合成技术和语音识别技术。

3. 音乐

音乐就是符号化的声音。音乐和语音相比，它的形式更规范，如音乐中的乐曲，其乐谱就是乐曲的规范化表达形式。

7.3.2 声音的三要素

从听觉角度考虑，声音的质量特性主要体现在音调、音色和音强 3 个方面，被称为声音三要素。

1. 音调

音调与声音的频率有关，频率越快音调越高，频率越慢音调越低。频率是指信号每秒发生变化的次数，用 Hz 表示。人的听觉范围最低频率为 20Hz，最高频率为 20kHz。

2. 音色

音色又称音质，是由声音的基音和谐音的综合效果决定。依靠音色可以辨别不同声音的特征，区分自然界不同的声源，比如通过不同的音色，可以分辨出乐队中哪些声音是由钢琴发出的，哪些声音是小提琴发出的。

3. 音强

音强又称响度，它和声音的振幅有关。如果频率不变，振幅越强则音强越强。

7.3.3　数字音频文件格式

多媒体技术中存储音频信息的文件格式主要有 WAV 格式、MIDI 格式、CD 格式、MP3 格式和 WMA 格式等。

1. WAV 文件

WAV（Waveform Audio Format）是计算机中最基本的声音文件格式。WAV 格式是最早的数字音频格式，是微软公司最先开发的一种声音文件格式，被 Windows 操作系统及其应用程序所广泛支持。WAV 文件由采样数据组成，它所需要的存储空间很大，可以用下面公式简单推算出 WAV 文件所需要的存储空间。

WAV 文件的字节数/秒=采样频率（Hz）×量化位数（位）×声道数/8

例如：44.1kHz 的采样频率对声波进行采样，每个采样点的量化位数选用 16 位，录制一秒立体声节目，需要的存储容量为：44100×16×2/8=176400（字节）。

2. MIDI 格式

MIDI 格式，即乐器数字接口，是数字音乐/电子合成乐器的统一交流协议和国际标准，扩展名为.midi。该格式的文件记录的不是乐曲本身，而是描述乐曲演奏过程的指令。

3. CD 格式

CD 格式音频文件是一个 CDA 文件，其字长为 44 字节。但这只是一个索引信息，并不是真正的声音信息，故不能直接复制 CDA 文件到硬盘播放，需要使用 CD 抓轨软件将 CD 格式转换为其他格式。

4. MP3 格式

MP3（MPEG Audio Layer-3）格式的特点是压缩率较高，而且还能保持较好的音质，所以成为现在最为流行的音频格式之一。时下流行的数码产品 MP3 播放器（简称也叫 MP3），主要功能就是用于播放 MP3 格式的文件，其名称也是由此而来。

5. WMA 格式

WMA（Windows Media Audio）格式是微软公司针对 RealNetworks 公司的竞争而开发的一种音频格式，它兼顾了较高压缩率和较好音质的需要，属于一种折中的音频解决方案，也使用在许多网络多媒体应用中。

7.3.4　数字音频编辑软件——Adobe Audition

音频处理的软件很多。比如大名鼎鼎的 Goldwave，它是一款非常优秀的音频处理软件，是一个集声音播放、录制、编辑和转换于一体的多轨音频编辑软件。它可以处理音频的文件很多，包括 WAV、OGG、VOC、IFF、AIF、AFC、AU、SND、MP3、MAT、DWD、SMP、VOX、SDS、AVI、MOV 等音频文件格式，可高质量地完成多种任务。除此之外还有 Cakewalk、Wavelab 等软件。这里主要介绍音频编辑软件 Adobe Audition，操作界面如图 7-6 所示。

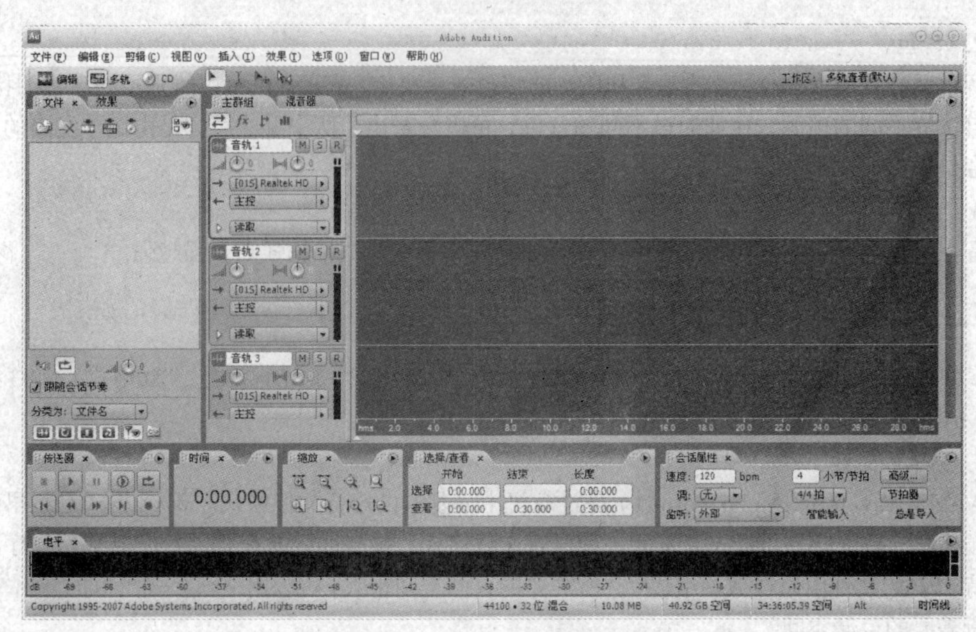

图 7-6　Adobe Audition 操作界面

1. Adobe Audition 简介

Adobe Audition 的功能非常强大，可进行专业录音、音频混音、编辑和效果处理、视频配音、输出及刻录音乐 CD 等。它的前身是由 Syntrillum 公司开发的 Cool Edit Pro，在 Cool Edit Pro 2.1 版本之后被 Adobe 公司收购并更名为 Adobe Audition 1.0，是一款非常优秀的专业音频制作和处理软件，早在 Cool Edit Pro 2.0 版本时就已被国内广大多媒体爱好者所认识和喜爱。

它最多可以混合 128 个声道，可编辑单个音频文件、创建回路并可使用 45 种以上的数字信号处理效果；无论是要录制音乐、无线电广播，还是要为视频和动画配音，Audition 都可以提供恰到好处的功能，以保证创造高质量的、丰富的、细微的、完美的音频作品。

2. 声音的导入

打开 Adobe Audition 操作界面，选择“文件/新建会话”命令，在弹出的“新建会话”对话框中设置采样频率，默认设置是 44100。采样频率越高精度就越高，对声音的表现细节就越多，相应保存的文件也就越大。常见的 CD 唱片都是 44100 的采样频率，所以可以选择默认即可，不过最好与伴奏曲的采样频率一致。选择“文件/导入”命令，选择事先准备好的伴奏曲文件，导入后该文件会出现在文件列表框中，如图 7-7 所示。

3. 声音修复处理

如果不是在隔音效果非常好的专业录音棚内配以非常专业的录音设备，录音都会有些杂音或噪音，这就需要进行降噪处理。选择“效果/修复/降噪器”菜单命令，打开“降噪器”对话框，如图 7-8 所示。

4. 加入效果

“效果”菜单中提供了很多声音特效，如图 7-9 所示。比如“延迟和回声”效果，可以让人在室内体现到在山谷里回音不觉的感觉；“混响”效果，可以让在室内录制的音乐感觉是在音乐厅和礼堂，反射声和音源声音混合，使声音圆润生动，富有空间感；“变速/变调”功能可以改变声音的速度，也可以通过调节音调将女生声音调节成男生声音，声音特效的添加比较简单，灵活应用可以达到意想不到的效果。

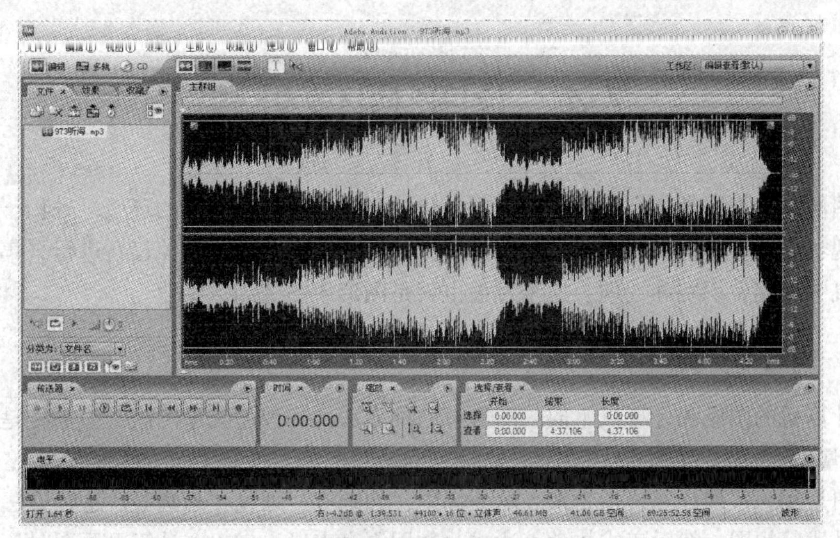

图 7-7　导入声音文件

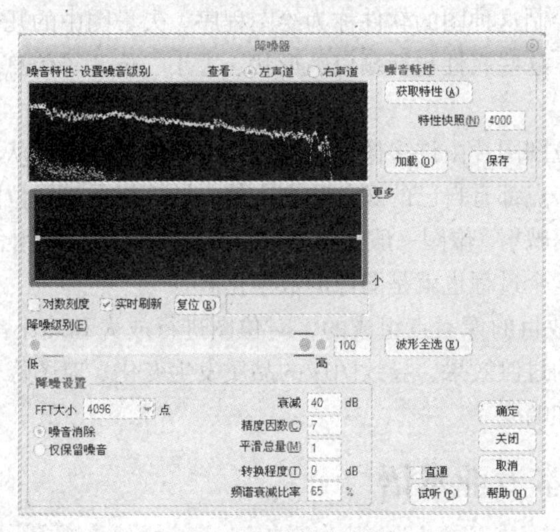

图 7-8　“降噪器”对话框

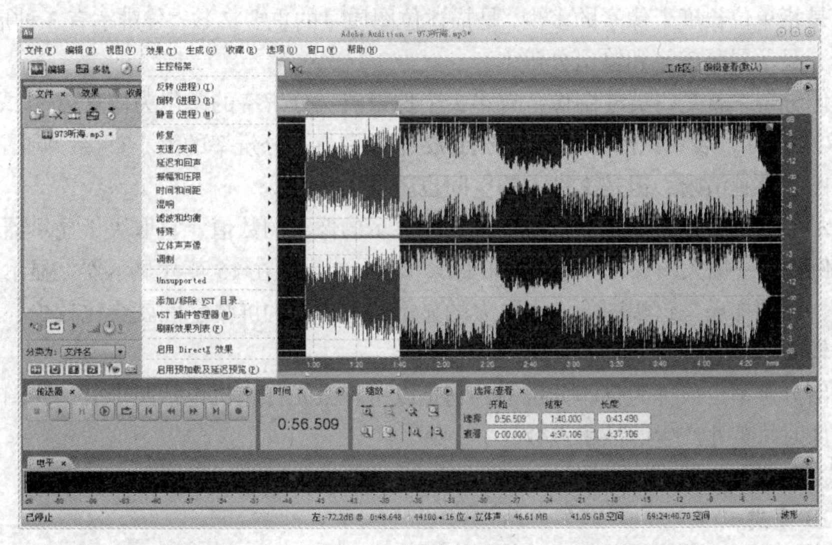

图 7-9　“效果”菜单

7.4 图形图像处理

图形图像是人类视觉器官所感受到的形象化的媒体信息，如周围的环境、景物、画面等，人的眼睛所观察到的真实世界的自然景象都是模拟的影像，需要通过相关设备进行采集和转换，才能在计算机中存储、识别和处理。这个过程也就是图形或图像的数字化。

7.4.1 图形图像的分类

表达计算机的图像和计算机生成的图形有两种方法：一种是矢量图法，另一种是点阵图法。

1. 矢量图

矢量图是用一系列计算机指令来表示一幅图，如画点、画线、画圆等。这种方法实际上是用数学方法描述一幅图，然后变成数学表达式，并用语言表达出来。在计算显示图时，往往可以看到画图的过程，显示和绘制这种图的软件称为绘图程序。矢量图中的几何元素又称为对象，每一个对象都有自己的属性，这些属性包括颜色、形状、大小、位置等信息。

2. 位图

位图也叫点阵图。位图图片由许多像素点组成，这些像素点按照从左到右、从上到下的顺序排列形成点阵，每个像素点都有自己的颜色和亮度值。计算机在显示位图时，每个像素点也与内存中的一组二进制位一一映射。位图一般是将真实世界的图像信息使用各种设备经过采集、转换、编码等过程而得到的，这个过程也就是图像的数字化。

由于位图是由固定数目的像素点组成的，对位图进行放大和缩小都会改变原有像素点的数目，图像就会失去原有的过渡效果，导致图像的品质发生变化。对图像做旋转、斜切等变换操作时也会导致图像的失真和畸变。

7.4.2 几个基本专业术语

1. 分辨率

分辨率是指单位长度上像素的多少，是描述位图质量的重要参数。分辨率有 3 种形式分别是：图像分辨率、显示器分辨率和输出分辨率。

（1）图像分辨率就是每英寸图像含有多少个像素点。分辨率的单位为像素/英寸或像素/厘米，例如，72 像素/英寸，表示该图像每英寸含有 72 个像素点。分辨率的大小直接影响图像的品质，分辨率越高图像就越清晰，但是文件占的空间也就越大。

（2）显示器分辨率是指显示器上每单位长度显示的像素的数值，它取决于显示器的大小及其像素设置。例如，一幅大图像（尺寸为 800 像素 × 600 像素）在 15 英寸显示器上显示时几乎会占满整个屏幕，而同样还是这幅图像，在更大的显示器上所占的屏幕空间就会比较少，而每个像素看起来会比较大。

（3）输出分辨率也被称为打印分辨率，它是以所有激光打印机包括照排机、绘图仪等输出设备在输出图像时每英寸产生的油墨点数。

2. 色彩模式

（1）RGB 模式

RGB 模式由红色（R）、绿色（G）和蓝色（B）3 种原色组合而成的。这三种光被称为三基色，是 Photoshop 中最常见的一种颜色模式。RGB 的值在 0~255 之间，值越大，此颜色的光越多，产生的颜色越淡。

（2）CMYK 模式

CMYK 模式俗称印刷色，CMYK 编码是用青（C）、品红（M）、黄（Y）、黑（K）4 种物理颜料的含量来表示一种颜色，是常用的位图编码方法之一，用于彩色印刷。其中 C、M、Y、K 取值范围为 0～100。RGB 与 CMYK 颜色模型可以转换，但是这种转换是不精确的，会使颜色产生改变。在应用颜色之前，您要明白所创作的图形是用于计算机显示还是印刷，从而选择合适的颜色模型。

（3）LAB 模式

LAB 颜色是 Photoshop 在不同颜色模式之间转换时使用的中间颜色模式。该模式包含了 RGB 和 CMYK 的色彩模式，这种模式常用于 RGB 和 CMYK 之间的转换，如果需要将 RGB 模式转换为 CMYK 模式，应该先把图像模式转换为 LAB 模式，再通过 LAB 模式转换为 CMYK 模式，这样在颜色转化过程可以减少损失。

（4）HSB 模式

还有一种比较常用的就是 HSB 模式。该模式是 Adobe 拾色器的默认模式，其中 H 表示色相，数值的有效范围在 0～360 之间。S 表示饱和度，也就是颜色的浓度，数值的有效范围为 0～100 之间。B 表示颜色亮度，数值的有效范围在 0～100 之间。B=0 表示黑色，B=100 表示白色。

3. 颜色深度

颜色深度又叫色彩位数，是指位图中要用多少个二进制位来表示每个点的颜色，是分辨率的一个重要指标。常用有 1 位（单色），2 位（4 色），4 位（16 色），8 位（256 色），16 位（65 536 色，也称增强色），24 位，32 位（真彩色）等。也有将 24 位颜色称为真彩色，而将 32 位颜色称为超彩色。对于彩色图像来说，颜色深度决定该图像可以使用的最多颜色的数目，颜色深度越高，显示的图像色彩越丰富，画面越逼真。

4. 图像数据的容量

一幅数字图像保存在计算机中要占用一定的空间。这个空间的大小就是数字图像文件的数据量大小。一幅色彩丰富，画面自然、逼真的图像，像素越多，图像深度越大，则图像的数据量就越大。

图像文件占据的存储空间比较大。影响其文件大小的因素主要有两个，即图像分辨率和像素深度。分辨率越高，组成一幅图的像素越多，则图像文件越大；像素深度越深，表示单个像素的颜色和亮度的位数越多，图像文件就越大。

7.4.3 常见的图像文件格式

图像文件在计算机中的存储格式有多种，如 BMP 格式、PNG 格式、TIF/TIFF 格式、GIF 格式和 JPG 格式等。

（1）BMP

BMP（Bitmap）是 Windows 系统下的标准格式，是最原始最通用的文件格式，占用存储空间大。BMP 文件有压缩和非压缩之分，它支持黑白图像、16 色和 256 色的伪彩色图像以及 RGB 真彩色图像。BMP 也可称为位图文件。

（2）GIF

GIF 格式是由美国 Compuserve 公司研制的，它采用了可变长度等压缩算法进行无损压缩，减少了数据量，支持透明色，主要用于网络传输、网页设计等。

（3）JPG

JPG 格式是一种最广泛的可跨平台操作的压缩文件格式，最大的特点就是压缩性很强。它是网上最流行的图像格式之一，它代表联合图像专家所制定的一种图像压缩标准。此标准的压缩算法采用有损压缩，压缩比为 5:1～50:1。

（4）PNG

PNG（Portable Network Graphic Format）格式采用了无损压缩算法减小图像的占用空间，支持透明，但它最高支持 48bit 的位深，所以图像质量远远高于 GIF，但是 PNG 不支持动画。

（5）TIF/TIFF

TIF/TIFF（Tagged Image File Format）格式支持多种色彩位数、多种色彩模式以及压缩和非压缩算法，通常文件非常大，保留的图像细微层次信息非常多，有利于图像原稿的存储，多用于扫描仪和桌面出版系统。

（6）EPS

EPS 格式是跨平台的标准格式，扩展名在 PC 平台上是*.eps，主要用于矢量图和光栅图像的存储，可以保存其他一些类型信息，如色调曲线、Alpha 通道、分色等，因此 EPS 格式常用于印刷或打印输出。

（7）其他文件格式

PSD/PDD：专业图像处理软件 Photoshop 使用的文件格式。

CDR：著名图形图像处理软件 CorelDraw 使用的文件格式。

DWG：专业二维图形绘图设计软件 Auto CAD 使用的文件格式。

MAX/3DS：专业三维设计制作软件 3ds Max 使用的文件格式。

ICO/CUR：Windows 操作系统使用的图标格式和鼠标光标格式。

7.5 图像处理软件 Photoshop

Adobe 公司的 Photoshop 是市面上最流行的图象处理软件。功能强大的它适用于印刷、网页设计、封面制作、广告设计等方面。Photoshop 作为图形图像处理领域的顶级专业软件，近几年来不断更新，而每一次升级都可以为用户提供更为广阔的编辑空间和更为友好的环境，从而也使 Photoshop 在图形图像处理领域一直保持着领先地位，其操作界面如图 7-10 所示。

7.5.1 Photoshop 功能介绍

简单来说 Photoshop 的主要功能包括下面几点。

1. 图像编辑

图像编辑是图像处理的基础，可以对图像做缩放、旋转、倾斜、镜像、透视等各种变换操作，也可以对图像进行复制、裁剪、去除斑点、修饰、修补残损等。这些功能在婚纱摄影、人像处理制作中有非常大的用处，去除人像上不满意的部分，进行美化加工，得到让人非常满意的效果。

2. 图像合成

图像合成是将不同来源的多幅图像通过图层操作、工具应用等操作合成完整的、能够传达明确意义的图像，这也是美术设计的必经之路。Photoshop 提供的绘图工具可以让外来图像与创意很好地融合，使图像的合成能够达到移花接木、天衣无缝的效果。

图 7-10　Photoshop 的操作界面

3. 颜色校正

校色调色是 Photoshop 中深具威力的功能之一，可方便快捷地对图像的颜色、亮度、色阶等进行调整和校正，也可在不同色彩模式之间进行切换以满足图像在不同领域如网页设计、印刷、多媒体等的不同要求。

4. 特效制作

特效制作在 Photoshop 中主要由滤镜、通道及工具综合应用完成。包括图像的特效创意和特效字的制作，如油画、浮雕、石膏画、素描等常用的传统美术技巧都可以由 Photoshop 特效完成。

7.5.2　使用工具箱中的工具

默认情况下，工具箱位于 Photoshop 应用程序界面的左侧。要使用工具箱中的某个工具，只需要单击这个工具即可。

1. 选取工具

在 Photoshop 中选区的建立和编辑是进行图像处理的一项基本工作，选区的创建效果将直接影响到图像处理的质量。在 Photoshop 中选取范围的方法很多，可以使用工具箱中的选框工具、套索工具、魔棒工具等，如图 7-11 所示。

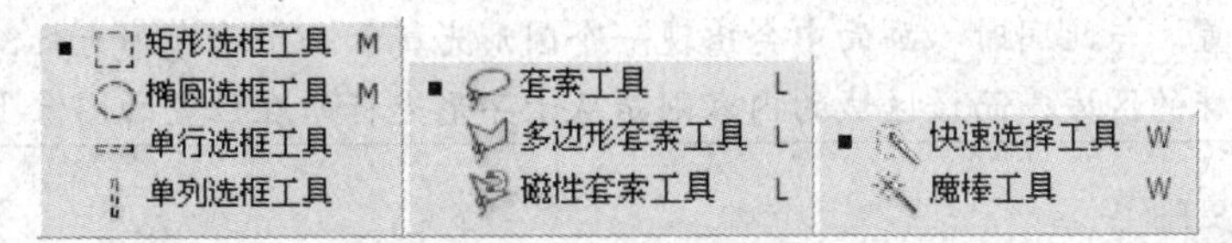

图 7-11　选取工具

（1）若要进行规则的范围选取，首先在工具箱中选定合适的选框工具。这些工具包括“矩形选框工具”、“椭圆选框工具”、“单行选框工具”、“单列选框工具”。

（2）“套索工具”是一个比较常用的工具，可以用于选取不规则形状的选区。它包括有“套索工具”、“多边形套索工具”和“磁性套索工具”三种。

（3）“魔棒工具”和“快速选择工具”是以图像中相近的色素来建立选取范围的，因此可以利用该工具选择出颜色相同或相近的区域。

2. 修改选区

在已经建立的选区之外，要加上、减去和相交其他的选区，可以单击工具选项栏中的“添加到选区”、“从选区减去”和“与选区相交”按钮或者单击 Shift 键或 Alt 键，创建选区的相加、相减和相交，图 7-12 所示。

图 7-12　减少选区前后比较

3. 图像修复

在 Photoshop 中图像修复工具很多，仿制图章工具、修复工具、橡皮擦工具、模糊工具、海绵工具等，每个工具都有自己独特的作用与功能。

（1）仿制图章工具

“仿制图章工具”可以从图像中拷贝信息，然后应用到其他区域或者其他图像中。该工具常用于复制图像或去除图像中的缺陷，如图 7-13 所示。

图 7-13　使用仿制图像工具复制图形

使用仿制图章时，按住 Alt 键在图像中单击鼠标左键，定义要复制的内容（称为“取样”），然后将光标放在其他位置，放开 Alt 键拖动鼠标涂抹，即可将复制的图像应用到当前位置。与此同时，画面中会出现一个圆形光标和一个十字形光标，圆形光标是我们正在涂抹的区域，而该区域的内容则是从十字形光标所在位置的图像上拷贝的。

（2）污点修复画笔

“污点修复画笔”工具可以用来修复或去除图片上污点的工具。只要确定好修复的图像的位置，就会在确定的修复位置边缘自动寻找相似的区域进行自动匹配。也就是说只要在需要修复的位置画上一笔就可以轻松修复图片中的污点，如图 7-14 所示。

（3）修补工具

“修补工具”可以用其他区域或图案中的像素来修复选中的区域。“修补工具”会将样本像素的纹理、光照和阴影与源像素进行匹配。使用该工具时，用户既可以直接使用已经制作好的选区，也可以利用该工具制作选区。

图 7-14　图像修复前后比较

7.5.3　图层的应用

图层就好比是一张透明的纸，把图像的不同部分画在不同的图层中，叠放在一起便形成了一幅完整的图像，但各相关的效果或图像在不同层面绘制、修改，而不会影响其他层面的内容，“图层”面板，如图 7-15 所示。

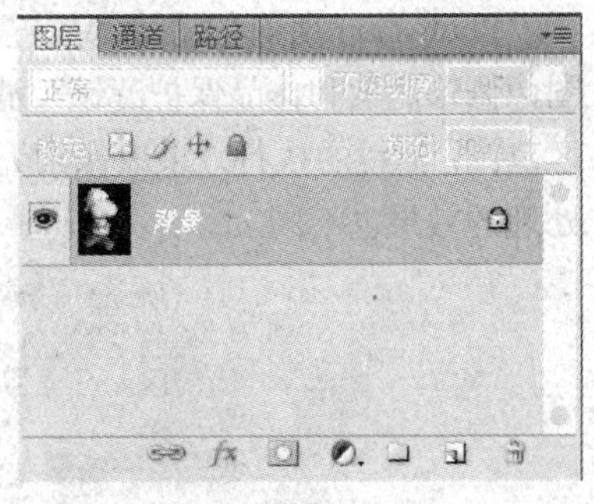

图 7-15　“图层”面板

“图层”面板集成了所有图层、图层组、图层效果的信息，并且可以进行隐藏图层、创建新图层、添加图层效果等操作。在 Photoshop 中共有几种常用的图层类型，如图像图层、背景图层、调整图层、文本图层和填充图层，它们各有特点，相互之间可以转换。

7.5.4　色调调整与图像修饰

色调调整主要指的是对图像的亮度、色相、饱和度及对比度的调节，简称为调色。

（1）色相

色相就是色彩的颜色，即各类色彩的相貌称谓。调整色相就是在多种颜色中进行变化，比如一个图像由红、黄、蓝色组成，那么每一种颜色就代表一种色相。色相是色彩的首要特征，是区别各种不同色彩的最准确的标准。

（2）饱和度

饱和度即图像颜色的强度和纯度。它是指颜色中掺入白光的程度。饱和度控制着图像色彩的浓淡程度，饱和度越高颜色越鲜明。七种原色的饱和度最高，颜色叠加后纯度渐弱。例如当红色加进白光之后，冲淡为粉红色，其饱和度降低。灰度图像的饱和度最低，对灰度图像改变色相是没有作用的。

（3）亮度

亮度即图像的明暗度，也称为明度。它是光的反射率不同造成的。有彩色中最明亮的是黄色，最暗的是蓝紫色。无彩色中，反射光最多的是白色，明度最高；吸收光最多的黑色、明度最低，对黑色和白色改变色相或饱和度都没有效果。

（4）对比度

对比度是指颜色最亮调与最暗调之间的差异范围，是图像色彩调整的常见考虑因素。对比度合适，色彩鲜艳饱和，并使图像呈现出更好的立体感。对比度过高，色彩呆板，图像很少或几乎没有灰度层次。对比度过低，色彩黯淡，图像显得平淡无光，对比度调整后的效果如图 7-16 所示。

图 7-16　对比度调整后的效果

7.5.5　滤镜应用

Photoshop 所有的滤镜都放置在“滤镜”菜单下，如图 7-17 所示。内部滤镜分为基本滤镜、图像修饰滤镜和作品保护滤镜。滤镜默认应用于整个图层，如果存在选区，则大部分只应用于选区范围。滤镜的执行效果以像素为单位，所以滤镜的处理效果与分辨率有关，图像的分辨率不同，处理的效果也不同。

图 7-17　“滤镜”菜单

从滤镜的功能表现来看，Photoshop 中的滤镜可大致分为两类，一类可称为矫正性滤镜，如模糊、锐化、视频和杂色等。矫正性滤镜对原图像的影响较小，往往是调试对比度，色彩等宏观效果，这种改变有一些是很难分辨出来的。另一类是破坏性滤镜，这类滤镜对图像的改变很明显，主要用于构造特殊的艺术图像效果。

目前 Photoshop 内部自身附带的滤镜有近百种之多，另外还有第三方厂商开发的外挂滤镜，以插件的方式挂接到 Photoshop 中，大大增强了其对图像进行特殊效果处理的能力。

7.6　动画制作软件 Flash

Flash 是美国 Macromedia 公司开发的专业矢量图形编辑及动画制作软件，它是一种交互式动画设计工具软件，用它可以将音乐、声效、动画以及富有新意的界面融合在一起，制作出高品质的动态网页效果。2005 年，Macromedia 公司推出了功能更为完善的 Flash 8。2005 年 12 月 3 日，Adobe 公司成功收购了 Macromedia 公司，并将享誉盛名的 Macromedia Flash 更名为 Adobe Flash。其操作界面如图 7-18 所示。

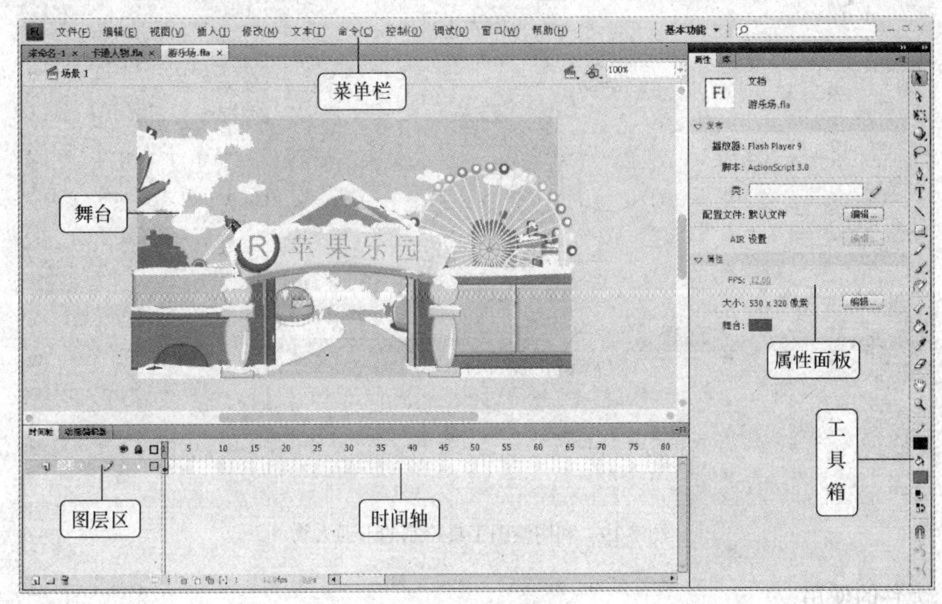

图 7-18　Flash 操作界面

7.6.1　Flash 动画的特点

Flash 动画的特点主要有以下几点。

（1）Flash 动画一般都采用矢量图制作，无论把它放大多少倍都不会失真，而且动画文件非常小巧利于传播。

（2）Flash 动画具有交互性优势，可以更好地满足所有用户的需要。它可以让欣赏者的动作成为动画的一部分。用户可以通过单击、选择等动作，决定动画的运行过程和结果，这一点是传统动画所无法比拟的。

（3）利用 ActionScript 语句可以为动画制作交互效果，如 Flash 游戏、Flash 市场调查和 Flash 情感测试等。

（4）Flash 动画制作的成本非常低，使用 Flash 制作的动画能够大大地减少人力、物力资源的消耗，同时，在制作时间上也会大大减少。

（5）Flash 动画采用当今先进的“流”式播放技术，即用户可以边下载边观看，完全适应了当今网络的带宽问题，使得用户观看动画再也不用等待。

（6）Flash 支持多样的文件导入导出，不仅可以输出 fla 动画格式，还可以以 avi、gif、html、mov、smil 等多种文件格式输出，即便用户不会使用这些相关软件，也一样可以用 Flash 解决。

7.6.2　Flash 基础知识

1. 绘图工具

Flash 中的工具箱兼承了 Adobe 公司旗下大多数绘图软件的特点，强化了钢笔工具的绘图能力。工具箱中常用于绘制图形的工具有“线条工具”、“铅笔工具”、“钢笔工具”、“椭圆工具”、“矩形工具”等，可以使用这些随心所欲的工具绘制图形，如图 7-19 所示。

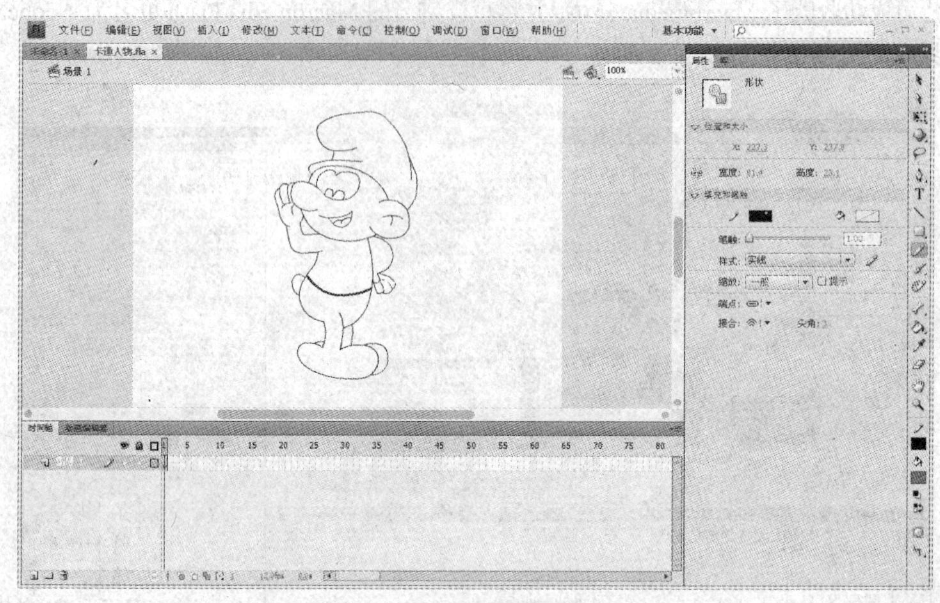

图 7-19　利用绘图工具绘制的卡通人物

2. 元件的使用

元件是指 Flash 中可以重复使用的图像、影片剪辑或按钮。它是构成动画的基础。元件可以反复使用，因而不必重复制作相同的部分，使工作效率得到很大的提高。在制作动画的过程中，根据动画中对象的不同，创建的元件也有所不同。在 Flash 中，元件有图形元件、影片剪辑元件和按钮元件 3 种类型。

（1）图形元件

图形元件用于创建可反复使用的图形，它可以是静止图片，用来创建连接到主时间轴的可重复使用的动画片段，也可以是多个帧组成的动画。图形元件是制作动画的基本元素之一，但它不能添加交互行为和声音控制，如图 7-20 所示。

（2）影片剪辑元件

影片剪辑元件拥有自己的独立于主时间轴的多帧时间轴，在影片剪辑元件中可以包含交互组件、图形、声音或其他影片剪辑实例。当播放主动画时，影片剪辑元件也会随着主动画循环播放，如图 7-21 所示为影片剪辑元件。

图 7-20　图形元件

图 7-21　影片剪辑元件

（3）按钮元件

按钮元件主要用于激发某种交互性的动作，以响应鼠标事件，如滑过、单击或其他动作的交互式按钮。在按钮元件的编辑窗口中包括“弹起”、“指针经过”、“按下”和“点击”状态，在不同状态上创建不同的内容，可以使按钮响应相应的鼠标操作，如图 7-22 所示。

图 7-22　按钮元件

3. 动画中的帧

帧是构成 Flash 动画的基本元素，所有的 Flash 动画都是由一个个的帧组成的，在时间轴上主要有以下几种帧。

（1）空白帧：该帧内是空的，没有任何对象，也不可以在其内创建对象。

（2）空白关键帧：空白关键帧顾名思义就是关键帧中没有任何对象，它主要用于在关键帧与关键帧之间形成间隔。空白关键帧在时间轴中以空心的小圆表示，一旦在空白关键帧中创建了内容，空白关键帧就变为关键帧，按 F7 键可以创建空白关键帧。

（3）关键帧：关键帧主要用于定义动画中对象的主要变化。它在时间轴中以实心的小圆表示，动画中所有需要显示的对象都必须添加到关键帧中。根据创建的动画不同，关键帧在时间轴中的显示效果也不相同。

（4）普通帧：普通帧就是不起关键作用的帧。它在时间轴中以灰色方块表示，主要起着过滤和延长内容显示的功能。动画中普通帧越多，关键帧与关键帧之间的过渡就越清晰缓慢。在制作动画的过程中，按 F5 键即可创建普通帧。

（5）过渡帧：它是两个关键帧之间，创建补间动画后由 Flash 计算生成的帧，不可以对过渡帧进行编辑。

7.6.3　动画

1. 补间动画

所谓补间动画就是在两个关键帧之间为某个对象建立一种运动补间关系的动画。它通常用于在两个关键帧之间为相同图形创建移动、旋转及缩放等动画效果。补间动画是 Flash 动画中最常见的动画形式，根据补间变化的不同，补间动画又分为动画补间动画和形状补间动画。

2. 逐帧动画

逐帧动画是一种表现细腻、丰富的动画。在播放动画的过程中，它是按照一帧一帧的顺序依次播放关键帧中的画面。在很多 Flash 动画中，常常会看到一些动画人物在眨眼、口形在变化等，这些生动的效果就是利用逐帧动画实现的。

3. 遮罩层动画

遮罩层顾名思义就是将位于它下面的那一层遮住，只显示挖空区域。通过挖空区域，下面图层的内容就可以被显示出来，而没有对象的地方成了遮挡物，把下面的被遮罩图层的其余内容遮挡起来，通过对遮罩层上的对象编辑，使它们作出各种动作，产生令人眩目的动画效果。

7.7 视频编辑软件 Premiere

Adobe Premiere Pro 是目前最流行的非线性编辑软件，是数码视频编辑的强大工具，它作为功能强大的多媒体视频、音频编辑软件，应用范围不胜枚举，制作效果美不胜收，是视频爱好者们使用最多的视频编辑软件之一，其操作界面如图 7-23 所示。

图 7-23 Premiere 操作界面

7.7.1 Premiere 基础知识

1. 项目面板

在视频素材处理的前期，首要的任务就是将收集起来的素材引入达到项目窗口，以便统一管理。项目面板主要用于输入、组织和存放供“Timeline”（时间线）面板编辑合成的原始素材，如图 7-24 所示。

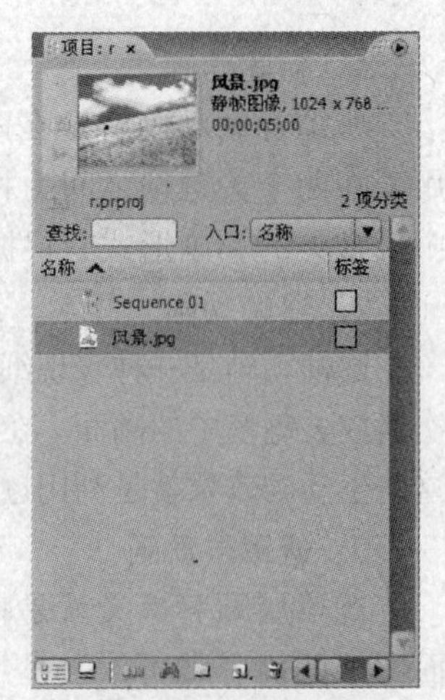

图 7-24 项目面板

2. 时间线面板

时间线（Timeline）面板是 Premiere 的核心部分，在编辑影片的过程中，大部分工作都是在“Timeline”（时间线）面板中完成的。通过“Timeline”（时间线）面板，可以轻松地实现对素材的剪辑、插入、复制、粘贴和修整等操作，如图 7-25 所示。

3. 监视器面板

监视器窗口分为“源素材”窗口和“节目”窗口，所有编辑或未编辑的影片段都在此显示效果，如图 7-26 所示。

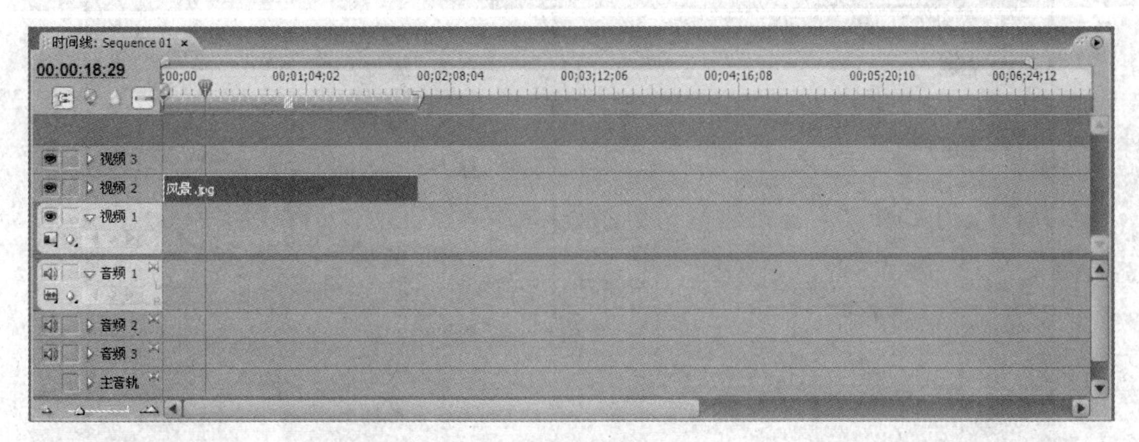

图 7-25　时间线面板

图 7-26　监视器窗口

4. 效果面板

Premiere 中的一些特效都在效果面板中，包括音频特效、视频特效和转场特效等，视频切换效果对影视剪辑中的镜头切换有着非常实用的意义，它可以使剪辑的画面更加富于变化，更加生动多姿，如图 7-27 所示。

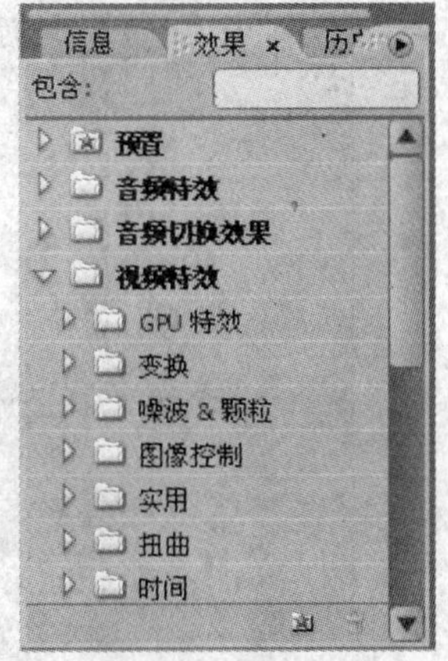

图 7-27　效果面板

7.7.2　素材的剪辑处理

在时间线窗口中，将项目窗口中的相应素材拖到相应的轨道上。如将引入的素材相互衔接地放在同一轨道上，将达到将素材拼接在一起的播放效果。若需对素材进行剪切，可使用剃刀图标工具在需要割断的位置单击鼠标，则素材被割断。然后选取不同的部分按 Delete 键删除即可。同样对素材也允许进行复制，形成重复的播放效果，如图 7-28 所示。

图 7-28　素材的剪辑

7.7.3　丰富多彩的滤镜效果

Premiere 提供了强大的滤镜效果，并且非常丰富的过渡、特效、重叠以及动画效果，能够轻而易举地进行各种复杂的多媒体设计，可对图像进行变形、模糊、平滑、曝光、纹理化等处理功能，如图 7-29 所示。

图 7-29　应用特效

7.7.4　影视作品的输出

在作品制作完成后期，需借助 Premiere 的输出功能将作品合成在一起。输出影片是最常用的输出方式。将编辑好的项目文件以视频格式输出，可以输出编辑内容的全部或者某一部分，也可以只输出视频内容或者只输出音频内容，一般将全部的视频和音频一起输出，如图 7-30 所示。

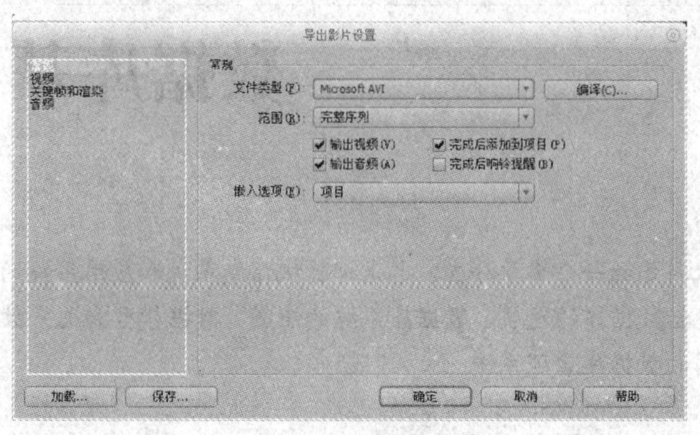

图 7-30　影片导出对话框

执行“文件/导出”命令，将文件输出其他格式的文件。Premiere 中可以输出多种视频格式，常用的格式有以下几种。

（1）AVI（Audio Video Interleaved 音视频交错）：是微软公司开发的一种数字音频与视频文件格式。

（2）GIF：是动画文件格式，可以显示视频运动画面。

（3）Fic/Fli：支持系统的静态画面或动画。

（4）Filmstrip：电影胶片但不包含音频部分。

（5）QuickTime：用于 Window 和 Mac OS 系统上的视频文件，由苹果公司开发的一种音视频格式，具有跨平台、存储空间小等技术特点。

（6）DVD：使用 DVD 刻录机和 DVD 空白光盘刻录而成的。

（7）WMV（Windows Media Video）：WMV 是微软公司在其 ASF 格式基础之上开发出的一种数字视频压缩格式，属于一种流媒体格式。

思考与练习

1. 什么是多媒体？简单列举多媒体的应用领域。

2. 常见的媒体元素有哪些？

3. 简单列举几个音频文件格式，并说明各自的特点。

4. 矢量图与位图分别有哪些特点？简述矢量图与位图的区别。

5. 简述声音的数字化过程。

6. 分辨率是影响图像质量的重要因素，分为屏幕分辨率、图像分辨率、显示器分辨率和像素分辨率，试述这四者之间的区别。

7. 从信息论角度出发，图像数据的压缩方法有哪些？

第8章 数据库基础知识

数据库是计算机科学的一个重要分支，也是计算机信息系统和应用系统的核心。本章将介绍数据库的基本知识，包括数据库的发展、数据库系统的组成、数据模型和关系数据库的基本概念，并简单介绍了几个常用的数据库管理系统。

8.1 数据库概述

8.1.1 数据和数据管理

1. 数据和信息

信息是指现实世界中事物的存在方式或运动状态的反映，数据则是描述现实世界事物的符号记录形式，是利用物理符号记录下来的可以识别的信息，这里的物理符号包括数字、文字、图形、图像、声音和其他的特殊符号。

数据的概念包括两个方面：一是描述事物特性的数据内容；二是存储在某一种媒体上的数据形式。

数据处理是指将数据转换成信息的过程，从数据处理的角度来看，信息是一种被加工成特定形式的数据，这种数据形式是数据接收者希望得到的。数据和信息之间的关系非常密切，可以这样说，数据是信息的符号表示或载体，信息则是数据的内涵，是对数据的语义解释。在某些不需要严格区分的场合，可以将两者不加区别地使用，例如，将信息处理说成是数据处理。

2. 数据管理

数据管理是指对数据的组织、编目、定位、存储、检索和维护等，它是数据处理的中心问题。也是计算机的一个重要的应用领域。其目的之一是从大量原始的数据中抽取、推导出对人们有价值的信息，然后利用信息作为行动和决策的依据；另一目的是为了借助计算机科学地保存和管理复杂的、大量的数据，以便人们能够方便而充分地利用这些信息资源。

8.1.2 数据管理技术的发展

数据管理技术的发展大体上经历了4个阶段：人工管理阶段、文件系统阶段、数据库系统阶段和分布式数据库阶段。

1　人工管理阶段

20世纪50年代以前，计算机主要用于数值计算。在硬件方面，外存储器只有卡片、纸带和磁带，存储信息容量小，存取速度慢。软件方面没有系统软件和管理数据的软件，程序员不但要负责处理数据还要负责组织数据。程序员直接与物理设备打交道，从而使程序与物理设备高度相关，一旦物理存储发生变化，程序必须全部修改，程序没有任何独立性。此阶段数据管理主要有以下几个特点。

（1）程序之间不能共享数据。程序代码与数据同处于一个程序中，即一组数据对应一个程序，一个程序不能使用另一个程序中的数据。

（2）程序复杂。在程序中必须定义数据存储结构，需要编写数据存取方法和输入输出方式等程序。

（3）数据量小且无法长期保存。程序运行时，人工进行数据输入，输入数据和运行结果都保存在内存中，随着程序运行结束，这些数据自动消失，很难实现大数据量处理任务。

（4）数据重复输入量大。当一个程序用到另一个程序处理结果时，需要重新输入这些数据。一个程序多次运行也可能导致人工重复输入数据。

2. 文件系统阶段

20世纪50年代后期至60年代中期，计算机软、硬件有了很大发展。外存储器有磁鼓和磁盘等直接存取设备，存储信息容量和存取速度得到很大改进；软件方面有了操作系统和文件系统，程序通过文件系统访问数据文件。此阶段数据管理主要有以下几个特点。

（1）程序之间可以共享数据，且易于长期保存。程序代码和数据可以分别存储在各自文件中，在一个程序中输入数据或运行结果可以保存到数据文件中，供其他程序使用。即一组数据可以在多个程序中使用。

（2）程序代码有所简化。数据存储结构、存取方法等都由文件系统负责处理，程序中通过文件名即可存取数据文件中的数据。

（3）数据冗余度大。数据文件通常是非结构化文件，如顺序文件，随机文件等，都没有列标识，不便于多个程序员使用。通常一个数据文件对应一个程序员编写的一组程序，因此，多个程序员的相同数据可能出现重复存储问题。

（4）程序对数据依赖性较强。改变数据文件中数据项位置或宽度后，可能需要修改程序代码。

（5）专业性较强。对数据文件访问（存取、分类、检索和维护等）通常需要编写程序，因此，使用计算机的人员要具有很强的计算机专业知识。

3. 数据库系统阶段

20世纪60年代后期至70年代后期，计算机系统有了进一步发展，外存储器出现了大容量磁盘，数据存取速度明显提高而且价格下降，这就有可能克服文件系统管理数据时的不足，而去满足和解决实际应用中多个应用程序共享数据的要求，从而使数据能为尽可能多的应用程序服务，这就出现了数据库这样的数据管理技术。数据库技术日趋成熟，出现许多数据库管理系统。例如，在微型计算机上流行DBASE系列数据库管理系统，在大、中、小型计算机上使用Oracle数据库管理系统等。此阶段数据管理主要有以下几个特点。

（1）数据集中式管理，高度共享。

（2）数据结构化并与程序分离。

（3）数据冗余度小，并具有一定的一致性和完整性等。

4. 分布式数据库系统阶段

20 世纪 80 年代初期至今，随着计算机网络技术的发展，一个部门的多台计算机进行连接构成局域网，甚至跨地区、跨国别多台计算机进行连接构成广域网或因特网，网络技术的发展为分布式数据库系统提供了良好的运行环境。分布式数据库可以将数据存放在多台计算机上，可以在不同位置访问数据库中的数据。目前支持分布式数据库的数据库管理系统有 Access、SQL Server、Oracle 和 Sybase 等。分布式数据库比集中式数据库功能更加强大，主要特点如下。

（1）数据局部自治与集中控制相结合，具有很强的可靠性和可用性。

（2）强大数据共享和并发控制能力，使数据的使用价值更高，应用范围更大。

（3）数据一致性和安全性控制措施更加完善。

8.1.3 数据库系统

数据库系统（DataBase Systems），是由数据库及其管理软件组成的系统。它是为适应数据处理的需要而发展起来的一种较为理想的数据处理的核心机构。它是一个实际可运行的存储、维护和应用系统提供数据的软件系统，是存储介质、处理对象和管理系统的集合体。

1. 数据库

数据库（DataBase，简称 DB）是数据的集合，并按照特定的组织方式将数据保存在存储介质上，同时可以被各种用户所共享。数据库中的数据具有较小的冗余度、较高的数据独立性和扩展性。数据库不仅包含描述事物的数据本身，也包含数据之间的联系。

2. 数据库系统的组成

数据库系统由以下 5 部分组成。

（1）数据库：是数据库系统的数据源。

（2）数据库管理系统：是数据库系统的核心，负责数据库中的数据组织、操纵、维护、控制、保护和数据服务等。数据库管理系统是位于用户与操作系统之间的数据管理软件。

（3）硬件：支持系统运行的计算机硬件设备。

（4）软件：包括操作系统、数据库管理系统、应用开发工具和数据库应用系统。

（5）相关人员：数据库系统中的相关人员有数据库管理员、系统分析员和数据设计人员、应用程序开发人员和最终用户。

3. 数据库系统的特点

数据库系统主要有以下 4 个特点。

（1）数据结构化。

数据库系统实现了整体数据的结构化，这是数据库的最主要的特征之一。这里所说的“整体”数据的结构化，是指在数据库中的数据不再仅针对某个应用，而是面向全组织；不仅数据内部是结构化的，而且整体是结构化的，数据之间有联系。

（2）数据的共享性高，冗余度低，易扩充。

因为数据是面向整体的，所以数据可以被多个用户、多个应用程序共享使用，可以大大减少数据冗余，节约存储空间，避免数据之间的不相容性与不一致性。

（3）数据独立性高。

数据独立性包括数据的物理独立性和逻辑独立性。物理独立性是指数据在磁盘上的数据库中如何存储是由 DBMS 管理的，用户程序不需要了解，应用程序要处理的只是数据的逻辑结构，这样一来当数据的物理存储结构改变时，用户的程序不用改变；逻辑独立性是指用户的应用程序与数据库的逻辑结构是相互独立的，也就是说，数据的逻辑结构改变了，用户程序也可以不改变。

数据与程序的独立，把数据的定义从程序中分离出去，加上存取数据由数据库管理系统DBMS负责提供，从而简化了应用程序的编制，大大减少了应用程序的维护和修改。

（4）数据由DBMS统一管理和控制。

数据库的共享是并发的，即多个用户可以同时存取数据库中的数据，甚至可以同时存取数据库中的同一个数据。

4. 数据库管理系统

数据库管理系统（DataBase Management System，DBMS）是用于建立、维护和管理数据库的系统软件，它提供数据安全性和完整性控制机制，具有完备数据库操作命令体系。它是一种系统软件，可以在交互方式下管理和访问（存取）数据库，也可以利用开发工具开发数据库应用程序。例如，Access、Visual FoxPro、SQL Server、Oracle和Sybase等都是数据库管理系统。数据库管理系统要管理的对象主要是数据库，其功能包括如下。

（1）数据定义

通过DBMS数据定义语言（Data Definition Language，DDL）可以定义数据库、数据库表、视图和索引等数据库中相关信息。

（2）数据操纵

通过DBMS数据操纵语言（Data Manipulation Language，DML）可以对数据库中数据进行插入、修改和删除。

（3）数据查询

通过数据查询语言（Data Query Language，DQL）可以对数据进行查询、排序、汇总和表连接等操作。

（4）数据库运行管理和控制

这是DBMS核心部分，主要包括数据库并发控制（协调多个用户对数据库同时操作，并确保数据一致性），安全性（密码和权限）检查，完整性约束条件检查和执行，数据库内部资料（如索引、数据字典）自动维护等。在DBMS统一控制和管理下，实现数据库各种操作。

（5）数据库维护

数据库维护主要包括数据更新和转换（实现与其他软件的数据转换），数据库转存和恢复，数据库重新组织、结构维护和性能监视等。

（6）数据组织、存储和管理

DBMS 要对数据字典（存放数据库结构描述信息，如表中字段名和数据类型等）、用户数据和存取路径等信息进行分类组织、存储和管理，确定文件结构和存取方式，实现数据之间的联系，以便节省存储空间和提高数据处理速度。

（7）数据通信

DBMS要经常与操作系统打交道，进行信息交换，因此，必须提供与操作系统的联机处理、分时处理和远程作业传输接口。

8.1.4 实体及其联系

现实世界存在各种不同的事物，各种事物之间既存在联系又有差异，事物数据化过程就是要对事物的特征以及事物之间的联系进行抽象化和数据化，计算机内处理的各种数据实际上是客观存在的不同事物及事物之间的联系在计算机中的表示，下面介绍客观世界中实体的相关概念。

1. 实体的相关术语

（1）实体

实体是客观事物的真实反映，既可以是实际存在的对象，比如一位教师、一本教材、一台机器等。也可以是某种抽象概念或事件，比如一门课程、一个专业、一次借阅图书、一个运行过程等。

（2）属性

将事物的特性称为实体属性。每个实体都具有多个属性，即多个属性才能描述一个实体。

（3）实体属性值

实体属性值是实体属性的具体化表示，属性值的集合表示一个实体。

（4）实体型

用实体名及实体所有属性的集合表示一种实体类型，简称实体型。通常一个实体型表示一类实体。因此，通过实体型可以区分不同类型的事物。例如，分别用：教师（教师编号，教师姓名，性别，出生日期，职称，联系电话，是否在职）、课程（课程编号，课程名称，开课学期，理论学时，实验学时，学分）的形式来描述教师类实体和课程类实体。

（5）实体集

具有相同属性的实体集合称为实体集。实体型抽象地刻画实体集。在关系数据库管理系统中，通常将同一种实体型的数据存放在一个表中，实体属性集合作为表结构，而一个实体属性值的集合作为表中一个数据记录，表示一个实体。

2. 实体之间的联系

分析实体之间联系的目的主要是找出现实世界中事物之间的外在联系，以便在数据库中正确表示事物以及它们之间的关系。现实世界中事物之间是相互关联的，这种关联在事物数据化过程中表现为实体之间的对应关系，通常将实体之间的对应关系称为联系。实体之间的联系有一对一、一对多和多对多三种。

（1）一对一联系

一对一联系是指一个实体与另一个实体之间存在一一对应关系。例如，一个班级只有一个班长，一个人不会同时在两个（或以上）班级任班长，因此班级与班长之间是一对一联系。同样，行驶中的汽车与司机之间也是一对一联系。在关系数据库中，表中记录与实体之间是一对一联系。

（2）一对多联系

一对多联系是指一个实体对应多个实体。例如，一个班级有多个学生，而某个学生只隶属于一个班级，因此班级与学生之间是一对多联系。出租车公司与出租车也是一对多联系。

（3）多对多联系

多对多联系是指多个实体对应多个实体。例如，一个学生选修多门课程，而一门课程有多名学生选修，因此学生与课程之间是多对多联系。又如，一个用人单位需要多个专业的学生，而一个专业的学生到多个用人单位工作，因此用人单位与专业之间也是多对多联系。

8.1.5 数据模型

数据模型是数据库管理系统中用于描述实体及其实体之间联系的方法，实体及其实体之间的联系用结构化数据体现出来，数据模型恰恰表示了这些结构化数据的逻辑关系，因此，任何一种数据库管理系统都需要用数据模型进行描述。用于描述数据库管理系统的数据模型有层次模型、网状模型和关系模型三种。

1. 层次模型

层次模型是通过树形结构表示实体及其实体之间联系的数据模型，“树”中每个结点表示一个实体类型，结点之间的箭头表示实体类型间的联系。

2. 网状模型

网状模型是通过网状结构表示实体及其实体之间联系的数据模型，“网”中每个结点表示一个实体类型，结点之间的箭头表示实体类型间的联系。

3. 关系模型

关系模型是通过二维表结构表示实体及其实体之间联系的数据模型，用一张二维表来表示一种实体类型，表中一行数据描述一个实体。

8.2 关系数据库

关系数据模型具有坚实的数学理论基础，通过实践证明：它是简单的、易于人们理解的、容易实现的一种数据模型。因此，目前广泛使用的 Visual FoxPro、Access、Oracle 和 Sybase 等都采用了这种关系模型，即它们都是关系数据库管理系统。本节将进一步介绍关系数据库管理系统的基础知识。

在常用术语关系数据库中，常用术语有以下几个。

（1）关系

一个关系就是一张二维表，表是属性及属性值的集合。

（2）属性

表中每一列称为一个属性（字段），每列都有属性名，也称之为列名或字段名，例如，学号、姓名和专业码都是属性名。

（3）域

域表示各个属性的取值范围，例如性别只能取两个值男或女。

（4）元组表中的一行数据称为一个元组，也称之为一个记录，一个元组对应一个实体，每张表中可以含多个元组。

（5）属性值

表中行和列的交叉位置对应某个属性的值。

（6）关系模式

关系模式是关系名及其所有属性的集合，一个关系模式对应一张表结构。关系模式的格式：关系名（属性 1，属性 2，属性 2，…，属性 n）。例如，学生表的关系模式为：学生（学号，姓名，性别，民族码，出生日期，专业码）。

（7）候选键

在一个关系中，由一个或多个属性组成，其值能唯一地标识一个元组（记录），称为候选键。例如，专业表的候选键有编码和名称；学生表的候选键只有学号。

（8）主关键字

一个表中可能有多个候选键，通常用户仅选用一个候选键，将用户选用的候选键称为主关键字，也可简称为主键。主键除了标识元组外，还在建立表之间的联系方面起着重要作用。

（9）外部关键字

如果一个关系 R 的一组属性 F 不是关系 R 的候选键，如果 F 与某关系 S 的主键相对应（对应属性含义相同），则 F 是关系 R 的外部关键字，简称外键。例如，“教室编号”、“星期”和“课节”是“选课学生表”的一组属性（非候选键），也是“教室表”的候选键，如果这组属性被选为“教室表”的主键，则这组属性就是“选课学生表”的一个外键。

（10）主表和从表

主表和从表是指通过外键相关联的两个表，其中以外键为主键的表称为主表，外键所在的表称为从表。

8.3 数据库应用系统

数据库应用系统（DataBase Application Systems，DBAS）是指开发人员利用数据库系统资源开发出来的、面向某一类实际应用的软件系统。数据库应用系统可分为以下两大类。

（1）管理信息系统

例如，财务管理系统、人事管理系统、教学管理系统、图书管理系统、生产管理系统等，它们是面向机构内部业务和管理的数据库应用系统。

（2）开放式信息服务系统

这是面向外部、能够提供动态信息查询功能，以满足用户的不同信息需求的数据库应用系统。例如，大型综合的科技情报系统、经济信息系统和专业的证券实时行情等均属于这类系统。

一个数据库应用系统通常由数据库和应用程序两部分组成，它们是在数据库管理系统支持下设计和开发出来的。这里对数据库设计和应用程序开发做简单介绍。

1. 数据库设计

由于数据库中的数据要供不同的应用程序所共享，所以数据库的设计可以在开发应用程序之前独立进行。目前，数据库设计已从以经验为主的设计发展为以“关系规范化”理论为指导的规范设计方法，包括概念结构设计、逻辑结构设计和物理结构设计 3 个阶段。

2. 应用程序开发

开发数据库应用系统中的应用程序大体要经过功能分析、总体设计、模块设计和编码调试 4 个步骤，采用的方法主要有信息工程方法和 4GT（4 Generation Techniques）范型，4GT 是第四代技术的简称。

（1）信息工程方法

20 世纪 80 年代初由马丁（J.Martin）等人提出的信息工程方法，已成为开发大型管理信息系统（Management Information System，MIS）的主流方法。信息工程方法主张以稳定的数据结构来适应多变的数据处理，提出了以不变应万变的“数据稳定性原理”。其次，信息工程主张把软件工程十分重视的阶段开发方法（分析、设计、编码等）与系统工程所强调的总体规划与设计结合运用，以保证总体规划的正确性和低层开发的有效性。

（2）4GT 范型

4GT 范型的核心就是对 4GT（第四代语言）的利用，而关键在于需要一个配置若干工具的软件开发环境。在 Visual FoxPro 5.0/6.0 中，这些工具演变为基于面向对象设计的各种向导、设计器和生成器等可视化的设计工具。利用这些工具来开发中、小规模的数据库应用系统，不仅可以大大减少软件的开发工作量，而且可以成倍地缩短软件的开发时间。

8.4 数据库设计的步骤

目前，数据库设计的步骤一般分为：需求分析、概念结构设计、逻辑结构设计、物理结构设计、数据库实施和数据库运行与维护 6 个阶段。

数据库设计要与整个数据库应用系统的设计开发结合起来，只有设计出高质量的数据库，才能开发出高质量的数据库应用系统。同时，只有统观整个数据库应用系统的功能需求，才能设计出高质量的数据库。

1. 需求分析

设计一个数据库，首先必须准确、全面和深入地了解和分析用户需求，包括数据需求和处理需求。需求分析是整个设计活动的基础，也是最困难、最花时间的一步。需求分析人员既要懂数据库技术，又要对应用环境的业务熟悉，一般由数据库专业人员与业务专家合作进行。

2. 概念结构设计

对用户要求描述的现实世界（可能是一个工厂、一个商场或者一个学校等），通过对其中诸处的分类、聚集和概括，建立抽象的概念数据模型。这个概念模型应反映现实世界各部门的信息结构、信息流动情况、信息间的互相制约关系以及各部门对信息储存、查询和加工的要求等。所建立的模型应避开数据库在计算机上的具体实现细节，用一种抽象的形式表示出来。

以扩充的实体—联系模型（E-R 模型）方法为例，第一步先明确现实世界各部门所含的各种实体及其属性、实体间的联系以及对信息的制约条件等，从而给出各部门内所用信息的局部描述（在数据库中称为用户的局部视图）。第二步再将前面得到的多个用户的局部视图集成为一个全局视图，即用户要描述的现实世界的概念数据模型。

3. 逻辑结构设计

逻辑结构设计是将数据库概念结构转换为某类 DBMS 所支持的数据库逻辑模式。例如，将 E-R 图转换为关系模型所支持的关系数据库模式。与此同时，可能还需为各种数据处理应用领域产生相应的逻辑子模式。这一步设计的结果就是所谓“逻辑数据库”。是以数据定义语言（DDL）来表示，在 SQL 中，就是编写 CREATE TABLE，CREATE VIEW 等命令。

4. 物理结构设计

物理结构设计的任务是根据 DBMS 及计算机系统所提供的手段，为数据库逻辑模式选取一个最适合应用环境的物理模式（包括存储结构和存取方法等）。

5. 数据库实施

数据库实施就是在实际的计算机平台上，真正建立数据库。先运行用 DDL 编写的命令，建立数据库框架，然后通过 DBMS 的实用工具或专门编写的应用程序，将数据载入，最终建成数据库。在数据库投入实用之前，要进行测试和试运行。除单独测试之外，还要与数据库应用程序结合起来进行测试。

6. 数据库运行与维护

数据库经过试运行后就可以投入实际运行了。但是，由于应用环境在不断变化，对数据库设计进行评价、调整、修改等维护工作是一项长期的任务，也是设计工作的继续和提高。在数据库运行阶段，由数据库管理员进行数据库的转存和恢复、数据库的安全性和完整性控制、数据库性能的监督和分析、数据库的重组织与重构造等数据库的维护工作。

8.5 结构化查询语言 SQL

1. 语言简介

结构化查询语言（Structured Query Language）简称 SQL，结构化查询语言是一种数据库查询和程序设计语言，用于存取数据以及查询、更新和管理关系数据库系统；同时也是数据库脚本文件的扩展名。结构化查询语言是高级的非过程化编程语言，允许用户在高层数据结构上工作。它不要求用户指定对数据的存放方法，也不需要用户了解具体的数据存放方式，所以具有完全不同底层结构的不同数据库系统可以使用相同的结构化查询语言作为数据输入与管理的接口。结构化查询语言语句可以嵌套，这使它具有极大的灵活性和强大的功能。

结构化查询语言是最重要的关系数据库操作语言，它的影响已经超出数据库领域，得到其他领域的重视和采用，如人工智能领域的数据检索，第四代软件开发工具中嵌入 SQL 语言等。

2. 语言特点

（1）一体化

SQL 集数据定义 DDL、数据操纵 DML 和数据控制 DCL 于一体，可以完成数据库中的全部工作。

（2）使用方式灵活

SQL 具有两种使用方式，即可以直接以命令方式交互使用；也可以嵌入到 C、C++、FORTRAN、COBOL、JAVA 等主语言中使用。

（3）非过程化

非过程化是指只要提出操作要求，不必描述操作步骤，也不需要导航。使用时只需要告诉计算机“做什么”，而不需要告诉它“怎么做”。

（4）语言简洁

SQL 语法简单，好学好用，在 ANSI 标准中，只包含了 94 个英文单词，核心功能只用 6 个动词，语法接近英语口语。

3. 语句结构

结构化查询语言包含 6 个部分。

（1）数据查询语言（DQL）：其语句，也称为“数据检索语句”，用以从表中获得数据，确定数据怎样在应用程序给出。保留字 SELECT 是 DQL（也是所有 SQL）用得最多的动词，其他 DQL 常用的保留字有 WHERE，ORDER BY，GROUP BY 和 HAVING。这些 DQL 保留字常与其他类型的 SQL 语句一起使用。

（2）数据操作语言（DML）：其语句包括动词 INSERT，UPDATE 和 DELETE。它们分别用于添加，修改和删除表中的行，也称为动作查询语言。

（3）事务处理语言（TPL）：它的语句能确保被 DML 语句影响的表的所有行及时得以更新。TPL 语句包括 BEGIN TRANSACTION，COMMIT 和 ROLLBACK。

（4）数据控制语言（DCL）：它的语句通过 GRANT 或 REVOKE 获得许可，确定单个用户和用户组对数据库对象的访问。某些 RDBMS 可用 GRANT 或 REVOKE 控制对表单个列的访问。

（5）数据定义语言（DDL）：其语句包括动词 CREATE 和 DROP。在数据库中创建新表或删除表（CREAT TABLE 或 DROP TABLE），为表加入索引等。DDL 包括许多与数据库目录中获得数据有关的保留字。它也是动作查询的一部分。

（6）指针控制语言（CCL）：它的语句，像 DECLARE CURSOR，FETCH INTO 和 UPDATE WHERE CURRENT 用于对一个或多个表单独行的操作。

4. SQL 查询简介

SQL 查询包括选择列表、FROM 子句和 WHERE 子句。它们分别说明所查询的列、查询的表或视图、以及搜索条件等。

（1）选择列表

选择列表（Select List）指出所查询列，它可以是一组列名列表、星号、表达式、变量（包括局部变量和全局变量）等构成。

① 选择所有列。

例如，下面语句显示 testtable 表中所有列的数据：

```
SELECT *  FROM testtable
```

② 选择部分列并指定它们的显示次序。

查询结果集合中数据的排列顺序与选择列表中所指定的列名排列顺序相同。

③ 更改列标题。

在选择列表中，可重新指定列标题。定义格式为：

列标题=列名　列名 列标题

如果指定的列标题不是标准的标识符格式时，应使用引号定界符。

例如，下列语句使用汉字显示列标题：

```
SELECT 昵称=nickname，电子邮件=email  FROM testtable
```

④ 删除重复行。

SELECT 语句中使用 ALL 或 DISTINCT 选项来显示表中符合条件的所有行或删除其中重复的数据行，默认为 ALL。使用 DISTINCT 选项时，对于所有重复的数据行在 SELECT 返回的结果集合中只保留一行。

⑤ 限制返回的行数。

使用 TOP n [PERCENT]选项限制返回的数据行数，TOP n 说明返回 n 行，而 TOP n PERCENT 时，说明 n 表示百分数，指定返回的行数等于总行数的百分之几。TOP 命令仅针对 SQL Server 系列数据库，并不支持 Oracle 数据库。

（2）FROM 子句

FROM 子句指定 SELECT 语句查询及与查询相关的表或视图。在 FROM 子句中最多可指定 256 个表或视图，它们之间用逗号分隔。

当 FROM 子句同时指定多个表或视图时，如果选择列表中存在同名列，这时应使用对象名限定这些列所属的表或视图。例如在 usertable 和 citytable 表中同时存在 cityid 列，在查询两个表中的 cityid 时应使用下面语句格式加以限定：

① SELECT username,citytable.cityid

② FROM usertable,citytable

③ WHERE usertable.cityid=citytable.cityid

④ 在 FROM 子句中可用以下两种格式为表或视图指定别名：

表名 as 别名，（或者：表名 别名）

（3）WHERE 子句

① WHERE 子句设置查询条件，过滤掉不需要的数据行。

② WHERE 子句可包括各种条件运算符：比较运算符（大小比较）：>;、>=、=、<;、<=、<>;、! >;、! <。

③ 范围运算符（表达式值是否在指定的范围）：BETWEEN…AND…；NOT BETWEEN…AND…。

例如：age BETWEEN 10 AND 30 相当于 age>=10 AND age<=30

④ 列表运算符（判断表达式是否为列表中的指定项）：IN （项 1，项 2…）；NOT IN （项 1，项 2…）。

例如：country IN ('Germany','China')

⑤ 模式匹配符（判断值是否与指定的字符通配格式相符）：LIKE、NOT LIKE。

例如：常用于模糊查找，它判断列值是否与指定的字符串格式相匹配。可用于 char、varchar、text、ntext、datetime 和 smalldatetime 等类型查询。

⑥ 空值判断符（判断表达式是否为空）：IS NULL、IS NOT NULL。

⑦ 逻辑运算符（用于多条件的逻辑连接）：NOT、AND、OR。

⑧ 可使用以下通配字符：

◆ 百分号%：可匹配任意类型和长度的字符，如果是中文，请使用两个百分号即%%。

◆ 下划线_：匹配单个任意字符，它常用来限制表达式的字符长度。

◆ 方括号[]：指定一个字符、字符串或范围，要求所匹配对象为它们中的任一个。[^]：其取值也与[ ]相同，但它要求所匹配对象为指定字符以外的任一个字符。

（4）查询结果排序

使用 ORDER BY 子句对查询返回的结果按一列或多列排序。ORDER BY 子句的语法格式为：

```
ORDER BY {column_name [ASC|DESC]} [, …n]
```

其中 ASC 表示升序，为默认值，DESC 为降序。ORDER BY 不能按 ntext、text 和 image 数据类型进行排序。

8.6 数据库管理系统 Access 简介

1. Access 系统简介

Access 是美国微软公司推出的面向办公自动化、功能强大的关系型数据库管理系统。它具有良好的易用性和简洁性，面对大部分数据管理任务无需编写程序，仅通过直观的可视化操作即可完成。它可以管理从简单的文字、数字字符到复杂的图片、动画、声音等各种类型的数据。

2. Access 的用途

不论创建个人、部门或整个企业级的数据库系统，还是创建数据库来管理客户信息，Access 都可以为组织、查找、管理和共享提供功能丰富、简单易用的方法。它将用户的信息保存在 Access 数据库中，在使用这些信息时，用户可以自己创建窗体进行添加、修改和查询等操作。用户还可以创建报表并打印数据库中的信息。在 Access 数据库中，数据的逻辑结构表现为满足一定条件的二维表，以统一的“关系”来描述数据对象之间的联系，结构简单，符合人们对现实世界事务的认识规律，因此受到广大用户的欢迎。

Access 数据库系统把数据库应用程序的建立移进了用户环境，并使最终用户和应用程序开发之间的距离越来越小。对于数据库的管理者，不再要求具有程序设计的能力除非要执行复杂或专业的操作；对于初级用户，可以通过使用宏来进行常规操作；而对于高级用户来说，使用 Visual Basic 编程可以处理各种复杂的操作。

3. Access 的主要特点

目前，数据库管理系统软件有很多，例如 Oracle、Sybase、DB2、SQL Server、Access、Visual FoxPro 等，虽然这些产品的功能不完全相同，操作上差别也比较大，但都是以关系模型为基础的，都属于关系型数据库管理系统。与其他关系型数据库管理系统相比，Access 有以下特点。

（1）界面简单且操作容易

Access 是 Microsoft Office 软件包中的一个应用程序，与 Office 中的其他软件（如 Word）具有相同的操作界面。对于初学者来说，操作简便，入门容易。Access 提供了许多便捷的可视化操作工具（表生成器、查询设计器、窗体设计器、报表设计器）和向导（表向导、查询向导、窗体向导、报表向导），用户利用这些工具和向导不用编程即可建立简单实用的管理信息系统，帮助初学者迅速学会使用 Access，节省应用系统开发人员的时间，提高工作效率。

（2）数据共享性强

因为同属于一个 Office 系列，Access 与 Word、Excel 的数据能充分共享。可以把 Word、Excel 的数据导入到 Access 表中，以避免数据的重复输入。也可以把 Access 表中数据导出到 Word 中进行编辑，或者把 Access 表中数据导出到 Excel 工作簿中，用公式加以分析，生成多种图表。办公软件的数据共享和交换，构成了一个集文字处理、图表生成和数据管理于一体的高级综合办公平台。另外，Access 是一个典型的开放式数据库管理系统，通过 ODBC（Open DataBase Connectivity，开放式数据库互联）能与其他数据库相连，实现数据交换与共享。

（3）支持多媒体的应用与开发

在 Access 数据库中，可以嵌入和连接诸如声音、图表和图像以及活动视频等多媒体数据，并通过 OLE（Object Linking and Embedding）对象连接与嵌入技术来管理，极大地丰富了人们处理数据的手段，增强数据的表现能力。

（4）对 Web 的支持

随着网络的迅速发展，人们有越来越多的数据交流需要依靠网络来实现。为此 Access 中增加了一种新的对象类型——数据访问页，允许用户使用 Web 浏览器来访问 Internet 或企业网中的数据，进行浏览或添加，它们甚至可以在没有安装 Access 的计算机上操作。

（5）支持多用户环境

Access 既可以在单用户环境下工作，又可以在多用户环境下工作，并有完善的安全管理机制。

（6）众多的函数

Access 内置了大量的函数，其中包括数据库函数、数值函数、字符串函数、日期和时间函数、财务函数等。用户可以利用这些函数在窗体、报表和查询中建立计算表达式。

（7）大量的宏

Access 提供了许多宏。宏在用户不介入的情况下能够执行许多常规的操作，例如打开表或窗体，批量修改记录等。用户只要按照一定的顺序组织 Access 提供的宏。

4. Access 数据库的系统结构

Access 是一个功能强大、方便灵活的关系型数据库管理系统。作为一个小型数据库管理系统，它最多能为 25~30 台计算机组成的小型网络服务。

启动 Access 2007，如图 8-1 所示，在这个界面的“对象”栏中，包含有 Access 的 7 种对象。另在“组”栏中，可以包含数据库中不同类型对象的快捷方式的列表，通过创建组，并将对象添加到组，从而创建了相关对象的快捷方式集合。

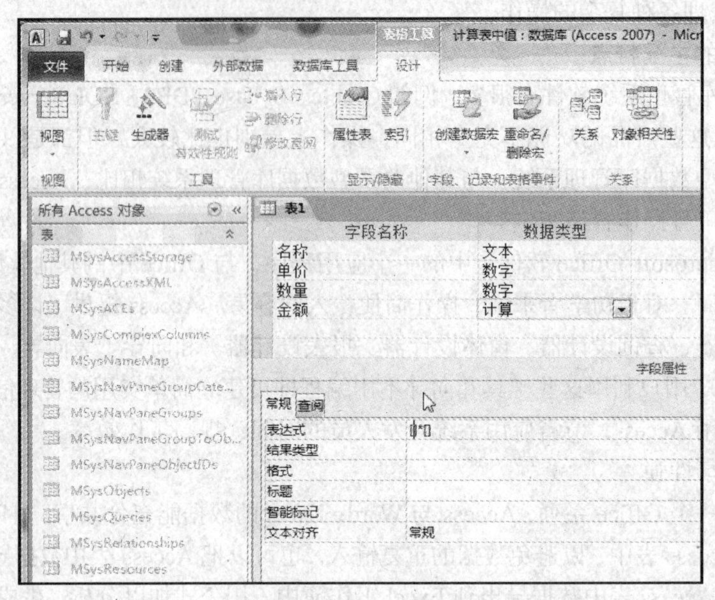

图 8-1　Access 界面

Access 所提供的对象均存放在同一个数据库文件（.mdb）中。作为一个数据库管理系统，Access 通过各种数据对象来管理信息。Access 将数据库定义成一个 MDB 文件，由对象和组两部分构成。其中数据库对象分为 7 种，包括表、查询、窗体、报表、数据访问页、宏和模块。下面简单介绍这 7 种数据库对象。Access 中各对象的关系如下图 8-2 所示。

下面对 Access 各种对象进行简单介绍。

（1）表

表是 Access 中所有其他对象的基础，因为表存储了其他对象用来在 Access 中执行任务和活动的数据。每个表由若干记录组成，每条记录都对应于一个实体，同一个表中的所有记录都由相同的字段定义，每个字段存储着对应于实体的不同属性的数据信息。如图 8-3 所示。

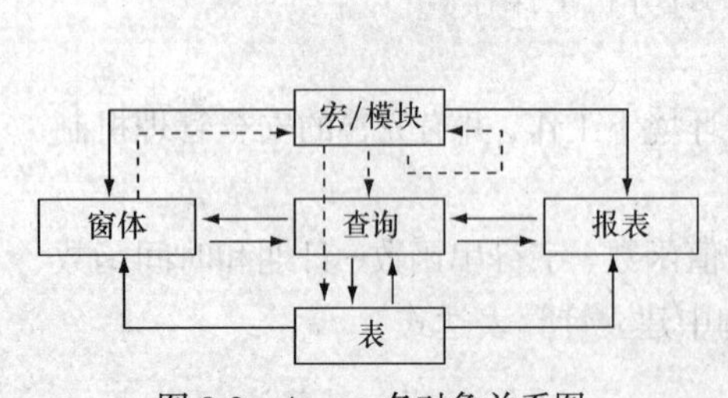

图 8-2　Access 各对象关系图

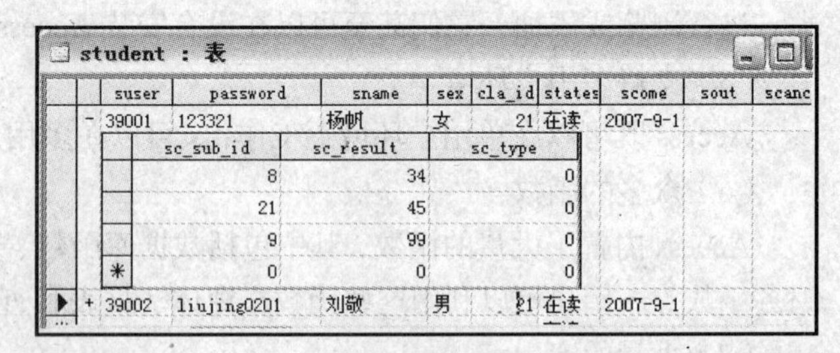

图 8-3　数据表

每个表都必须有主关键字，其值能唯一标识一条记录的字段。以使记录唯一（记录不能重复，它与实体一一对应）。表可以建立索引，以加速数据查询。

具有复杂结构的数据无法用一个表表示时，可用多表表示。表与表之间可建立关联。

每一个字段都包含某一类型的信息，如数据类型有文本、数字、日期、货币、OLE 对象（声音、图像）、超链接等。

表的建立包括两部分，一部分是表的结构建立，另一部分是表的数据建立。

数据库的每个对象都有两个视图，一个是设计视图，另一个是数据表对象视图。表的设计视图，可通过表设计器观察，它同时也是建立表结构的工具和方法，如图 8-4 所示。

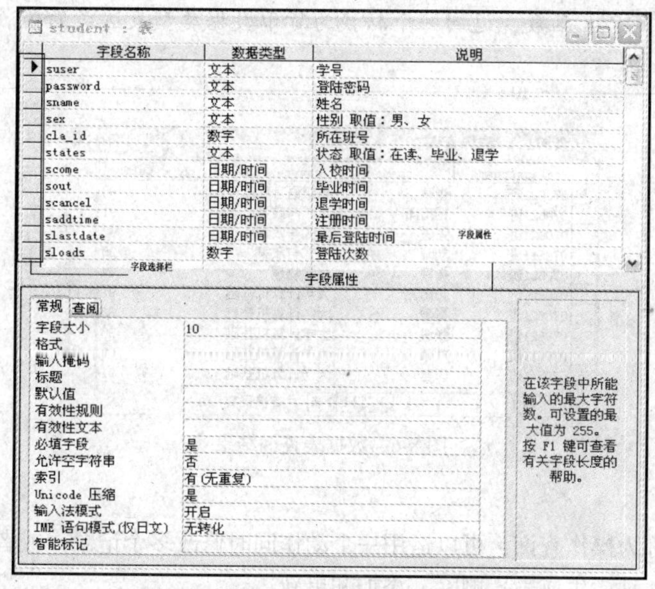

图 8-4　数据表设计器

应当注意，Access 数据库只是数据库各个部分（表、查询、报表、模块、宏和指向 Web HTML 文档的数据访问页面）的一个完整的容器，而表是存储相关数据的实际容器。

（2）查询

数据库的主要目的是存储和提取信息。在输入数据后，信息可以立即从数据库中获取，也可以在以后再获取这些信息。查询成为了数据库操作的一个重要内容。

Access 提供了三种查询方式。

① 交叉数据表查询。

查询数据不仅要在数据表中找到特定的字段、记录，有时还需要对数据表进行统计、摘要。如求和、计数、求平均值等，这样就需要交叉数据表查询方式。如图 8-5 所示。

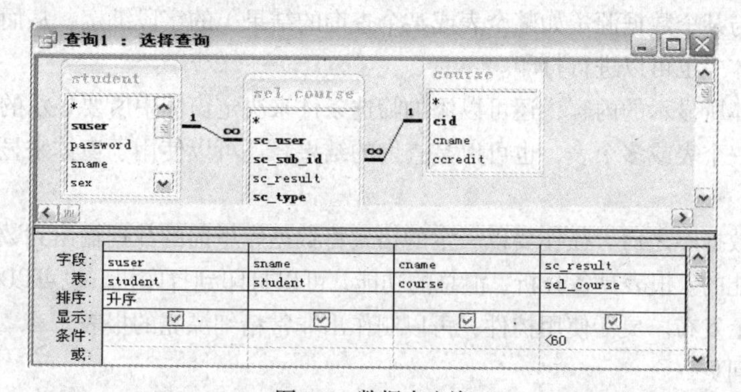

图 8-5　数据表查询

```
SELECT 订单明细.订单 ID, 订单明细.产品 ID, 产品.产品名称, 订单明细.单价,
订单明细.数量, 订单明细.折扣,
CCur(订单明细.单价*[数量]*(1-[折扣])/100)*100 AS 总价
```

```
FROM  产品 INNER JOIN 订单明细 ON 产品.产品 ID=订单明细.产品 ID
ORDER BY 订单明细.订单 ID;
```

其中，CCur 函数，返回一个转换为货币数据类型表达式的值。查询结果如图 8-6 所示。

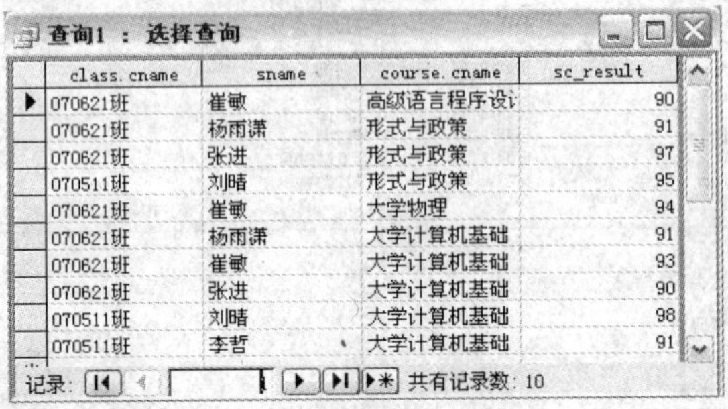

查询1 ：选择查询

class.cname	sname	course.cname	sc_result
070621班	崔敏	高级语言程序设	90
070621班	杨雨潇	形式与政策	91
070621班	张进	形式与政策	97
070511班	刘晴	形式与政策	95
070621班	崔敏	大学物理	94
070621班	杨雨潇	大学计算机基础	91
070621班	崔敏	大学计算机基础	93
070621班	张进	大学计算机基础	90
070511班	刘晴	大学计算机基础	98
070511班	李哲	大学计算机基础	91

记录：1 共有记录数：10

图 8-6　数据表查询结果

② 动作查询。

动作查询，也称为操作查询，可以运用一个动作同时修改多个记录，或者对数据表进行统一修改。动作查询有 4 种，生成表、删除、添加和更新。

③ 参数查询。

参数即条件，参数查询是选择查询的一种，指从一张或多张表中查询那些符合条件的数据信息，并可以为他们设置查询条件。

（3）窗体

窗体实际上就是我们平常在 Windows 操作系统中所看到的窗口，Access 是基于 Windows 的数据库管理系统，用它开发出来的应用程序也是基于 Windows 系统来运行的。所以开发一个完整的 Access 数据库应用程序，离不开对窗体的设计和开发。窗体是用户与数据库之间的桥梁，用户可以通过它与数据库进行各种交互的操作，如查看、编辑数据库中的数据，通过窗体还可以控制应用程序的运行过程。各种按钮、列表框、菜单等，在应用程序开发的时候称为控件，Access 提供了丰富的控件用于开发功能强大的应用程序，它还有针对性的提供一些与数据库操作相关的控件，可以把控件与某个数据源（如某个表或某个查询的结果）的字段绑定，从而方便地操作数据库的内容。在窗体中也可以进行打印。

可以设置窗体所显示的内容，还可以添加筛选条件来决定窗体中所要显示的内容。窗体显示的内容可以来自一个表或多个表，也可以是查询的结果。还可以使用子窗体来显示多个数据表。

（4）报表

设计好一个数据库之后，往往要以一定的格式将数据库里面的数据输出到数据库外面，报表正是实现这样功能的。报表具备分析、汇总的功能，可以打印到打印机，也可以将报表在 Internet 或者公司的网站上发布。灵活使用控件，可以制作出非常精细漂亮的报表。

（5）数据访问页

随着 Internet 的流行，Access 提供了对 Internet 的大力支持。页是 Access 新增的数据库对象，全称是数据访问页。数据访问页是链接到某个数据库的 Web 页，在数据访问页中，可以浏览、添加、编辑和操纵存储在数据库的数据。数据访问页也可以包括来自其他数据源的数据，如 Excel 电子表格文件。数据访问页让用户可以通过简单轻松的方式创建绑定数据的动态 HTML 页，将数据库应用程序扩展到企业内部网 Intranet 和互连网 Internet，实现更快、更有效的数据共享。

（6）宏

宏是用来自动完成某些特定任务的操作或操作集，就像是一个批处理文件。是若干个操作的组合，用来简化一些经常性的操作。当执行这个宏时，就会按这个宏的定义依次执行相应的操作。宏可以打开并执行查询、打开表、打开新窗体、打印、显示报表、修改数据及统计信息，也可以运行另一个宏以及模块。宏不是程序代码，它只是一些操作的组合，不如编写程序灵活。宏可以单独使用，也可以与窗体配合使用。可以在窗体上设置一个命令按钮，当用鼠标单击这个按钮时，就会执行一个指定的宏。当使用宏时，Access 会给出详细的提示和帮助。灵活使用宏可以避免很多重复的操作，大大提高工作的效率。

（7）模块

模块是用 Access 所提供的 VBA（Visual Basic for Application）语言编写的程序段。VBA 语言是 VB 的一个子集。模块有两种基本类型：类模块和标准模块。模块中的每一个过程都可以是一个函数过程或一个子程序。模块可以与报表、窗体等对象结合使用，以建立完整的应用程序。一般情况下，用户不需要创建模块，除非是要建立应用程序来完成宏无法实现的复杂功能。

8.7 数据库管理系统 Visual FoxPro 简介

1. Visual FoxPro 概述

Visual FoxPro 简称 VFP，同 VB、Delphi 一样都是程序开发工具，Visual FoxPro 的徽标如图 8-7 所示。VFP 由于自带免费的 DBF 格式的数据库，在国内曾经是非常流行的开发语言，现在许多单位的 MIS 系统都是用 VFP 开发的。VFP 主要用在小规模企业单位的 MIS 系统开发，当然也有像工控软件、多媒体软件的开发中。由于 VFP 不支持多线程编程，其 DBF 数据库在大量客户端的网络环境中对数据处理能力比较吃力，加之微软推出了 SQL 数据库，另有 VB、VC 等编程工具，所以对 VFP 的投入逐渐减少，目前微软已经明确表态，VFP 9.0 将是 VFP 最后一个版本。

图 8-7　Visual FoxPro 徽标

2. Visual FoxPro 的发展

Visual FoxPro 的发展历程如下。

（1）1975 年，美国工程师 Ratliff 开发了一个在个人计算机上运行的交互式的数据库管理系统。

（2）1980 年，Ratliff 和 3 个销售精英成立了 Aston-Tate 公司，直接将软件命名为 dBASE Ⅱ 而不是 dBASE Ⅰ。后来这套软件经过维护和优化，升级为 DBASE Ⅲ。

（3）1986 年，Fox Software 公司在 dBASE Ⅲ的基础上开发出了 FoxBASE 数据库管理系统。后来 Fox Software 公司又开发了 FoxBASE+、FoxPro 2.0 等版本。这些版本通常被称为 xBase 系列产品。

（4）1992 年，微软公司在收购 Fox Software 公司后，推出 FoxPro 2.5 版本，有 MS-DOS 和 Windows 两个版本。使程序可以直接在基于图形的 Windows 操作系统上稳定运行。

（5）1995 年，推出了 Visual FoxPro 3.0 数据库管理系统。它使数据库系统的程序设计从面向过程发展为面向对象，是数据库设计理论的一个里程碑。

（6）1996 年，微软公司推出了 Visual FoxPro 5.0 版本，Visual FoxPro 是面向对象的数据库开发系统，同时也引进了 Internet 和 Active 技术。

（7）1998 年，在推出 Windows 98 操作系统的同时推出了 Visual FoxPro 6.0。Visual FoxPro 6.0 是 Microsoft 的 Visual Studio 系列开发工具之一，Visual FoxPro 6.0 以其独到的特点和优势成为目前最受青睐的微机数据库管理系统。

近年来，Visual FoxPro 7.0、Visual FoxPro 8.0 和 Visual FoxPro 9.0 也相继推出，这些版本都增强了软件的网络功能和兼容性。同时，微软公司推出了 Visual FoxPro 的中文版。

3. Visual FoxPro 的主要特点

Visual FoxPro 是为数据库结构设计和应用程序开发而设计的功能强大的面向对象的数据库开发环境。它提供了管理数据的各种工具，包括从组织数据表、运行查询到创建集成的关系型数据库系统，或为最终用户编写功能全面的数据管理应用程序。

（1）可视化编程技术

Visual FoxPro 和 Visual C++、Visual Basic 等一样，采用可视化的编程方式。Visual FoxPro 充分利用了 Windows 平台下图形用户界面的优势。用户借助菜单、按钮等标准界面元素和鼠标操作，可以直接绘出图形界面，免除了开发者的许多编程负担。为方便用户进行可视化设计，Visual FoxPro 6.0 提供了专门的工具，用来生成各种标准的图形界面元素和处理图形界面的各种事件。

（2）面向对象的程序设计方法

Visual FoxPro 采用面向对象的程序设计方法，它的出现和广泛应用是计算机技术发展过程中的一项重大飞跃。面向对象技术能够较好地适应目前软件技术发展的需求，并逐渐成为当今公认的主流程序设计方法。Visual FoxPro 提供了真正的面向对象程序设计的能力。借助 Visual FoxPro 的对象模型，可以充分使用面向对象程序设计的所有功能，包括抽象性、继承性、封装性、多态性等。为保持和以前版本的兼容性，Visual FoxPro 6.0 也支持标准的面向过程的程序设计方式。

（3）便捷的应用程序开发

Visual FoxPro 添加了新的应用程序向导，系统提供了“向导”、“生成器”和“设计器”三种工具，使应用程序的开发趋于简便。利用“向导”的引导，用户可以快速地建立起一个数据表、查询或表单：利用“生成器”，用户不用编写代码，也能方便地在程序中加入一定的控制功能，例如可以方便地在所设计的表单中加入一个按钮、列表框等；利用“设计器”，用户可以快速地定义一个表单或报表，大大减轻了开发者的负担。在 Visual FoxPro 6.0 中，还添加了一些功能来增强开发环境，以便更容易地向应用程序中添加有效的功能。改进的应用程序框架功能可以使应用程序的开发更加高效。

（4）集成式的开发环境

Visual FoxPro 6.0 提供了一个集应用程序开发、测试和查错等功能一体的集成式开发环境（IDE）。在集成式的开发环境中，Visual FoxPro 6.0 提供了强大的控制项目及数据的功能，并可使用源代码来管理产品。其中包括：

① 借助“项目管理器”，可以创建和集中管理应用程序中的任何元素，并访问所有向导、生成器、设计器和其他易于使用的工具。

② 利用“数据库设计器”，可以迅速更改数据库中对象的外观。

③ 利用“数据库容器”，允许多个用户在同一个数据库中同时创建或修改对象。

④ 利用“类浏览器”，可以组织并查看类型。

⑤ 利用“Visual SourceSafe”，可以查看开发组件状态。在 Visual FoxPro 6.0 的集成式开发环

境中，用户还可以更简便地调试及监控应用程序组件。它提供了跟踪事件以及记录执行代码的工具，利用它可以深入程序，查看属性设置值、对象以及数组元素的值等，并可分析程序代码或实际运行的项目代码。

（5）优化的数据库技术

Visual FoxPro 采用了“容器”的概念，将原来 xBase 系统中相对独立的数据表、查询、表单、报表和程序等有机地封装在一起，体现真正的关系数据库的思想。在此基础上，Visual FoxPro 还支持标准的数据库语言——结构化查询语言，即 SQL 语言。Visual FoxPro 支持客户机／服务器结构，它可以作为开发客户机／服务器数据库系统的前台工具，开发出强大的客户／服务器应用程序。此外，Visual FoxPro 允许多个用户同时访问数据库组件，并能建立访问限制。

（6）充分共享数据使用

Visual FoxPro 可以方便地实现数据共享。Visual FoxPro 可以把先前版本的数据或其他应用程序的数据源导入到 Visual FoxPro 表中，也可将 Visual FoxPro 表中的数据以一定文件格式导出到其他应用程序之中。VisualFoxPro6.0 还提供了自动的 OLE 控制支持，用户可以在程序中直接调用其他的软件。

（7）其他方面

Visual FoxPro 使用了优化应用程序的 Rushmore 技术。Rushmore 是一种从表中快速地选取记录集的技术，它可将查询响应时间从数小时或数分钟降低到数秒，可以显著地提高查询的速度。Visual FoxPro 支持英语、日语、朝鲜语、繁体中文以及简体中文在内的多种语言的字符集，提供了对国际化应用程序开发的支持。Visual FoxPro 6.0 专业版还提供了辅助用户开发 Windows 或 HTML 风格的帮助系统的工具软件。

思考与练习

1. 数据管理技术的发展经历了哪几个阶段？各阶段的特点如何？
2. 数据库系统由哪几部分组成？
3. 什么是数据库管理系统？
4. 数据库中常用的数据模型有哪几类？各类数据模型的特点分别是什么？
5. Access 数据库管理系统有哪些特点？

第9章 信息安全

当今人们在享受信息化社会所带来的巨大利益的同时，也面临着信息安全的考验，计算机系统与信息安全问题也越来越引起了人们的广泛重视，成为关注的焦点。因此，如何构建信息与网络安全体系已成为信息化建设所要解决的一个迫切问题。本章在介绍信息安全基本概念的基础上，介绍了信息安全的必要性、影响信息安全的因素、保障信息安全的措施等，同时针对计算机病毒进行了深入的介绍。

9.1 信息安全概述

数据信息具有抽象、可塑、易变的特性。计算机系统和网络系统是以电磁信号保存和传输信息，其信息安全性更加脆弱。在信息的存储、处理和传输过程中，信息被损坏、丢失、泄露、窃取、篡改、冒充等成为主要威胁，使信息失去安全性。

9.1.1 信息安全概念

信息安全是指信息系统（包括硬件、软件、数据、人、物理环境及其基础设施）受到保护，不受偶然的或者恶意的原因而遭到破坏、更改、泄露，系统连续可靠正常地运行，信息服务不中断，最终实现业务连续性。信息安全主要包括五方面的内容，即需保证信息的保密性、真实性、完整性、未授权拷贝和所寄生系统的安全性。其根本目的就是使内部信息不受内部、外部、自然等因素的威胁。为保障信息安全，要求有信息源认证、访问控制，不能有非法软件驻留，不能有未授权的操作等行为。

信息安全是一门涉及计算机科学、网络技术、通信技术、密码技术、信息安全技术、应用数学、数论、信息论等多种学科的综合性学科。

9.1.2 计算机安全

国际标准化委员会对计算机安全（Computer Security）的定义是：为数据处理系统和采取的技术的和管理的安全保护，保护计算机硬件、软件、数据不因偶然的或恶意的原因而遭到破坏、更改、显露。

这个定义包含三个方面的含义：实体安全、软件安全以及数据安全。

1. 硬件安全

硬件安全是指网络硬件和存储媒体的安全，保护这些硬设施不受损害，能够正常工作。

主要包括为保证计算机设备和通信线路及设施（建筑物等）的安全，预防自然灾害，满足设备正常运行环境的要求而采用的技术和方法；为维护系统正常运行而采用的监测、报警和维护技术以及适当的安全产品和高可靠性、高技术产品；为防止电磁辐射泄漏而采取的低辐射产品、屏蔽或防辐射技术和各种设备的备份等。

2. 软件安全

软件安全是指使软件在收到恶意攻击的情形下依然能够继续正确运行及确保软件在授权范围内合法使用的思想。

主要包括防止软件盗版、软件逆向工程、授权加密以及非法篡改等。采用的技术包括软件水印（静态水印及动态水印）、代码混淆（源代码级别的混淆，目标代码级别的混淆等）、防篡改技术、授权加密技术以及虚拟机保护技术等。

3. 数据安全

数据安全有对立的两方面的含义：

一是数据本身的安全，主要是指采用现代密码算法对数据进行主动保护，如数据保密、数据完整性、双向强身份认证等。

二是数据防护的安全，主要是采用现代信息存储手段对数据进行主动防护，如通过磁盘阵列、数据备份、异地容灾等手段保证数据的安全。

9.1.3 网络安全

网络安全是指防止网络环境中的数据、信息被泄漏和篡改，以及确保网络资源可由授权方按需使用的方法和技术。网络安全从其本质上来讲就是网络上的信息安全，因此，凡是涉及网络上信息的保密性、完整性、可用性、真实性和可控性的相关技术和理论都是网络安全的研究领域。

网络安全受到的威胁包含两个方面。

一是对网络和系统的安全威胁，包括物理侵犯（如机房侵入、设备偷窃、电子干扰等）、系统漏洞（如旁路控制、程序缺陷等）、网络入侵（如窃听、截获、堵塞等）、恶意软件（如病毒、蠕虫、特洛伊木马、信息炸弹等）、存储损坏（如老化、破损等）等。

二是对信息的安全威胁，包括身份假冒、非法访问、信息泄露、数据受损等。

9.1.4 信息安全、计算机安全和网络安全的关系

信息的采集、加工、存储是以计算机为载体进行的，而信息的共享、传输、发布则信赖于网络。因此，网络安全的内容就包含计算机安全和信息安全的内容。另外，从信息安全的角度来看，计算机安全和网络安全的含义是基本一致的。这两个概念的主要区别是：计算机安全概念侧重于静态信息保护；网络安全的概念侧重于动态信息保护。

9.2 信息安全隐患

9.2.1 影响信息安全的因素

影响信息安全的因素主要有三方面，分别是技术因素、环境因素和人为因素。

1. 技术因素

技术因素主要是指由于各方面技术上的原因，而导致信息系统的一些漏洞，主要包括计算机系统安全、数据库安全、网络安全、访问控制策略安全等。

2. 环境因素

环境因素主要包括周边环境或者自然灾害对信息系统实体的破坏，如温度、潮湿、电磁干扰、辐射、电压、水灾、火灾、地震、海啸等。

3. 人为因素

人为因素分为非故意的人为因素和故意的人为因素两种。非故意的人为因素可能是由于操作不慎等原因导致的，信息系统可能因此而工作不良甚至瘫痪，使信息所有者的合法利益受到侵害的危险。实际上，大多数信息安全都是由故意的人为因素导致的，其行为主体主观上都是故意破坏信息系统，主要体现在如下几方面。

（1）硬件的破坏：主要包括对信息系统的硬件、外围设备及信息网络的线路等的破坏。

（2）信息数据的破坏：主要包括对信息的泄露、信息的非法修改、删除、添加伪造及复制等。

（3）计算机犯罪：主要表现为利用信息系统，通过非法操作或以其他手段进行破坏、窃取危害国家社会和他人的利益的不法行为。

（4）计算机病毒：主要是通过运行一段病毒代码，干扰或破坏信息系统正常工作。

9.2.2 信息系统的安全隐患

1. 缺乏数据存储冗余设备

为保证在数据存储设备发生故障的情况下，数据库中的数据不被丢失或破坏，就需要磁盘镜像、双机容错这样的冗余存储设备。财务系统的数据安全隐患是最普遍存在的典型例子。目前，我国大量的企业都使用财务电算化软件，但大多数是将财务电算化软件安装在一台计算机上，通过定期备份数据来保证数据安全，一旦计算机磁盘损坏，总会有未来得及备份的数据丢失，这些数据丢失的结果往往是灾难性的。

2. 缺乏必要的数据安全防范机制

为保护信息系统的安全，必须采用必要的安全机制。必要的安全机制有：访问控制机制、数据加密机制、操作系统漏洞修补机制以及防火墙机制。缺乏必要的数据安全防范机制，或者数据安全防范机制不完整，必然为恶意攻击留下可乘之机，这是极其危险的。

（1）缺乏或不严密的访问控制机制

访问控制也称存取控制，是最基本的安全防范措施之一。访问控制是通过用户标识和口令阻截未授权用户访问数据资源，限制合法用户使用数据权限的一种机制。缺乏或不严密的访问控制机制会使攻击者或恶意程序能够轻松地进入系统，威胁信息数据的安全。

（2）不使用数据加密

如果不对网络中传输的数据加密，将是非常危险的。由于网络的开放性，网络技术和协议是公开的，攻击者远程截获数据变得非常容易。忽视数据加密，将信息暴露在网络中，等同于为数据截获、篡改和伪造打开了方便的大门。

（3）缺乏操作系统漏洞修补机制

任何软件系统都存在自身的缺陷，在发布后需要进行不断修补。通过运行补丁程序将开发时未意识到的系统代码漏洞进行修补，是堵截网络攻击的极为重要的手段。Windows 操作系统的补丁程序可以从微软公司网站上下载得到，也可以执行 Windows Update 程序得到。忽视对操作系统的漏洞修补，会为信息系统留下巨大的安全隐患。

9.3　信息安全策略

伴随网络的普及，信息的交换和传播越来越容易。但是，由于信息在网络中会被非法窃听、截取、破坏和篡改，信息安全日益成为影响网络效能的重要问题。如何保证网络信息的安全，已成为政府机构、企事业单位以及个人必须考虑和解决的重要问题。

9.3.1　网络信息安全的解决方案

1. 安全需求分析

只有明确自己的安全需求，才能有针对性地构建适合于自己的安全体系结构，从而有效地保证网络系统的安全。

2. 安全风险管理

安全风险管理，是指对安全需求分析结果中存在的安全威胁及安全需求进行风险评估，以组织和部门可以接受的投资，实现最大限度的安全。风险评估为制定组织和部门的安全策略和构架安全体系结构提供直接的依据。

3. 制定安全策略

根据组织和部门的安全需求和风险评估的结论，制定组织和部门的计算机网络安全策略。

4. 定期安全审核

安全审核的首要任务，是审核组织的安全策略是否被有效地执行。其次，由于网络安全是一个动态的过程，组织和部门的计算机网络的配置可能经常变化，此组织和部门对安全的需求也会发生变化，组织的安全策略需要进行相应的调整。为了在发生变化时，安全策略和控制措施能够及时反映这种变化，必须进行定期安全审核。

5. 外部支持

计算机网络安全和必要的外部支持是分不开的。通过专业的安全服务机构的支持，网络安全体系将更加完善，并可以得到更新的安全资讯，为计算机网络提供安全。

9.3.2　个人计算机信息安全策略

1. 及时升级操作系统

安装正版系统软件并经常进行操作系统的升级，及时为操作系统安装补丁，预防黑客攻击。

2. 安装防病毒软件及防火墙软件

在操作系统安装完成后，应马上安装正版的防病毒软件及防火墙软件并及时升级。养成定期查杀病毒以及升级病毒库的好习惯。

3. 定期备份重要资料

一旦计算机由于病毒攻击或硬件故障而崩溃，将会导致重要的资料不能恢复。因此，个人计算机用户一定要养成经常备份重要资料的习惯，将重要数据存放在计算机之外的硬盘或光盘当中。

4. 小心使用网络共享

尽量不使用网络共享功能，如果必须使用共享功能，一定在使用完毕后及时关闭共享，防止他人通过共享入侵计算机。

5. 不访问来历不明的邮件和网站

病毒或木马的制造者常常将病毒隐藏于网页或邮件中，一旦浏览或打开了这些网页或邮件，其中的病毒就会被激活，感染计算机。因此，尽量不要打开来历不明的邮件附件或网站。

6. 设置系统使用权限

设置系统使用权限及专人使用的保护机制（如密码、数字证书等），禁止来历不明的人使用计算机系统。

9.3.3 信息安全的技术

有效的技术措施是防治计算机病毒，确保信息安全的重要保障。

1. 数据安全的技术措施

数据一般存储在磁盘上。数据安全的技术措施就是针对磁盘的容错技术，主要有以下几种。

（1）冗余备份。对最重要的数据实行一式两份存储：一份是主份；另一份作为冗余备份。冗余备份可在不同的磁盘或同一磁盘的不同区域中，一旦主份损坏，则可启用备份。使用时，将同时检查两份数据，以保持一致性；修改主份时，对备份也做相应的修改，保证动态的一致性。一份损坏，则将该区域标注为不可使用，并在另外安全区域再做备份，以保证始终是一式两份。在许多操作系统中对文件分配表和目录分配表的数据采用这一技术。

（2）后援备份。后援备份就是定期将部分数据或全部数据保存在后援介质上。原数据称为原件，后援备份称为备件。当原件损坏或丢失时，可调用备件，将其复制到工作磁盘上。后援备份的介质目前有后备硬盘（活动硬盘、多硬盘方式）和光盘（CD 或 DVD）。复制方式有全备份和增量备份等。

（3）镜像技术。采用磁盘镜像技术需要在同一磁盘控制器下增设一个完全相同的磁盘驱动器。磁盘镜像技术在向主磁盘写入数据时，同样再将数据写到备份盘上，使两个磁盘有着完全相同的位像图。备份盘可看作是主磁盘的一面镜子，所以也称做镜像磁盘。当主磁盘发生故障时，切换后仍能正常工作。当一个磁盘驱动器发生故障时，会立即发出警告，此时应尽快修复，以恢复镜像功能。

（4）双工技术。双工技术比镜像技术更安全，磁盘双工是指将两台磁盘驱动器分别接到两台磁盘控制器上，使两台磁盘驱动器镜像成对。当某一通道或控制器或驱动器发生故障时，另一通道或另一控制器或另一驱动器仍能继续正常工作。当任何环节发生故障时，也会立即报警，以便及时修复。

（5）热修复技术。热修复技术是一种广为采用的措施之一，热修复技术是将磁盘空间的一部分（约 2%～3%）作为热修复重定向区，当发现要写入的磁盘盘块有缺陷时，则将数据写入重定向区中的一个盘块，并进行相应的登记。访问原盘块时自动转到重定向区的新盘块，原盘块将不再使用。热修复技术尽可能地保证使数据写入磁盘的安全盘块中。

（6）校验。写后读是最常用的校验。数据写入磁盘后，立即读出，并与原数据进行逐字节的比较，一致后才认为写入成功；否则再重写一次。重写后仍不一致，则认定被写入的盘块有缺陷，于是采用热修复技术处理。

2. 预防计算机犯罪的技术措施

预防计算机犯罪的技术措施是编制有防护功能的软件，以防止信息被盗窃和破坏。软件的防护方法通常有以下几种。

（1）验证技术。设定用户名、账号和密码是进行身份验证的最基本的安全防范措施，大多数计算机系统都有这一要求。

（2）访问控制技术。访问控制技术就是在网络系统中设置用户权限和资源委托权限。这一措施已普遍应用在网络操作系统和许多通用系统中。

（3）加密技术。加密技术是对重要文档的信息进行保护的有效方法，即使信息被盗取，盗窃者也无法破译。加密技术的典型标准有：安全套接层（SSL）、安全电子交易（SET）等。

（4）防火墙技术。防火墙技术是由软件，或由硬件和软件组成，用于保护系统、保护内部网络不受非法入侵者的攻击和侵犯。

（5）软件的健壮。计算机的系统软件很难做到尽善尽美，总存在一些安全的缺陷。这些缺陷一部分是由于计算机安全专家容易忽视的某些细节引起；一部分是内部设计人员对薄弱环节的泄露所造成的；还有的是超级黑客绞尽脑汁、百般攻击才发现的。因此，及时升级和对系统的缺陷安装补丁是使系统健壮的唯一方法。安装补丁一般只支持正版的系统软件，为此，更需要使用正版的软件。

（6）生物安全技术。采用生物技术安全设置来检测个人的指纹、语音、眼虹膜、视网膜等，以此来验证身份，这是比较严格的安全措施。

9.4 计算机病毒

9.4.1 计算机病毒的概念

1. 计算机病毒的概念

1994年2月18日，我国正式颁布实施了《中华人民共和国计算机信息系统安全保护条例》，在《条例》第二十八条中明确指出："计算机病毒，是指编制或者在计算机程序中插入的破坏计算机功能或者毁坏数据，影响计算机使用，并能自我复制的一组计算机指令或者程序代码。"

这些特殊程序独立存在或寄生在其他正常的程序中，能够不断"传染"、"扩散"，其自身还具有"繁殖"能力。计算机病毒虽然对人体无害，但它对计算机系统的危害却非常巨大，严重时可以导致计算机系统的全面崩溃。

2. 计算机病毒的结构

计算机病毒的特点是由其结构决定的，所有计算机病毒程序结构有其共同性。一般来说，计算机病毒包括三大功能模块，即引导模块、传染模块和表现或破坏模块。三部分的作用分别是：

（1）引导模块是将病毒主体加载到内存，为传染模块做准备。

（2）传染模块是将病毒代码复制到传染目标上去。

（3）表现模块是病毒间差异最大的部分，前两个部分也是为这部分服务的。大部分的病毒都是有一定条件才会表现其破坏功能的。

后两个模块各包含一段触发条件检查代码，当各段检查代码分别检查出传染和表现或破坏触发条件时，病毒激活，就会进行传染、表现或破坏。

病毒激活是指将病毒装入内存，并设置触发条件，一旦触发条件成熟，立刻就发生作用。触发的条件是多样化的，可以是内部时钟、系统的日期、用户标识符、程序计数器，也可能是系统一次通信等。

9.4.2 计算机病毒的特点

计算机病毒有很多的特征，主要特征有如下几点。

1. 寄生性

计算机病毒寄生在其他程序之中。当执行这个程序时，病毒就会起破坏作用，而在未启动这个程序之前，它是不易被人发觉的。

2. 破坏性

无论何种病毒程序，一旦侵入系统都会对操作系统的运行造成不同程度的影响。即使不直接产生破坏作用的病毒程序也要占用系统资源，如占用内存空间、占用磁盘存储空间以及系统运行时间等。绝大多数病毒程序要显示一些文字或图像，影响系统的正常运行；还有一些病毒程序删除文件，加密磁盘中的数据，甚至摧毁整个系统和数据，使之无法恢复，造成无可挽回的损失。因此，病毒程序的副作用轻者降低系统工作效率，重者导致系统崩溃、数据丢失。病毒程序的表现性或破坏性体现了病毒设计者的真正意图。

3. 传染性

传染性是计算机病毒最重要的特征之一，是判断一段程序代码是否为计算机病毒的依据。病毒程序一旦侵入计算机系统就开始搜索可以传染的程序或者磁介质,然后通过自我复制迅速传播。由于目前计算机网络日益发达，计算机病毒可以在极短的时间内，通过互联网传遍世界。

4. 潜伏性

计算机病毒具有依附于其他媒体而寄生的能力。这种媒体称为计算机病毒的宿主。依靠病毒的寄生能力，病毒传染合法的程序和系统后，不会立即发作，而是悄悄隐藏起来，然后在用户未察觉的情况下进行传染。这样，病毒的潜伏性越好，它在系统中存在的时间也就越长，病毒传染的范围也就越广，其危害性也就越大。

5. 隐蔽性

计算机病毒是一种具有很高编程技巧、短小精悍的可执行程序。它通常粘附在正常程序之中、磁盘引导扇区中，或者磁盘上标为坏簇的扇区中，以及一些空闲概率较大的扇区中，为了防止用户察觉，想方设法隐藏自身。

9.4.3 计算机病毒的分类

计算机病毒的分类方法很多，按寄生方式可分为引导型病毒、文件型病毒、混合型病毒、宏病毒等；按破坏程度可分为良性病毒与恶性病毒等；按传播媒介分为单机病毒与网络病毒等。

1. 按寄生方式分类

（1）引导型病毒

引导型病毒是指寄生在磁盘引导区或主引导区的计算机病毒。这种病毒利用系统引导时，不对主引导区的内容正确与否进行判别的缺点，在引导系统的过程中侵入系统，驻留内存，监视系统运行，伺机传染和破坏。按照引导型病毒在硬盘上的寄生位置，又可细分为主引导记录病毒和分区引导记录病毒。主引导记录病毒感染硬盘的主引导区，如大麻病毒、2708 病毒、火炬病毒等；分区引导记录病毒感染硬盘的活动分区引导记录，如小球病毒、Girl 病毒等。

（2）文件型病毒

文件型病毒是指能够寄生在文件中的计算机病毒。这类病毒程序感染可执行文件或数据文件。如 1575／1591 病毒、848 病毒感染.COM 和.EXE 等可执行文件；Macro／Concept、Macro／Atoms

等宏病毒感染.DOC 文件。

（3）混合型病毒

混合型病毒是指具有引导型病毒和文件型病毒寄生方式的计算机病毒。这种病毒扩大了病毒程序的传染途径，它既感染磁盘的引导记录，又感染可执行文件。当染有此种病毒的磁盘用于引导系统或调用执行染毒文件时，病毒就会被激活。因此在检测、清除复合型病毒时，必须全面彻底地检查，如果只发现该病毒的一个特性，把它只当作引导型或文件型病毒进行清除，虽然好像是清除了，但还留有隐患，这种经过消毒后的“洁净”系统更赋有攻击性。这种病毒有 Flip 病毒、新世纪病毒、One-Half 病毒等。

（4）宏病毒

宏病毒是利用办公自动化软件（如 Word、Excel 等）提供的“宏”命令编制的病毒，通常寄生于为文档或模板编写的宏中。一旦用户打开感染病毒的文档，宏病毒即被激活并驻留在 Normal 模板上，使所有能自动保存的文档都感染这种病毒。如果在其他计算机上打开了这类染毒文档，病毒就扩散到其他计算机。宏病毒可以影响文档的打开、存储、关闭等操作，删除文件，随意复制文件，修改文件名或存储路径，封闭有关菜单，不能正常打印，使人们无法正常使用文件。

2. 按照计算机病毒的破坏程度分类

（1）良性病毒

良性病毒是指那些只是为了表现自身，并不彻底破坏系统和数据，但会大量占用 CPU 时间，增加系统开销，降低系统工作效率的一类计算机病毒。这种病毒多数是恶作剧者的产物，他们的目的不是为了破坏系统和数据，而是为了让使用染有病毒的计算机用户通过显示器或扬声器看到或听到病毒设计者的编程技术。这类病毒有小球病毒、1575／1591 病毒、救护车病毒、扬基病毒、Dabi 病毒等。还有一些人利用病毒的这些特点宣传自己的政治观点和主张。也有一些病毒设计者在其编制的病毒发作时进行人身攻击。

（2）恶性病毒

恶性病毒是指那些一旦发作后，就会破坏系统或数据，造成计算机系统瘫痪的一类计算机病毒。这类病毒有黑色星期五病毒、火炬病毒、米开朗基罗病毒等。这种病毒危害性极大，有些病毒发作后可以给用户造成不可挽回的损失。

3. 按照传播媒介分类

（1）单机病毒

单机病毒的载体是磁盘。常见的情况是，病毒从移动盘传入本地硬盘，感染本机系统，通过本机系统再传染其他移动盘，移动盘又传染其他系统。

（2）网络病毒

网络病毒一般利用网络的通信功能，将自身从一个节点发送到另一个节点，并自行启动。它们对网络计算机尤其是网络服务器主动进行攻击，不仅非法占用网络资源，导致网络堵塞，甚至造成整个网络系统的瘫痪。蠕虫（Worm）病毒、特洛伊木马（Trojan Horse）病毒、冲击波（Blaster）病毒、电子邮件病毒都属于网络病毒。

4. 病毒、蠕虫与木马之间的联系与区别

（1）病毒必须满足两个条件：一是它必须能自动执行；二是它必须能自我复制。此外，病毒往往还具有很强的感染性，一定的潜伏性，特定的触发性和很大的破坏性等，由于计算机所具有的这些特点与生物学上的病毒有相似之处，因此人们才将这种恶意程序代码称为“计算机病毒”。

（2）蠕虫（Worm）病毒也可以算是病毒中的一种，但是它与普通病毒之间有着很大的区别。

一般认为：蠕虫是一种通过网络传播的恶性病毒，它具有病毒的一些共性，如传播性、隐蔽性、破坏性等，同时具有自己的一些特征，如不利用文件寄生（有的只存在于内存中），对网络造成拒绝服务，以及和黑客技术相结合等。

普通病毒需要传播受感染的驻留文件来进行复制，而蠕虫不使用驻留文件即可在系统之间进行自我复制，普通病毒的传染能力主要是针对计算机内的文件系统而言，而蠕虫病毒的传染目标是互联网内的所有计算机。它能控制计算机上可以传输文件或信息的功能，一旦系统感染蠕虫，蠕虫即可自行传播，将自己从一台计算机复制到另一台计算机，更危险的是，它还可大量复制。因而在产生的破坏性上，蠕虫病毒也不是普通病毒所能比拟的，网络的发展使得蠕虫可以在短短的时间内蔓延整个网络，造成网络瘫痪。局域网条件下的共享文件夹、电子邮件 E-mail、网络中的恶意网页、大量存在着漏洞的服务器等，都成为蠕虫传播的良好途径。蠕虫病毒可以在几个小时内蔓延全球，而且蠕虫的主动攻击性和突然爆发性将使得人们手足无措。此外，蠕虫会消耗内存或网络带宽，从而可能导致计算机崩溃。而且它的传播不必通过“宿主”程序或文件，因此可潜入系统并允许其他人远程控制计算机，这也使它的危害远比普通病毒大。典型的蠕虫病毒有尼姆达、震荡波等。

（3）木马（Trojan Horse）病毒，是从希腊神话里面的“特洛伊木马”得名的。希腊人在一只假装人祭礼的巨大木马中藏匿了许多希腊士兵并引诱特洛伊人将它运进城内，等到夜里马腹内士兵与城外士兵里应外合，一举攻破了特洛伊城。而现在所谓的特洛伊木马正是指那些表面上是有用的软件、实际目的却是危害计算机安全并导致严重破坏的计算机程序。它是具有欺骗性的文件（宣称是良性的，但事实上是恶意的），是一种基于远程控制的黑客工具，具有隐蔽性和非授权性的特点。所谓隐蔽性是指木马的设计者为了防止木马被发现，会采用多种手段隐藏木马，这样服务端即使发现感染了木马，也难以确定其具体位置；所谓非授权性是指一旦控制端与服务端连接后，控制端将窃取到服务端的很多操作权限，如修改文件，修改注册表，控制鼠标，键盘，窃取信息等。一旦中了木马，系统可能就会门户大开，毫无秘密可言。

木马程序技术发展可以说非常迅速。至今木马程序已经经历了六代的改进。

第一代，是最原始的木马程序。主要是简单的密码窃取，通过电子邮件发送信息等，具备了木马最基本的功能。

第二代，在技术上有了很大的进步，冰河是中国木马的典型代表之一。

第三代，主要改进在数据传递技术方面，出现了 ICMP 等类型的木马，利用畸形报文传递数据，增加了杀毒软件查杀识别的难度。

第四代，在进程隐藏方面有了很大改动，采用了内核插入式的嵌入方式，利用远程插入线程技术，嵌入 DLL 线程。或者挂接 PSAPI，实现木马程序的隐藏，甚至在 Windows 系统下，都达到了良好的隐藏效果。灰鸽子和蜜蜂大盗是比较出名的 DLL 木马。

第五代，驱动级木马。驱动级木马多数都使用了大量的 Rootkit 技术来达到深度隐藏的效果，并深入到内核空间，感染后针对杀毒软件和网络防火墙进行攻击，可将系统 SSDT 初始化，导致杀毒防火墙失去效应。有的驱动级木马可驻留 BIOS，并且很难查杀。

第六代，随着身份认证 UsbKey 和杀毒软件主动防御的兴起，黏虫技术类型和特殊反显技术类型木马逐渐开始系统化。前者主要以盗取和篡改用户敏感信息为主，后者以动态口令和硬证书攻击为主。PassCopy 和暗黑蜘蛛侠是这类木马的代表。

特洛伊木马与病毒的重大区别是特洛伊木马不具传染性，它并不能像病毒那样复制自身，也并不“刻意”地去感染其他文件，它主要通过将自身伪装起来，吸引用户下载执行。特洛伊木马中包含能够在触发时导致数据丢失甚至被窃的恶意代码，要使特洛伊木马传播，必须在计算机上有效地启用这些程序，例如打开电子邮件附件或者将木马捆绑在软件中放到网络吸引人下载执行等。现在的木马一般主要以窃取用户相关信息为主要目的，相对病毒而言，病毒破坏信息，而木马窃取信息。

（4）实际上，普通病毒和部分种类的蠕虫还有所有的木马是无法自我传播的。感染病毒和木马的常见方式，一是运行了被感染有病毒木马的程序，二是浏览网页、邮件时被利用浏览器漏洞，病毒木马自动下载运行，这基本上是目前最常见的两种感染方式。

因而要预防病毒木马，我们首先要提高警惕，不要轻易打开来历不明的可疑的文件、网站、邮件等，并且要及时为系统安装补丁，最后安装上防火墙还有一个可靠的杀毒软件并及时升级病毒库。如果做好了以上几点，基本上可以杜绝绝大多数的病毒木马。最后，值得注意的是，不能过多依赖杀毒软件，因为病毒总是出现在杀毒软件升级之前的，靠杀毒软件来防范病毒，本身就处于被动的地位，我们要想有一个安全的网络安全环境，首先提高自己的网络安全意识，对病毒做到预防为主，查杀为辅。

9.4.4 计算机病毒的破坏方式及一般症状

1. 计算机病毒的破坏方式

不同的计算机病毒，实施不同的破坏。主要的破坏方式有以下几种。

（1）对计算机数据信息的直接破坏

大部分病毒在激发的时候直接破坏计算机的重要信息与数据。利用的手段有格式化磁盘、改写文件分配表和目录区、删除重要文件或用无意义的“垃圾”数据改写文件、破坏 CMOS 设置等。

（2）占用磁盘空间

寄生在磁盘上的病毒总要非法占用一部分磁盘空间。引导型病毒的一般侵占方式是由病毒本身占据磁盘引导扇区而把原来的引导区转移到其他扇区，也就是说要覆盖一个磁盘扇区。被覆盖的扇区数据永久性丢失且无法恢复。

文件型病毒利用一些 DOS 功能进行传染。这些 DOS 功能能够检测出磁盘的未用空间病毒把传染部分写到磁盘的未用部位去，所以在传染过程中，一般不破坏磁盘上的原有数据，但非法侵占了磁盘空间。一些文件型病毒传染速度很快，在短时间内感染大量文件，使每个文件都不同程度地加长了，这就造成磁盘空间的严重浪费。

（3）抢占系统资源

除 VIENNA、CASPER 等少数病毒外，其他大多数病毒在动态下都常驻内存，这就必然抢占一部分系统资源。病毒所占用的基本内存长度大致与病毒本身长度相当。病毒抢占内存导致内存减少，造成其他的程序无法运行。除占用内存外，病毒还抢占中断，干扰系统运行。计算机操作系统的许多功能是通过中断调用技术来实现的。病毒为了传染、激发，总是修改一些有关的中断地址，在正常中断过程中加入病毒代码，从而干扰了系统的正常运行。

（4）影响计算机运行速度

病毒进驻内存后，不但干扰系统运行，还影响计算机速度。主要原因有以下几方面。

◆ 病毒为了判断传染激发条件，总要对计算机的工作状态进行监视，这相对于计算机的正常运行状态既多余又有害。

◆ 有些病毒为了保护自己，不但对磁盘上的静态病毒加密，而且保证进驻内存后的动态病毒也处在加密状态，CPU 每次寻址到病毒处时都要运行一段解密程序，把加密的病毒解密成合法的 CPU 指令再执行，而且病毒运行结束时，再用一段程序对病毒重新加密，这样 CPU 额外执行数千条以至上万条指令。

◆ 病毒在进行传染时同样要插入非法的额外操作，特别是传染 U 盘时不但计算机速度明显变慢，而且 U 盘正常的读写顺序被打乱，使计算机工作时发出刺耳的噪声。

（5）破坏网络

如果网络内的计算机感染了蠕虫病毒，蠕虫病毒会使该计算机向网络中发送大量的广播包，从而占用大量的网络带宽，使网络阻塞。另外，收到蠕虫病毒广播的计算机需要阅读报文，因而也消耗了计算机的处理性能，导致速度缓慢。

（6）发布广告，传输垃圾信息

Windows 操作系统内置消息传输功能，用于传输系统管理员所发送的信息。病毒会利用这个服务，使网络中的各个计算机频繁弹出一个名为“信息服务”的窗口，广播各种各样的信息。

（7）泄露计算机内的信息

有些木马程序，专门将所驻留计算机的信息泄露到网络中。感染这种木马病毒的计算机，在每个文件夹中都会找到两个用隐藏方式存放的奇怪文件。有的木马病毒会向指定的计算机传送屏幕显示情况或特定的数据文件（如所搜索到的口令）。

（8）扫描网络中的其他计算机，开启后门

感染“口令蠕虫”病毒的计算机会扫描网络中其他计算机，进行共享会话，猜测别人计算机的管理员口令。如果猜测成功，就将蠕虫病毒传送到那台计算机上，开启 VNC 后门，对该计算机进行远程控制。被传染的计算机上的蠕虫病毒又会开启扫描程序，扫描、感染其他计算机。

2. 计算机感染病毒后的常见症状

在病毒广泛传播前发现，系统修复较容易。要想早期发现病毒，就要通过病毒发作时的一些症状来推断，下面列出病毒的一般症状。

（1）屏幕显示异常。屏幕出现异常图形、莫名其妙的问候语，或直接显示某种病毒的标志信息。

（2）系统运行异常，计算机反应缓慢。原来能正常运行的程序现在无法运行或运行速度明显减慢，经常出现异常死机或重新启动。

（3）硬盘存储异常。硬盘空间异常减少，经常无故读写磁盘，或磁盘驱动器“丢失”，磁盘的卷标名、文件的建立时间、日期及长度发生了变化，系统不认磁盘，或硬盘不能引导系统等。

（4）内存异常。内存空间骤然变小，出现内存空间不足、不能加载执行文件的提示。

（5）文件异常。例如，文件名称、扩展名、日期等属性被更改，文件长度加长，文件内容改变，文件被加密，文件打不开，文件被删除，甚至硬盘被格式化等。莫名其妙地出现许多来历不明的隐藏文件或者其他文件。可执行文件运行后，神秘地消失，或者产生出新的文件。某些应用程序被屏蔽，不能运行。

（6）硬件损坏。例如，CMOS 中的数据被改写，不能继续使用；改写 BIOS 芯片等。虽然以上情况不能百分之百地说明计算机已经感染病毒，不过最好马上做好查毒工作，以防万一。

（7）有规律地出现异常信息。

9.5 计算机病毒的防治

计算机病毒的防治要从防毒、查毒、解毒三方面来进行，系统对于计算机病毒的实际防治能力和效果也要从防毒能力、查毒能力和解毒能力三方面来评判。

防毒是指根据系统特性采取相应的系统安全措施，预防病毒侵入计算机；查毒是指对于确定的环境能够准确地报出病毒名称，该环境包括内存、文件、引导区（含主引导区）、网络等；解毒是指根据不同类型病毒对感染对象的修改并按照病毒的感染特性所进行的恢复，恢复过程不能破坏未被病毒修改的内容。感染对象包括：内存、引导区（含主引导区）、可执行文件、文档文件、网络等。

防毒能力是指预防病毒侵入计算机系统的能力。通过采取防毒措施可以准确地、实时地监测经由光盘、硬盘、局域网、因特网（包括 VIP 方式、E-mail 等方式）进行的传输，能够在病毒侵入系统时发出警报，记录携带病毒的文件，及时清除其中的病毒，对网络而言能够向网络管理员发送关于病毒入侵的信息，记录病毒入侵的工作站，必要时还能够注销工作站，隔离病毒源。

查毒能力是指发现和追踪病毒来源的能力。通过查毒应该能准确地发现计算机系统是否感染病毒，并准确查找出病毒的来源且能给出统计报告。查病毒的能力应由查毒率和误报率来评判。

解毒能力是指从感染对象中清除病毒，恢复被病毒感染前的原始信息的能力。解毒能力应用解毒率来评判。

9.5.1 计算机病毒的传播防范

计算机病毒主要是通过文件的读写与网络传播。但这些操作又是不可缺少，因此必须根据其传播途径采取适当措施加以防范，主要防范措施有以下几点。

◆ 避免多人共用一台计算机，在多人共用的计算机上，由于使用者较多且各自的病毒防范意识不一样，软件使用频繁，来源复杂，从而大大增加了病毒传染的机会。

◆ 不要运行来历不明的程序或使用盗版软件。

◆ 网络计算机用户不要轻易下载和使用网上的软件；不要轻易打开来历不明的邮件中的附件；不要浏览一些不太了解的网站；不要执行从 Internet 下载后未经杀毒处理的软件；调整浏览器的安全设置，并且禁止一些脚本和 ActiveX 控件的运行，防止恶性代码的破坏。对于通过网络传输的文件，应在传输前和接收后使用反病毒软件进行检测和清除病毒，以确保文件不携带病毒。

◆ 管好、用好电子邮件（E-mail）系统。据 ICSA 的统计报告显示，电子邮件已经成为计算机病毒传播的主要媒介，其比例占所有计算机病毒传播媒介的 60%，几乎所有类型的计算机病毒都可能通过电子邮件来进行快速传播。如 Nimda（尼姆达），当用户邮件的正文为空，似乎没有内容，实际上邮件中嵌入了病毒的执行代码，用户在预览邮件时病毒就已经在不知不觉地执行，病毒还会用获得的邮件地址将带毒邮件再次发送，所以为防止计算机通过电子邮件渠道感染，需要及时升级 IE 浏览器，并且为操作系统安装必要的补丁。在收到电子邮件时绝不打开来历不明邮件的附件或并未预期接到的附件，对可疑的电子邮件不要打开，直接删除。

◆ 对外来的计算机、存储介质（光盘、U 盘、移动硬盘等）或软件要进行病毒检测，确认无毒后才能使用。

◆ 在别人的计算机使用自己的 U 盘或移动硬盘时，最好处于写保护状态。

◆ 不要在系统盘上存放用户的数据和程序。

◆ 对重要的系统盘、数据盘及磁盘上的重要信息要经常备份，以便遭到破坏后能及时恢复。

◆ 利用加密技术，对数据与信息在传输过程中进行加密。

◆ 利用访问控制权限技术规定用户对文件、数据库、设备等的访问权限。

◆ 不定时更换系统的密码，且提高密码的复杂度，以增强入侵者破译的难度。

◆ 迅速隔离被感染的计算机。当计算机发现病毒或异常时应立刻断网，以防止计算机受到更多的感染，或者成为传播源，再次感染其他计算机。

◆ 关闭或删除系统中不需要的服务。默认情况下，许多操作系统会安装一些辅助服务，如 FTP 客户端、Telnet 等。这些服务为攻击者提供了方便，如果用户不需要使用这些功能，则可删除它们，这样可以大大减少被攻击的可能性。

◆ 购买并安装正版的具有实时监控功能的杀毒软件，时刻监视系统的各种异常并及时报警，以防止病毒的侵入。要经常更新反病毒软件的版本，并升级操作系统，安装堵塞漏洞的补丁。

◆ 对于网络环境，应设置“病毒防火墙”。

9.5.2. 利用防火墙技术

防火墙的本义是指古代构筑和使用木质结构房屋时，为防止火灾的发生和蔓延，人们将坚固的石块堆砌在房屋周围作为屏障，这种防护构筑物被称为“防火墙”。网络防火墙（Firewall）借鉴了古代真正用于防火的防火墙的喻义，它指的是隔离在本地网络与外界网络之间的一道防御系统。防火墙将内部网和公众访问网分开，在两个网络通信时控制访问尺度，它能允许用户“同意”的人和数据进入自己的网络，同时将用户“不同意”的人和数据拒之门外，最大限度地阻止网络中的黑客访问用户的网络。防火墙可以使 Internet、企业内部局域网或者其他外部网络互相隔离，限制网络互访，目的是保护内部网络。典型的防火墙具有以下三方面的基本特性。

◆ 内部、外部网络之间的所有网络数据流都必须经过防火墙。

◆ 只有符合安全策略的数据流才能够通过防火墙。

◆ 防火墙自身具有非常强的抗攻击免疫力。目前常见的防火墙有 Windows 防火墙、天网防火墙、瑞星防火墙、江民防火墙、卡巴斯基防火墙等。

下面以 Windows 7 防火墙为例介绍如何设置防火墙。

① 打开“计算机/控制面板/Windows 防火墙/高级设置”命令。

② 单击“属性”按钮，打开“本地计算机属性”对话框，如图 9-1 所示。

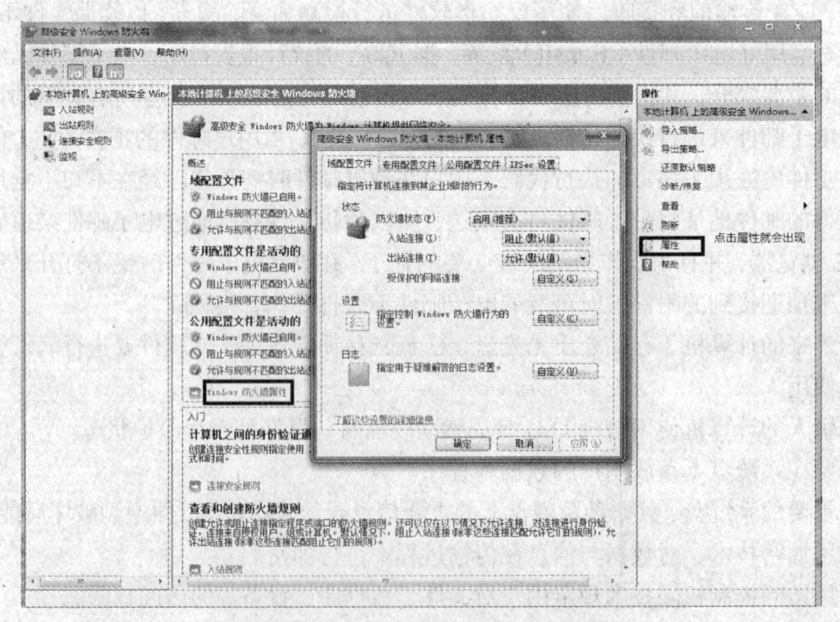

图 9-1 本地计算机属性对话框

默认有3种配置文件分别是：域配置文件，专用配置文件，公用配置文件。配置文件可以解释成为一个特定类型的登录点所配置的规则设置文件，它取决于用户在哪里登录网络。

- 域：连接上一个域。
- 专用：这是在可信网络里面使用的，如家庭的网络，资源共享是被允许的。
- 公用：直接连入 Internet 或者是不信任的网络，或与网络内部的计算机隔离开。

③ 在弹出的新窗口中右键单击“入站规则”按钮，在弹出的快捷菜单中选择“新建规则”命令。

这里以迅雷的自动升级程序为例，假如准备禁止迅雷的自动升级程序接受任何数据，在弹出的“新建入站规则向导”界面中会要求用户选择规则类型，用户可针对应用程序、端口、服务进行选择，在选择“应用程序”后，选择迅雷文件夹下的“ThunderLiveUD.exe”文件即可。

9.5.3 病毒的清除

病毒的一个常见症状是计算机的性能比正常的计算机性能要低得多。但是，计算机运行缓慢也可能是由其他原因造成的，包括硬盘需要进行碎片整理、计算机需要更多的内存（RAM）等。若要检查病毒，可使用防病毒程序扫描计算机。以下是可尝试用于删除计算机病毒的一些方法。

1. 安装最新防病毒软件并更新病毒库，然后扫描硬盘查杀病毒

安装上杀毒软件后，还须学会正确使用杀毒软件，合理设置杀毒软件的相关功能，比如开启实时防护功能，查杀病毒功能，查杀未知病毒等多项功能，将整个系统置于实时的监控之下。安装个人防火墙有效地监控任何网络连接，通过过滤不安全的服务极大地提高网络安全，减少计算机被攻击的风险，使系统具有抵抗外来非法入侵的能力，保护系统和数据的安全。开启防火墙后能自动防御大部分已知的恶意攻击，如冰河等木马攻击，ICMP、IGMP 洪水攻击与 IGMP 碎片攻击等。

目前流行的杀毒软件有瑞星、趋势、卡巴斯基、MCAFEE、SYMANTEC、江民科技、PANDA、金山、360 安全卫士等，具体信息可在相关网站中查询。有些杀毒软件还提供免费试用。

若中毒严重造成已有防病毒软件无法使用，可尝试安装其他公司的防病毒软件。在其他正常电脑上用某些防病毒软件，如金山毒霸生成带启动功能的杀毒光盘或杀毒 U 盘，用来启动中毒计算机查杀病毒也不错。有些中毒电脑 Windows 系统反应异常缓慢，若已经备份过重要数据文件，重新安装操作系统比查杀病毒更划算，可节省大量的时间，且没有后遗症。所谓的后遗症指的是杀毒之后，Windows 操作系统某些功能失效，或某些应用程序无法正常运行。

2. 使用在线扫描病毒程序

某些防病毒软件供应商网站提供免费的在线扫描病毒程序，可以查杀计算机中的最新病毒，需要注意的是，这些扫描程序不能防止计算机感染病毒。

3. 使用恶意软件删除工具

微软公司提供了恶意软件删除工具，并每月自动更新一次，只要计算机设置了自动更新并且联网就会提醒安装。该工具在计算机上扫描恶意软件之后将生成一个报告，说明在计算机中发现的任意恶意软件，并列出其发现的问题。互联网上还有各种各样的免费恶意软件删除工具，如 Ad-aware 和 Spybot，国内比较流行的有 360 安全卫士。此外，某些防病毒软件可能含有恶意软件删除工具，这些软件还可以监视尝试在计算机中自动安装软件的行为并予以制止。

4. 查杀病毒

查杀病毒之前最好关闭 Windows 操作系统中的“系统还原”功能，安全模式下可查杀某些顽固型病毒。

5. 安全模式下查杀病毒

重新启动计算机，在 Windows 启动前按【F8】键，直至看见一个选择的页面，选择“安全模式”。安全模式启动之后，在程序菜单中找到系统的杀毒软件并启动，在工具栏中单击鼠标右键，选择“任务管理器”，在任务管理器中，单击“进程”选项卡，选择“explorer.exe”，再单击“结束进程”，单击“是”，确定结束 explorer.exe 程序，然后桌面上的图标会消失，这是正常的。开始查杀病毒。

6. 平时清理垃圾文件后再扫描硬盘

清空系统盘的 temp 临时目录和网页浏览器缓存上大量的临时文件可避免防病毒软件在这些目录上浪费太多时间。

7. 隔离病毒

大多染毒文件经过防病毒软件成功杀毒（又称消毒，英文为 disinfect 或 clean）后能恢复正常。无法消毒的文件和疑似病毒文件一般会被“隔离”，就像抓到嫌疑犯先是收押后经再三审判再做定夺，隔离就是将病毒放进隔离区，等更新病毒库后再重新检查过去判定为携带病毒的文件，这样可避免错杀。

8. 手工删除病毒

有时必须手工删除病毒。这通常是一个技术性过程，仅应由具有 Windows 注册表相关经验的用户以及了解有关查看和删除 Windows 中系统文件和程序文件的方法的用户来尝试。

9. 后遗症处理

删除病毒后可能必须重新安装某一软件，或还原已丢失的信息。定期执行备份对减轻病毒攻击造成的损害大有帮助。

9.5.4 计算机病毒的预防

计算机病毒防治工作的基本任务是：在计算机的使用过程中，利用各种行政和技术手段，防止计算机病毒的侵入、存留、蔓延。对计算机用户来说，如同对待生物学的病毒一样，应提倡“预防为主，防治结合”的方针，应在思想上予以足够的重视，牢固树立计算机安全意识。具体来说，计算机病毒的预防工作应从以下几方面进行。

1. 系统引导固定

使用相对固定的系统引导方式，最好从硬盘启动，也可用固定的、无毒的，并带有写保护的系统盘引导。防止用不可靠的其他软盘引导系统；系统引导盘不要轻易借给他人使用，防止计算机病毒的侵入。

保存重要参数区、经常建立数据备份。硬盘主引导记录、文件分配表（FAT）和根目录区（BOOT），是硬盘的重要参数区，也是某些恶性病毒的攻击目标，该区域一旦受感染，损失就比较严重。应采取一定的保护措施，如用某些工具软件将其保护起来，以便受到破坏时迅速恢复系统。定期备份数据，备份时，应确保计算机和被备份文件未被病毒感染。

2. 专机专用、专盘专用

对执行重要工作的计算机要专机专用，专盘专用；对于外来的机器、移动盘或软件，要进行病毒检测、消毒，确认无毒后再使用。

软件来源要可靠，慎用来历不明的程序，慎用公共软件和共享软件，不用盗版软件，严禁在计算机上玩来历不明的游戏，杀毒软件要经常更新。

3. 安装操作系统的补丁程序

计算机操作系统是一个庞大的软件程序集合，Windows 的程序代码达到近 5000 万条。由于操作系统开发人员必然存在的认识局限，因此操作系统发布后仍然存在弱点和缺陷是无法避免的。这样为病毒特别是蠕虫病毒的传播提供了可乘之机，成为系统的安全隐患。

Windows 系统最有名的漏洞是 RPC 接口漏洞，RPC（远程接口调用）提供一种程序进程间的通信机制，使得可以在一台计算机上运行另外一台计算机上安装的程序，而不必把那个程序拷贝到本地来运行。Windows 的 RPC 在处理 TCP / IP 消息交换的部分存在处理异常格式消息报文的方式不正确缺陷，为攻击者留下了漏洞。"冲击波杀手"病毒就是利用 RPC 的漏洞渗透进系统，再从被侵入的计算机中执行自己机器中的恶意代码，安装病毒程序，窃取和破坏数据，创建具有系统管理员权限的账户，甚至对网络中其他计算机发起拒绝服务（Denial of Service，简称 Dos，）攻击。

操作系统发布后，开发厂家会严密监视和搜集其软件的缺陷，并发布漏洞补丁程序来进行系统修复。例如，微软公司为 Windows 发布的漏洞补丁程序就有 10 余种，用于修补诸如 RPC 溢出、URL 错误地址分解、跨越安全模式、ANSI 缓冲区溢出、HTML 转换器缓冲区溢出、虚拟机安全检查不严密等漏洞。常用的 SP3 打包补丁程序也起到了修补漏洞的功能。

4. 操作系统安全设置

最小化原则安全设置是指计算机操作系统中一些与安全相关的设置，如用户权限、共享设置、安全属性设置等。

（1）取消自动登录设置

在安装 Windows 时如果不经意选择了自动登录选项，则每当计算机系统启动时都不会要求用户输入用户名和密码，而是自动利用用户前次登录使用过的用户名和密码进行登录。这样，其他人就会很容易进入自己的计算机，这是不安全的。

（2）修改超级管理员名称和密码

Windows 安装时默认的超级管理员名称为 Administrator，如果不更改，攻击者就会免除试探超级管理员名称的麻烦。因此，安装完操作系统后应该将 Administrator 更改为其他名称，并设置不少于 16 位的管理员密码。另外，具有系统管理员权限的用户过多，对系统也是不安全的。具有系统管理员权限的用户最好只有一个。

（3）进行账户设置

建立尽可能少的账户，多余的账户一律删除。多一个账户就多一份安全隐患。Windows 安装时会自动生成一个 Guest 账户，这是一个公开账户，需要被禁止，将其修改为一个复杂的名称并加上密码，从 Guest 组中删除。创建新账户时，账户密码最好是 8 位以上，且密码最好包括特殊符号、英文大小写字母，避免使用单词。要限制用户的权利，权限最小化原则是安全的重要保障。

（4）调整匿名访问的限制值

计算机的注册表中登记了控制匿名用户获取本机信息的级别设置，如果注册表中的 Restrict Anonymous 被设置为 0，匿名用户就可以通过网络获取本机信息，包括用户名和共享名等。这些信息可能被攻击者再次攻击计算机的时候使用。安装 Windows 时，默认 Restrict Anonymous 被设置为 0，因此应将该值调整到更高的 1 或 2，可以防止攻击者窃取系统管理员账号和网络共享路径等信息。

（5）删除没有必要的协议

只保留 TCP / IP 协议，其他协议全部删除。因为 TCP / IP 协议已经是通行协议，所以只使用该协议就可以与超过 99%的计算机通信，其他网络协议就是多余的了。如，微软公司自己的协议 NetBIOS 已经不再需要，但它是网络黑客常常扫描的目标，应禁用。

（6）取消共享目录和磁盘。必须使用系统工具来检查共享目录和磁盘，禁止不用的共享设置。调整计算机的因特网安全级别使用 Windows 提供的管理工具，将因特网安全级别调整到不同的等级。Windows 在默认状态下有许多潜在的安全问题，必须重视在新安装完 Windows 操作系统后的重新安装设置，关注安全的各个方面，把安全风险降到最低。

5. 其他注意事项

就算所有的防病毒软件都没有报告某文件可疑时，也并不代表此文件不是一个新生的病毒、木马或者恶意软件。就算部分杀毒软件报告某个文件感染某病毒、木马或者恶意软件，也并不代表此文件一定有问题。如果怀疑某文件被感染，可上传文件到 http://virscan.org/检测，同时注意以下事项。

（1）留意系统时间。经常检查系统时间，日期和时间都必须正确，中毒造成年份被修改这种手法隐蔽且不易发现，会造成防病毒软件失效。

（2）请勿打开电子邮件附件。许多病毒都附带在电子邮件中，一旦打开电子邮件附件，它们就会传播。因此，除非附件中为所需的内容，否则，最好不要打开任何附件。

（3）不要打开移动存储设备内来路不明的文件，尤其是带诱人文件名的文件，必须多加小心。不要看到图标是文件夹就理所当然认为是文件夹，不要看到图标是记事本就理所当然认为是记事本，伪装图标是病毒惯用的方法。

（4）显示隐藏文件和扩展名。病毒经常会伪装图标，显示隐藏的文件和文件夹以及查看所有文件的扩展名有助于分辨真伪。

（5）识别危险文件类型。危险文件类型就是那些可能包含病毒或恶意软件的文件类型。这些文件通常是程序文件（.exe）、宏或（.com）文件。大多数具有这些扩展名的文件并不包含病毒。但是，当以电子邮件形式下载或接收到这些类型的文件时，用户不应将其打开，除非信任其来源或者这是用户想要的文件。

某些病毒使用的文件具有两个扩展名使得危险文件看起来像安全的文件。例如，“Document.txt.exe”或“图片.jpg.exe”。具有两个扩展名的合法文件非常少，应避免下载或打开此类文件。

（6）系统管理权限控制。Windows 操作系统本身是多用户系统，超级管理员用户（administrator）拥有最高权限，可运行任何程序包括病毒、修改系统核心参数，而客人用户（guest）环境下即使执行了病毒程序，由于没有相应权限，难以修改系统参数而造成破坏。所以，可考虑开通 guest 账号给计算机水平较低的用户一个登录计算机的机会。

9.5.5 “云安全”计划

1. 云安全概念

云安全（Cloud Security）是基于云计算商业模式应用的安全软件、硬件、用户、机构、安全云平台的总称。

云安全是云计算技术的重要分支，已经在反病毒领域当中获得了广泛应用。云安全通过网状的大量客户端对网络中软件行为的异常监测，获取互联网中木马、恶意程序的最新信息，推送到服务端进行自动分析和处理，再把病毒和木马的解决方案分发到每一个客户端。整个互联网，变成了一个超级大的杀毒软件，这就是云安全计划的宏伟目标。

2. 云安全的核心思想

云安全技术是P2P技术、网格技术、云计算技术等分布式计算技术混合发展、自然演化的结果。

云安全的核心思想，与反垃圾邮件网格非常接近。垃圾邮件的最大的特征是：它会将相同的内容发送给数以百万计的接收者。为此，可以建立一个分布式统计和学习平台，以大规模用户的协同计算来过滤垃圾邮件。首先，用户安装客户端，为收到的每一封邮件计算出一个唯一的“指纹”，通过比对“指纹”可以统计相似邮件的副本数，当副本数达到一定数量，就可以判定邮件是垃圾邮件；其次，由于互联网上多台计算机比一台计算机掌握的信息更多，因而可以采用分布式贝叶斯学习算法，在成百上千的客户端机器上实现协同学习过程，收集、分析并共享最新的信息。

反垃圾邮件网格体现了真正的网格思想，每个加入系统的用户既是服务的对象，也是完成分布式统计功能的一个信息节点，随着系统规模的不断扩大，系统过滤垃圾邮件的准确性也会随之提高。用大规模统计方法来过滤垃圾邮件的做法比用人工智能的方法更成熟，不容易出现误判的情况，实用性很强。反垃圾邮件网格就是利用分布互联网里的千百万台主机的协同工作，来构建一道拦截垃圾邮件的“天网”。既然垃圾邮件可以如此处理，病毒、木马等亦然，这与云安全的思想就相去不远了。

未来，杀毒软件将无法有效地处理日益增多的恶意程序。来自互联网的主要威胁正在由电脑病毒转向恶意程序及木马，在这样的情况下，采用的特征库判别法显然已经过时。云安全技术应用后，识别和查杀病毒不再仅仅依靠本地硬盘中的病毒库，而是依靠庞大的网络服务，实时进行采集、分析以及处理。整个互联网就是一个巨大的“杀毒软件”，参与者越多，每个参与者就越安全，整个互联网就会更安全。

3. 云安全系统的难点

要想建立“云安全”系统，并使之正常运行，需要解决四大问题。

（1）需要海量的客户端。只有拥有海量的客户端，才能对互联网上出现的恶意程序，危险网站有最灵敏的感知能力。一般而言安全厂商的产品使用率越高，反应应当越快，最终应当能够实现无论哪个用户中毒、访问挂马网页，都能在第一时间做出反应。

（2）需要专业的反病毒技术和经验。发现的恶意程序被探测到，应当在尽量短的时间内被分析，这需要安全厂商具有过硬的技术，否则容易造成样本的堆积，使云安全快速探测的结果大打折扣。

（3）需要大量的资金和技术投入。“云安全”系统在服务器、带宽等硬件需要极大的投入，同时要求安全厂商应当具有相应的顶尖技术团队、持续的研究花费。

（4）可以是开放的系统，允许合作伙伴的加入。“云安全”是个开放性的系统，其“探针”应当与其他软件相兼容，即使用户使用不同的杀毒软件，也可以享受“云安全”系统带来的成果。

思考与练习

1. 个人计算机信息安全策略有哪些？
2. 什么是计算机病毒，具有哪些主要特点，如何防范？
3. 除了书中介绍的几种杀毒软件之外，你还知道哪些，分别具有哪些特点？

第10章 常用工具软件

常用工具软件是计算机操作系统中必不可少的应用工具。它们是为了辅助用户使用、维护和管理计算机而专门开发的一些软件，可以在一定程度上解决系统中出现的问题，保障系统的正常运行，增强操作系统的功能，使用户能够更稳定、更安全、更可靠、更加轻松地使用计算机。本章将介绍几款常用工具软件的功能及使用方法。

10.1 常用工具软件基础知识

10.1.1 工具软件概述

对于工具软件，并没有一个确切的概念，它是人们一个约定俗成的说法。一般来说，工具软件是指除系统软件、大型商业应用软件之外的一些软件。大多数工具软件是共享软件、免费软件或者软件厂商开发的小型商业软件。它们一般占用空间小、功能相对单一、针对性强、使用方便、更新较快，却能解决计算机用户一些特定问题的有利工具。随着计算机信息化的深入，工具软件的范围在不断扩大，已成为计算机技术中不可缺少的组成部分。对工具软件的使用熟练程度，也是衡量计算机用户技术水平的一个重要标志。作为信息化时代，我们应该掌握一些必要的工具软件，了解学习工具软件的使用方法，让计算机在我们的工作、生活学习中发挥更大的作用。

10.1.2 常用工具软件的分类

（1）安全工具软件

安全工具软件是指能够保障计算机硬件、软件和避免数据遭到破坏、更改和缺漏，使计算机系统能够正常运行。此类工具应具有病毒防治、木马查杀、系统安全、系统监视、网络安全、加密工具、安全浏览等功能，例如瑞星杀毒、木马克星、360安全卫士等。

（2）系统工具软件

系统工具软件主要包含系统维护与优化、清理系统、系统备份、系统管理、增强性能和扩展系统等功能的软件，例如系统优化的Windows优化大师和超级魔法兔子、系统备份一键还原工具等。

（3）网络工具软件

网络工具软件主要应用于网络环境，为用户更快、更好地使用网络提供支持。常见的有网页浏览工具、下载工具、网络测速与加速工具、网络共享工具、网络通信工具、电子邮件工具等。

（4）电子文档阅读工具软件

电子文档阅读工具软件可浏览和编辑各种类型的电子文档，这些文档广泛来自于数字图书馆、多媒体光盘、电子教材或互联网。例如电子阅读工具 Adobe Reader、文本编辑工具 UltraEdit、超星阅览器等。

（5）文件管理工具软件

文件管理工具软件主要用于用户更好地管理计算机文件为设计目的软件系列。常见的有压缩软件、数据恢复软件、文件共享软件、文件（夹）加密软件、光盘工具软件等。

（6）图形图像工具软件

图形图像工具软件为用户提供了获取、浏览、加工、管理和编辑的软件，常见的图像处理功能包括图像浏览与管理、图像制作与合成、动画制作、图像捕捉、图像转换等。

（7）多媒体工具软件

多媒体工具软件主要是指音频与视频播放、转换、制作、处理、编辑等方面的软件，例如百度音乐、暴风影音、音频编辑工具 GoldWave、数字视频格式转换工具 Total Video Converter 等。

10.1.3　工具软件的获取途径

（1）购买正版软件

在计算机软件市场的专业软件销售点一般都有常用工具软件销售，例如常见的杀毒软件、音频视频软件等同时还能购买到一些多个常用工具软件的套装，用户根据需要购买相应的工具软件安装光盘。或在网站上下载软件安装程序，并通过网上支付方式从开发商处得到软件的安装序列号或注册码。

另外，购买正版软件无论是对企业还是对用户都有好处。购买正版软件有利于信息产业的发展，能够激发软件开发者的积极性，不仅使软件业的利益得到保障，用户也能享受软件设计服务，享受完整的技术支持和高效服务。质量和可靠性都有保证，能够获得完整无误的文档资料。

（2）从官方网站下载

官方网站是公司为了介绍、宣传和销售产品所开通的一个正式、具有权威性的网站，一般都提供软件的下载、用户指南、功能介绍等。下面以下载“360 安全卫士”为例介绍从官方网站下载软件的方法。

① 打开 IE 浏览器，在网页地址栏中输入官方网站地址，这里输入 http://www.360.cn/，按“回车”键确认打开 360 安全中心网首页，如图 10-1 所示。

② 在首页上选择“360 安全卫士”，然后单击“下载”按钮，弹出“建立下载任务”对话框，此时对话框显示了软件的名称、大小和默认存储的路径，单击“浏览”按钮，可以更改软件存储的路径，如图 10-2 所示。单击“确定”按钮，系统开始下载该软件，并显示下载进度等信息，经过一段时间的文件下载，软件被成功保存到指定路径，下载操作完成。

图 10-1　360 安全中心官方网站

图 10-2　文件下载对话框

（3）从普通网站下载

目前大多数的工具软件都有共享或免费软件，用户可访问知名的、信誉度高的软件门户网站进行下载，例如：天空软件站（http://www.skycn.com）、驱动之家（http://www.mydrivers.com）、电脑之家（http://www.download.pchome.net）、太平洋下载（http://www.pconline.com.cn）、天极网（http://www.yesky.com），当然也可以先通过百度、Google 等搜索引擎搜索相应的下载链接进行下载。

10.1.4　常用工具软件的安装与卸载

获取工具软件的安装程序后，便可以对计算机进行安装。工具软件的安装一般都是图形化的操作，只需要按照提示一步步地操作下去即可。对于使用后不满意或不再使用的工具软件可以将其卸载。下面以“腾讯 QQ2013”软件的安装和卸载为例，介绍工具软件的安装和卸载方法，其他工具软件的安装和卸载可以此为例进行类推。

1. 工具软件的安装

下载的工具软件有的是可以执行.exe 文件，双击该.exe 文件就可以直接开始安装。有的是压缩文件，需要在解压以后的文件夹中找到可执行文件双击进行安装，安装的可执行文件一般为 Setup.exe 或者 Install.exe。在安装过程中一般无需手动设置选项，根据安装向导的提示一直单击“下一步”按钮即可完成安装。

安装“腾讯 QQ2013”工具软件的步骤如下。

（1）打开下载到计算机中的“腾讯 QQ2013”的安装软件 QQ2013 Beta.exe，双击可执行文件，此时弹出“腾讯 QQ2013 安装向导”对话框，在其中可以看到安装软件许可及服务协议、用户须知和其他条款等方面的内容，如图 10-3 所示。

（2）在弹出的“QQ 软件许可及服务协议”对话框中，单击“我已经阅读并同意软件许可协议”复选框按钮，再单击“下一步”按钮。弹出“选项”对话框，用户可以根据实际情况勾选需要安装的组件，如图 10-4 所示。

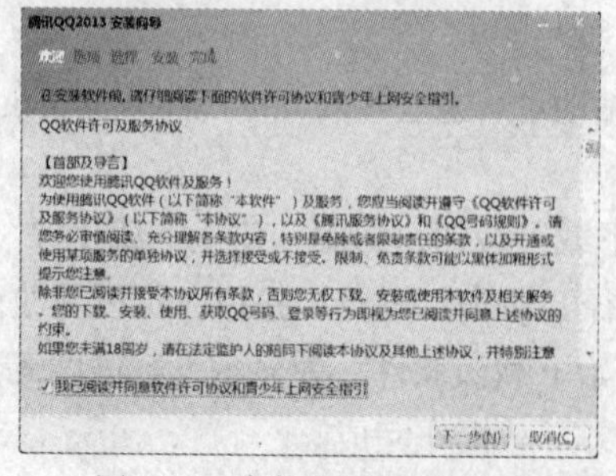
图 10-3　安装向导对话框

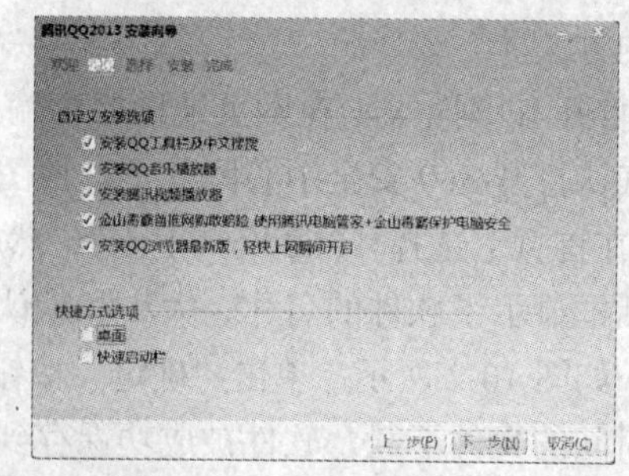
图 10-4　自定义安装选项对话框

（3）弹出“选择程序安装目录”对话框，如图 10-5 所示。可以选择要安装的路径，一般选择默认路径。在对话框的下方可以选中或取消选中自定义的相关功能，单击“下一步”按钮，开始安装软件。

（4）安装完毕后，弹出“安装完成”对话框，如图 10-6 所示。在“安装完成”对话框中提供一些可供选择的其他信息，可以根据需要勾选，单击“完成”按钮，完成安装。

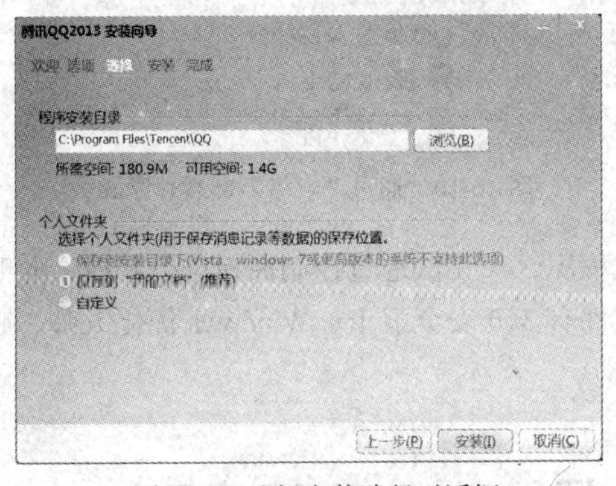

图 10-5　选择安装路径对话框

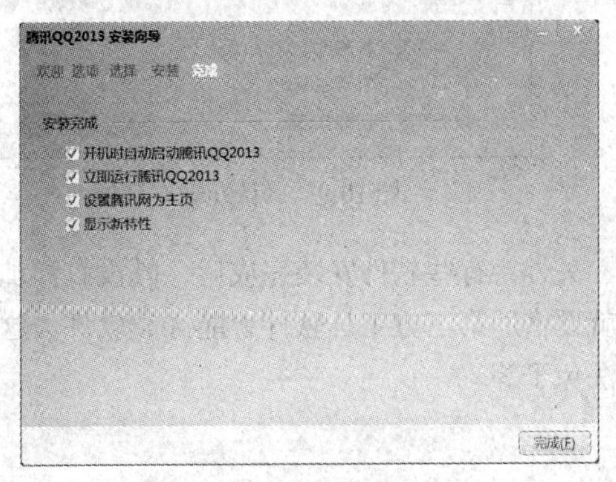

图 10-6　提示完成对话框

通过以上的安装步骤可以看出，工具软件的安装非常简单，虽然不同的工具软件的安装过程不会完成一样，但是总的来说都有一个向导帮助完成安装，工具软件在安装时要注意两个问题，一是指软件安装的路径，二是有些软件需接受安装协议后才能继续安装。

2. 常用工具软件的卸载

极少使用或者无法正常使用的工具软件，可以将它从计算机中卸载，卸载工具软件的方法通常有两种。下面以已经安装的“腾讯 QQ2013”为例，介绍卸载工具软件的操作方法。

（1）通过“控制面板”卸载

① 执行“开始/控制面板”命令，打开“控制面板”窗口，如图 10-7 所示。在该窗口中双击“程序和功能”图标，打开“卸载或更改程序”窗口，如图 10-8 所示。

② 在打开的“卸载或更改程序”窗口中，鼠标右键单击要卸载的腾讯 QQ2013 程序，或双击卸载的程序，此时弹出“卸载”按钮，单击“卸载”按钮。

图 10-7　“控制面板”窗口

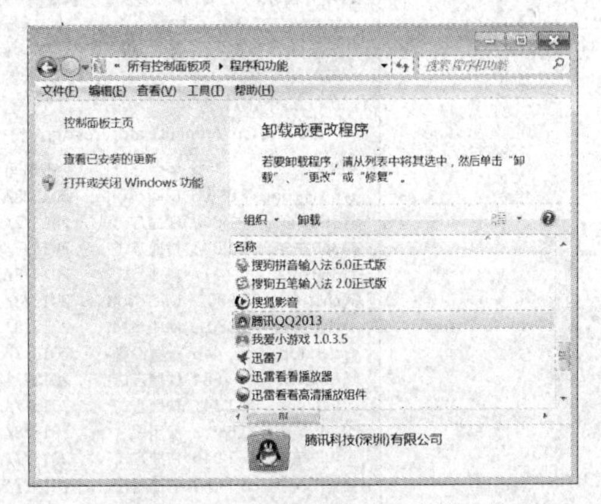

图 10-8　“卸载或更改程序”窗口

③ 弹出腾讯 QQ2013 卸载提示对话框，确认用户是否对程序删除，如图 10-9 所示。单击“否”按钮，取消卸载。单击“是”按钮，系统显示卸载进度条，卸载完毕后，弹出一个提示对话框提

示卸载完成。

（2）通过软件自带的卸载程序卸载

执行“开始/所有程序/腾讯软件/卸载腾讯 QQ” 命令，如图 10-10 所示，此时弹出腾讯 QQ2013 卸载提示对话框，确认对程序的删除信息，单击“确定”按钮，即可对程序进行卸载。

图 10-9　确认卸载对话框

图 10-10　通过“自带”卸载程序卸载

另外，有些软件安装完成后，既没有添加卸载程序，又无法通过控制面板进行卸载，此时用户就要借助第三方工具软件智能卸载软件，这类软件有 360 安全卫士、Windows 优化大师、超级魔法兔子等。

10.2　文件压缩工具——WinRAR

WinRAR 是当前最流行的压缩工具，它能解决对文档、图片、音频和视频等多种格式压缩处理，界面友好，使用方便。WinRAR 的压缩文件格式为.rar，完全兼容 ZIP 压缩文件格式，压缩比例比 ZIP 文件要高出 30%，同时可解压 CAB、ARJ、LZH、TAR、GZ、ACE、UUE、BZ2、JAR、ISO 等多种类型的压缩文件。WinRAR 具有多卷压缩功能，能够创建自释放文件，有强大的档案文件修复功能，可以最大限度地恢复 RAR 和 ZIP 压缩文件中损坏的数据等。

1. WinRAR 主界面介绍

安装完 WinRAR 后，双击桌面图标或执行“开始/所有程序/WinRAR/WinRAR”命令，可以打开程序的主界面，如图 10-11 所示。

图 10-11　WinRAR 主界面

从图中可知道，主窗口由菜单栏、图标工具栏、地址栏及其内嵌的管理器窗口组成。

2. 压缩文件的方法

（1）快速压缩。选定需要压缩的文件或文件夹，单击鼠标右键，在弹出的快捷菜单中选择“添加到压缩文件”命令，弹出“压缩文件”对话框，根据需要设置压缩文件的相关参数，一般情况下只需要在“常规”选项卡中通过“浏览”按钮，选择压缩文件保存的路径，在“压缩文件名”下面的文本框中输入压缩文件名，在“压缩文件格式”下面的选项中选择压缩文件格式（RAR 或 ZIP），如图 10-12 所示，单击“确定”按钮，开始进行压缩文件，压缩结束后，会在同目录中产生一个新的压缩文件。

（2）使用菜单操作。启动 WinRAR 主界面，选择将要压缩的文件，单击工具栏上的“添加”按钮，弹出“压缩文件”对话框，默认相关参数，单击“确定”，完成压缩。

3. 文件的解压缩

解压缩文件是将压缩过的文件恢复到压缩之前的状态。解压缩文件的方法与压缩文件的方法相似。

（1）快速解压缩。选定需要解压缩的压缩文件，单击鼠标右键，在弹出的快捷菜单中选择“解压文件”命令，弹出“解压路径和选项”对话框，如图 10-13 所示。在对话框中设置“常规”选项卡的“目标路径”下拉列表框中输入存放解压缩文件的位置，默认为压缩文件所在的路径；在“更新方式”选项栏中，选中“解压并替换文件”单选按钮，在“覆盖方式”选项栏中选中“在覆盖前询问”单选按钮，设置完毕后，单击“确定”按钮，文件就被解压到当前的目录中了。

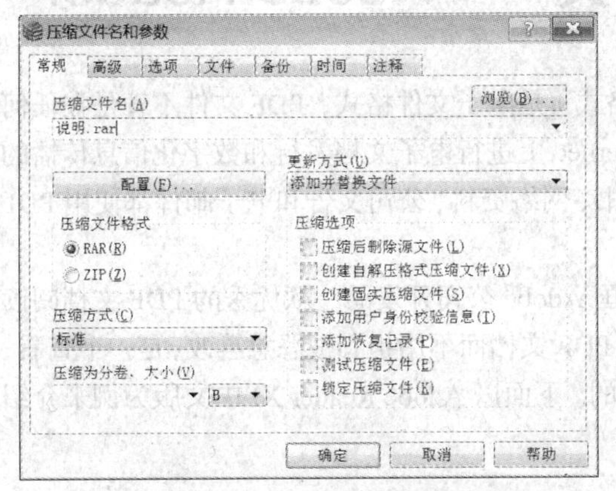

图 10-12 “压缩文件”对话框

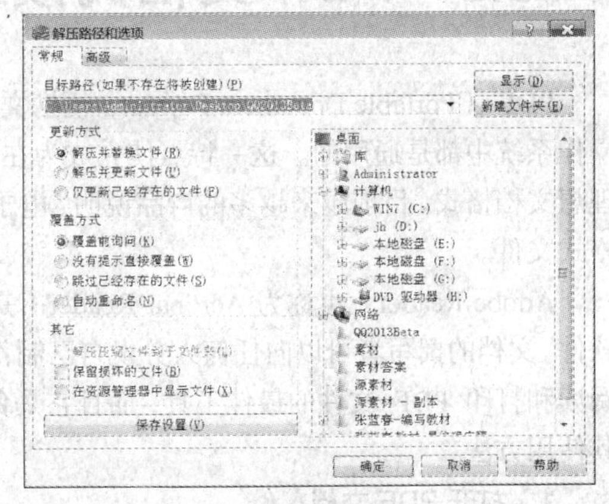

图 10-13 “解压路径和选项”对话框

（2）使用菜单操作。启动 WinRAR 主界面，选择将要解压缩的文件，单击工具栏上的“解压到”按钮，弹出“解压路径和选项”对话框，默认相关参数，单击“确定”按钮，完成解压缩。

4. 文件加密

为保护用户信息不被他人轻易窃取或查看，WinRAR 提供了设置压缩密码的功能。设置密码后，压缩的文件在解压时必须输入正确的密码后才能被解压出来。文件加密操作方法如下。

（1）选定需要加密压缩的文件或文件夹，单击鼠标右键，在弹出的快捷菜单中选择“添加到压缩文件”命令，弹出“压缩文件名和参数”对话框。

（2）选择“高级”选项卡，单击“设置密码”按钮，弹出“输入密码”对话框，如图 10-14 所示，分别在两个文本框中输入密码，单击“确定”按钮返回，再单击“确定”按钮，这样压缩文件将被加密。

压缩完成后，可在压缩文件上单击鼠标右键，在弹出的快捷菜单中选择“属性”命令，在打开的对话框中选择“压缩文件”选项卡，可查看压缩文件中的文件数、源文件大小和压缩率，如图 10-15 所示。

图 10-14 压缩文件密码设置对话框

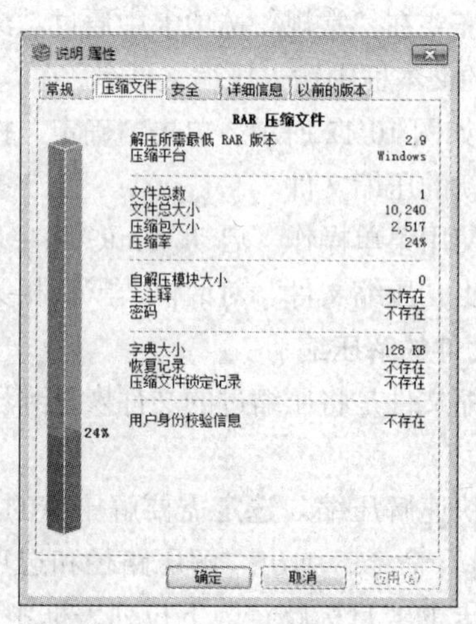

图 10-15 压缩文件的属性

10.3 PDF 文档阅读工具——Adobe Reader

PDF （Portable Document Format，便携文件格式）是电子文件格式，PDF 文件不管是在任何操作系统中都是通用的。这一特点使它成为在 Internet 上进行电子文档发行和数字化信息传播的理想文档格式。目前越来越多的产品说明、电子图书、网络资料、公司文告和电子邮件都使用 PDF 格式文件。

Adobe Reader（也称为 Acrobat Reader）是美国 Adobe 公司开发的一款优秀的 PDF 文档阅读软件。文档的撰写者可以向任何人分发自己制作的 PDF 文档而不用担心被恶意篡改，是一个查看、阅读和打印 PDF 文件的最佳工具，而且它是免费的。下面以 Adobe Reader XI 中文版为例来介绍其使用方法。

1. 打开 PDF 文档

（1）启动 Adobe Reader XI 程序，进入“Adobe Reader XI”主界面窗口，在主窗口中执行“文件/打开”命令。

（2）在弹出“打开”对话框中选择要浏览的 PDF 文档，单击“打开”按钮，或者直接双击要打开的 PDF 格式文件。

（3）PDF 文档就会显示在 Adobe Reader XI 的浏览窗口中，如图 10-16 所示。

2. 阅读文档

打开 PDF 文档后，鼠标指针将变为手型，通过拖动手型指针进行滚动阅读文档。

◆ 翻页：单击工具栏中翻页按钮 1 /26 阅读文档，两个按钮分别为“上一页”与“下一页”，也可以在文本框中，直接输入页码，定位要阅读的内容，还可以使用空格键浏览下一页。

◆ 导览：可以利用导览窗格选择不同的章节阅读。单击窗口左侧的“页面”选项卡，导览窗格以缩略图的方式显示文档的每页，起到导览作用。如图 10-17 所示。

◆ 查找：单击主菜单中“编辑/高级搜索”，打开“搜索”对话框，如图 10-18 所示。在“您要搜索哪些单词或短语？”文本框输入要查找的内容，在“您要搜索哪个位置？”选项中选择搜索位置，设置完成，单击“搜索”按钮，此时会显示搜索的结果报告信息。

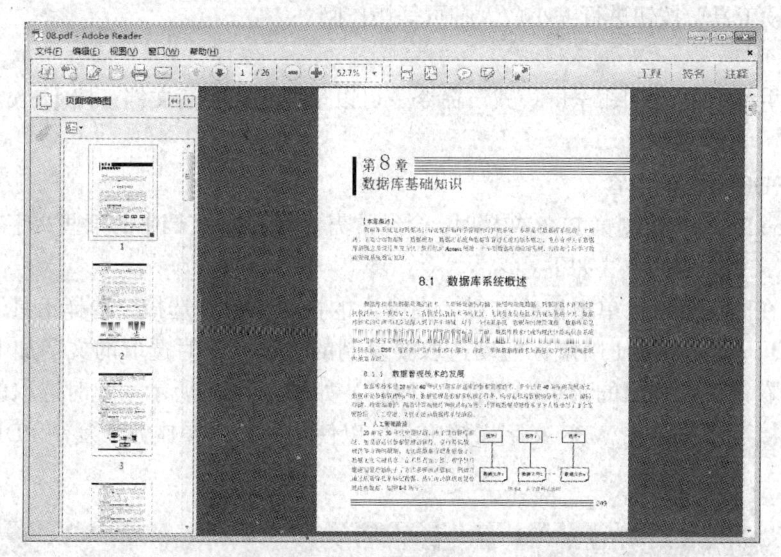

图 10-16 打开“PDF 文档”主界面

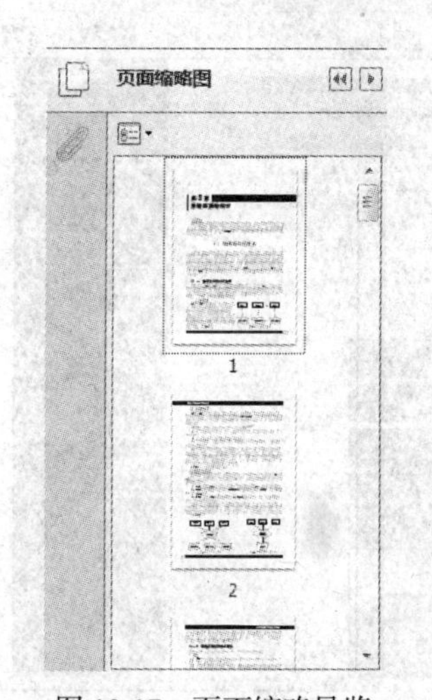

图 10-17 页面缩略导览

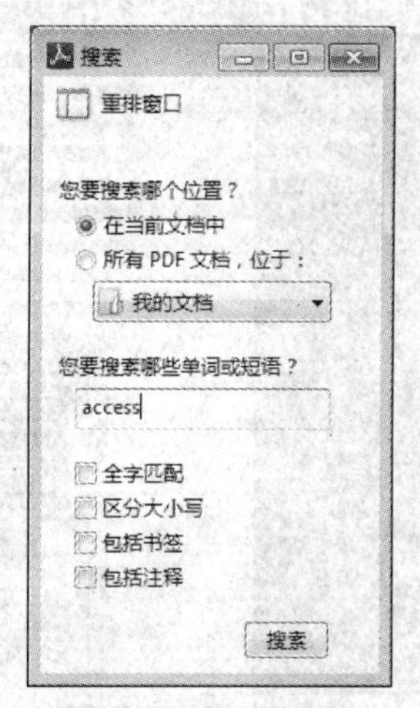

图 10-18 搜索对话框

3. 调整文档视图大小

通过工具栏中的调整视图大小按钮或下拉组合框，可以调整视图的大小适合阅读，如图 10-19 所示。

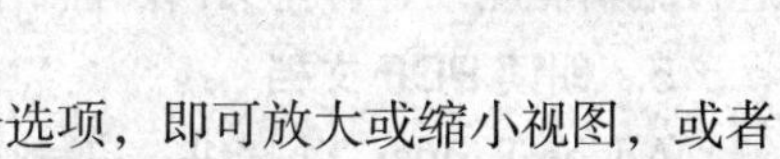

75%

图 10-19 视图调整工具栏

（1）单击“加号”按钮或“减号”按钮，可以放大或缩小。

（2）单击“下拉组合框”按钮，在弹出下拉选项单击适合选项，即可放大或缩小视图，或者直接在下拉文本框中输入百分比。

（3）单击“适合窗口宽度按钮”按钮，文档会自动根据打开的窗口调整适合的宽度，单击“整页至窗口”按钮，文档按整页显示。

（4）选择菜单中“编辑/阅读模式”，或者单击工具栏上“阅读模式”按钮。可以进入阅读模式阅读文档，在阅读模式窗口提供了浮动阅读工具，如图 10-20 所示，可以单击“阅读工具”按钮进行缩小放大翻页等操作阅读文档。

图 10-20　阅读模式工具栏

（5）选择主菜单中“视图/全屏模式”命令，可以全屏模式阅读文档，按【Esc】键可返回窗口模式。

4. 复制 PDF 文档的内容

使用 Adobe Reader XI 浏览 PDF 文档时，会经常需要将 PDF 文档中的某些文字或图片提取出来，复制 PDF 文档内容的方法如下。

方法一：在浏览窗格中单击鼠标右键，在弹出的快捷菜单中选择“选择工具”命令，此时光标变成了“I”型。直接使用鼠标拖动选取要复制的文字，这时选取的文字加上蓝色背景显示。单击鼠标右键，在弹出的菜单中选择“复制”，如图 10-21 所示。此时选取的文字复制到剪贴板中，直接可以粘贴在 WPS 文字文档中。可以使用同样的操作方法复制 PDF 文档中的图形图像。

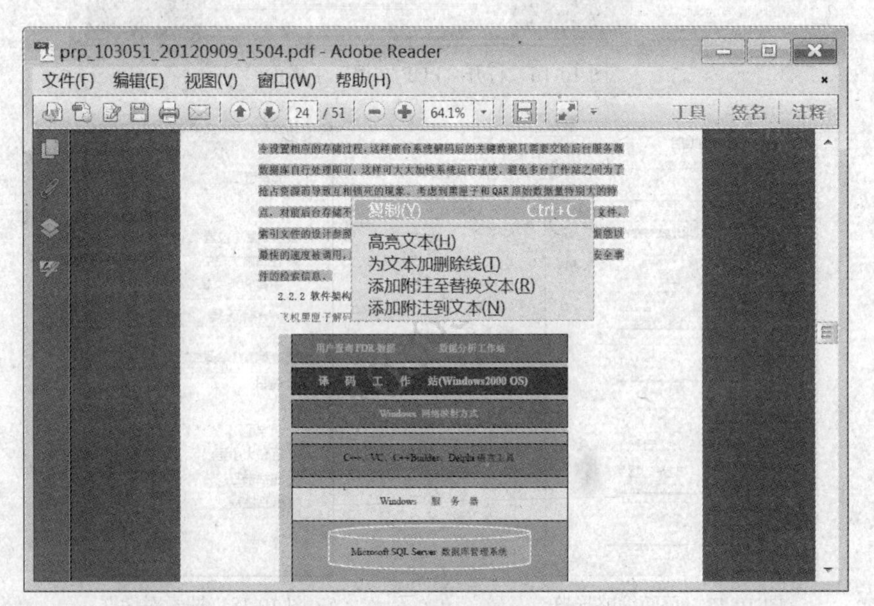

图 10-21　复制文档

方法二：选择“编辑/拍快照”命令，当鼠标指针变为“-¦-”形状，围绕要选取的图像或文本拖画一个矩形，然后释放鼠标按键，此时弹出对话框，显示提示信息“选定的区域已被复制”，单击“确定”按钮后，可将所选内容复制到其他文档中。注意所截取的内容为图像格式，不能重新进行编辑。此外，有些文档设置了保密功能，不能复制或无复制等选项。

5. 朗读 PDF 文档

Adobe Reader XI 提供了语音操作，但是用户的系统必须按照 SAPI4 或 SAPI5 语音引擎才能听到朗读的声音，这个功能对于有特殊需求的用户十分有用。

（1）在主窗口的菜单栏中选择“视图/朗读/启用朗读”命令后，可根据需要启用“仅朗读本页”及“朗读到文档结尾处”选项。利用鼠标也可以选择要朗读的内容。

（2）当需要停止朗读时，可选择“停用朗读”命令。

6. 文档打印

如果需要将当前浏览的 PDF 文档打印出来时，在主窗口的菜单栏中执行“文件/打印”命令，或单击工具栏中的“打印”按钮，在弹出的“打印”对话框中，设置打印机、打印范围、打印份数等。设置完成后，单击“确定”按钮即可打印当前 PDF 文档。

7. 电子出版物

Adobe Reader XI 提供了在线阅读电子出版物的功能。选择“帮助/数字出版物”菜单命令，这时软件调用 IE 浏览器链接到指定网站。在该网站用户可以根据自身情况选择下载 PDF 文档，或者直接在线阅读电子图书和下载。

10.4 图像浏览、编辑工具—ACDSee

ACDSee 是目前最流行的专业看图及处理工具，它提供了良好的操作界面，简单人性化的操作方式，优质的快速图形解码方式，可以从数码相机、扫描仪和屏幕高效获取图片，支持丰富的图形格式，强大的图形文件管理、浏览、优化等功能。其还支持超过了 50 多种媒体格式。最新版本的 ACDSee 还可支持多种音频和视频文件的播放。下面以 ACDSee 12.0 中文版为例来介绍其使用方法。

1. 界面介绍

启动 ACDSee 软件，进入 ACDSee 12.0 主界面，如图 10-22 所示。主界面主要有菜单栏、工具菜单栏、地址栏、快速搜索栏、文件夹、图像预览窗、浏览窗口和整理等组成。

“文件夹”类似于 Windows 资源管理器，用户可以通过它来查看文件；“地址栏”用于显示当前图片或文件的具体位置，也可以通过它来定位某个文件；“快捷搜索栏”主要用于在 ACDSee 数据库中搜索注释、作者、标题字段和关键字；“整理”主要用于本地电脑中图像文件的分类汇总。

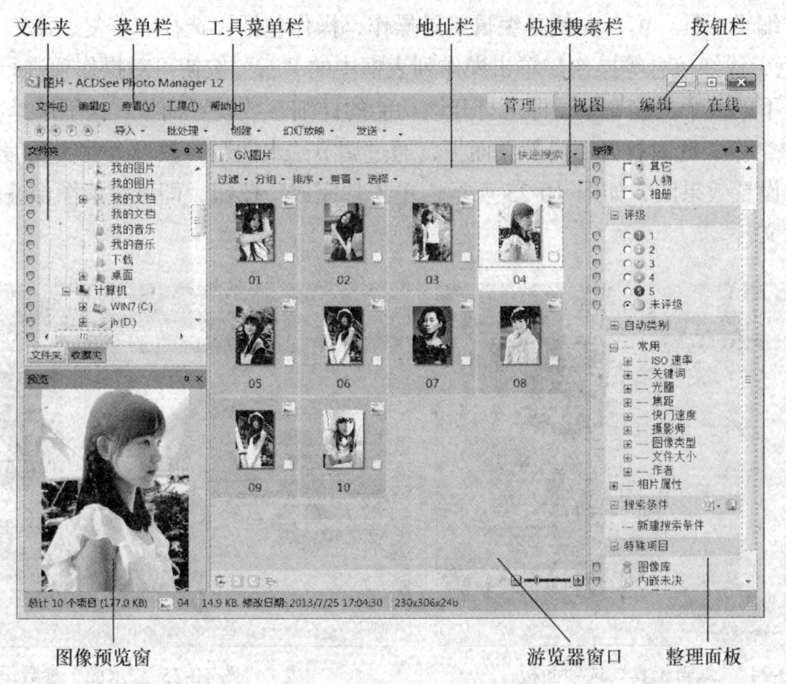

图 10-22 ACDSee 12.0 主界面

2. 浏览图片

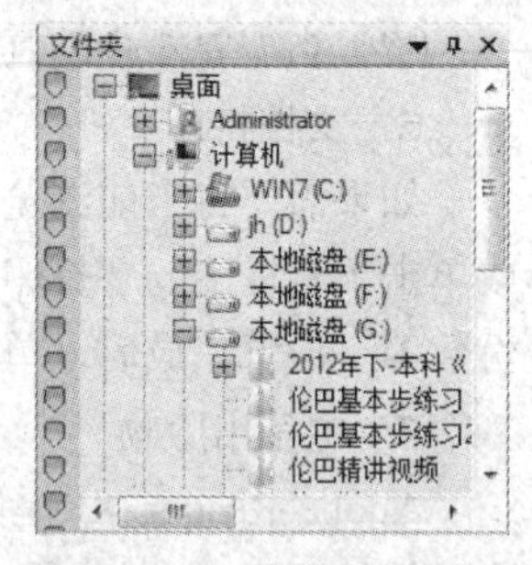

图 10-23 “文件夹”面板

ACDSee 最主要的功能就是图片浏览，在 ACDSee 正确安装后，软件自动关联电脑中的图片文件，只要双击图片即可浏览。

此外，用户可以通过主窗口左侧的“浏览器”窗口浏览，在“文件夹”面板的列表框中选择某个文件夹，或单击“轻松选择”栏中的复选框，选择多个文件夹，在“图片文件显示窗口”中便可浏览到文件夹中所有图片（见图 10-23 所示）。在“图片文件显示窗口”中选中某张图片，将会弹出一个放大的图片，同时在“预览”面板中也会显示此图片。

◆ 单击“图片文件显示窗口”上方的“过滤方式”按钮，在打开的下拉列表中选择“高级过滤器”选项，在弹出的“过滤器”对话框中，通过设置“应用过滤准则”选项组下面的规则对图片进行过滤。

◆ 单击“图片文件显示窗口”上方的“排序方式”按钮，在打开的下拉列表中可以选择按照“文件名”、“大小”、“图像类型”等选项进行排序。

◆ 单击“图片文件显示窗口”上方的“查看”按钮，可让图片以“平铺”、“缩略图”、“图标”等方式进行显示。

3. 编辑图像

ACDSee 作为目前最流行的看图软件，它不仅能快速、高质量地显示图片，还能处理如 MPEG 之类的常用视频文件。在图片编辑方面，能够轻松处理数码影像，提供了去除红眼、剪切图像、锐化、浮雕特效、曝光调整、旋转等 40 多种特效。还能调整图像的清晰度、亮度、颜色、饱和度以及为图像添加一些特殊效果等。适合用于家庭数码照片的处理。

（1）启动 ACDSee 12.0，在浏览器窗口，单击选中要编辑的图片，在主窗口的菜单栏选择“工具/编辑”命令，或单击主窗口“编辑”按钮，弹出“编辑工具”窗口，如图 10-24 所示。

（2）在“编辑工具”窗口左侧是编辑工具操作，操作包括：选择、修复、添加、几何体、曝光/照明、颜色、详细信息等操作。单击操作列表框中的“⊟”按钮可对操作项进行展开或折叠，选择操作面板下的某个功能命令，即可打开该功能的详细参数设置面板，这里选择“添加/特殊效果/水面”效果命令，此时打开“自然”面板，通过调节“水面”参数设置就实现编辑的效果，在右侧面板显示设置效果图，如图 10-25 所示，单击“完成”按钮，即可完成图像编辑操作，保存修改后的图片文件。

图 10-24 “编辑工具”选项面板

图 10-25 “水面”参数设置

4. ACDSee 创建幻灯片

ACDSee 12.0 提供了创建幻灯片、PDF、PPT、CD 或 DVD、Video 或 VCD、HTML（相册）的功能。创建方法相同，下面介绍创建幻灯片方法。

① 启动 ACDSee 12.0，在工具菜单栏中执行“创建/幻灯片放映”命令，弹出“创建幻灯片放映向导”对话框，如图 10-26 所示。

② 在“创建幻灯放映向导”对话框中，选择需要创建幻灯片类型，这里选择“独立的幻灯片放映”选项，然后单击“下一步”按钮，进入“选取图像”对话框。

③ 在“选择图像”对话框中，单击“添加”按钮，在弹出的对话框中选择多个图片文件，添加完成后单击“下一步”按钮，进入“设置文件特定选项”对话框，该对话框主是为幻灯片添加背景颜色、背景音乐、文本等功能，用户只需要按向导提示设置，单击“下一步”按钮，最后弹出构建输出文件对话框，如图 10-27 所示。即可完成创建幻灯片。

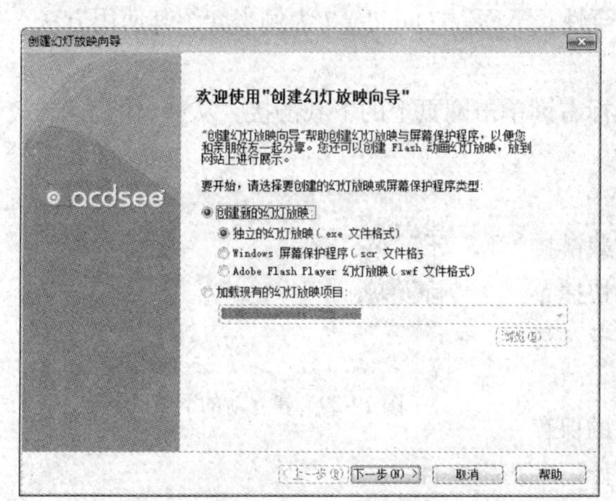

图 10-26　“创建幻灯片放映向导”对话框

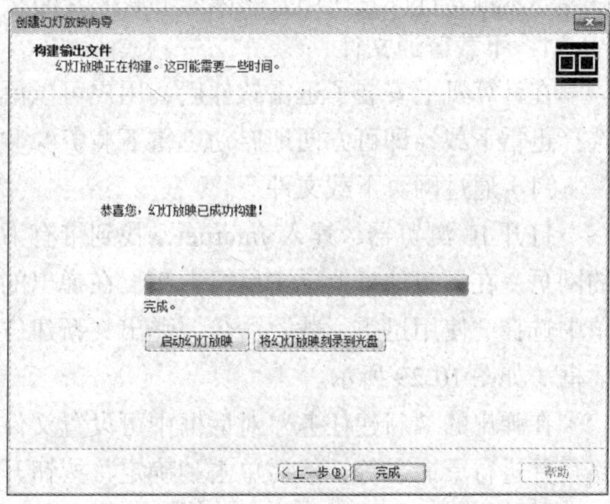

图 10-27　“构建输出文件”对话框

5. 批量调整图像大小

ACDSee 12.0 提供了批量调整大小、转换文件格式、调整曝光、旋转/翻转，下面介绍批量调整图像大小方法。

① 启动 ACDSee 12.0，在浏览器窗口中选择多个需要批量重新设置大小的图像文件。在主窗口菜单中选择“工具/批处理/调整大小”命令，打开如图 10-28 所示的对话框。

② 在此对话框中，用户可以在“宽度”和“高度”文本框中设置自定义图像大小。单击“选项”按钮，在弹出“选项”对话框中，可以更改调整大小后的文件保存位置，保持原始纵横比选项。单击“选项”按钮，弹出“选项”对话框，通过“JPEG 压缩选项”按钮，可以设置图像的压缩率等选项。设置完成后，单击“开始图像调整大小”按钮，软件就会按照用户设置的参数进行批量完成图像大小的调整。

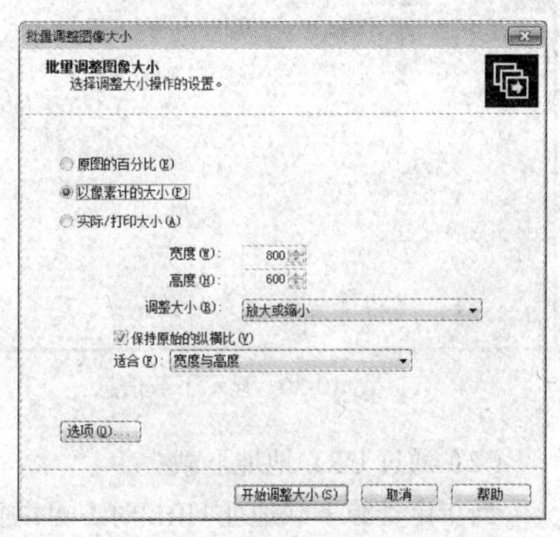

图 10-28　“批量调整图像大小”对话框

10.5 文件下载工具——迅雷

迅雷（Thunder）是迅雷公司开发的一款新型的基于多资源超线程技术的下载软件。该软件能够将网络上存在的服务器和计算机资源进行有效的整合，构成独特的迅雷网格，各种数据文件能够以最快的速度在迅雷网格中进行传递。

迅雷针对宽带用户做了特别的优化，能够充分利用宽带上网的特点，带给用户高速下载的全新体验，同时迅雷推出了“智能下载”的全新理念，通过丰富的智能提示和帮助，让用户真正享受到下载的乐趣。迅雷还支持断点续传，支持多点同时传送该软件能通过自动搜索可用链接来防止死链，支持 HTTP、FTP 等标准协议，同时兼容 BT、电驴等资源。迅雷还自带病毒防护功能，可以和杀毒软件配合使用，以保证下载文件的安全性。下面以 Thunder 7 为例来介绍其使用方法。

1. 下载普通文件

在计算机上安装了迅雷软件后，用户可以鼠标右键单击网页上的下载链接，从弹出的菜单中选择迅雷下载，即可方便地启动迅雷下载资源。

（1）通过网页下载文件

打开 IE 浏览器，连入 Internet，找到带有下载链接的网页，在下载地址上单击鼠标右键，在弹出的快捷菜单中选择“使用迅雷下载”命令，弹出“新建任务”对话框。如图 10-29 所示。

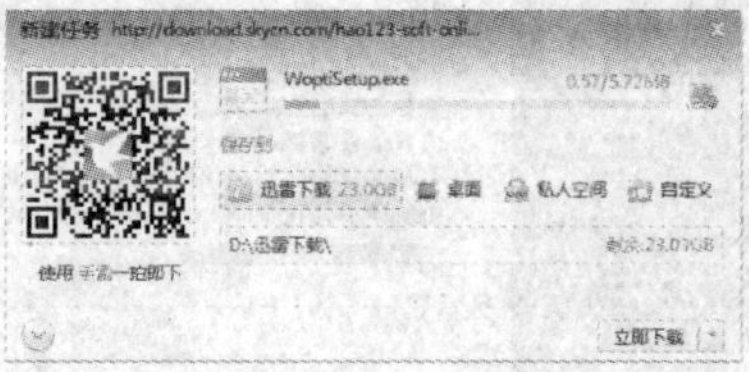

图 10-29　建立新的下载任务

在弹出的“新建任务”对话框中可设置文件的保存路径并进行重命名等，然后单击“确定”按钮开始下载指定文件。

在迅雷的操作界面中将显示文件的下载速度、完成进度等信息，如图 10-30 所示。

下载完成后，打开左侧面板中的“已完成”文件夹，可以看到下载完成后的文件信息，如图 10-31 所示。

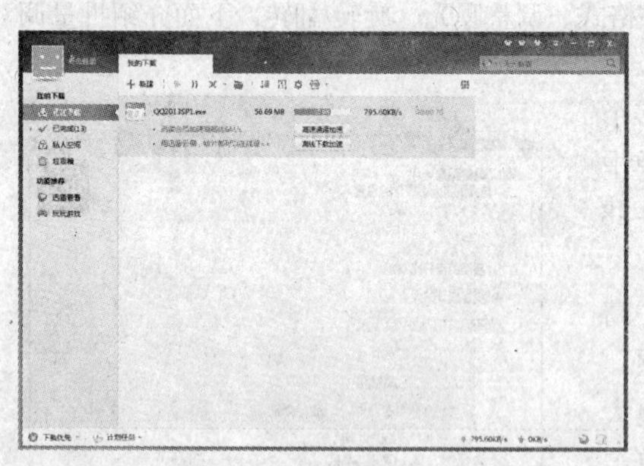

图 10-30　显示下载信息

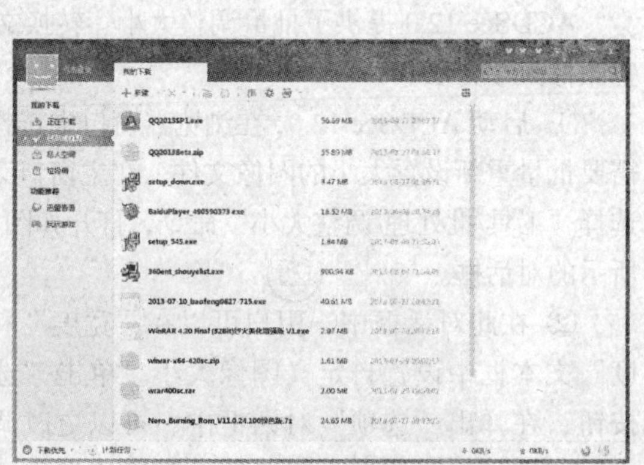

图 10-31　显示下载完成信息

（2）通过 URL 地址下载

当指定资源下载地址 URL 时，可以直接添加该地址下载资源，操作方法如下。

① 在 IE 地址栏中，输入要下载资源的 URL，或者复制下载资源的 URL 地址。

② 启动迅雷软件，在主界面中，单击“文件/新建”，或单击工具栏中的“新建”按钮，弹出

"新建任务"对话框。

③ 在对话框中，自动将复制的地址粘贴到"网址(URL)"文本框中，设置保存路径和文件名，单击"确定"按钮，开始下载。

（3）通过迅雷悬浮窗下载

在默认状态下，迅雷软件的悬浮窗是开启的，当软件运行后，悬浮窗图标便悬浮于桌面上方。

在浏览网页时，迅雷会自动监视网页中的相关链接，当用户需要下载时，只需单击链接文字将其拖曳到浮动窗口中即可。如果用户不希望悬浮窗口出现在桌面上，可在桌面右下角托盘图标处，用鼠标右键单击迅雷图标，在弹出的快捷菜单中选择"隐藏悬浮窗"选项即可。

2. 批量下载文件

用户要下载的资源，下载链接不止一个，有时候甚至是几十个，上百个。迅雷提供了批量下载文件功能。以下介绍批量下载的两种方法。

（1）直接鼠标右键单击页面任意位置，在弹出的快捷菜单中，选择"使用迅雷下载全部链接"选项，弹出"选择要下载 URL"对话框，如图 10-32 所示。在此对话框中，用户可以根据实际需要在"文件类型过滤"设置区域选择相应的单选按钮，对所需下载的文件类型进行筛选。完成设置后，单击"下载"按钮即可。

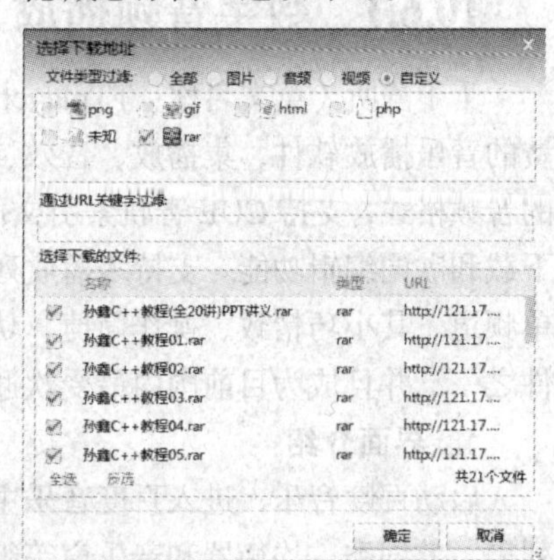

图 10-32　下载全部链接

（2）使用迅雷的批量任务功能

迅雷提供了批量下载文件功能。当被下载对象的下载地址包含共同特征时，就可以使用批量下载功能。例如，某网站提供了 20 个这样的下载链接，它们的文件网络地址为：

http://121.17.125.188/club/computer/孙鑫 C++教程 01.rar

http://121.17.125.188/club/computer/孙鑫 C++教程 02.rar

http://121.17.125.188/club/computer/孙鑫 C++教程 03.rar

...

http://121.17.125.188/club/computer/孙鑫 C++教程 20.rar

这 20 个地址只有最后的数字部分不同，如果用（*）表示不同的部分，那么这些地址可以写成：

http://121.17.125.188/club/computer/孙鑫 C++教程（*）.rar

如果对每个地址链接都单独建立下载任务，效率显然很低。使用迅雷的批量下载功能可以减少许多重复操作，具体操作方法如下。

① 首先打开下载对象所在的网页，启动迅雷，单击"新建"按钮，在弹出的对话框中单击"按规则添加批量任务"按钮，弹出"新建任务"对话框；在此对话框中的"URL"文本框内输入带有通配符的地址。例如，这里填写：http://121.17.125.188/club/computer/孙鑫 C++教程(*).rar，在第一文本框里输入 0 到 20，依据迅雷列表框提供的帮助信息填写通配符长度，这里"通配符长度"文本框为 2，如图 10-33 所示。

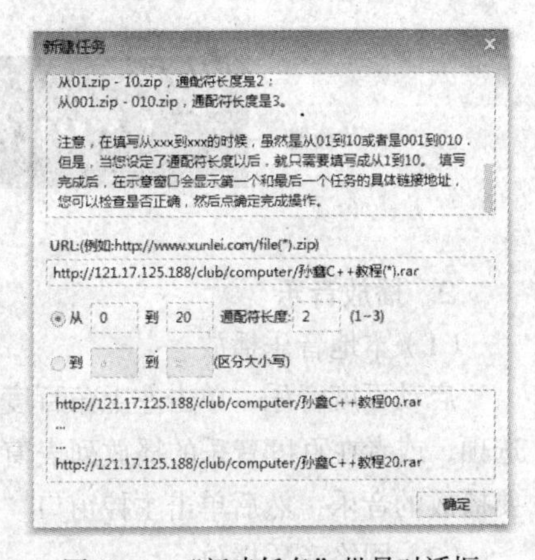

图 10-33　"新建任务"批量对话框

② 单击"确定"按钮即可完成批量添加下载任务操作。

10.6 多媒体播放编辑工具

计算机不仅可以协助人们日常办公，还可以通过其强大的多媒体功能为人们的生活增添色彩。使用计算机可以播放音乐、欣赏影片，甚至将自己喜爱的唱片压缩成 MP3 文件存放在计算机中。下面介绍几种常用的多媒体播放编辑工具，如百度播放器、音频编辑工具 GoldWave、暴风影音。

10.6.1 数字音频播放工具——百度音乐

千千静听（英文名称：TTplayer，TT 即“Thousand Tunes”）更名为百度音乐，是一款完全免费的音乐播放软件，集播放、音效、转换、歌词等众多功能于一身。百度音乐支持几乎所有常见的音频格式，支持 CUE 音轨索引文件，还支持同步歌词滚动显示和拖动定位播放，并且支持歌词下载和歌词编辑功能。支持多播放列表和音频文件搜索，支持多种视觉效果，还提供了 MV 和歌单频道。其小巧精致、操作简捷、功能强大的特点，深得用户喜爱，被网友评为中国十大优秀软件之一，并且成为目前国内最受欢迎的音乐播放软件。

1．界面介绍

启动百度音乐，进入百度音乐主界面，如图 10-34 所示。主界面由主菜单、主控窗口、播放列表、歌词秀、均衡器和音乐窗等组成；软件的主菜单隐藏在左上角的标中，在主界面的不同窗口中单击鼠标右键，即可弹出不同的右键菜单，通过这些菜单中的选项，方便用户设置，右侧音乐窗集合在线音乐信息。

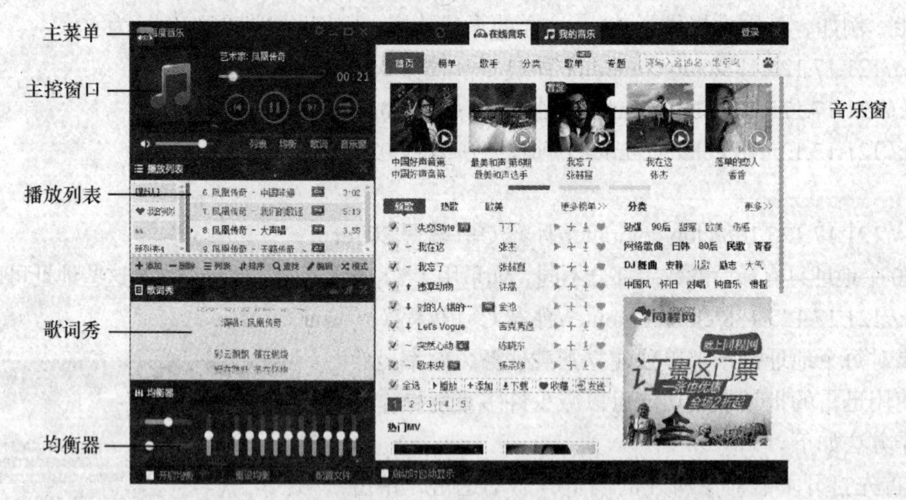

图 10-34 百度音乐主界面

2．播放音乐

（1）本地音乐播放

启动百度音乐，单击左上角百度音乐的标志，在弹出的菜单中选择“播放文件/播放文件”选项，或者在百度音乐的播放列表窗口选择“添加/文件”选项，在弹出“打开”对话框中选择需要播放的音乐，然后单击主控窗口“播放”按钮，即可播放音乐。

（2）网络音乐播放

百度音乐的音乐窗为用户提供了在线音乐平台，音乐窗包括首页、榜单、歌手、分类、歌单、专题 6 个功能标签，音乐窗的内容能够及时更新无需搜索下载，打开音乐窗，用户只需轻轻一点，某个喜欢的歌曲即可播放网络音乐。

另外，在播放列表窗口中，单击“添加” 按钮，在下拉菜单选择“添加 URL”命令，在弹出的对话框中填入网络音乐或者网络电台的地址，单击“确定”按钮，在主界面中单击“播放”按钮，也可以欣赏网络音乐或者电台广播。

3. 播放列表的使用方法

在默认情况下，使用百度应用播放的所有歌曲都会被添加到“默认”列表中，如果用户感觉不方便还可以根据自己的喜好对音乐进行分类，创建不同的播放列表。下面介绍主要播放列表方法。

（1）新建播放列表

启动百度音乐后，在播放列表单击“ ”列表按钮，在下拉列菜单中选择“新建列表”命令，在播放列表左侧窗格文本框输入名称，例如：桑巴舞曲，如图 10-35 所示。或者执行“添加/添加文件”命令，即可在播放列表中添加音频文件。

（2）更改播放模式

在播放列表窗口选择“ ”模式按钮，弹出“模式”列表菜单，如图 10-36 所示。单击播放选项命令，即可更改播放模式。

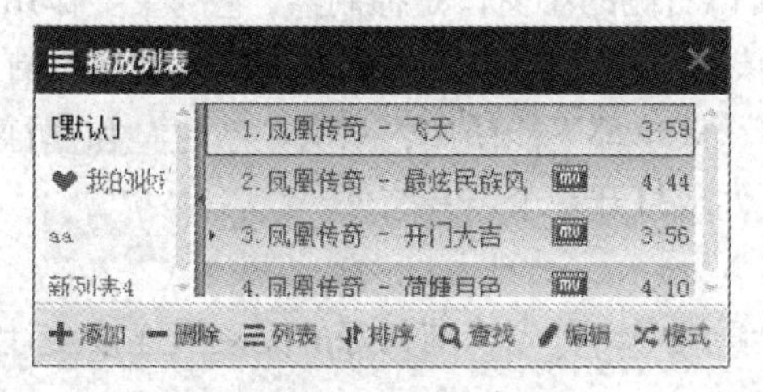

图 10-35　播放列表

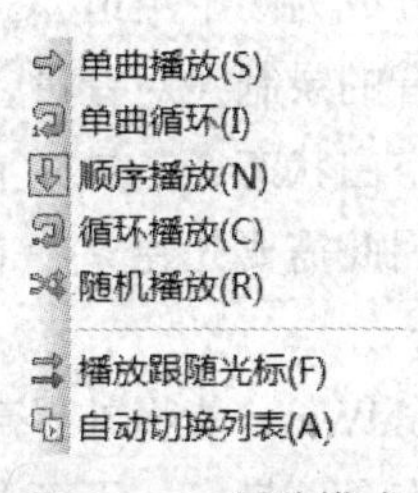

图 10-36　播放模式

（3）编辑列表

添加的歌曲可以在多个播放列表间互相移动和复制。用户只需要选择移动或者复制的歌曲，在列表窗口单击“ ”编辑按钮，在弹出的下拉菜单选择“移动到列表”命令，或者选择“复制到列表”命令，在弹出的对话框中选择目标播放列表，单击“确定”按钮即可，被选择的歌曲就移动或复制到指定的列表播放中。

（4）保存播放列表

为了避免了反复添加文件的操作和方便用户，百度音乐提供了保存播放列表的功能，选择需要保存的列表名称，在播放列表窗口执行“列表/保表列表”命令，在弹出的对话框中选择保存路径，单击“保存”按钮即可。

10.6.2　音频编辑工具——GoldWave

GoldWave 是 GoldWave 公司出品的音频编辑器，是一个集音频编辑、播放、录制和转换音频的编辑工具。对声音文件实现增加回声、混响和降噪等多方面技术特效，可打开的音频文件相当多，包括 WAV、OGG、VOC、IFF、AIFF、AIFC、AU、SND、MP3、MAT、DWD、SMP、VOX、SDS、AVI、MOV、APE 等音频文件格式，也可以从 CD、VCD、DVD 或其它视频文件中提取声音。GoldWave 除了拥有绝妙的录音功能和普通的音频编辑器的功能外，还内置了其他工具，软件体积小巧功能强大，完全能够满足用户的需求。

下面以 GoldWave 中文版为例来介绍其基本使用方法。

1. GoldWave 界面介绍

正确安装成功并进行汉化后，启动 GoldWave，其主界面如图 10-37 所示。

图 10-37　主界面

GoldWave 的主界面是主窗口和控制器窗口两部组成，主窗口中间是波形显示区域，如果是立体声文件则分成为两个声道。GoldWave 主窗口右侧的小窗口是控制器，它的主要作用是控制音频的播放、声音的录制，对音量、均衡和快慢等参数进行调节。进入界面后，如果没有打开文件，主窗口处于空白状态，工具栏上大多数按钮、菜单都不能使用，只有“新建”和“打开”文件才可以使用，因此需要先建立一个新的声音文件或打开一个声音文件。

2. 录音

通过 GoldWave 能将外界声音录制到计算机中，首先将准备好的麦克风连接至计算机，并检测麦克风状态是否良好。下面介绍录音方法如下。

（1）启动 GoldWave，打开一个伴奏音乐，在主窗口的菜单中执行“文件/新建”命令，弹出“新建声音”对话框。如图 10-38 所示。

（2）在此对话框中，用户根据需要设置“初始化长度”，在“预置”下拉菜单中选择录制的音质，这里录制 CD 音质，音频为 5 分钟，单击“确定”按钮，如图 10-39 所示。

（3）新建文件后，主窗口上方窗格显示录音的波形，下方窗格显示伴奏音乐的波形。

（4）单击上方窗格录音窗口后，在右侧的控制器窗口，单击“●”开始录音按钮。接着单击下方窗格伴奏音乐窗口，在右侧的控制器窗口中，单击“▶”按钮播放音乐，这时候用户可以跟着伴唱录制音乐。录制结束后，将录音保存即可。

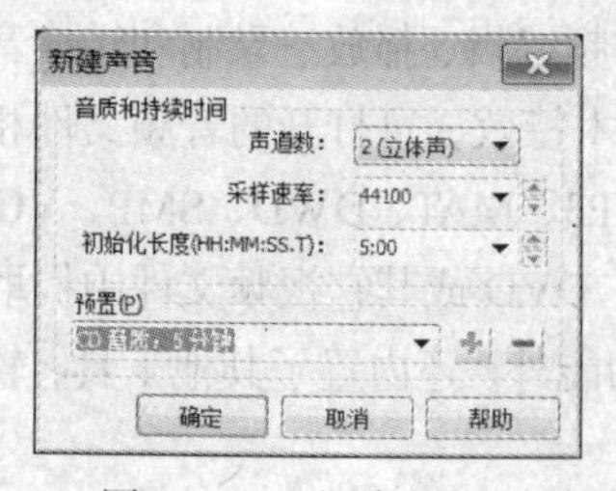

图 10-38　“新建声音”对话框

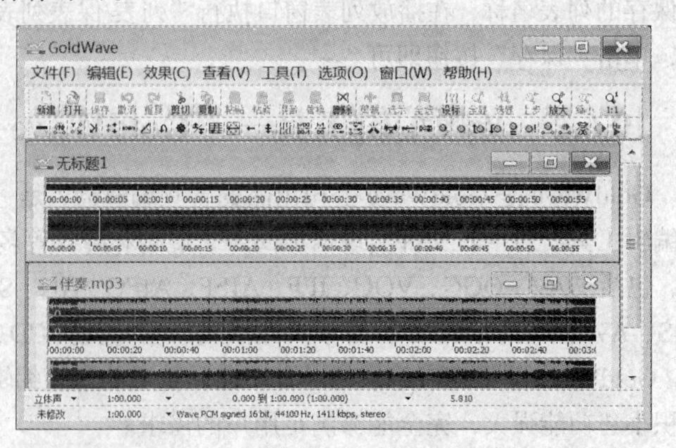

图 10-39　录音

3. 波形文件简单操作

（1）选择波形段。

在 GoldWave 中，操作都是针对选中的波形，所以在处理波形前，要先选择要处理的波形。

方法一：在波形图上，选取的波形的开始位置右键单击，弹出如图 10-40 所示快捷菜单，选择“设置开始标记”命令，表示所选波形的开始，在需要结束波形的位置单击鼠标右键，在弹出的快捷菜单中选择“设置结束标记”，这段间的波形就被选中。

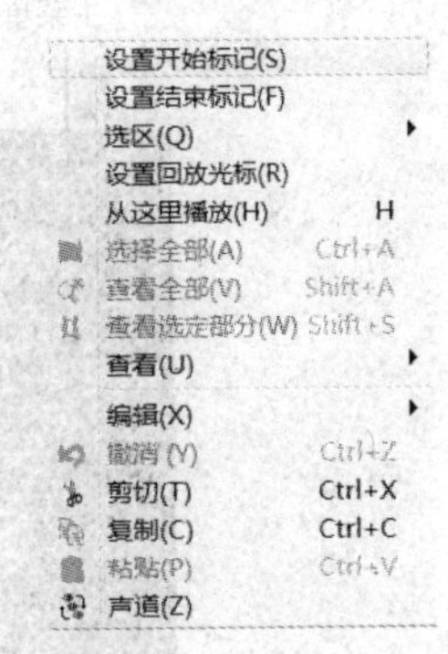

图 10-40　设置开始标记

方法二：在波形图上，使用鼠标直接框选一个波形区域，那么被框选的区域就是被选中波形，选中的波形以高亮度和蓝色底纹突出显示，而被选中的波形以较淡的颜色和黑色底纹显示。

（2）复制波形段。

与 Windows 文件和文件夹操作方法相同分为复制和粘贴两个过程。选择要复制的波形段，单击工具栏的“复制”按钮，即可将选择的波形复制到剪贴板中，在需要插入波形的地方单击鼠标左键，单击工具栏中的“粘贴”图标按钮，被复制的波形段就会粘贴在所选的位置。

（3）剪切波形段。

剪切波形段于复制波形段操作类似，用户只需要单击工具栏剪切按钮，即可剪切波形段选中的波形被剪切掉，后面的波形自动向前移动。如果想要撤销剪切操作，只需要在波形图中，选择“撤消剪切”选项即可。

（4）删除波形段。

选中要删除的波形段，按下键盘上的 Delete 键，即可删除波形。

上面介绍只是对声音进行复制、剪切、删除简单的处理方法，在 GoldWave 的“效果”菜单中提供了 10 多种常用音频特效命令，对声音进行更紧密的后期处理，例如压缩、增加回音、声音减弱、交换声音、改变播放时间、改变音高、立体声效果等。每一种特效都是日常音频处理领域广泛使用的效果，这些效果使用操作简单，只要在主界面中的“效果”菜单下拉菜单中，单击选择所需要效果命令后，就会弹出一个窗口，只要调整各个参数即可完成对声音的后期处理。

10.6.3　视频播放工具——暴风影音 5

暴风影音是暴风网际公司推出的一款视频播放器，播放全高清文件 CPU 占 10%以下的播放器，兼容大多数的视频和音频格式。它利用先进搜索引擎技术聚合了来自优酷、土豆、奇艺、PPTV、搜狐、腾讯、乐视、风行等主流视频网站的丰富的视频内容，它拥有丰富的 720P 高清视频，视频内容涵盖了电影、电视剧、动漫和综艺等各类栏目，拥有全网最大的高清媒体库。下面以暴风影音 5 介绍其使用方法。

1. 界面介绍

启动暴风影音 5，进入暴风影音 5 主界面，如图 10-41 所示。主界面由主菜单、播放窗口、播放列表、暴风盒子、工具箱、播放控制等组成。

图 10-41　暴风影音 5 主界面

2. 播放媒体文件

暴风影音最基本的功能就是播放文件。具体操作方法如下。

（1）启动软件，在主窗口的主菜单中选择“文件”菜单，在下拉菜单中可以发现，暴风影音有多种“打开”方式，如图 10-42 所示。

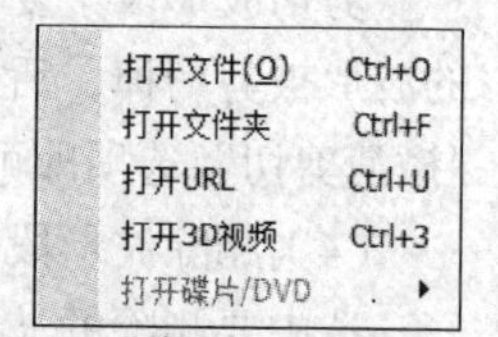

图 10-42　文件菜单

（2）如果用户播放本地视频文件，只需在主菜单中执行“文件/打开”文件命令，在弹出的对话框中选择文件进行播放即可。

（3）如果用户需要播放网络中的媒体文件，只需直接双击在线影视列表下的媒体文件即可播放。也可以直接双击暴风盒子中的影片即可播放媒体文件。

使用多种方法播放视频文件以后，主窗口下方的播放控制按钮全部被激活。根据实际情况，用户可以通过播放控制按钮完成暂停、快进、停止、全屏等操作。

3. 截屏

用户在欣赏影片时，假如遇到十分喜欢的画面想保存下来，可以使用暴风影音自带的截屏功能。首先使影片在需要截屏的位置暂停播放，然后在单击“工具箱”按钮中的“截图”按钮，或者按下<F5>快捷键，即可保存当前播放的影片内容。默认情况下，截屏的图像保存在“C:\我的图片”目录下。

4. 视频文件转换

暴风影音实现所有流行频格式文件的格式转换。可将计算机上任何您所喜欢的音视频文件转换成 MP4、智能手机、iPod、PSP 等掌上设备支持的视频格式。下面介绍其转换方法。

（1）启动软件，单击“工具箱”按钮中的“转换”按钮，弹出“暴风转码”对话框，如图 10-43 所示。

（2）单击“输出设备/详细参数”下拉按钮，在弹出“输出格式”对话框的输出类型下拉按钮选择“MP4 播放器”，在品牌型号下拉按钮选择“MP4 通用配置”，如图 10-44 所示，用户可以根据需要选择输出类型、型号等，单击“确定”按钮，返回暴风转码对话框，然后单击“开始”按钮，转换进度开始。此时单击“开始”按钮变为“暂停”按钮；单击“暂停”按钮，暂停转码过程。一段时间后，转码自动完成。

图 10-43 “暴风转码”对话框

图 10-44 “输出格式”对话框

10.7　系统优化软件—Windows 优化大师

Windows 优化大师是一款一流的系统优化软件，它为用户提供了全面有效且简便安全的系统检测、系统优化、系统清理和系统维护等。定期使用 Windows 优化大师，能够有效地帮助用户了解计算机软硬件信息，简化操作系统设置步骤，提高计算机运行效率，清理系统运行时产生的垃圾，修复系统故障及安全漏洞，维护系统的正常运转。是广大用户优化和维护系统的首选软件。

1. Windows 优化大师界面介绍

Windows 优化大师是一款共享软件，运行时将自动检测用户的操作系统，并根据不同的操作系统提供不同的功能模块、选项及界面。Windows 优化大师的主界面很直观，左侧是任务窗格，右侧采用的是页式控件。在左侧的任务窗格中，大体可分为“系统检测”、“系统优化”、“系统清理”和“系统维护”四大功能模块，如图 10-45 所示。

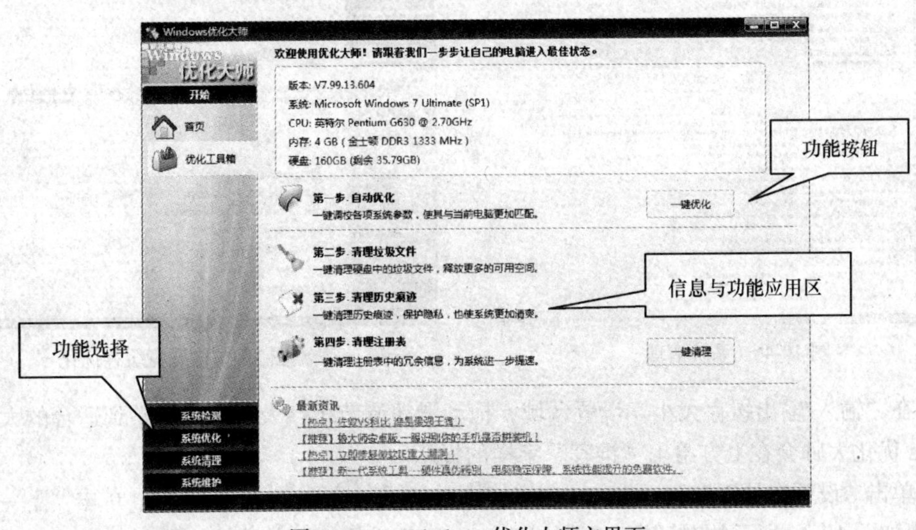

图 10-45　Windows 优化大师主界面

2. Windows 优化大师常用功能及用法

（1）系统检测

“系统检测”模块下又包括系统信息总览、处理器与主板、视频系统信息、音频系统信息、存储系统信息、网络系统信息、其他设备信息、软件信息列表和系统性能测试 9 个功能。单击左边的功能选项，即可切换 9 个功能的窗口，这里几乎包括了计算机硬件与软件的所有信息。

系统检测主要是帮助用户了解计算机硬件及软件情况。在检测过程中，可单击“+”图标按钮，展开更详细的信息去查看。

（2）系统清理

当计算机使用一段时间后，计算机的临时文件夹中会存在许多的无效文件和注册表信息，使用 Windows 优化大师的系统清理功能就可以很方便地将这些垃圾文件清理干净。利用 Windows 优化大师清理注册表信息的方法步骤如下。

① 单击“系统清理”功能选项，切换到“系统清理”选项列表。优化大师默认打开“注册信息清理”功能选项。

② 在“注册信息清理”功能选项窗口的上方列表框中有许多扫描选项，选择需要扫描的选项，然后单击“扫描”按钮，优化大师将开始扫描注册表信息，并将无效文件或临时文件显示在下面的列表框中，如图 10-46 所示。

③ 扫描完毕，在软件界面中将显示扫描的冗余注册表信息树，用户在确认扫描的注册表列表中无有用的信息后，单击“全部删除”按钮，即可将所有的垃圾注册表信息文件全部删除。

（3）系统优化

单击“系统优化”功能选项，就可以看到“系统优化”模块包括磁盘缓存优化、桌面菜单优化、文件系统优化、网络系统优化、开机速度优化、系统安全优化、系统个性设置、后台服务优化和自定义设置项 9 个优化功能。这 9 个优化功能的优化设置方法类似，下面就以“磁盘缓存优化”为例，介绍系统优化的方法。

① 单击左侧“系统优化”功能模块按钮，选择其中的“磁盘缓存优化”选项，界面如图 10-47 所示。

图 10-46　系统清理

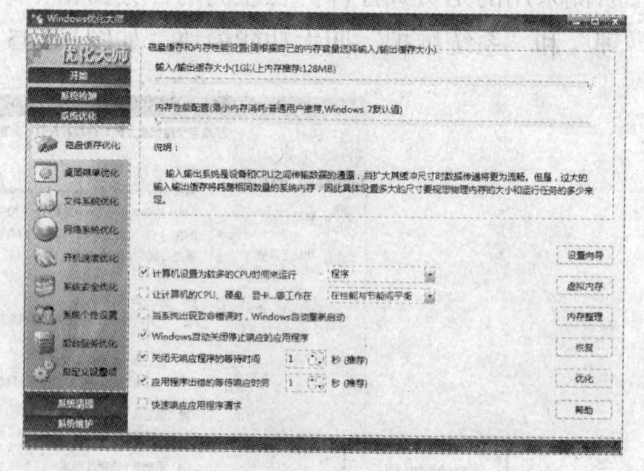

图 10-47　磁盘缓存优化

② 在“输入/输出缓存大小”设置区域，拖动滑块调节缓存大小。当调整到适合的大小时，Windows 优化大师会在上方给出“推荐”字样的提示。

③ 单击“设置向导”按钮，弹出“欢迎使用磁盘缓存设置向导”对话框。单击“下一步”按钮，弹出如图 10-48 所示的对话框，默认“Windows 标准用户”单选按钮即可。

④ 设置完成后，单击“下一步”按钮，弹出如图 10-49 所示的对话框。单击“下一步”按钮，弹出“磁盘缓存向导完成”对话框，单击“完成”按钮，即可完成磁盘缓存优化。此外如果用户想把磁盘缓存恢复到 Windows 默认设置，在“磁盘缓存优化”界面单击“恢复”按钮即可。

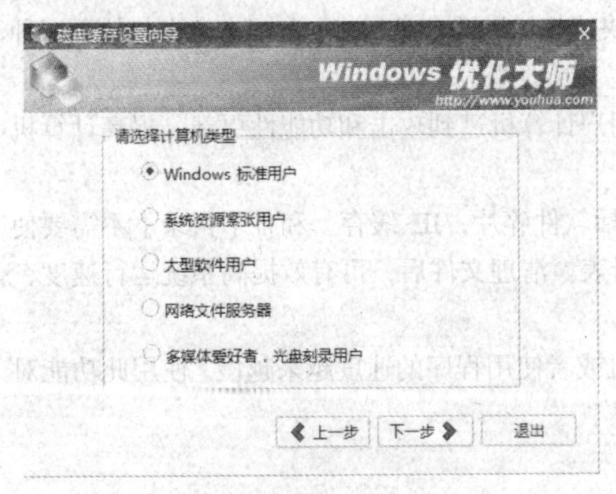

图 10-48　选择计算机类型

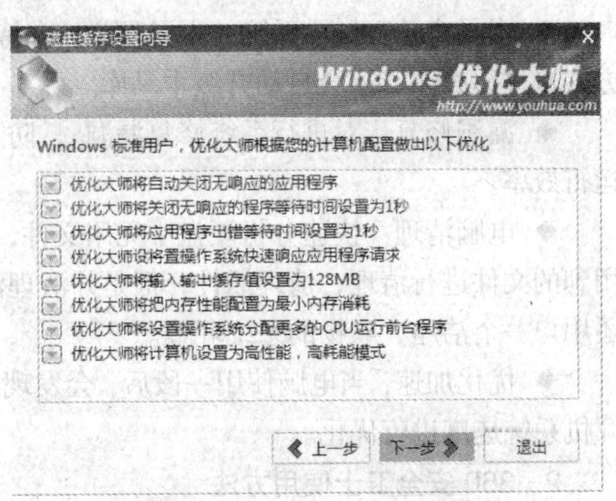

图 10-49　磁盘缓存优化建议

10.8　安全防范工具—360 安全卫士

360 安全卫士是北京奇虎科技有限公司推出的一款永久免费杀毒防毒软件。功能强、效果好、界面美观、操作方便、受用户欢迎的网络安全软件。360 安全卫士拥有查杀木马、清理插件、修复漏洞、电脑体检、保护隐私等多种功能，并独创了“木马防火墙”功能，依靠抢先侦测和云端鉴别，可全面、智能地拦截各类木马，保护用户的帐号、隐私等重要信息。360 安全卫士自身非常轻巧，同时还具备开机加速、垃圾清理等多种系统优化功能，可大大加快计算机运行速度，内含的 360 软件管家、360 网盾还可帮助用户轻松下载、升级和强力卸载各种应用软件和帮助用户拦截广告、安全下载、聊天和上网保护。360 安全卫士下载的官方网站是：http://www.360.cn。

1. 360 安全卫士界面介绍

计算机中安装 360 安全卫士后，执行“开始/所有程序/360 安全中心/360 安全卫士”或者直接双击快捷方式图标，均可打开该软件。打开后的主界面如图 10-50 所示。下面对 360 安全卫士主界面中主要按钮功能进行介绍。

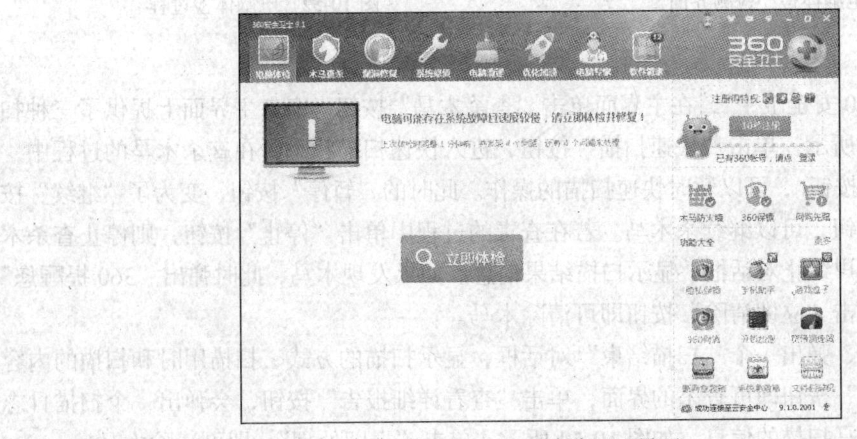

图 10-50　360 安全卫士界面

◆ 电脑体检：可全面检查电脑各项状况。体检完成后会提交给一份修复、清理、优化的意见，用户可以根据需要对计算机进行优化，也可以便捷的选择一键优化。确保计算机的最高使用效率。

◆ 木马查杀：扫描系统的木马程序，支持“快速扫描”、“全盘扫描”和“自定义扫描”三种方式来进行查杀，还会自动升级木马库。

◆ 漏洞修复：对进行系统修复漏洞 ，防止用户计算机遭到攻击和功能性更新，提高计算机运行效率。

◆ 电脑清理：快速分析硬盘中无用文件，包括软件碎片，IE 缓存、和各个目录下不需要使用到的文件进行清理，清理插件，但是并清理注册表。清理文件后，可有效提高系统运行速度，还用户一个洁净、顺畅的系统环境。

◆ 优化加速：当电脑使用一段后，会发现开机或者使用程序的速度越来越慢，使用此功能对开机系统速度进行优化。

2. 360 安全卫士使用方法

（1）电脑体检

启动并运行“360 安全卫士”，在主界面单击“电脑体检”按钮，体检会自动开始对计算机中的故障、垃圾、速度、安全、系统强化等进行检测，并会显示检测的进度，如图所示 10-51。单击“取消”按钮，即可取消当前的电脑体检，此时“取消”按钮，变为“一键修复”，如图 10-52 所示，并在文本框列表中显示修复、清理、优化的文件意见，只要单击“一键修复”按钮，即可开始进行电脑体检。

图 10-51 “电脑体检”检测界面

图 10-52 电脑体检过程

（2）查杀木马

启动并运行“360 安全卫士”，在主界面单击“查杀木马”按钮，窗口主界面上提供了三种扫描方式，如图 10-53 所示。单击“快速扫描”按钮，进入快速扫描状态，在查杀木马的过程中，单击其中的“暂停”按钮 ，可以暂时快速扫描的操作。此时的“暂停”按钮，变为了“继续”按钮，单击“继续”按钮，可以继续杀木马。若在查毒的过程中单击“停止”按钮，则停止查杀木马，并会弹出一个用户终止对话框，显示扫描结果信息。如果发现木马，此时弹出“360 提醒您”发现木马对话框，单击“立即清除”按钮即可清除木马。

查杀木马完毕后，弹出一个“扫描结束”对话框，显示扫描的方式、扫描用时和扫描的内容等信息，单击“返回”按钮即可查杀的界面，单击“查看详细报告”按钮，会弹出一个扫描日志对话框，显示所有木马扫描的信息，如图 10-54 所示，单击“立即处理”，即可清除木马。

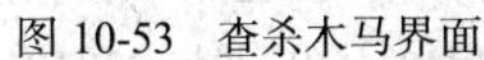
图 10-53 查杀木马界面

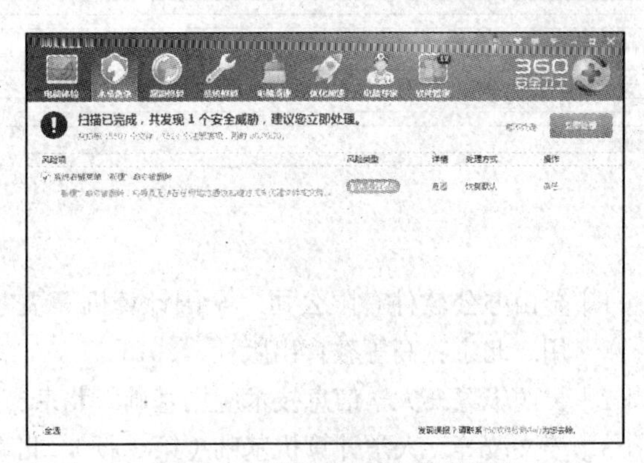

图 10-54 “查杀木马”结果报告

（3）使用 360 卫士电脑清理

启动并运行“360 安全卫士”，在主界面的菜单上单击“电脑清理”按钮，支持“一键清理”、“清理垃圾”、“清理插件”、“清理痕迹”、“清理 Cookie”、“清理注册表”六种清理方式。

◆ 一键清理：清理电脑中 Cookie、垃圾、痕迹和插件，只需要按“一键清理”按钮，即可快速清理。

◆ 清理垃圾：清理系统垃圾文件；清理上网浏览时产生的缓存文件；清理系统应用程序垃圾文件。

◆ 清理插件：清理插件可以给系统和浏览器“减负”，减少打扰，提高系统和浏览器的运行速度。

◆ 清理痕迹：清理上网时留下的痕迹，支持各种主流浏览器；Windows 的运行痕迹，打开文档痕迹等；常用软件使用痕迹、历史记录等；使用各种主流播放器观看视频后留下的痕迹；常用办公软件的使用痕迹。

◆ 清理 Cookie：清理浏览网页、登陆邮箱、观看视频等生产的 Cookie，保护隐私安全。

◆ 清理注册表：清理注册表工具可以识别注册表错误，清理无效注册表项，使计算机的系统运行更加稳定流畅。

用户可以根据自己的需求进行个性化的清理。只需单击“开始扫描”按钮即可自动清理。

思考与练习

1. 常用工具软件按其功能可分为哪几类？
2. 简述常用工具软件的安装和卸载方法。
3. 怎样使用 WinRAR 软件压缩文件？怎样解压缩？
4. 简述利用 ACDSee 软件进行图像浏览和编辑的方法。
5. 如何利用暴风影音进行视频文件转换？
6. 简述利用 360 安全卫士进行漏洞修复的方法。

参考文献

[1] 金山办公软件有限公司. 全国计算机等级考试一级教程——计算机基础及 WPS Office 应用. 北京：高等教育出版社，2013.

[2] 吴丽华等. 大学信息技术应用基础. 北京：人民邮电出版社，2008.

[3] 姜文波等. 大学计算机基础（第 3 版）. 北京：人民邮电出版社，2012.

[4] 姜文波等. 大学计算机基础实践教程（第 3 版）. 北京：人民邮电出版社，2012.

[5] 黄冬梅等. 大学计算机应用基础案例教程. 北京：清华大学出版社，2006.

[6] 王贺明. 大学计算机基础（第 3 版）. 北京：清华大学出版社，2011.

[7] 聂克成等. 大学计算机基础. 北京：人民邮电出版社，2008.

[8] 杨秋黎等. 大学计算机基础实践教程. 北京：人民邮电出版社，2008.

[9] 冯博琴. 大学计算机基础. 北京：人民邮电出版社，2009.